Naturkräfte.

VIII. & IX. Band.

Aus der Urzeit.

Bilder aus der Schöpfungsgeschichte

von

Dr. Karl A. Zittel,
Professor in München.

Zweite verbesserte und vermehrte Auflage mit 183 Holzschnitten und 5 Kärtchen.

München.

Druck und Verlag von R. Oldenbourg.

1875.

Vorwort.

Mit der großen Zahl von Gebildeten, welche sich für Naturwissenschaften interessiren, in unmittelbare Beziehung zu treten und ihnen die Erfahrungen einzelner Wissenszweige in verständlicher Form zugänglich zu machen, gilt heute für eine der würdigsten und lohnendsten Aufgaben des Fachgelehrten.

Die populär-wissenschaftliche Literatur hat allmälig einen so bedeutenden Einfluß auf die ganze geistige Entwickelung der Völker erlangt, daß ihr die sorgfältigste Pflege gebührt. Es ist für jede Wissenschaft von höchstem Interesse, ob sie von der Gunst des Publikums getragen aufblüht und erstarkt, oder ob sie nur im engen Kreise der Specialisten ein fast unbeachtetes Dasein fristet. Es ist aber auch nicht im mindesten gleichgültig, ob falsche oder halbrichtige Begriffe und Thatsachen durch Unberufene verbreitet werden und das Urtheil der Laien verwirren. Mit sichtender Hand das sicher Erwiesene vom Zweifelhaften oder Falschen, das Wesentliche vom Unerheblichen zu scheiden, vermag nur derjenige, welcher durch eigene

Forschung bestimmte Stellung zu allen wichtigeren Fragen in seinem speciellen Wissensgebiete zu nehmen im Stande ist.

Erdgeschichte und Schöpfungsgeschichte waren von jeher Lieblingskinder der Gebildeten; für sie liegt daher auch eine verhältnißmäßig reiche und zum Theil ganz treffliche populäre Literatur vor. Es könnte fast anmaßlich erscheinen, den Werken von Burmeister, Cotta, Fraas, Heer u. A. ein neues zur Seite zu stellen; allein selbst ein flüchtiger Blick in den Inhalt des vorliegenden Büchleins wird hinlänglich erhellen, daß hier nicht genau das gleiche Ziel wie in den genannten angestrebt wird. Während sich jene entweder in der strengeren Form eines immerhin noch allgemein verständlichen Lehrbuchs halten oder hauptsächlich die Geschichte der Erde ins Auge fassen, sich also vorwiegend auf geologischem Boden bewegen, hat sich der Verfasser der „Urzeit“ die Aufgabe gestellt, in erster Linie die Schöpfungsgeschichte der Lebewelt zu beleuchten und nur soviel aus der Geologie herbeizuziehen, als zum Verständniß der historischen Entwickelung unumgänglich erforderlich erschien. Es sind die neuesten paläontologischen Forschungen überall berücksichtigt, doch wurde aus dem reichen Stoffe nur das Wissenswertheste oder für Fragen von größerer Tragweite Bedeutungsvolle ausgeschieden und sodann, anschließend an die großen Zeitalter der Erde, in mehrere Gruppen zerlegt. Dies mag die Bezeichnung „Bilder“ auf dem Titelblatte rechtfertigen.

Das Büchlein beansprucht populär zu sein, d. h. verständlich für Jedermann, der die Kenntnisse des Gebildeten und einiges Interesse für Naturgeschichte hinzubringt. Zur Unterhaltung oder Ausfüllung müßiger Stunden ist es nicht bestimmt; es will belehren, seine Lectüre erfordert darum Ernst und Aufmerksamkeit. Sollten sich gewisse Abschnitte trocken und wenig anziehend erweisen, so darf der spröde Stoff den Autor vielleicht einigermaßen entschuldigen.

Die verspätete Ausgabe der zweiten Hälfte fällt nur theilweise dem Verfasser zur Last. Bei der durchwegs neuen Herstellung der mit besonderer Sorgfalt ausgewählten zahlreichen Holzschnitte stellten sich unvorhergesehene Hindernisse ein. Die Ausführung der bildlichen Darstellungen dürfte indeß sowohl den betheiligten Künstlern als dem Herrn Verleger zur Ehre gereichen und die Verzögerung entschuldigen.

München, im Juni 1872.

Dr. K. A. Zittel.

Vorwort zur zweiten Auflage.

Wenn „die Urzeit" trotz einer ungewöhnlich starken ersten Auflage nach Ablauf von zwei und einem halben Jahr von Neuem erscheint, so darf der Verfasser in diesem Erfolge wohl einen Beweis dafür erkennen, daß das Buch einem vorhandenen Bedürfniß entspricht und daß die Darstellungsweise des schon so vielfach populär behandelten Stoffes sich einigen Beifalls erfreut hat. Es sind darum in der zweiten Auflage keine durchgreifenden Veränderungen vorgenommen worden, wohl aber wurde das Ganze sorgfältig durchgesehen, um etwaige Mängel oder Irrthümer zu beseitigen und hierin bin ich durch Mittheilungen mehrerer hervorragender Fachgenossen in freundlichster

Weise unterstützt worden. Neue paläontologische Entdeckungen von allgemeinerem Interesse wurden an entsprechender Stelle eingefügt und einzelne Abschnitte, wie der über Eiszeit und den fossilen Menschen vollständig umgearbeitet. Die zweite Auflage ist durch mehrere neue Holzschnitte bereichert und namentlich erscheinen die Kärtchen über die Vertheilung von Festland und Meer während der verschiedenen urweltlichen Perioden in wesentlich verbesserter Gestalt.

Ich kann das Buch in seiner vorliegenden Form nur mit dem Wunsche hinaus senden, es möge sich eine ebenso freundliche Aufnahme erringen, wie sie der ersten Auflage zu Theil geworden ist.

München, im Dezember 1874.

Der Verfasser.

Inhalt.

Willst Du in's Unendliche schreiten,
Geh nur im Endlichen nach allen Seiten.
(Göthe.)

I.

Entstehung, frühester Zustand und Zukunft der Erde.

Ueber Entstehung und früheste Entwickelung der Erde fehlt jede naturhistorische Ueberlieferung. Aber wer hätte nicht oftmals gewünscht, den Schleier der Vergangenheit zu lüften; wer hätte sich nicht hundertmal gefragt, wie der uns beherbergende und ernährende Weltkörper entstanden, in welchen Beziehungen zum Weltall er stehe, welche Veränderungen er seit seinem Dasein erlitten?

Die zahllosen, zum Theil hochpoetischen Schöpfungsgeschichten der verschiedenen Religionen sind eben so viele Versuche zur Lösung dieser Frage, deren Beantwortung, sofern eine solche überhaupt möglich, gewiß nur der Naturforschung zukommen kann. Leider steht jedoch gerade die Geologie, jene Wissenschaft, welche sich vorzugsweise mit der Entstehung und Entwickelung der Erde beschäftigt, ziemlich hülflos da, wenn es sich um Ermittlung der ersten Zustände unseres Weltkörpers handelt. Die Buchstaben, aus denen sie ihre Geschichte zusammenstellt, werden undeutlicher und räthselhafter, je weiter wir in die Vergangenheit zurückschreiten, sie verwischen sich schließlich vollständig, so daß Hypothesen an die Stelle der sicheren Beobachtung treten müssen. Je einfacher solche Hypothesen die Erscheinungen erklären, je höher sich die Zahl und das Gewicht der Thatsachen beläuft, auf welche sie ihre Schlüsse stützen, desto mehr gewinnen sie an Wahrscheinlichkeit.

Wenn in Folgendem eine kurze Darstellung derjenigen Hypothesen über die Entstehung der Erde versucht wird, welche sich unter den Naturforschern am meisten der Anerkennung erfreuen, so muß stets berücksichtigt werden, daß es sich hier nicht um die Darlegung unzweifelhafter Thatsachen, sondern nur wahrscheinlicher Annahmen handelt.

Die Erde ist ein winziger Punkt im Weltensystem, ein abgelöster Theil des nächstgelegenen, selbstleuchtenden Weltkörpers, der Sonne. Ein Blick zum gestirnten Himmel zeigt uns aber in den Fixsternen unzählige, ähnliche Körper, von denen viele gleichfalls, wie die Sonne, von Planeten und Trabanten umgeben sein und ähnliche Systeme bilden mögen, wie unser Sonnensystem.

Alle diese Körper des Weltalls bewegen sich nach bestimmten, gleichartigen Gesetzen, alle besitzen kugelförmige Gestalt und alle bestehen höchst wahrscheinlich im Großen und Ganzen aus den nämlichen Stoffen.

Ueber die eigentliche Natur und Zusammensetzung dieser entlegenen, leuchtenden Körper fehlte freilich bis vor Kurzem jede nähere Kenntniß. Erst die geniale

Entdeckung der Spektral-Analyse gewährte die Möglichkeit den Sonnenstrahl chemisch zu zerlegen, das Licht der Sterne im Spektroscop aufzufangen und auf seine Zusammensetzung zu prüfen.

Da übrigens nur dampfförmige Stoffe Linien im Spektrum verursachen und die meisten Elemente erst bei sehr hoher Temperatur in gasförmigen Zustand übergehen, so sind nur solche Weltkörper der chemischen Untersuchung zugänglich, welche von einer glühenden Atmosphäre umgeben werden. Zur Ueberführung eines festen oder flüssigen Körpers in den dampfförmigen sind aber je nach der Natur desselben sehr verschiedene Wärmemengen erforderlich: während z. B. Schwefel schon bei 400° C. verdampft, bedarf man zur Verflüchtigung des Eisens, Silbers, Platins und anderer Metalle ungeheurer Hitzgrade.

Indem nun die Spektral-Analyse wenigstens die gasförmigen Stoffe der Himmelskörper erkennen läßt, gibt sie uns gleichzeitig Aufschluß über deren Zusammensetzung und Temperatur.

Die ersten Beobachtungen mit dem Spektroskop wurden natürlich an der Sonne angestellt und führten zum Resultat, daß dieser leuchtende Centralkörper unseres Weltsystems eine weißglühende Atmosphäre besitzt, in welcher Natrium, Eisen, Calcium, Baryum, Magnesium Mangan, Chrom, Wasserstoff, Kupfer u. a. nachgewiesen werden können.

Auch die Fixsterne sind Quellen eines eigenen, selbständigen Lichtes: ihre Spektra zeigen gleichfalls dunkle Linien und beweisen somit das Vorhandensein glühender, gasförmiger Stoffe. Die Strahlen von mehr als 600 Sternen wurden von den Astronomen Secchi, Huggins und Miller untersucht und haben vorzüglich Wasserstoff, Natrium, Magnesium, Eisen, Calcium, Antimon, Quecksilber und Wismuth erkennen lassen; gewisse dunkle Linien in einzelnen Sternspektren scheinen nicht mit bekannten irdischen Stoffen zusammenzufallen und deuten vielleicht auf das Vorhandensein von Urstoffen hin, die auf der Erde fehlen.

Höchst wichtig ist die Thatsache, daß die Spektren der verschiedenen Sterne keineswegs übereinstimmen, sondern daß fast jeder einzelne Stern seine besonderen Linien und somit seine individuelle Gruppirung der dampfförmigen Elemente und seine eigenthümliche Temperatur besitzt. Soweit sich die Sache bis jetzt übersehen läßt, gibt es 4 Hauptgruppen von Sternen, die sich meist schon an ihrem Glanz und ihrer Farbe erkennen lassen. Die der ersten Gruppen strahlen wie der Sirius in weißem Licht und scheinen in ihrer Photosphäre vorzugsweise glühenden Wasserstoff zu enthalten, während dieses Element in den rothen Sternen der vierten Gruppe wahrscheinlich gänzlich fehlt.

Bekanntlich haben mehrere Sterne in verhältnißmäßig kurzer Zeit Farbe und somit vermuthlich auch ihre Spektra und ihre Temperatur geändert; so strahlten z. B. die Doppelsterne γ im Löwen im Jahr 1780 noch weißes Licht aus, während jetzt der eine goldgelb, der andere roth erscheint; ja es gibt sogar Sterne, deren Licht mehr und mehr abnimmt und schließlich bis zur völligen Unsichtbarkeit herabsinkt. Sehr wahrscheinlich existiren zahllose derartiger abgekühlter Fixsterne im Weltenraum.

Zu diesen erlöschenden und absterbenden Sternen gehören wohl auch die sogenannten „neuen oder temporären Sterne“, die plötzlich am Himmel aufflammen, dann aber in mehr oder weniger kurzer Zeit wieder verschwinden. Das berühmteste Beispiel dieser Art ist der von Tycho de Brahe (1572) entdeckte hellleuchtende Stern in der Kassiope, dessen Glanz schon nach 7 Monaten gänzlich erloschen war. Ein neuer Fall dieser Art wurde im Mai 1866 beobachtet. Wahrscheinlich rührt das plötzliche Auftauchen solcher Sterne davon her, daß die feste Kruste eines abgekühlten Weltkörpers von der eingeschlossenen glühenden Masse im Innern durchbrochen wurde, und so dem Stern wenigstens für einige Zeit wieder neuen Glanz verleihen konnte. Die sogenannten „neuen“ Sterne wären demnach eher recht alte, im Erlöschen begriffene zu nennen.

Wenn uns also die Spektral-Analyse den Beweis liefert, daß sich alle selbstleuchtenden Himmelskörper in glühendem Zustand befinden, so zeigt sie mit nicht geringerer Sicherheit und in Uebereinstimmung mit anderen astronomischen Beobachtungen, daß die Planeten und Trabanten unseres Sonnensystems kein eigenes Licht ausstrahlen, sondern nur das von der Sonne erhaltene zurückwerfen und somit wie die Erde bereits völlig abgekühlt sind. Wasserdampf-Atmosphären sind bei mehreren Planeten seit langem nachgewiesen und am Mars sieht man die Pole in regelmäßigen Perioden weiß gefärbt, also wahrscheinlich von Schnee bedeckt.

Vergleicht man die winzige Größe der Planten sammt ihren Trabanten mit der Sonne, so wäre es höchst verwunderlich, wenn dieselben bei ihrer Bewegung im kalten Weltenraum ihre ursprüngliche glühende Temperatur bewahrt hätten. Will man darum für die Planeten keine selbsteigene, ganz absonderliche Entstehungsweise annehmen, wozu kein vernünftiger Grund vorliegt, so führt uns die Betrachtung der Weltkörper zum Schluß, daß die Planeten, und somit auch unsere Erde ursprünglich in glühendem, zum Theil dampfförmigen Zustand sich befanden.

Jeder gasförmige Körper geht bei seiner Abkühlung, ehe er vollständig erstarrt in den flüssigen Aggregatzustand über und da sich unsere Erde gegenwärtig wenigstens oberflächlich vollkommen abgekühlt zeigt, so erhellt aus dem genannten physikalischen Gesetz, daß sie vor ihrer Erstarrung flüssig gewesen sein muß.

Für den einstigen flüssigen Zustand der Erde liefert aber ihre Kugelgestalt einen so unumstößlichen Beweis, daß jetzt kaum ein Naturforscher an dieser Thatsache zweifeln wird. Alle Flüssigkeiten, deren freie Gestaltung durch keine äußeren Widerstände gehemmt ist, suchen sich zu sphärischen Tropfen zusammenzuballen. Gießt man z. B. Oel in eine Mischung von Weingeist und Wasser, deren specifisches Gewicht genau dem des Oeles entspricht, so vereinigt sich das letztere zu einem kugeligen Tropfen; versucht man alsdann dieser Kugel eine rotirende Bewegung um eine Axe zu geben, so platten sich in Folge der Centrifugalkraft die Pole an den beiden

Axen ab und es entsteht ein sogenanntes Rotations-sphäroid.

Genau dieselbe Gestalt besitzt auch die Erde. Bei der raschen Umdrehung des ursprünglich flüssigen Körpers wurden die beweglicher Theilchen nach dem Aequator getrieben und erzeugten dadurch die Gestalt des Sphäroides, welche auch nach der Erstarrung erhalten blieb. Freilich ist diese Abplattung so gering (sie beträgt etwa 1/305 des Durchmessers), daß sie selbst bei sehr großen künstlichen Globen nicht in Betracht kommt.

Wenn somit der einstige flüssige Zustand der Erde nicht in Frage gestellt werden kann, so gibt es auch für ihre ehemalige glühende Temperatur zahlreiche Beweise. Obwohl gegenwärtig die Erdoberfläche vollständig abgekühlt erscheint, und das Innere unseres Planeten der unmittelbaren Wahrnehmung unerreichbar ist, so liefern uns doch die Beobachtungen in Bergwerken, artesischen Brunnen, heißen Quellen und Vulkanen Aufschlüsse über den noch im Erdinnern verschlossenen Wärmeschatz.

Es läßt sich nicht läugnen, daß die Bodentemperatur je nach der geographischen Lage bis zu einer Tiefe von 60—80 Fuß lediglich von der Sonne regulirt wird und daß unmittelbar unter der Oberfläche von einem erwärmenden Einfluß des Erdinnern nicht die Rede sein kann. Dringt man aber mittelst bergmännischer Arbeiten oder durch Bohrungen tiefer ein, so ergibt sich, daß unter jener Schicht, in welcher sich eingenommene und ausgestrahlte Sonnenwärme das Gleichgewicht halten und wo deshalb das ganze Jahr hindurch eine gleichmäßige, der mittleren Temperatur des betreffenden Ortes entsprechende

Temperatur herrscht, eine regelmäßige Wärmezunahme nach der Tiefe stattfindet, die für 100 Fuß ungefähr 1° C. beträgt.

Die direkten Beobachtungen reichen jedoch nur bis zu einer Tiefe von etwas mehr als 2000 Fuß und es läßt sich somit nicht mit Sicherheit behaupten, ob die Temperaturzunahme bis zum Mittelpunkt der Erde nach demselben Gesetz stattfindet, oder ob sie in größerer Tiefe wieder abnimmt. Man darf deshalb auch den Berechnungen über die noch jetzt im Erdinnern herrschenden Hitzegrade, sowie über die Dicke der erstarrten Kruste nur geringes Gewicht beilegen.

Nun besitzen wir aber in den heißen Quellen und in den Vulkanen Sendboten, welche an zahllosen Punkten der Erdoberfläche von der ungeheuern Hitze in der Tiefe erzählen. Die dem Schooße der Erde entsteigenden Lavaströme sind feuerflüssiges Gestein von 1500—2000° Wärme, sie lassen nach ihrem Erkalten keinen fundamentalen Unterschied mit vielen die Erdoberfläche zusammensetzenden Gebirgsarten erkennen und gestatten wenigstens die Vermuthung, daß sich auch jene einstens in ähnlichem schmelzflüssigem Zustand befanden.

Durch die Vulkane wird die Existenz eines feurig flüssigen Erdinnern zur Gewißheit erhoben und die Annahme, daß unser Planet wie alle übrigen Weltkörper nach dem dampfförmigen in den feurig flüssigen Zustand überging, wird nicht allein durch die Gestalt, sondern auch durch die Eigenschaften des Erdkörpers selbst bestätigt.

Wir begeben uns zwar vollständig in das Gebiet der Hypothese, wenn wir die Ereignisse in den ersten Stadien der Erstarrung der Erdkruste in's Auge fassen, allein es fällt schwer der Phantasie gerade hier Halt zu gebieten, zumal da vermuthlich aus dieser Entwickelungsphase die Grundzüge der Oberflächengestaltung der Erde herrühren.

Denken wir uns den heißflüssigen, von einer glühenden Atmosphäre umgebenen Feuerball unserer Erde im eisigen Himmelsraum, dessen Temperatur nach der Annahme der Astronomen — 50 bis 100 ° C. betragen soll, dahineilen, so mußte ein Zeitpunkt eintreten, wo die einzelnen Stoffe und Verbindungen nach Maßgabe ihres Schmelzpunktes zu erstarren begannen. Es mußte sich allmälig eine Kruste bilden, in welcher die Substanzen nach ihrer Schwere und Schmelzgraden geschichtet waren. Mit der Erstarrung war aber nothwendig eine Zusammenziehung verbunden und dadurch wurde das Gleichgewicht zwischen dem flüssigen Kern und der erstarrten Hülle gestört. Es mochten sich in der Kruste selbst, ähnlich wie wir es in einer erstarrten Metallkugel sehen, Blasen oder weite Hohlräume bilden oder die zusammengezogene Rinde übte einen Druck auf das Innere aus. Die eingeschlossene glühende Flüssigkeit suchte sich aus der Umhüllung zu befreien, die Rinde zu zerbrechen und wurde hiebei durch die Anziehungskraft von Sonne und Mond unterstützt, welche wenigstens im Anfang einen erheblichen Einfluß auf die dünne Kruste ausüben mußte. Mit zunehmender Dicke der letztern wurden die Ausbrüche vermuthlich seltener, allein die Reaktion des Erdinnern gegen die erstarrte Rinde dauerte fort und gab Veranlassung zu Hebungen gewisser Theile, welcher Senkungen an anderen Stellen um so sicherer folgen mußten, wenn eine Berstung der Rinde wirklich eintrat, und auf diese Weise gewaltige, auf einer Seite gehobene, auf der andern eingesunkene Schollen gebildet wurden. So lassen sich vielleicht die ersten Unebenheiten der Erdoberfläche, die Entstehung der ältesten Gebirgszüge und Tiefländer erklären, deren weitere Ausbildung alsdann andere Kräfte, namentlich das Wasser übernahmen.

Es ist nicht rathsam diese Hypothesen bis in's Einzelne zu verfolgen, da jene ältesten Vorgänge und sogar ihre Produkte jeglicher Controlle entrückt sind; allein es ergibt sich aus dem einstigen heißflüssigen Zustand der Erde eine Folgerung, die nicht ganz stillschweigend übergangen werden darf.

Daß die Atmosphäre ursprünglich verschiedene jetzt in der festen Erdkruste abgesetzte Stoffe, wie Chlormetale (namentlich Chlornatrium, Chlorkalium, Chloreisen 2c.) enthalten hat, läßt sich mit Wahrscheinlichkeit voraussetzen; ganz gewiß aber besaß sie auch dann, als diese Verbindungen bereits erstarrt waren, eine von unserer jetzigen Lebensluft sehr abweichende Zusammensetzung.

Sämmtliches Wasser umhüllte ursprünglich die Erde mit einer dichten Wasserdampf-Atmosphäre, die sich erst nach und nach abkühlte, in heißen Regengüssen herabstürzte und in den vorhandenen Vertiefungen ansammelte. Aber auch nach Bildung der warmen Meere und Seen blieb in Folge der höheren auf der ganzen Erdoberfläche herrschenden Temperatur weit mehr Wasserdampf in der

Luft, als gegenwärtig und machte die damalige Atmosphäre schwerer und dunstiger.

Es läßt sich aber auch fast mit Gewißheit behaupten, daß ihr Gehalt an Stickstoff und Kohlenstoff viel bedeutender war, als heutzutage.

Diese beiden Elemente bilden nebst Sauerstoff und Wasserstoff die wesentlichen Bestandtheile der atmosphärischen Luft und sind für die Existenz der Pflanzen und Thiere absolut nothwendig. Bekanntlich befindet sich nun der Kohlenstoff an Sauerstoff gebunden hauptsächlich in der Form des Kohlensäuregases in der Luft und wird als solches von den Pflanzen unmittelbar aufgenommen und zerlegt. Der Kohlenstoff wird zurückbehalten und dient zur Bildung der Pflanzenzellen, der Sauerstoff dagegen wird größtentheils wieder abgeschieden und der Luft zurückgegeben. Für die Thierwelt ist aber gerade der Sauerstoff das wichtigste Lebenselement: diesen bedürfen sie zur Respiration, während sie Kohlensäure mit jedem Athemhauch und nach ihrem Absterben bei der Verwesung abgeben. So gewähren sich Pflanzen und Thiere gegenseitig ihre Existenz und halten die beiden Elemente in einem ununterbrochenen Kreislauf.

Wäre die Pflanzenwelt jedoch lediglich auf die thierische Absonderung der Kohlensäure angewiesen, so trüge unsere Vegetation ohne Zweifel ein weit kümmerlicheres Gewand. Es existiren indessen noch andere und zwar höchst ergiebige Quellen dieses vegetabilischen Lebensgases. In den Vulkanen, Gasquellen und Salsen sendet das Erdinnere unaufhörlich gewaltige Mengen von Kohlensäure in die Atmosphäre, welche unmittelbar der Pflanzenwelt zu Gute kommen. Nicht minder bedeutend sind die Quantitäten, welche durch Verbrennung von Kohlen, Holz, Torf und durch Glühen von Kalkstein der Luft zugeführt werden. Péligot hat berechnet, daß sich die jährliche Produktion von Steinkohlen vor etwa 10 Jahren in Europa auf ca. 122 Mill. Tonnen, in den übrigen Theilen der Erde auf mindestens 20 Mill., also im Ganzen auf 133 Millionen Tonnen belief; nach der Verbrennung liefert diese Kohlensäure-Quelle für sich allein 304 Milliarden Cubikmeter Gas, welches großentheils von der Vegetation sofort beseitigt werden muß, da eine Zunahme der Kohlensäure Menge in der Atmosphäre nicht stattfindet und auch nicht in erheblichem Grade stattfinden darf, weil sonst die Luft den meisten Thieren geradezu todtbringend würde.

Die Geologen liefern den Beweis, daß alle fossilen Brennstoffe, wie Steinkohlen, Braunkohlen, Torf, Petroleum u. s. f. organischen Ursprungs sind, und daß in früheren erdgeschichtlichen Perioden die Vegetation nicht allein üppiger war, sondern sich auch über Regionen erstreckte, die gegenwärtig von ewigem Schnee und Eis bedeckt sind. Wenn daher in den ersten Entwicklungsstadien der Erde, selbst nach Erstarrung der Oberfläche, die hohe Temperatur der Existenz von Pflanzen und Thieren ein unbesiegbares Hinderniß entgegenstellte, so müssen wir annehmen, daß die colossalen Massen von Kohlenstof, welche später durch organische Thätigkeit in den Erdschichten niedergelegt wurden, ursprünglich in der Atmosphäre vertheilt waren. Dasselbe gilt aber auch von der an Kalk, Magnesia, und andere Stoffe gebundenen Kohlensäure, die bekanntlich beim Glühen entweicht und daher ursprünglich ebenfalls frei gewesen sein muß.

Wenn man aus diesen Gründen annimmt, daß die Atmosphäre in früheren Entwicklungsphasen der Erde reichlicher mit Kohlensäure geschwängert war, und daß sie allmälig mehr und mehr von diesem Gase gereinigt wurde, so gehört eine derartige Behauptung gewiß nicht in's Gebiet der bodenlosen Hypothesen.

Niemand wird aber auch verkennen, daß die gegenwärtigen Kohlensäurequellen nach und nach sich verringern und schließlich versiegen müssen. Der Schatz an fossilem Brennstoff, so reich er auch sein mag, ist durchaus nicht unerschöpflich und wenn wir auch den ziemlich trostlosen Berechnungen englischer Gelehrten mit einigem Mißtrauen entgegentreten, wenn sie selbst ohne alle Steigerung der gegenwärtigen Ausbeute die Leistungsfähigkeit der mächtigen englischen und schottischen Steinkohlenablagerungen auf wenige hundert Jahre veranschlagen, so muß doch einmal der Zeitpunkt eintreten, wo der Vorrath zu Ende geht. Ebenso werden bei zunehmender Abkühlung der Erde die Vulkane und Gasquellen spärlicher fungiren oder gänzlich erlöschen. Nähme nun die Vegetation wirklich alle Kohlensäure auf, so ließe sich unter Umständen ein Zustand des Gleichgewichtes denken, in welchem die Zahl der Pflanzen und Thiere von der vorhandenen Menge Kohlensäure abhängig wäre. Dieser Fall wird jedoch keineswegs eintreten, denn die Atmosphäre verliert bei der Verwitterung der verschiedenartigsten Gesteine durch Bildung unlöslicher Carbonate, ferner durch die Absonderung von kohlensaurem Kalk in den Schalen und Skelettheilen unzähliger thierischer Organismen, wie der Rhizopoden, Korallen, Echinodermen, Schalthiere, Krebse und Wirbelthiere unwiederbringlich so große Quantitäten von Kohlensäure, daß dadurch die Zufuhr beträchtlich geschmälert wird.

Die Abnahme an Kohlensäure in der Atmosphäre wird demnach stetig fortdauern müssen und wird schließlich mit völligem Verschwinden dieses Gases und mit der Vertilgung alles organischen Lebens endigen.

Zum gleichen Resultat führt uns die Betrachtung über die Verbreitung und geologische Wirksamkeit des Wassers. Besaß die Erde ursprünglich eine höhere Temperatur, so mußte auch mehr Wasserdampf in der Atmosphäre vorhanden sein; mit der Abkühlung hielt die Verdichtung des Wasserdampfes gleichen Schritt und führte schließlich zu einer Scheidung in Festland und Ocean. Gegenwärtig werden nach Humboldt's Berechnung beinahe drei Viertheil (0,734) der ganzen Erdoberfläche von Wasser bedeckt und die geologischen Untersuchungen machen es höchst wahrscheinlich, daß in früheren Erdperioden das Festland noch weit geringere Ausdehnung besaß. Mit dem Erscheinen von Organismen fällt eine Verminderung der frei beweglichen Wassermenge zwar zusammen, ein wirklicher Verlust findet jedoch in viel geringerem Grade als beim Kohlenstoff statt, da die Organismen ihren Wassergehalt nur selten in unlöslicher Form binden, sondern denselben bei ihrem Absterben wieder unverändert abgeben. Dafür beschränkt sich aber auch die Zufuhr aus dem Erdinnern mittelst Vulkane auf ein viel bescheideneres Maaß und besteht außerdem größtentheils aus

Wasser, welches von der Oberfläche in die Tiefe gelangt war.

Eine freilich fast unbemerkbare, höchst langsame, aber unausgesetzt wirkende Verminderung der Wassermenge findet dennoch statt, und zwar durch Absorption und Verwitterung der Gesteine namentlich der krystallinischen, wie Granit, Gneiß, Porphyr, Basalt u. s. w., welche in einer gewissen Tiefe die ganze Erdkruste zusammensetzen. Alle diese Gesteine bestehen aus einer kleinen Anzahl von Mineralien, unter denen Feldspath, Quarz, Hornblende, Augit und Glimmer die wichtigsten sind. Mit Ausnahme des Quarzes absorbiren so ziemlich alle felsbildenden Mineralien ansehnliche Quantitäten Feuchtigkeit oder sie werden durch Einwirkung von Wasser und Luft zersetzt, nehmen beim Verwitterungsproceß Wasser chemisch auf, bilden neue Verbindungen (sogenannte Hydrate) und lockern während dieses Processes ihr Gefüge, indem sie gleichzeitig ihr Volumen vergrößern.

Jedermann weiß, daß gewisse Gesteine von poröser Struktur das Wasser mit Leichtigkeit durchlassen, dagegen dürfte es weniger bekannt sein, daß selbst Granit und Basalt, die wir zu den dichtesten Materialien zu rechnen gewohnt sind, ebenfalls einen gewissen Grad von Porosität besitzen und ziemliche Mengen von Feuchtigkeit aufnehmen können. Dem Wasser der Erdoberfläche steht somit der Weg nach dem Erdinnern offen, der Verwitterungsproceß vollzieht sich nicht nur in den zu Tage liegenden Gesteinen, obwohl hier allerdings am kräftigsten und schnellsten, sondern auch in den verborgenen Tiefen der Erde.

So gering auch die Menge des auf diese Weise absorbirten, für die Erdoberfläche verlorenen Wassers erscheinen mag, so ist dagegen auch zu berücksichtigen, daß man das Gewicht des Oceans nur auf 1/24000tel des Gewichtes der ganzen Erde berechnet, daß also unter Annahme, die Erde würde nach ihrer Erstarrung bis zum Mittelpunkt in ähnlicher Weise, wie die unserer Beobachtung zugänglichen Theile von Wasser durchtränkt, eine geringere Absorptionsfähigkeit der Gesteine als die wirklich nachgewiesene hinreichte, um die gesammte Wassermenge der Erdoberfläche aufzunehmen.

Wollen wir uns den Zustand der Erde nach Aufsaugung des Wassers vorstellen, so müssen wir uns offenbar die obersten Schichten derselben gänzlich zersetzt und aufgelockert und das eingesickerte Wasser chemisch gebunden denken. Die Zwischenräume der verwitterten Kruste würden sich mit Luft füllen und es ließe sich die Möglichkeit einer gänzlichen Absorption der Wasser- und Kohlensäure freien Atmosphäre voraussehen.

Aber selbst ohne diese Hypothese haben bereits ausgezeichnete Chemiker wie Bischof die Gefahr hervorgehoben, welche den Erdbewohnern durch die stetige Abnahme des Sauerstoffs in der Luft in Folge der Oxydation vieler Mineralien, namentlich des Eisenoxyduls bevorsteht.

Der Stickstoff allein scheint unter den Bestandtheilen der Atmosphäre vermöge seiner Abneigung chemische Verbindungen einzugehen, das unverwüstliche Element zu bilden, für dessen mögliche Beseitigung lediglich die Hypothese der Absorption übrig bleibt.

Die Zukunft, welche sich unserem Planeten durch diese Betrachtungen eröffnet, ist traurig genug!

Mit dem Verbrauch der Kohlensäure und des Wassers werden gleichzeitig die Organismen verschwinden; das Ringen der Naturkräfte und Elemente, der Kampf um's Dasein unter den belebten Wesen wird schließlich aufhören.

Wenn einst die Reaktion des heißen Kernes gegen die Rinde durch gleichmäßige Abkühlung ihr Ende erreicht und der Angriff des Wassers und der Atmosphäre gegen den festen Erdkörper durch chemische Verbindung oder Absorption in Fesseln gebannt ist: dann wird die ewige Ruhe des Todes über der Erde herrschen.

Glücklicherweise bleibt uns der Trost, daß dieser letzte Zustand in unendlicher Zukunft erst eintritt. Die Verminderung des Wassers und der Kohlensäure, die Absorption der Atmosphäre stehen in nothwendigem Zusammenhang mit der Abkühlung der Erde. Mit welcher Langsamkeit aber diese erfolgt, geht daraus hervor, daß sie sich sogar unsern schärfsten Instrumenten entzieht und daß nach den Berechnungen der Astronomen die Temperaturabnahme seit Hipparch, also seit ungefähr 2000 Jahren nicht einmal $^{1}/_{170}{}^{0}$ beträgt.

Alle Befürchtungen vor einem nahe bevorstehenden Untergang der Erde gehören somit in das Gebiet thörichten Aberglaubens und finden in den Ergebnissen der Wissenschaft ihre Widerlegung. Aber ebenso thöricht wären die Versuche Vergangenheit und Zukunft mit Zahlen berechnen zu wollen, denn

„Wer schaut in die Zukunft, wer mißt ihr Geschick,
Wer rechnet Bestehen und Dauer?“

Wer könnte sagen, wann das eigene Licht der Erde am Sternenhimmel erlosch, wie viele Millionen von Jahren erforderlich waren, bis sie ihre heutige Gestalt erlangte; und wer möchte sich erdreisten den unermeßlichen Zeitraum zu schätzen, nach dessen Ablauf die Erde erstarrt, ihrer Atmosphäre und Lebewelt beraubt wie der Mond ihre Himmelsbahn durchwandern wird?

Dem Wechsel gehört das Geschaffene an,
Im Kleinen mag Jeder ihn schauen,
Im Großen aber verbirgt ihn die Zeit,
Wenn d'rüber Jahrtausende grauen.

(v. Kobell.)

II.

Geologische Veränderungen der Gegenwart. Zerstörende und aufbauende Thätigkeit der Vulkane und des Wassers. Erhaltung und geologische Wirksamkeit der Organismen.

Es gab eine Zeit, und sie liegt kaum mehr als hundert Jahre hinter uns, wo Spekulationen über Entstehung und Entwickelung der Erde eine Lieblingsbeschäftigung der gelehrten und ungelehrten Welt bildeten. Jedermann, der sich eine oberflächliche Kenntniß der Naturkräfte erworben hatte, glaubte im Stande zu sein, die Menschheit mit einem neuen geologischen System zu beglücken. Die abentheuerlichsten Gedanken wurden mit größtem Ernst als wissenschaftliche Errungenschaften verkündigt, und selbst geistreiche Köpfe wie Buffon und der große Leibnitz unterhielten sich mit Ideen über Schöpfungsgeschichte, welche heute fast nur noch als Proben einer kühnen Phantasie und glänzenden Darstellungsgabe Interesse besitzen. Einen wahrhaft

ergötzlichen Eindruck macht die Mehrzahl der älteren geo-
logischen Schriften, in welchen der Sündfluth fast überall
eine höchst wichtige Rolle zuerkannt wird. Ihrem Einfluß
schrieb man zumeist die Existenz fossiler Thiere und Pflan-
zen zu, obwohl nebenher die Meinung, daß die Verstei-
nerungen nur Naturspiele oder unausgebildete Keime jetzt
lebender Organismen oder gar mißrathene Versuche des
Schöpfers darstellten, noch bis in den Anfang dieses Jahr-
hunderts viele Anhänger zählte.

Erfreute sich demnach die Geologie in früherer Zeit einer
großen Popularität, so stand sie unter den Naturforschern in
so geringem Ansehen, daß Cuvier mit Recht sagen durfte,
schon der Name dieser Wissenschaft sei für Viele ein Gegen-
stand des Spottes geworden. Der Grund all' dieser Ver-
irrungen lag vornehmlich darin, daß man die Thatsachen,
welche uns bei der Beobachtung der zugänglichen Theile
der Erde entgegentreten, nicht mit den jetzt herrschenden
physikalischen Kräften und Gesetzen zu erklären suchte,
sondern daß man geheimnißvolle, unbekannte Ursachen
voraussetzte, denen alsdann die gewaltigsten und un-
begreiflichsten Wirkungen folgen konnten.

Erst seitdem man davon ausgegangen ist, daß dieselben
Gesetze und Kräfte in Gegenwart und Vergangenheit thätig
waren; seitdem man die Ueberzeugung erlangt hat, daß
man zur Erklärung aller geologischer Thatsachen niemals
eine qualitativ verschiedene und nur zuweilen eine gesteigerte
Wirkung der Naturkräfte bedarf; seitdem man aus den
Erscheinungen, welche heutzutage unter unseren Augen vor
sich gehen, die Veränderungen der früheren Perioden zu deuten
sucht, befindet sich die Geologie auf wissenschaftlichem Boden.

Dem Erringen dieses einfachen und natürlichen Satzes stand jedoch ein weitverbreitetes Vorurtheil entgegen. Wenn wir beim Durchwandern der Gebirge in vielen Felsmassen unzweifelhafte Absätze und Ueberreste einstiger Meere erkennen und mit diesen Bildungen, deren Dicke oft mehrere tausend Fuß beträgt, die geringe Menge von Sediment vergleichen, welche gegenwärtig am Strand des Oceans alljährlich abgelagert wird, so müssen wir für ihre Entstehung Zeiträume in Anspruch nehmen, deren Länge für unsere menschliche Auffassung fast der Ewigkeit gleichkommt.

Diese unbegrenzte Ausdehnung des Zeitbegriffs, die Emancipation von den biblischen 6000 Jahren bilden somit das Fundament der geologischen Wissenschaft, deren doppelte Aufgabe in der Beobachtung der jetzt auf der Erdoberfläche vorgehenden und in der Untersuchung und Erklärung der in vorhistorischer Zeit erfolgten Erscheinungen und Veränderungen besteht.

Bietet uns aber die Gegenwart wirklich so erhebliche Veränderungen, daß wir aus ihnen jene großartigen Ereignisse erklären dürfen?

Die alltägliche Erfahrung scheint dieser Annahme zu widersprechen. Wir sind von Kindheit an gewöhnt, die Erde als etwas Festes, Unwandelbares anzusehen; die Veränderungen in der uns umgebenden Natur sind meist so gering und gehen so langsam vor sich, daß sie kaum in unser Bewußtsein gelangen. Die Flüsse behalten nach unserem Dafürhalten ihren Lauf, die Berge ihre Formen, die Meere ihre gewohnten Grenzen, und wenn wir alle Umgestaltungen der Erdoberfläche während der letzten 4000 Jahre, über welche uns eine historische Ueberlieferung vorliegt, auf einer Landkarte zusammenstellten, so würde diese ein nur in wenig Punkten von unseren jetzigen Karten verschiedenes Aussehen erhalten.

Gleichwohl erscheinen die historischen Veränderungen im Verhältniß zu der winzigen Spanne Zeit, welche sie für die Geschichte der Erde darstellen, hinreichend, um die weit großartigeren der vergangenen Perioden zu erklären. Ein flüchtiger Blick auf dieselben dürfte somit nicht zu den überflüssigen Dingen gehören.

Zweierlei Kräfte vereinigen sich, um Umgestaltungen der Erdoberfläche hervorzurufen; die einen haben ihren Sitz im Innern der Erde und äußern sich in der Form von Vulkanen, Erdbeben, Hebungen und Senkungen des Boeens; die anderen, welche wir die oberirdischen nennen wollen, finden im Wasser ihren kräftigsten Bundesgenossen.

Welch' gewaltigen Einfluß die Vulkane auf ihre Nachbarschaft ausüben *), zeigt uns die Geschichte unserer bekannten Europäischen Feuerberge. Die ausgegrabenen Ruinen der verschütteten Städte Pompeji und Herculanum, die historisch beglaubigten Einstürze des Vesuv, die Zerstörungen bei den Ausbrüchen des Aetna sind beredte Zeugnisse für die umgestaltende Thätigkeit der Vulkane. In der jüngsten Zeit erst hat die Insel Santorin die allgemeine Aufmerksamkeit auf sich gezogen und die Erinnerung an die im Jahr 1831 bei Sicilien aufgetauchte, nach kurzem Dasein wieder verschwundene Insel Ferdinandea vielfach aufgefrischt. Von den Vulkanen der Sunda-Inseln, Central- und Süd-Amerikas liegen

*) Näheres darüber siehe Pfaff, die vulkanischen Erscheinungen. (Naturkräfte VII. Band.)

zahlreiche Berichte vor, welche uns die fürchterlichsten Zerstörungen dieser Berge melden.

Aber auch die aufbauende Thätigkeit der Vulkane ist hinlänglich bekannt. Ströme feurigen Gesteins ergießen sich aus ihrem Krater, oder aus ihren Seiten; ganze Berge werden aus vulkanischen Produkten der verschiedensten Art aufgeschüttet. Es entstehen nach ihrer Erstarrung oder Erhärtung Gebilde, welche sich kaum von Gesteinen unterscheiden lassen, die wir da und dort auf der Erdoberfläche ohne alle Verbindung mit vulkanischen Erscheinungen zu begegnen gewohnt sind.

Noch schrecklicher und ausgedehnter sind die Wirkungen der Erdbeben. Obwohl sie gewöhnlich nur vorübergehende Verwüstungen anrichten, so haben sie doch nicht selten auch bleibende Veränderungen in ihrem Gefolge. Sie reißen zuweilen tiefe, klaffende Spalten auf meilenweite Erstreckung in den Boden und können sogar ausgedehnte Landstriche heben oder senken. Solche Niveauveränderungen in Folge von Erdbeben hat die Küste von Neapel zu wiederholten Malen erlitten, wie die hoch hinauf von Bohrmuscheln angenagten, jetzt in einiger Entfernung vom Ufer stehenden Säulen des Serapis-Tempel bei Pozzuoli dem Beschauer erzählen. Noch großartiger sind sie in diesem Jahrhundert an der Küste von Chile beobachtet worden, wo einzelne Strecken durch verschiedene, ruckweise Hebungen um mehrere hundert Fuß über den Meeresspiegel erhöht wurden.

Jene langsamen, Jahrtausende lang stetig fortdauernden Hebungen und Senkungen des Bodens, welche man in neuerer Zeit an den Küsten von Skandinavien, Norddeutschland, England und Frankreich mit Sicherheit beobachtet hat, und welche voraussichtlich auch im Innern der Continente stattfinden, hier aber wegen Mangel an genauen Höhenmessungen aus älterer Zeit nicht nachgewiesen werden können, verdienen von geologischem Standpunkt ein besonderes Interesse, weil wir in ihnen vorzugsweise die Erklärung für die Existenz der Gebirge und des mannichfachen Wechsels in der Vertheilung von Festland und Ocean während der vorhistorischen Perioden zu suchen genöthigt sind. Die Ursachen dieser auf den verschiedensten Theilen der Erdoberfläche mehr oder weniger kräftig stattfindenden Niveauveränderungen sind äußerst schwierig zu ermitteln und daher auch die Ansichten der Geologen darüber sehr getheilt. Während die Einen in denselben die Wirkung der im Erdinnern befindlichen, gespannten und nach Zersprengung ihrer Fesseln begierigen Wasserdämpfe erblicken, erkennen andere in den Hebungen die Folge einer bis in bedeutende Tiefe stattfindenden Verwitterung krystallinischer Gesteine, bei welchem Prozeß eine ansehnliche Volumvermehrung der verschiedenen Mineralien und somit ein langsames Aufquellen derjenigen Landstriche erfolgen muß, welche entweder aus solchen Gebirgsarten zusammen gesetzt sind oder eine in der Zersetzung begriffene krystallinische Unterlage besitzen.

Richten wir nun unsere Aufmerksamkeit den oberirdischen verändernden Kräften (Luft, Wasser, Eis, Vegetation und Thierwelt) zu, so verdient das Wasser wegen der Mannichfaltigkeit, Kraft, Stetigkeit und Allgegenwart seiner Wirkungen besondere Beachtung.

Von der zerstörenden Thätigkeit des Wassers treten uns allenthalben Beweise entgegen *). Die zernagten Gipfel

*) Näheres siehe Pfaff, das Wasser (Naturkräfte IV. Bd.) S. 124 u. s. w.

der Berge, mit ihren Spitzen und Klüften, Schutthalden und Gräben; die Schluchten und Thäler, in denen Bäche und Flüsse dahineilen, die von der Brandung zerschellten Meeresküsten, sind ebensoviele Denkmäler von der Wirksamkeit des Wassers. Auf dem Festland entgehen diese Zerstörungen wegen ihres langsamen Fortschreitens leicht der Beachtung, denn nur selten erinnern uns Landschlüpfe, Bergstürze, Durchbrüche von Seen und größere Ueberschwemmungen mit bleibenden Nachwirkungen an das Dasein dieses unermüdlichen Ruhestörers. Wer sich aber die Mühe gibt das Aushöhlen der Wassertropfen, das Nagen der Bäche, das Anstürmen der Ströme gegen ihre Ufer genauer zu verfolgen, wird sich nicht lange der Ueberzeugung verschließen können, daß das zerfurchte Antlitz der Erde eine Folge der Thätigkeit des Wassers ist.

Die Bewohner der Meeresküsten sind besser mit den geologischen Wirkungen der Wogen vertraut. Um jeden Fußbreit Land ringt der Friese und Holländer mit dem Ocean, ohne den Verwüstungen der gierig vordringenden Fluth genügend Einhalt thun zu können. Versunkene Städte, untermeerische Wälder, weggeschwemmte Inseln, neugebildete Meeresbuchten wie der Zuydersee und Dollart findet man in großer Anzahl in Werken verzeichnet, welche sich mit den Veränderungen der Erdoberfläche in historischer Zeit beschäftigen.

Ein anschauliches Beispiel von den Verheerungen der Nordsee liefert die Insel Helgoland. Aus einem umfangreichen Eiland ist sie jetzt zu zwei felsigen Erhebungen von ungleicher Größe zusammengeschrumpft, deren Umfang täglich durch neue Einstürze des Strandes sich vermindert.

„Schon um das Jahr 800 *) soll ein großer Theil der Insel vom Meer verschlungen worden sein. Aehnliche Abreißungen ereigneten sich 1300, 1500 und 1649, bis endlich fast nur ein Felsen und wenig niedriges mit Dünen bedecktes Land, ungefähr der vierte Theil der Größe, welche die Insel vor dem 14. Jahrhundert besaß, davon übrig geblieben ist. Seit 1770 hat sich auch zwischen diesem und dem hohen, felsigen Theil der Insel ein Strom durchgearbeitet, der mit großen Schiffen befahren werden kann, so daß aus Einer zwei Inseln geworden sind." Die nebenstehende Karte mit den Umrissen von Helgoland im achten, 13. und 17. Jahrhundert soll auf der Insel gefunden worden sein und ist ihre Zuverläßigkeit neuerdings auch von vielen Seiten beanstandet worden, so geht doch aus den mit großer Gelehrsamkeit von Dr. von Maack gesammelten historischen Berichten hervor, daß das Kärtchen keine allzu übertriebene Vorstellung von der durch Abwaschung verursachten Einbuße an Umfang der Insel veranlaßt. Nach einer Berechnung Lappenberg's hätte Helgoland im Jahre 800 noch eine Größe von 1½ □ Meilen gehabt, während jetzt die beiden Klippen nicht einmal den hundertsten Theil einer Quadratmeile bedecken.

Wir würden übrigens dem Wasser Unrecht thun, wenn wir seine geologische Wirksamkeit nur als eine zerstörende bezeichnen wollten. Wenn es sich auch nicht läugnen läßt, daß dasselbe mit chemischen und mechanischen Mitteln unausgesetzt an der Erdoberfläche nagt, ihren Zusammenhang zu lockern trachtet und ungeheure Massen von

*) v. Hoff, Geschichte der durch Ueberlieferung nachgewiesenen natürlichen Veränderungen der Erdoberfläche. I. S. 56.

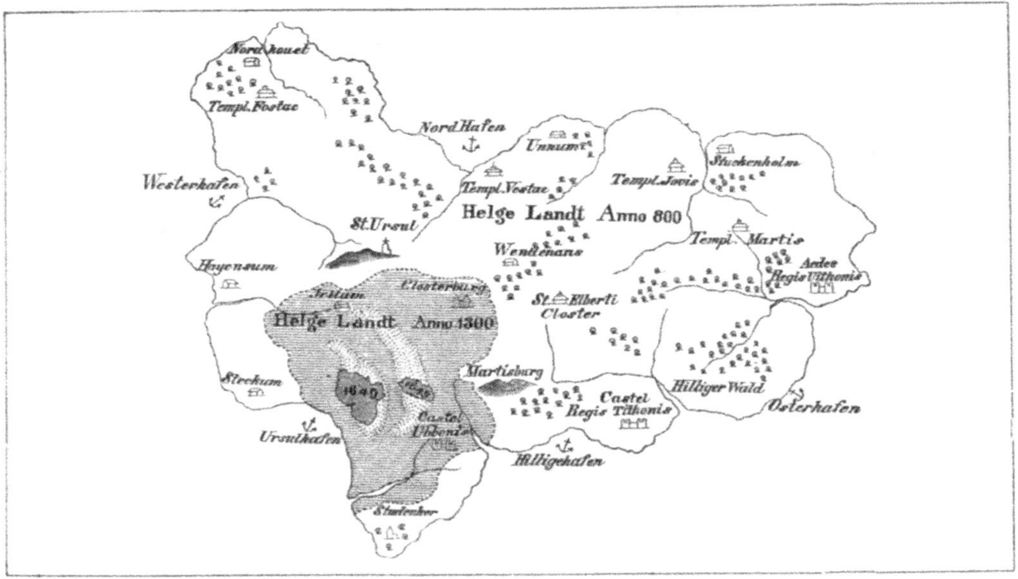

Fig. 1. Helgoland's Gestalt im 8., 13. u. 17. Jahrhundert.

Material abbröckelt, so geht doch auch hier, wie überhaupt in der Natur nichts verloren, denn das Wasser selbst übernimmt die Aufgabe aus den Trümmern seiner Zerstörungen neue Bauwerke wieder herzustellen.

Wir wissen, daß jedes fließende Gewässer je nach der Geschwindigkeit seines Laufes eine größere oder geringere Menge Detritus d. h. Bruchstücke verschiedener Größe, die von den benachbarten Gesteinen durch Zersetzung oder Abnagung abgetrennt wurden, mit sich führt. Die größten Brocken werden auf dem Boden fortgerollt, und soweit fortgeschafft, als die Kraft des Gefälles ausreicht; die Geschiebe, Gerölle und der gröbere Sand werden auf dem Grunde fortgerutscht und tragen nicht wenig zur Erweiterung und Vertiefung des Flußbettes bei. Eine bedeutende Menge von feinerem Material, wie Sand und Schlamm befindet sich bei einiger Aufregung und rascher Bewegung des Flusses schwebend im Wasser und verursacht die milchige Trübung der Gletscherbäche sowie die dauernde oder vorübergehende lehmige Färbung vieler Gewässer. Da nun die fortbewegende Kraft des Wassers nach mechanischen Gesetzen von dessen Geschwindigkeit und Druck abhängig ist und diese wieder von der Neigung des Flußbettes, so wird die Fortschaffung der größern Fragmente bei Abnahme des Gefälles frühzeitiger aufhören müssen, als die der schwebenden Bestandtheile. Es muß somit eine Sichtung des fortbewegenden Materials nach der Schwere eintreten, die in successiven Ablagerungen von Schotter, Kies, Sand und Schlamm dem Auge entgegentritt. Absätze von groben Geschieben und Geröll werden den oberen, raschen Flußlauf beim Eintritt in's Flachland bezeichnen, im mittleren

Lauf findet sich Sand, während das letzte, meist träge fortschleichende Stück des Flusses in der Nähe seiner Mündung nur noch feinen, schwebenden Detritus in Form von Schlamm fallen läßt. Mit der Schnelligkeit der Bewegung hängen aber auch Veränderungen in der Beschaffenheit des Flußbettes zusammen. So lange das Wasser die Fähigkeit besitzt, bedeutende Mengen von Detritus fortzuschieben, wird das Bett durch die Reibung dieses Materials eine Vertiefung erleiden müssen; später wenn die Bewegung stockt, häuft sich dasselbe an und sucht das Flußbett zu erhöhen. Bei manchen Flüssen findet die Erhöhung des Bettes im Gebiet seines unteren Laufes so rasch statt, daß er von Zeit zu Zeit seine Richtung zu verändern trachtet, neue Arme bildet und Ueberschwemmungen der benachbarten Ebenen verursacht. Werden diese Versuche durch Schutzbauten vereitelt, so kann wie beim Po der Fall eintreten, daß der Fluß auf einem erhöhten Damm sein Ueberschwemmungsgebiet durchwandert.

Je seichter das Bett eines Flusses und je ausgebreiteter und niedriger seine Umgebung, desto größere Ausdehnung werden seine Niederschläge gewinnen. Der Nil, um ein allgemein bekanntes Beispiel anzuführen, bedeckt alljährlich in periodisch wiederkehrenden Ueberschwemmungen die egyptische Ebene mit seinem fruchtbaren Schlamm und bildet regelmäßige Schichten, da jeder Jahresschlamm entweder eine vom vorjährigen etwas abweichende Farbe besitzt und dadurch von jenem unterschieden werden kann, oder weil sich meist ganz dünne Lagen feinen Sandes zwischen die Schlammabsätze einschieben.

Die fluviatilen Ablagerungen bedürfen nach diesen

Andeutungen keiner weiteren Beschreibung. Jeder Leser kann sich leicht in seiner Nachbarschaft von deren Vorhandensein und einfacher Beschaffenheit überzeugen.

Wenn aber Flüsse ihren Detritus nicht in ihrem Ueberschwemmungsgebiet oder ihrem Bett ablagern, sondern bis in einen Landsee oder den Ocean zu schleppen vermögen, entstehen ebenfalls Ablagerungen, deren Zusammensetzung etwas schwieriger zu beobachten ist.

Bleiben wir zunächst bei den Landseen, so liefern uns gelegentliche Trockenlegungen einen Einblick, wie hier die

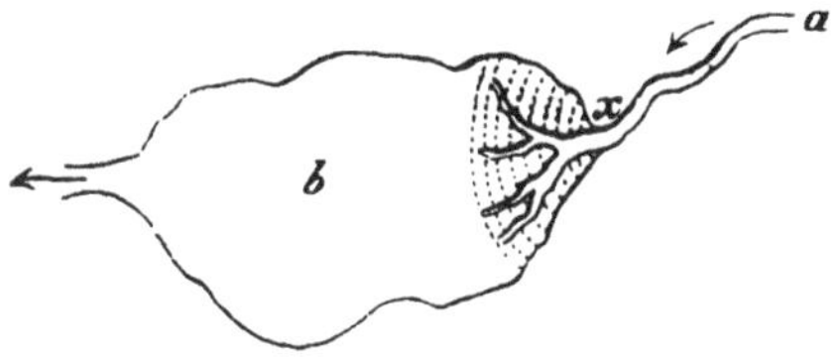

Fig. 2.

Schichtenbildung von Statten geht. Ist a ein Bergstrom, der bei x in den See b mündet, so wird seine Geschwindigkeit in kurzer Zeit erlahmen und der mitgeführte Detritus zu Boden sinken. Unmittelbar an der Mündung werden die größeren Geschiebe und Gerölle aufgeschüttet, sie füllen nach und nach den Eingang des Sees aus und bilden einen Schuttkegel, in welchen sich der Fluß wieder verschiedene Furchen eingräbt und durch diese sein Material bis zum Außenrand des Aufschüttungsdelta führt. An diesem bogenförmigen Steilrand rollen alsdann die größeren Fragmente in die Tiefe, indem sie ihn beständig vergrößern; etwas weiter außen lagern sich an seinem Fuß die Sandkörner ab und zwar entweder in schwach geneigter oder horizontaler Richtung. Der feine schwebende Schlamm bewegt sich noch weit in den See hinein, bis auch er in Wolken zu Boden sinkt und denselben mit einer horizontalen Schlammschicht bedeckt, deren Dicke abnimmt, je weiter man sich von der Mündung des Flusses entfernt.

Die Wassermenge des Bergstromes bleibt aber bekanntlich nicht immer dieselbe und ebensowenig die Zufuhr an Detritus. Jedes Hochwasser schiebt seine Gerölle und seinen Sand weiter vor und läßt sie an Stellen niedersinken, wo bei gewöhnlichem Wasserstand vielleicht nur noch Schlamm abgesetzt wurde; da überdies das durch Hochfluthen beigeführte Material zuweilen in Farbe und mineralischer Zusammensetzung von dem gewöhnlichen Detritus abweicht, so können die Schwankungen des Wasserstandes durch die Absätze des Sees controlirt werden. Man wird in solchen Fällen nicht allein ein oftmaliges Uebergreifen der Geröllschichten über die Sand- und dieser über die Schlammschichten beobachten können, sondern die einzelnen in paralleler Lage über einander folgenden Schichten werden auch in ihrer Färbung und Zusammensetzung von einander abweichen.

Bei der Ablagerung des Flußdetritus im Meere kommen dieselben Principien, wie in den Landseen zur Anwendung, nur wird es sich hier in den meisten Fällen nur um Absätze von Schlamm oder von Sand und Schlamm handeln, da der Fluß schon in seinem oberen Lauf alles grobe Material abwirft.

Treten keine hindernden Umständen ein, so werden sich an der Mündung der Flüsse sogenannte Delta's bilden, deren Form, Ausdehnung und Zusammensetzung von so vielen localen Umständen abhängt, daß ihre Betrachtung ohne näheres Eingehen auf die individuellen Eigenthümlichkeiten jedes einzelnen Falles nur geringen Werth besäße. Die Thatsache verdient jedoch Erwähnung, daß Flußmündungen, welche von kräftigen Meeresströmungen berührt werden, ihren Detritus weit in den Ocean hineinsenden und keine Spur von Delta's bilden. So vermißt man z. B. am Amazonenstrom und Orinoko Ablagerungen der enormen Schlammmassen, welche diese Riesenströme mitführen, weil sich die nordatlantische Aequatorialströmung des Detritus bemächtigt und denselben theils an die flachen Küsten von Mexiko und Texas schleppt, theils weithin auf den Grund des Oceans vertheilt.

Ueberblicken wir die bisher erwähnten Thatsachen, so erkennen wir im Wasser das nivellirende Princip unter den Naturkräften. Wenn es durch die Sonnenwärme gehoben in die Lüfte steigt und von den Winden fortgeführt auf den Gipfeln der Berge niederfällt, beginnt seine geologische Thätigkeit im Zersetzen, Zerbröckeln und Annagen der Gesteine. Es führt die beweglichen Massen in selbstgebahnten Wegen an den Gehängen hinab, von Thal zu Thal, sammelt sich in den größeren Fahrstraßen der Flüsse und kommt schließlich ermattet und schwer beladen im Ocean an, von wo es aufgestiegen. Rastlos beginnt es seinen Kreislauf von Neuem, unabläßig darauf bedacht das Erhabene zu erniedrigen, das Niedrige zu erhöhen, um schließlich das

Ziel seiner Anstrengung: die Vernichtung aller Niveau-Gegensätze auf der Erdoberfläche zu erreichen.

Man braucht übrigens die geologische Bedeutung der fließenden Gewässer nicht zu unterschätzen, wenn uns die Erfahrung zeigt, daß nur ein kleiner Theil der Absätze am Meeresstrand ihre Entstehung den Flüssen verdankt. Immerhin aber ist es wahr, daß sich das Meer durch Zerstörung seiner Ufer in weit reichlicherem Maaß*) Stoff zur Ablagerung neugebildeter Schichten verschafft, als dies durch die Zufuhr der Flüsse geschieht.

Sobald die abgestürzten oder ausgewaschenen Uferfragmente in den Bereich der Brandung gelangen, verfallen sie deren sortirender und umgestaltender Thätigkeit. Die gröberen Stücke werden durch einander geworfen, zerrieben und allmälig zerkleinert, der feinere Detritus weiter vom Ufer entfernt. Jede zurückkehrende Welle belastet sich mit soviel Material, als sie schwebend tragen kann, und setzt dasselbe je nach seiner Schwere früher oder später auf dem Boden ab. So bilden sich denn gleichzeitig dreierlei Ablagerungen: unmittelbar am Strand grobes Geröll, weiter hinaus Sand und endlich feiner Schlick, der unter Umständen, wie die Tiefsee-Untersuchungen der letzten Jahre ergeben haben, durch Meeresströmungen wenigstens in kleiner Menge viele Meilen weit getragen werden kann.

Die Beschaffenheit dieser horizontalen oder doch nur schwach geneigten Schichten muß selbstverständlich von der Zusammensetzung des Ufers abhängen. Man findet daher an der einförmigen, sandigen Küste von Norddeutschland

*) Pfaff, das Wasser, Seite 173.

vorzugsweise Sandablagerungen, während das höchst mannichfaltige französische Litorale vielfache Abwechslung gewährt. Die Küsten der Normandie von Abbeville bis le Havre werden von Feuersteinknollen und kalkigem Sand begleitet. Bei Dives und Trouville bilden sich dunkelgefärbte Schlammabsätze, bei Cherbourg und fast an der ganzen Küste der Bretagne wechseln Granitgerölle mit kieselreichem gröberem oder feinerem Sand. Die atlantische Küste von St. Nazaire bis Bordeaux endlich zeigt überwiegend feinen kalkigen Schlamm. Alle diese mannichfaltigen geschichteten Absätze, deren unterseeische Erstreckung in neuerer Zeit auf hydographischen Karten genau dargestellt wurde, bilden sich auf verhältnißmäßig kleinem Raum unter unseren Augen.

Es wurden bis jetzt nur die mineralischen Bestandtheile berücksichtigt, welche durch die Thätigkeit der fließenden Gewässer oder des Meeres zum Absatz gelangen, allein es ist klar, daß neben diesen eine Menge organischer Ueberreste, welche von den ersteren fortgeschafft werden oder von den Bewohnern der stehenden Gewässer und des Meeres herrühren, mit in die Erdschichten begraben werden.

Wer sich jemals mit dem Sammeln von Insekten oder Conchylien abgegeben hat, wird mit Vergnügen an die reiche Ausbeute denken, welche ein Durchsuchen der nach Hochfluthen an Flußufern hinterlassenen Haufen von Blättern und sonstigen Pflanzenresten gewährt. Jeder in dem Ueberschwemmungsgebiet eines größeren Flusses gelegene Wegeinschnitt liefert ferner den Beleg, welche Menge Ueberreste von Land- und Süßwasser-Bewohnern namentlich in den feineren Schlammschichten stecken, während man allerdings im Kies wegen der zerstörenden Reibung bei dessen Fortbewegung höchstens hin und wieder einen Baumstamm oder einen soliden Knochen eines größeren Landthieres beobachtet.

Die günstigsten Verhältnisse für Erhaltung organischer Reste bieten Landseen oder das Meer. Was im Wasser stirbt, verfällt nicht wie auf dem Trockenen dem zerstörenden Einfluß der Atmospäre. Die mineralischen Theile der todten Thiere, wie Knochen, Schuppen, Schalen, bleiben unter der schützenden Hülle von Sand und Schlamm, womit sie bald bedeckt werden, ziemlich unverändert und sogar leicht verwesliche organische Stoffe, wie Pflanzen können unter Wasser zwar eine chemische Umwandlung erfahren, aber wenigstens theilweise der Zerstörung widerstehen.

Außer den eigentlichen Wasserbewohnern führen die Zuflüsse mancherlei organische Körper vom Lande herbei: vom Ufer fallen Blätter, Baumstämme und verunglückte Thiere in's Wasser, die im Schlamme begraben, sorgfältig der Nachwelt überliefert werden.

Der Boden eines Landsees enthält gewissermaaßen eine Musterkarte der in ihm und seiner Nachbarschaft lebenden Süßwasser- und Land-Bewohner, so daß es für einen Naturforscher keine besonders schwierige Aufgabe wäre, nach Untersuchung der im Boden eines ausgetrockneten Sees aufgefundenen organischen Ueberreste sich von der Thier- und Pflanzenwelt eines ihm gänzlich unbekannten Landes wenigstens eine ungefähre Vorstellung zu machen.

Wie günstig die Erhaltungsbedingungen der Ueberreste von Meeresbewohnern sein müssen, läßt sich leicht einsehen, wenn wir berücksichtigen, welche Unzahl beschalter oder mit mineralischen Theilen versehener Geschöpfe sich im Ocean herumtummelt. Es kann uns daher auch nicht wundern, wenn wir in den marinen Absätzen viel mehr und viel mannichfaltigere organische Reste eingeschlossen sehen, als in Süßwasserbildungen. Häufig findet man das ganze Ufer mit Muscheln, Schnecken, Gehäusen von Seeigeln, winzigen Schälchen von Foraminiferen und Haufen von Algen besät und da auch diese organischen Ueberreste der sortirenden Thätigkeit der Wellen unterliegen, so findet man sie meist nach ihrer Schwere gesondert in bestimmten Schichten vereinigt.

In großer Entfernung vom Ufer oder an Orten, wo durch locale Bedingungen verhältnißmäßig wenig oder gar kein mineralischer Detritus zum Absatz gelangt, zeigt sich der Meeresboden zuweilen auf weite Strecken mit Muschelschalen und sonstigen Fragmenten größerer und kleiner Seethiere bedeckt. Eine weitere ausgiebige Quelle von kohlensaurem Kalk liefern mitten im Ocean der tropischen Regionen die herrlichen Bauten der Korallenthiere, die von jeher die Bewunderung der Seefahrer und Naturforscher erregt haben. Von der Bedeutung dieser Bildungen erhält man eine Vorstellung, wenn man hört, daß die meisten Inseln im stillen Ocean zwischen dem 28° nördlicher und südlicher Breite, daß die ungefähr 170 geographische Meilen lange Inselreihe der Malediven und Laccadiven an der Südwestküste von Malabar aus den Kalkskeletten riffbildender Korallen bestehen und daß die Nordostküste von Australien von einem fast 250 Meilen langen Wallriff umsäumt wird

Eine neue, ganz ungeahnte Entstehungsweise von Kalkabsätzen im Ocean haben uns die Tiefseeforschungen der letzten Jahre kennen gelehrt. Während man früher glaubte, daß in einer Tiefe von 1500 bis 2000 Fuß alles organische Leben wegen des daselbst herrschenden ungeheuren Druckes und der äußerst geringen Lichtmenge aufhöre, haben die Untersuchungen der englischen, schwedischen und nordamerikanischen Expeditionen mit sinnreich construirten Senkapparaten Grundproben aus den tiefsten Abgründen des Oceans und zwar aus Stellen hervorgeholt, zu deren Erreichung die Taue der Senkinstrumente eine Länge von 20—24,000 Fuß besitzen mußten. Diese Proben bestanden nun auffallender Weise zum größten Theil aus organisirtem kohlensaurem Kalk.

Damit ist nachgewiesen, daß der Meeresboden in größerer Entfernung vom Festland und in einer Tiefe von mindestens 4000 Fuß meist mit einem Schlamme von sehr merkwürdiger Beschaffenheit bedeckt wird. Dem unbewaffneten Auge erscheint er im frischen Zustand als ein feiner, sehr zähflüssiger, klebriger Brei von schmutzig gelblich-grauer Farbe, in welchem keine bestimmten Formen erkannt werden können; getrocknet sieht er ungefähr wie gewöhnlicher Chausseestaub aus. Unter dem Mikroskop löst sich der unscheinbare Brei bei hinreichender Vergrößerung zum größten Theil in eine Unzahl organischer Körper von sehr verschiedener Größe und Form auf. Zunächst fallen durch Häufigkeit und ansehnliche Dimensionen kugelige, aus vielen rundlichen, ziemlich unregelmäßig um eine Spirale angehäuften Kammern zusammengesetzte Kalkschälchen in die Augen. Ihre Oberfläche ist mit feinen Pünktchen bedeckt, welche, wie man an zerbrochenen Schalenstückchen im Durchschnitt bemerkt, die Mündungen zahlreicher feiner Kanälchen darstellen, von denen alle Wände siebartig durchlöchert sind. Diese Gehäuse gehören zur Gattung Globigerina aus der Klasse der Wurzelfüßer (Rhizopoden). Die thierischen Bewohner dieser Schälchen bestehen lediglich aus einer gallertartigen, beweglichen Eiweißsubstanz (Protoplasma) welche in Form von langen, feinen, öfters in einander zerfließenden Fädchen (sogenannten Scheinfüßchen oder Pseudopodien) aus den Poren heraustritt und wieder eingezogen werden kann. Von einem Gefäßsystem, von besonderen Bewegungs- oder Ernährungsorganen ist keine Rede. Die Wurzelfüßer mit kalkiger, aus Kammern zusammengesetzter Schale werden Polythalamien oder Foraminiferen genannt und es finden sich außer den Globigerinen mehr vereinzelt andere Formen, wie Textilaria u. a.

Jene zierlichen, gitterförmigen, zuweilen mit krystallartigen Stacheln verzierten Gehäuse der Abbildung (Fig. 3) gehören ebenfalls zu den Wurzelfüßern, allein ihre Schale besteht aus Kieselerde und ist nicht aus mehreren, mit einander communicirenden Kammern zusammengesetzt. Man nennt diese und andere ähnlich gestaltete Formen Radiolarien. Von größeren Sachen treten noch, allerdings ziemlich selten, cylindrische Stäbe oder runde, mit feiner Schraffirung oder Punktirung geschmückte Scheibchen von Diatomeen (Coscinodicus, Peristephania), sowie vereinzelte, höchst mannichfaltig gestaltete Kieselnadeln von Seeschwämmen in's Gesichtsfeld.

Den Hauptbestandtheil (etwa 88 %) des Tiefseeschlammes bilden aber kleine, rundliche oder elliptische Kalkscheibchen (Coccolithen), deren Entdeckung man dem berühmten englischen Zoologen Huxley verdankt. Man unterscheidet leicht zweierlei Formen: nämlich die einfachen, concentrisch geschichteten, oben convexen, unten ausgehöhlten, mit einem dunkeln Kern versehenen Scheibensteinchen (Discolithen) und die aus zwei eng verbundenen Scheiben von verschiedener Größe und Form zusammengesetzten Napfsteinchen (Cyatholiten), welche von der Seite gesehen die Form von Manschettenknöpfen besitzen. Zuweilen bemerkt man auch zwischen den Coccolithen kleine aus mehreren Scheibensteinchen zusammengesetzte Kugeln, denen man den Namen Coccosphären beigelegt hat. Alle diese Körperchen sind eingebettet in eine höchst zähe, klebrige, von zahllosen, winzigen Körnern erfüllte Protoplasma-Substanz, die den Meeresgrund als organischer Urschleim bedeckt und den Namen Bathybius*) erhalten hat.

Neben diesen organischen Formen enthält der Tiefseeschlamm noch eine Anzahl kleiner Mineral-Fragmente, sowie winzige Trümmer von den Kalkgehäusen verschiedener Schalthiere.

Bei der chemischen Analyse einer Tiefseeprobe, in welcher durch Dekantiren ungefähr 10 % der gröberen Kalkschälchen entfernt worden waren, erhielt Gümbel folgende Zusammensetzung:

*) von βαθύς tief, βιόω ich lebe.

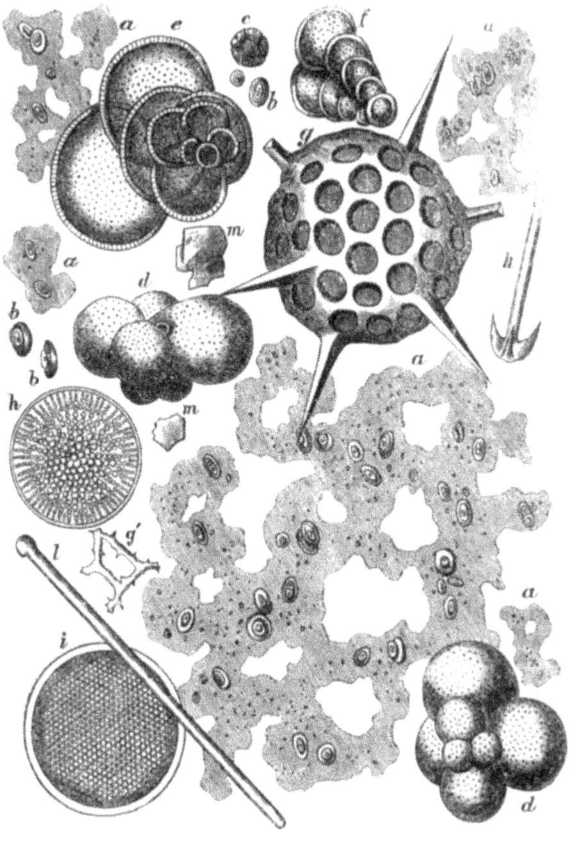

Fig. 3. Mikroskopische Ansicht des Tiefseeschlammes aus dem Atlantischen Ocean.

a Bathybius mit Coccolithen. b Einzelne Discolithen und Cyatholithen. c Coccosphaere. d Globigerinen. e Eine Globigerine aufgebrochen. f Textilaria. g und g′ Radiolarien. h und i Diatomeen-Scheibchen. k und l Kieselnadeln von Seeschwämmen. m Mineralfragmente.

Kohlensaure Kalkerde	59,65
„ Bittererde	1,44
Thonerde, Eisenoxyd und Phosphorsäure . . .	11,36
Kalk und Bittererde, z. Th. an Phosphorsäure gebunden	1,26
Kieselerde	20,90
Organische Substanz	3,05
Verlust und Wasser	3,74
	100,00

Dieses Mischungsverhältniß entspricht der Zusammensetzung der gewöhnlichen unreinen, etwas mergeligen Kalksteine, und wenn wir die abgesonderten 10 % hinzurechnen, so erhalten wir je nach der Vertheilung der kalkigen und kieseligen Foraminiferen- oder Radiolarienschälchen die mannichfaltigen Combinationen, welche uns die verschiedenen Kalksteine der Erdoberfläche darbieten.

Ueber die Menge des Tiefseeschlammes lassen sich, wegen der Unmöglichkeit genaue Messungen in diesen ungeheuren Abgründen vorzunehmen, nur Muthmaßungen aufstellen. Wir fürchten übrigens kaum den Vorwurf der Ueberschwenglichkeit auf uns zu laden, wenn wir diese Quantität als sehr beträchtlich veranschlagen, denn es ist bekannt, daß sich die Protisten, zu denen der Bathybius mit seinen Coccolithen, sowie die Wurzelfüßer und Diatomeen gehören, mit ganz unglaublicher Geschwindigkeit vermehren.

Das Festland entbehrt der Anhäufung organischer Substanzen zwar nicht vollständig, allein sie lassen sich weder nach Ausdehnung, noch nach Menge mit den thierischen Kalkbildungen des Oceans vergleichen. Wenn auch die Torfmoore in den gemäßigten und kalten Regionen weiten Strecken der Erdoberfläche ein trauriges Ansehen verleihen, so bleiben sie doch immerhin nur Erscheinungen von localem Charakter, denen jene weite Verbreitung des Tiefseeschlammes abgeht.

Eine noch viel geringere Bedeutung besitzen gelegentliche Anschwemmungen von Treibholz in großen Strömen und Landseen oder jene mehlartigen Ansammlungen von kieseligen Diatomeenschälchen, welche hier und dort, wie in der Lüneburger Haide, den Boden bedecken.

Wir haben mit den Betrachtungen über die mechanische Thätigkeit des Wassers seine verändernde und aufbauende Wirksamkeit noch nicht erschöpft.

Alle fließenden und stehenden Gewässer enthalten gewisse Stoffe chemisch gelöst. Diese chemischen Bestandtheile beeinträchtigen die Klarheit nicht; ihre Existenz entzieht sich zwar in der Regel dem Auge, macht sich dagegen dem Geschmack leicht bemerklich. In den Gewässern des Festlandes ist doppelkohlensaurer Kalk die verbreitetste Substanz, für deren Menge wir in der sogenannten Härte einen ziemlich sicheren Maßstab besitzen. Geht durch lebhafte Bewegung, Verdunstung und Erwärmung ein Theil der Kohlensäure verloren, so fällt der unlösliche einfach-kohlensaure Kalk zu Boden und wir erhalten jene Kalktuffabsätze, die namentlich an Wasserfällen oder rasch hinströmenden Gebirgsbächen so häufig bemerkt werden*).

---

*) Pfaff, das Wasser. S. 159.

Im Ocean verräth der salzige Geschmack das Vorhandensein löslicher Substanzen, unter denen Steinsalz (Chlornatrium) Chlormagnesium und Gyps überwiegen. Durch Abdampfen lassen sich diese Salze jeder Zeit gewinnen, zur natürlichen Ablagerung dagegen gelangen sie nur an solchen Orten, wo, wie am todten Meer, in den Salzsümpfen der Sahara oder am See von Utah, die Zufuhr von süßem Wasser nicht hinreicht, um den durch Verdunstung erlittenen Verlust zu ersetzen. Hier erfolgt allmälig eine solche Uebersättigung an gelösten Bestandtheilen, daß eine Auskrystallisirung nach dem Grad der Löslichkeit eintritt und Ufer und Boden mit Krusten von Gyps und Steinsalz bedeckt werden.

Ueberblicken wir nun zum Schluß die in diesem Kapitel flüchtig berührten Thatsachen, so gewinnen wir die Ueberzeugung, daß unsere Erde in ewigem Werden, in beständiger, wenn auch langsamer Umgestaltung begriffen ist. Wir sehen, wie das Erdinnere unabläßige Angriffe gegen die feste Rinde richtet und von Zeit zu Zeit glühende Gesteinsströme aus unnahbarer Tiefe zu Tage sendet; wie Erdbeben, Hebungen und Senkungen des Bodens Veränderungen in den Niveauverhältnissen hervorrufen; wie das Wasser einen stillen, aber hartnäckigen Krieg gegen Alles Bestehende führt, und wie es dabei die organische Welt in mannichfaltiger Weise als Verbündeten benützt. Alle diese Erscheinungen mögen vielleicht unser gläubiges Vertrauen auf die Unbeweglichkeit des festen Erdbodens erschüttern, aber wenn wir die Ursachen der furchtbaren und zugleich majestätischen Thätigkeit des Vulkanismus und der Erdbeben erforschen, wenn wir den Kreislauf des Wassers mit seinem ganzen Gefolge von zerstörenden und aufbauenden Wirkungen nachgehen, wenn wir die Arbeit der kalkbildenden Thierchen im Ocean und der Brennstoff liefernden Pflanzen auf dem Festland belauschen, so erlangen wir nicht allein einen erfreulichen Einblick in die Werkstätte der Natur, sondern wir finden in ihnen zugleich den Schlüssel für die geologischen Ereignisse der Vergangenheit.

Als die Natur sich in sich selbst gegründet,
Da hat sie rein den Erdball abgerundet,
Der Gipfel sich, der Schluchten sich erfreut,
Und Fels an Fels und Berg an Berg gereiht.
(Göthe.)

III.

Geschichtete und massige Gesteine. Versteinerungen. Regelmäßige Anordnung der Sedimentärgebilde. Methode der Classification. Formationslehre.

Der Boden, auf dem wir wandeln, besteht aus Gestein. Für den Geologen ist Alles Gestein, was sich über weite Räume erstreckt, eine ansehnliche Dicke (Mächtigkeit) besitzt und einen wesentlichen Bestandtheil der festen Erdrinde ausmacht. Im lockeren Sand der norddeutschen Ebene, im Schlamm der Pampas, im Torf, im Eis der Hochgebirge erkennt er ebensogut Gesteine wie in den harten Granit-, Basalt- oder Kalk-Felsen der Gebirge. Er schließt dagegen die Ackerkrume, sowie alle weichen, unzusammenhängenden, oberflächlichen Zersetzungsprodukte von den Gesteinen aus, weil diesen, meist nur wenige Zoll dicken, im Werden begriffenen Bildungen das Merkmal der Mächtigkeit abgeht. Für den Geologen bilden alle oberflächlichen Bodenbedeckungen einen Gegenstand des Mißbehagens, denn sie verhüllen ihm das eigentlich „anstehende" Gestein. Darum meidet er auch fruchtbare Ebenen und wandert mit Vorliebe in die Berge, wo er den Bau der Erdrinde in nackten Felsenwänden dem Auge erschlossen findet.

Man hat viel darüber nachgedacht und geschrieben, wie sich die Gesteine erkennen und wissenschaftlich classificiren lassen.

Dem uneingeweihten Laien fallen bei der Betrachtung der Gebirge zweierlei Gesteinsformen schon von weitem durch ihr verschiedenes Aussehen auf. In Gegenden, wo Sandsteine, Schiefer, Kalksteine oder mergelige Gebilde vorherrschen, erweckt eine höchst regelmäßige Absonderung in parallele Lagen die Aufmerksamkeit. In den Kalkbergen der rauhen Alb glaubt man zuweilen zerfallenen Mauern gegenüber zu stehen, so gleichmäßig sind hier die zerklüfteten Bänke übereinander geschichtet; an andern Orten werden klafterdicke Sandsteinlager durch papierdünne Mergelschichten getrennt; ihnen folgen andere zoll- oder fußdicke Schichten von wechselnder Zusammensetzung und Farbe. Alles liegt parallel über einander, jede Biegung, jede Veränderung in der Lage einer einzelnen Schicht wird vom ganzen Complex wiederholt und auf diese Weise bilden sich jene imposanten Gewölbe, Schichtenfaltungen und Knickungen, die man in den Alpen so häufig zu bewundern Gelegenheit hat.

Mit diesen geschichteten Gesteinen bilden die plumpen, unförmlichen Massen der Granit-, Porphyr- oder Basalt-Berge einen auffälligen Contrast. Hier läßt sich keine regelmäßige Anordnung der einzelnen Theile erkennen; glitzernde Krystalle liegen nach allen Richtungen durcheinander, beim Granit in ansehnlicher Größe und leicht unterscheidbar, beim Basalt so winzig klein, daß wir das Mikroskop zu Hilfe nehmen müssen, um die Bestandtheile zu erkennen. Den genannten Beispielen schließen sich viele andere Massengesteine an, die in der Form ihres äußeren Auftretens zwar mit jenen übereinstimmen, in der Zusammensetzung aber von ihnen abweichen.

Im Allgemeinen dürften wir die Massengesteine als grob oder fein krystallinische Combinationen einer kleinen Anzahl felsbildender Mineralien betrachten, welche in verschiedenen Mischungsverhältnissen zusammentreten.

Wenden wir unsere Aufmerksamkeit jetzt der Zusammensetzung der geschichteten Gesteine zu, so finden wir in diesen höchst selten wohlausgebildete Krystalle in größerer Anzahl zerstreut. Die Quarzkörner im Sandstein sind abgerundet und matt, die Glimmerschüppchen zerrissen und beide durch ein feines, mit dem Detritus unserer Flüsse durchaus übereinstimmendes Bindemittel verkittet. Bei vielen geschichteten Gesteinen fällt der Nachweis ihrer Zusammensetzung aus gröberen oder feineren Trümmern nicht schwer, bei anderen dagegen, wie bei gewissen Kalksteinen finden sich weder deutlich erkennbare Fragmente, noch Krystalle, und hier belehrt uns das Mikroskop, daß wir entweder äußerst feine Gemenge von Kalkschlamm, oder Anhäufungen von zahllosen winzigen Ueberresten kalkbildender Thiere und Pflanzen vor uns haben. Noch andere, wie Braunkohlen, Korallenkalke manifestiren sofort ihren organischen Ursprung und schließlich fehlen unter den geschichteten Gesteinen auch krystallinische Gemenge nicht. Wenn hier also den Bestandtheilen ein weiter Spielraum geboten ist, so sehen wir sie doch alle durch ein gemeinsames Merkmal verbunden. Sie enthalten nämlich insgesammt Ueberreste von Pflanzen oder Thieren, freilich gar oft so kümmerliche Spuren, daß nur ein geübtes Auge die ursprüngliche Form herauszufinden vermag.

Versteinerungen nennt man diese Ueberreste, als ob sie immer in Stein umgewandelt sein müßten, während uns doch die Erfahrung zeigt, daß sich organische Körper in der mannichfaltigsten Form in den Erdschichten erhalten können. Nicht in der mehr oder weniger günstigen Erhaltung liegt das bestimmende Kennzeichen einer Versteinerung, sondern lediglich nur in ihrem Alter. Ist ein Ueberrest oder eine Spur irgend eines organischen Wesens in vorhistorischer Zeit begraben worden, während welcher die Beschaffenheit der Erdoberfläche von den jetzt bestehenden Verhältnissen in wesentlichen Zügen Verschiedenheiten zeigte, so rechnen wir ihn zu den Versteinerungen, mag er bis zur Unkenntlichkeit zerstört oder wie die Leichen ausgestorbener Thiere im Eise Sibiriens fast unverändert überliefert sein.

Es wird uns nicht schwer fallen, für die meisten versteinerungsführenden Gesteine in den heutigen Absätzen der süßen Gewässer und Meere entsprechende Bildungen zu finden, die trocken gelegt und erhärtet fast genau den nämlichen Anblick und die gleiche Zusammensetzung gewähren würden. Wenn wir uns sodann die Bedingungen ins Gedächtniß zurückrufen, unter denen heutzutage organische Ueberreste in die Erde eingebettet und erhalten werden, so können wir uns der Ueberzeugung nicht verschließen, daß alle versteinerungsführenden Gesteine die Absätze (Sedimente) einstiger Flüsse, Landseen und Meere darstellen. Man nennt sie daher auch kurzweg Sedimentgebilde.

In den krystallinischen Massengesteinen sucht man vergeblich nach organischen Ueberresten. Ebensowenig finden wir unter den wässerigen Bildungen der Gegenwart ein Mineralgemenge, das sich nur im Entferntesten mit einem Granit oder Basalt vergleichen ließe. Die erstarrten Lavaströme unserer Vulkane dagegen bieten uns die erfreulichste Uebereinstimmung mit manchen älteren krystallinischen Massengesteinen, so daß wir diesen mit Bestimmtheit, und allen übrigen mit vieler Wahrscheinlichkeit einen unterirdischen Ursprung zuschreiben und dieselben mit der Bezeichnung Eruptivgebilde belegen dürfen.

So treten uns denn in den Gesteinen überall Zeugnisse der einstigen Thätigkeit des Wassers, der Organismen und der unterirdischen Kräfte entgegen. Sinnend stehen wir vor diesen Denkmälern der Vorzeit, nach dem Schlüssel zu den Räthseln und Wundern suchend, welche sie enthalten.

In dem ganzen Gefüge der auf einander gethürmten Gesteinsmassen leuchtet eine gewisse Ordnung hervor. Wenn die geschichteten Gesteine wirklich Absätze ehemaliger Gewässer darstellen, so muß diese Ordnung nothwendigerweise eine historische sein. Die älteren Schichten müssen als die zuerst gebildeten am tiefsten, die jüngeren zu oberst liegen.

Fänden wir einen Ort auf der Erde, wo sämmtliche Sedimentgesteine in unveränderter Reihenfolge über einander geschichtet wären, so hätten wir nur die einzelnen Glieder dieser Kette zu studiren, um daraus die Entwicklungsgeschichte der Erde in ihren Hauptzügen zu ermitteln.

So leicht ist es dem Geologen aber nicht gemacht. Der Dawalaghiri, wenn er unmittelbar am Meeresufer in die Lüfte ragte, würde nicht hinreichen, um alle versteinerungsführenden Ablagerungen zur Anschauung zu bringen, denn ihre Totalmächtigkeit dürfte 100,000 Fuß noch erheblich übersteigen. Es gibt überdieß keinen Fleck auf der Erde, der ewig vom Wasser bedeckt gewesen und erst beim Erscheinen des Menschen auf's Trockne gehoben worden wäre. Meer und Festland haben in der Urzeit beständig mit einander gewechselt. So oft ein ursprünglich mit Wasser bedecktes Gebiet trocken gelegt wurde, hörte der Absatz von Sediment auf, es bedeutet also auch umgekehrt jede partielle Lücke in der Reihenfolge der geschichteten Gesteine eine Festlandperiode.

Unsere Kenntniß vom Schichtenbau der festen Erdrinde beschränkt sich auf vereinzelte Trümmer, aus denen wir unser wissenschaftliches Gebäude errichten müssen. Man kann diese Fragmente mit den Bruchstücken eines Buches vergleichen, von dem mehrere Exemplare zerrissen und regellos über eine Fläche zerstreut wurden. Wie wir uns das Buch mit Hilfe der Paginirung oder des Inhaltes aus den gesammelten Fetzen wieder herstellen können, so ist es bei einiger Vorsicht auch möglich die zerstreuten Daten der Erdgeschichte zu einem Ganzen zusammenzufügen.

Nehmen wir an, ein Berg zeigte uns die Schichten A bis G aufgeschlossen, an einem andern Ort fänden wir die Schichten E bis P regelmäßig entwickelt, ein dritter lieferte uns einige weitere Glieder, so hätten wir nur die mehrfach vorhandenen auszuscheiden und die auf einander folgenden zu einem idealen Schema zusammenzustellen.

Mit dieser Aufgabe hat sich die Geologie beschäftigt und in der That eine durch tausendfache Beobachtung sichergestellte Reihenfolge ermittelt. Es handelt sich bei diesen Untersuchungen vor Allem darum, die gleichzeitigen Schichten in den verschiedenen Erdfragmenten richtig wieder zu erkennen, damit Lücken oder sonstige Unregelmäßigkeiten, wie sie so häufig vorkommen, sofort als solche beurtheilt werden.

Zur Orientirung in den Sedimentgebilden leisten uns abgesehen von der Lagerung zwei Merkmale treffliche Dienste: 1) die physikalische Beschaffenheit d. h. der Gesteinscharakter der Schichten und 2) die in denselben enthaltenen Versteinerungen.

Da jede Schicht ihrem idealen Begriffe nach eine von 2 parallelen Ebenen begrenzte Tafel darstellt, so steht ihrer Verbreitung an und für sich kein Hinderniß entgegen. In Wirklichkeit laufen die Begrenzungsebenen aber niemals parallel; sie convergiren und divergiren vielmehr unter verschiedenen Winkeln, deren Größe die horizontale Erstreckung der betreffenden Schichten bedingt.

Von der colossalen Ausdehnung dieser Steintafeln in der Erdrinde kann man sich eine Vorstellung machen, wenn man erfährt, daß einzelne derselben Flächen von 50 bis 100 und selbst noch mehr Quadratmeilen bedecken.

Folgen zahlreiche Schichten von gleichartiger Zusammensetzung, Farbe und sonstigen Merkmalen in großer Mächtigkeit über einander, so läßt sich ihre horizontale

Verbreitung mit Leichtigkeit nachweisen. So bedarf es zum Beispiel keiner eingehenden Untersuchung um zu erkennen, daß der roth oder bunt gefärbte Sandstein in den Vogesen und im Schwarzwald nach unten und oben von denselben Ablagerungen begrenzt wird, daß somit dieser Sandsteincomplex eine gleichzeitige, durch die Rheinebene in zwei isolirte Hälften geschiedene Ablagerung darstellt, deren weitere Ausbreitung durch den Odenwald nach Hessen und Thüringen fast Schritt für Schritt verfolgt werden kann. In diesem ganzen Gebiet liefert die Gesteinsbeschaffenheit ein vorzügliches Mittel, um das Zusammengehörige und Gleichzeitige selbst an ziemlich entfernten Punkten sofort zu erkennen. Eine weitere Verallgemeinerung dieser Thatsache zu dem Satze, daß alle rothen oder bunten Sandsteine auf der ganzen Erdoberfläche gleichzeitige Bildungen seien, würde dagegen die schwersten Irrthümer herbeiführen. In Schottland und in Nordamerika findet man Gesteine, die unserem rothen Sandstein zum Verwechseln ähnlich sehen, aber weder mit diesem noch mit einander gleichzeitig entstanden sind, denn ihre Decke, wie ihre Unterlage wird von ganz verschiedenaltrigen Ablagerungen gebildet.

Das angeführte Beispiel zeigt, daß die Gesteinsbeschaffenheit nur auf beschränktem Gebiet einen Anhaltspunkt zur Wiedererkennung gleichzeitiger Schichten bietet.

Wenn man freilich berücksichtigt, wie rasch die heutigen Absätze an den Küsten der Europäischen Meere in ihrer Beschaffenheit wechseln, so muß man sich noch darüber wundern, daß manche urweltliche Ablagerungen in gleichmäßiger Entwickelung über so weite Landstriche verbreitet sind. Es ist in der Natur begründet, daß sich das mannichfaltige Bild der Erdoberfläche auch in den geologischen Niederschlägen abspiegelt. Man hat nun für alle jene Verschiedenheiten, welche innerhalb ein und desselben Ablagerungsgebietes durch besondere Bedingungen, wie Tiefe des Wassers, Nähe eines felsigen oder flachen Ufers, Einmündung eines Flusses u. s. w. in den gleichzeitigen Absätzen hervorgerufen werden, die passende Bezeichnung „Facies" gewählt.

Wären die geologischen Schichtensysteme lediglich auf die Gesteinsmerkmale begründet, so könnte ihre Zuverläßigkeit wenig Vertrauen einflößen. Zum Glück sind aber die Steintafeln der Erde mit einer untrüglichen Schrift beschrieben. Sie enthalten Versteinerungen d. h. Ueberreste von Pflanzen und Thieren, welche während der Entstehung der sie enthaltenden Schichten die Erde bewohnten.

Wenn wir uns erinnern, wie organische Reste gegenwärtig begraben und erhalten werden, so möchte nicht leicht Jemand an der Richtigkeit dieses Satzes zweifeln.

Beim Versuch die Schriftzüge in den Erdschichten zu enträthseln, tritt uns aber sofort die unerwartete Thatsache entgegen, daß die organische Welt nicht in ihrer heutigen Gestalt aus der Hand des Schöpfers hervorgegangen sei. Der Zoologe und Botaniker wird in den Versteinerungen nur äußerst selten bekannte, lebende Formen wiedererkennen; sie finden sich hier und da in den jüngeren Schichten, in den älteren dagegen treten uns lediglich ausgestorbene Arten entgegen. Schon ein flüchtiger Blick auf die Abbildungen eines Handbuchs der Versteinerungskunde oder in eine paläontologische Sammlung zwingt uns die

Ueberzeugung auf, daß die Erde vor dem Erscheinen des Menschen mit zahllosen von den jetzt lebenden Pflanzen und Thieren verschiedenen Geschöpfen bevölkert war.

Wer hinausgeht, um den Erdschichten ihre Ueberreste abzugewinnen, wird gar bald die weitere wichtige Thatsache beobachten, daß die Versteinerungen nicht regellos zerstreut liegen, sondern daß die verschiedenen Sedimentgesteine durch ganz bestimmte Pflanzen und Thiergesellschaften (Floren und Faunen) charakterisirt werden. In Schichten von jugendlichem Alter begegnen uns häufig noch Formen, deren Merkmale an lebende Geschöpfe erinnern, je weiter wir aber in die Tiefe dringen, desto fremdartiger wird das Aussehen der Fossilreste. Zwischen der Flora und Fauna der ältesten und jüngsten Sedimente besteht ein ungeheuerer Contrast, aber die weite Kluft wird ausgefüllt durch die Versteinerungen der dazwischen liegenden Schichten. Seit dem erstmaligen Auftreten belebter Wesen auf der Erde ist niemals ein Stillstand oder eine Unterbrechung in der organischen Entwickelung eingetreten, zahllose Generationen sind aufeinander gefolgt, in denen sich eine langsame Umgestaltung, eine allmälige Annäherung an die heutige Schöpfung vollzog.

Benachbarte, im Alter nahestehende Schichten enthalten deßhalb auch ähnliche Versteinerungen, während entfernte Stationen auf dem Entwickelungsweg der Organismen an der Verschiedenheit ihrer Versteinerungen erkannt werden.

Es läßt sich unter diesen Voraussetzungen begreifen, daß bei einiger Uebung das ungefähre Alter einer Schicht je nach dem Aehnlichkeitsgrad ihrer Versteinerungen mit der jetzigen Schöpfung bestimmt werden kann.

Schichten, welche die nämliche Pflanzen- und Thiergesellschaft beherbergen, müssen offenbar ein und derselben Entwickelungsstufe angehören. Daß identische Versteinerungen hier in einem Sandstein, dort in einem Mergel, hier in schneeweißer Kreide, dort in marmorartigem Kalkstein vorkommen, läßt sich leicht begreifen, wenn wir bedenken, wie verschiedenartige Sedimente gegenwärtig unter unsern Augen gebildet werden. Wenn wir diese Thatsache in den Satz formuliren, daß gleiche Versteinerungen die Gleichaltrigkeit zweier Schichten beweisen, so besitzen wir das sicherste Mittel, um in den isolirten Erdfragmenten das Gleichartige wieder zu erkennen und die zerstreuten Elemente nach ihrer Reihenfolge zu ordnen.

Eine gewisse Beschränkung erleidet unser Fundamentalsatz durch die regionenweise Verbreitung der Organismen. Wie heute an den Küsten von Australien ganz andere Conchylien wohnen, als im englisch-französischen Canal, so können auch vorhistorische Ablagerungen sehr entfernter Gegenden ganz verschiedene Versteinerungen einschließen und dennoch gleichzeitig gebildet sein. Es gibt also nicht allein verschiedene Bildungszeiten, sondern auch verschiedene Bildungsräume. In solchen Fällen erfordert die Altersbestimmung besondere Vorsicht. Zum Glück sind übrigens die Pflanzen- und Thier-geographischen Provinzen weder jetzt scharf geschieden, noch waren sie es in irgend einer früheren Erdperiode. Eine Menge von Arten greifen aus einer Region in eine andere hinüber. Die Ueberraschung, mit welcher der europäische Reisende beim Verlassen des Schiffes die tropische Flora und Fauna Ostindiens bewundert, würde sich gewiß bedeutend vermindern, wenn er seinen Weg über das Festland genommen, und während seiner Wanderung das allmälige Auftauchen neuer südlicher Formen, sowie das langsame Verschwinden seiner gewohnten, heimatlichen Umgebung hätte beobachten können. Gebrauchen wir die Vorsicht versteinerungsführende Schichten aus fernen Ländern nicht direkt mit den europäischen, sondern zunächst mit denen in angrenzenden Gebieten zu vergleichen, so bleibt der Werth der Fosilreste für die Alterbestimmung der Schichten unerschüttert.

In früherer Zeit gingen die Geologen von der irrigen Ansicht aus, daß die Sedimentgesteine, wie Schalen einer Zwiebel concentrische Hüllen um die ganze Erdoberfläche bildeten, daß somit z. B. allenthalben über dem Gneiß der Thonschiefer, über diesem gewisse Kalksteine, dann Steinkohlen, bunter Sandstein u. s. w. folgten. Bezeichnungen wie Steinkohlen-, Buntsandstein-, Keuper- und Kreide-Formation beziehen sich auf die Beschaffenheit einzelner hervorragender Gesteine und haben sich aus jener Zeit in der geologischen Sprache erhalten, obwohl heute Niemand mehr mit diesen Namen die Vorstellung verbindet, als ob alle Gesteine einer dieser Erdperioden aus Steinkohlen, Sandstein oder weißer Kreide bestehen müßten.

Die neuere Eintheilung der geschichteten Gebirge verwendet in erster Linie jene Thatsachen, welche Lagerungsverhältnisse und Fossilreste bieten, und legt auf die Gesteinsbeschaffenheit nur geringes Gewicht. Sie erzielt damit den großen Vortheil eine historische Uebersicht der Sedimentbildungen zu erlangen, die sich von localen Verhältnissen gänzlich unabhängig macht.

Jede einzelne Schicht repräsentirt eine Episode, mehrere auf einander folgende Schichten eine kürzere, mehrere Schichtengruppen eine längere Periode, große Schichtencomplexe ein Zeitalter in der Entwicklungsgeschichte der Erde.

Man bezeichnet in der geologischen Sprache diese Abtheilungen mit den Worten: Schicht, Stufe, Formationsabtheilung, Formation und Zeit- oder Weltalter. Unter einer Stufe versteht man mehrere gleich- oder ungleichartige Schichten, die im Wesentlichen ein und dieselbe Flora und Fauna umschließen. Eine Formationsabtheilung enthält stets mehrere Stufen mit Ablagerungen der mannigfaltigsten Art; Land-, Süßwasser- und Meeres-Gebilde können mit einander wechseln, aber alle Glieder müssen durch eine Anzahl identischer oder doch äußerst nahestehender Versteinerungen eng verbunden sein. Zu einer Formation rechnet man alle Stufen, deren organische Ueberreste eine ausgesprochene Aehnlichkeit erkennen lassen, während für die Formationen ein und desselben Zeitalters eine entferntere Verwandtschaft genügt. Neue Formationen und Zeitalter beginnen somit da, wo wesentliche oder auch totale Veränderungen in der organischen Schöpfung wahrgenommen werden.

Alle diese Abtheilungen lassen sich schwer scharf definiren. Die Schichten allein sind bestimmt abgegrenzt; die übrigen Abtheilungen beruhen auf Uebereinkommen und unterliegen, wie die Systeme der Natur- und Menschen-Geschichte überhaupt, unablässigen Veränderungen.

In dem ältesten geologischen System von Abraham Werner in Freiberg (1750—1817) wurden 3 Hauptabtheilungen in der Zusammensetzung der Erdkruste unterschieden. Das Urgebirge umfaßte alle älteren Massengesteine (Granit, Syenit, Diorit u. s. w.), sowie die krystallinischen Schiefer-Gesteine (Gneiß-, Glimmer-, Thon-, Chlorit-Schiefer); zum Flötzgebirge wurden alle festen versteinerungsführenden Ablagerungen gerechnet, während in die dritte Abtheilung „das aufgeschwemmte Land" alle oberflächlichen und weichen Gesteine der jüngsten Formationen fielen. Das Flötzgebirge wurde wieder in mehrere Unterabtheilungen zerlegt, von denen die unterste den Namen Uebergangsgebirge erhielt.

Im Ausland schloß man sich im Großen und Ganzen anfänglich der Werner'schen Eintheilung an, zog aber für das Uebergangsgebirge die Bezeichnung Primärgebilde, für die übrigen Abtheilungen des Flötzgebirges mit Einschluß der Steinkohlenformation den Namen Sekundärgebilde und für das aufgeschwemmte Land Werners die Bezeichnung Tertiärgebilde vor.

Dem jetzigen Stand der Wissenschaft genügt auch diese Classifikation nicht mehr. Abgesehen von der specielleren Gliederung innerhalb der einzelnen Hauptabtheilungen hat man sich neuerdings fast allgemein für die Annahme von 4 großen Hauptgruppen oder Zeitaltern entschieden, von denen jedes wieder in eine Reihe von Formationen zerlegt wird.

Das älteste oder archolithische*) Zeitalter

*) Von ἀρχή Anfang und λίθος Gestein.

fällt fast genau mit dem Umfang des Werner'schen Urgebirges zusammen; es enthält außer zahlreichen Massengesteinen die Formationen des Urgneißes, des laurentischen Gneißes und der metamorphischen Urschiefer. Pflanzliche oder thierische Ueberreste fehlen diesem Zeitalter, dessen Dauer sich auf viele Millionen von Jahren beläuft, fast gänzlich. Nur in der laurentischen Gneißformation hat man Spuren eines sehr tiefstehenden Organismus entdeckt, welcher den Namen Eozoon erhalten hat.

Die zweite Hauptgruppe ist das alte oder paläolithische*) Zeitalter. Hierher gehört das ehemalige Uebergangsgebirge, das jetzt in Silur- und Devon-Formation geschieden wird, ferner die Steinkohlen- und Dyas-Formation. In der Silurzeit ist das Pflanzenreich nur durch Meeralgen vertreten; unter den Thieren herrschen die niedrig organisirten Typen der Weichthiere, Strahlthiere und Gliederthiere vor; doch zeigen sich in der obersten Stufe auch schon einzelne Fische als die ältesten Vertreter der Wirbelthiere.

In der Devon-Formation beginnen die Landpflanzen mit blüthenlosen Gewächsen. Die Steinkohlen-Formation zeichnet sich durch erstaunlichen Reichthum an kryptogamischen Landpflanzen und Nadelhölzern aus; auch erscheinen in ihr zum ersten Male Süßwasser- und Land-Mollusken, sowie Amphibien aus der ausgestorbenen Ordnung der Ganocephalen. In der Dyas findet sich das älteste Reptil in Gestalt einer Eidechse.

*) Von παλαιός alt λίθος Gestein.

Das mittlere oder mesolithische*) Zeitalter enthält die Trias-, Jura- und Kreide-Formation. Während dieser ganzen Periode spielen Amphibien und Reptilien die Hauptrolle in der organischen Schöpfung, obwohl sich bereits in der Trias Fußspuren von Vögeln und spärliche Ueberreste von Säugethieren aus der Ordnung der Beutelthiere zeigen. Während der Jura- und Kreide-Formation gewinnen ferner die Ammonshörner (Ammonites) und Donnerkeile (Belemnites) eine unglaubliche Verbreitung; die Vegetation wird in den zwei älteren Formationen noch durch blüthenlose Gewächse, Nadelhölzer und Zapfenpalmen (Cycadeen) repräsentirt, erhält aber am Schluß der Kreide-Formation durch zahlreiche Laubhölzer von tropischem Aussehen einen sehr veränderten Charakter.

Im neuen oder känolithischen**) Zeitalter unterscheidet man Tertiär- und Quartär-Formation. Die organische Schöpfung nähert sich mehr und mehr der jetzt existirenden. In der Tertiär-Formation erscheinen zahlreiche (monodelphische) Säugethiere, die im Gegensatz zu den Beutelthieren des vorhergehenden Zeitalters ihre Jungen in reifem Zustand gebären. In der Flora werden die Kryptogamen und Nadelhölzer von den Laubhölzern bei weitem an Formenreichthum übertroffen. Mit der Diluvial- oder Quartär-Formation tritt auch der Mensch in die Schöpfung ein, die Erdoberfläche nimmt allmälig ihre jetzige Configuration an: Pflanzen und Thiere sondern sich in ihre heutigen Verbreitungsbezirke, die alten Formen sterben aus und

*) Von μέσος der mittlere, λίθος Gestein.

**) Von καινός neu, λίθος Gestein.

werden successive von noch jetzt lebenden Arten ersetzt, bis endlich ohne merkbare Grenze in der Alluvial-Formation der gegenwärtige Zustand in der organischen und anorganischen Gestalt der Erdoberfläche erreicht ist.

Zur leichteren Uebersicht findet sich auf den folgenden Seiten eine Zusammenstellung der idealen Reihenfolge der geschichteten Gesteine mit den gebräuchlichsten Bezeichnungen der Zeitalter, Formationen, Formationsgruppen und Stufen.

Uebersicht der geschichteten

Neues oder caenolithisches Zeitalter.	**Moderne oder Alluvial-Formation.** Gegenwärtige Ablagerungen von Quellen, Flüssen, Süßwasser-Seen und Meeren. (Torf, Korallenriffe, Tiefsee-Schlamm. Vulkanische Produkte.)		
	Quartär- oder Diluvial-Formation. Postglacial-Stufe Eiszeit. Präglacial-Stufe	Mächtigkeit ungefähr 500 Fuß.	Fossile Menschenreste.
	Tertiär-Formation. Obere (Neogen)-Abtheilung. Pliocaen-Stufe Miocaen-Stufe Untere (Eogen)-Abtheilung. Oligocaen-Stufe Eocaen-Stufe	Mächtigkeit ungefähr 3000 Fuß.	Zahlreiche monodelphische Säugethiere
Mittleres oder mesolithisches Zeitalter.	**Kreide-Formation.** Obere Abtheilung. Senon-Stufe Turon-Stufe Mittlere Abtheilung. Cenoman-Stufe Gault. Untere Abtheilung. Apt-Stufe Neocom-Stufe	Mächtigkeit etwa 5000 Fuß.	Belemniten und Ammoniten erlöschen. Erste Laubhölzer.
	Zwischenbildung. Wealden-Stufe Tithon-Stufe		
	Jura-Formation. Obere Abth. (**Weißer Jura** oder **Malm**) Portland-Stufe. Kimmeridge-Stufe Oxford-Stufe. Mittl. Abth. (**Brauner Jura** oder **Dogger**) Kelloway-Stufe Bath-Stufe Unter-Oolith Untere Abth. (**Schwarzer Jura** oder **Lias.**) Thouars-Stufe Pliensbach-Stufe Sémur-Stufe	Mächtigkeit im Ganzen etwa 10000 Fuß.	Aeltestes Vogelskelet. Erste Schildkröten. Knochen-Fische. Zahlreiche Beutelthiere. Ammoniten. Belemniten.
	Zwischenbildung. Bonebed oder Rhätische Stufe		Aelteste Säugeth. (Beutelthiere.)
	Trias-Formation. Obere Abtheilung (**Keuper**) Mittlere Abtheilung (**Muschelkalk**) Untere Abtheilung (**Bunt-Sandstein**)		Cycadeen. Meersaurier. Ammoniten. Froschsaurier. Vogelspuren (Fährten).

Sedimentärgesteine.

Zeitalter	Formation	Mächtigkeit	Organismen
Altes oder palaeolithisches Zeitalter.	**Dyas- oder permische Formation.** Obere Abtheilung (Zechstein und Kupferschiefer) Untere Abtheilung (Roth-Todt-Liegendes)	Mächtigkeit ungefähr 2000 Fuß.	Eidechsen. Trilobiten erlöschen.
	Steinkohlen-Formation. Obere Abtheilung. Produktive Steinkohlen-Bildungen und flötzleerer Sandstein. Untere Abtheilung. Mariner Kohlenkalk und Culm-Bildungen.	Mächtigkeit im Ganzen etwa 2800 Fuß.	Nadelhölzer, Amphibien.
	Devon-Formation. Obere Abtheilung Mittlere Abtheilung Untere Abtheilung		Kryptogamische Landpflanzen.
	Silur-Formation. Obere Abtheilung Mittlere Abtheilung Untere Abtheilung Primordial-Stufe. Cambrische Formation.		Aelteste Fische. Seetang; niedere Thiere (Mollusken, Trilobiten).
Urgebirge oder archolithisches Zeitalter.	**Metamorphische Schiefer-Formation.** Thonschiefer Chloritschiefer Glimmerschiefer	Mächtigkeit ungefähr 50000 Fuß.	
	Laurentische Gneiß-Formation.		Eozoon.
	Urgneiß-Formation.		

An der Richtigkeit der vorstehenden Reihenfolge darf nicht gezweifelt werden, denn sie hat in allen Theilen der Erde bereits ihre Probe bestanden. Von provisorischer Bedeutung sind dagegen die Bezeichnungen und Abgrenzungen der einzelnen Stufen und Formationen. Sie tragen in hohem Grade das locale Gepräge des Bodens, auf dem sie erwachsen sind. Man hat in der irrigen Meinung, daß alle Formationen gleichmäßig über die Erde verbreitet seien, die in England, Nordfrankreich und Deutschland beobachtete Entwickelung verallgemeinert und jene nordeuropäische Local-Eintheilung und Bezeichnung auch auf Gegenden angewendet, wo sie durch die Verhältnisse wenig gerechtfertigt erscheinen. Läge die Wiege der Geologie in den Alpenländern oder in Nordamerika, so würden manche Formationen ganz andere Grenzen und Bezeichnungen erhalten haben.

Ueber die Bedeutung der größeren Zeitabschnitte hat sich in neuerer Zeit eine der älteren Auffassung entgegengesetzte Ansicht gebildet. Wenn man früher jede Stufe und jede Formation mit einer theilweisen oder allgemeinen Erdrevolution in Zusammenhang brachte und an ihre Grenzen eine gänzliche Vertilgung der früher vorhandenen Geschöpfe verlegte, haben Beobachtungen auf einem größeren Gebiete bewiesen, daß die Entwickelungsgeschichte der Erde und ihrer Bewohner einen stetigen und allmäligen Verlauf genommen, daß alle schroffen Unterbrechungen auf localen Ursachen beruhen und daß die Grenzen der verschiedenen Schichtengruppen keineswegs jene Schärfe besitzen, die ihnen ehemals zugeschrieben wurde.

Mit der Umgestaltung der geologischen Anschauungen hat sich das Interesse vorzüglich den organischen Ueberresten zugwendet. Eine neue Wissenschaft ist unter dem Namen *Palaeontologie* *) oder *Versteinerungskunde* erstanden, welche sich mit der Natur, der systematischen Stellung, der einstigen Lebensweise, der räumlichen und zeitlichen Verbreitung der Versteinerungen beschäftigt. Sie verzeichnet die Veränderungen der Pflanzen- und Thierwelt innerhalb der geologischen Perioden; sie weist das Entstehen und Verschwinden, das Auf- und Abwogen von Arten, Familien und ganzen Ordnungen in denselben nach. Als letzte Aufgabe schwebt ihr eine vollständige Darstellung und Erklärung der organischen Schöpfungsgeschichte vor.

Während die Palaeontologie ihre Aufmerksamkeit lediglich den Versteinerungen zuwendet, sucht die Geologie Fragen anderer Art zu lösen. Aus der Verbreitung der verschiedenen Formationen erkennt sie die einstige Vertheilung von Festland und Meer; aus der Mächtigkeit der Schichten sucht sie die Dauer der zu ihrer Bildung erforderlichen Zeit zu bestimmen; aus der Beschaffenheit der Gesteine schließt sie auf die örtlichen Bedingungen während ihres Entstehens. Im Gegensatz zur Palaeontologie, welche sich auf die Darstellung des Stilllebens oder des langsamen, aber unerbittlichen Kampfes um's Dasein bei den Organismen beschränkt, weiß sie von mancherlei welterschütternden Ereignissen, von Ausbrüchen eruptiver Ge-

*) λόγος τῶν παλαιῶν ὄντων. Die Wissenschaft von den alten Wesen.

steinsmassen, von gewaltigen Veränderungen der Erdoberfläche zu erzählen. Sie constatirt die Einwirkung der unterirdischen Empordringlinge auf ihre Nachbarschaft und bestimmt aus den Lagerungsverhältnissen genau den Zeitpunkt ihres Erscheinens.

So hat uns die Erde selbst in den Versteinerungen und Gebirgsarten zweierlei Aufzeichnungen hinterlassen, welche sich gegenseitig ergänzen und erklären. An uns ist es, diese Urkunden richtig zu deuten, aus ihnen die treibenden Kräfte und Gesetze der einstigen und jetzigen Entwickelung unseres Planeten zu ermitteln, um schließlich in der Darstellung einer natürlichen Geschichte der Erde und ihrer Bewohner das Ziel unseres Strebens zu erringen.

IV.

Erstes (archolithisches) Zeitalter.

> Einst mochte wohl das Meer die Erd' umfassen,
> Damalen lag des Lebens heil'ge Flamme
> Ein Embryo, umwickelt von dem Nassen.
> (Rückert.)

Das Urgebirge.

1. Mächtigkeit und Anordnung des Urgebirges. Gneiß- und Urschiefer-Formation. Zusammensetzung und Entstehung des Urgebirges. Metamorphismus. Eozoon.

Wie alt ist die Erde? Wie viele Jahrtausende hat diese oder jene Formation gedauert? Vor wie viel Jahren ist der Mensch in die Schöpfung eingetreten? Das sind die Fragen, welche immer von Neuem an den Geologen gerichtet werden und niemals befriedigende Antwort finden.

So sicher die Wissenschaft das relative Alter einer einzelnen Schicht festzustellen vermag, so unbestimmt werden ihre Angaben, wenn sie versucht, vorhistorische Zeiträume nach Jahren zu bemessen. Was jünger oder älter ist, ergibt sich mit größter Genauigkeit aus der Lagerung und den organischen Ueberresten; für eine absolut genaue Zeitrechnung fehlen dagegen alle sicheren Anhaltspunkte.

Mit astronomischen Vorgängen, aus denen sich gewisse Zeitabschnitte bestimmen ließen, hat man bis jetzt geologische Ereignisse nicht in Einklang zu bringen vermocht, und wenn die zahllosen Generationen von Geschöpfen, welche in früheren Erdperioden aufgetaucht und wieder verschwunden sind, zwar ein unendlich hohes Alter unseres Weltkörpers beweisen, so liefern sie doch keinen Maßstab für mathematische Berechnungen.

Auch aus der Mächtigkeit der Schichten läßt sich Nichts mit Gewißheit folgern; denn wir kennen ja niemals die Energie, mit welcher die gesteinsbildenden Kräfte gearbeitet haben. Das vielberufene Beispiel vom Nilschlamm, dessen Dicke in einem Jahrhundert um 3⅓ Zoll zunehmen soll, beweist nicht mehr und nicht weniger, als daß die geschichteten Gesteine, deren Mächtigkeit man mindestens auf 100,000 Fuß veranschlagen darf, eine fast unzählbare Menge von Jahrhunderten zu ihrer Entstehung bedurften.

Eine Berechnung nach diesem Maßstab würde aber sicher zu keinem richtigen Ziele führen, da wir ja die Arbeitsgeschwindigkeit des Nils nicht als Richtschnur für alle Gewässer der Gegenwart und noch weniger für die der Vergangenheit annehmen dürfen.

Ebenso wenig läßt sich aus der Dicke von Torfmooren, aus der Mächtigkeit gewisser Ablagerungen in Süßwasserseen oder aus der Größe des Delta's einzelner Ströme ein zuverläßiger Maßstab zur Beurtheilung des Alters der urweltlichen Sedimentgebilde ableiten. Auch der neueste von Dr. Klein gemachte Versuch aus der Verlangsamung der Umdrehungsgeschwindigkeit das Alter der

Erde zu berechnen, beruht auf Voraussetzuugen, deren Richtigkeit nicht über allen Zweifel erhaben sind. Jedenfalls dürfte aber der nach dieser Methode gewonnene Werth von 2000 Millionen Jahren seit Bildung der festen Erdkruste keinesfalls zu hoch gegriffen sein, wenn wir die Mächtigkeit der geschichteten Ablagerungen mit in Erwägung bringen.

Es ist für die Geologie eine erfreuliche Thatsache, daß die Entwickelung der Erde unter schweren Kämpfen erfolgte; denn nur dadurch, daß ihre Oberfläche von tiefen Wunden zerrissen ist, erhalten wir einen Einblick in ihren inneren Bau. Hätten die Gewässer ununterbrochen und ungestört ihre Sedimente über einander gehäuft und hätten nicht unterirdische Kräfte hier ein Gebirge gehoben, dort einen Abgrund eröffnet, so wären alle Ereignisse der älteren Erdperioden in undurchdringliches Dunkel gehüllt. Wir müßten die ganze Reihe der jüngeren Sedimentgesteine durchstoßen, um die zu unterst gelegenen zu erreichen und dazu würde sogar das vervollkommnete Rüstzeug der heutigen Technik den Dienst versagen.

Es hat uns indessen die Erde dieser Mühe enthoben, indem sie selbst die Aufgabe übernahm, die in den älteren Formationen aufgespeicherten Schätze an Steinkohlen und nutzbaren Mineralien dem Menschen zugänglich zu machen. Nur wenige der geschichteten Sedimentgebilde unserer Festländer befinden sich nämlich in ihrer ursprünglichen Lage: fast alle sind gehoben oder gesenkt, zerrüttet oder verändert und in mannichfacher Weise in ihrer Lagerung gestört.

Nicht selten müssen wir die ältesten Sediment-Gesteine

auf den höchsten Gebirgen, die jüngsten in den niedrigsten Flachländern suchen.

Im nebenstehenden idealen Durchschnitt der Erdrinde soll das Auftreten der geschichteten und massiven Gesteine dargestellt und zugleich die relative Mächtigkeit der verschiedenen Formationen angedeutet werden.

Bis vor wenig Jahren rechnete man zu den Sedimentgebilden nur jene Ablagerungen, welche so deutlich erhaltene Versteinerungen umschließen, daß auch das ungeübte Auge des Laien darin Ueberreste von Thieren oder Pflanzen erkennt.

Nach diesem Gesichtspunkt wurde die Silurformation als die tiefste und älteste bezeichnet. Hier liegen die Fossilreste der ältesten Schichten gewöhnlich in quarzreichem Sandstein oder in dunkelfarbigem Thonschiefer: Gesteinen, deren Zusammensetzung aus mechanischem Detritus trotz ihrer Härte und Dichtigkeit mit aller Bestimmtheit erkannt wird.

Damit findet indessen die Reihe der geschichteten Gesteine noch lange keinen Abschluß. Unter den fossilführenden silurischen Ablagerungen folgt ein in seiner oberen Abtheilung fast immer aus Thonschiefer bestehender Schichtencomplex von riesiger Mächtigkeit, der sich von jenem der Silurformation nur durch den Mangel an Versteinerungen unterscheidet. Eine dunkle, blaugraue oder schwärzliche Färbung, große Härte und vollkommene Schichtung in dünne, schieferige Lage charakterisiren dieses Gestein, dessen Werth als Material zum Dachdecken, zur Herstellung von Schiefertafeln, Tischplatten und anderen technischen Zwecken durch die beiden letzten Merkmale bedingt

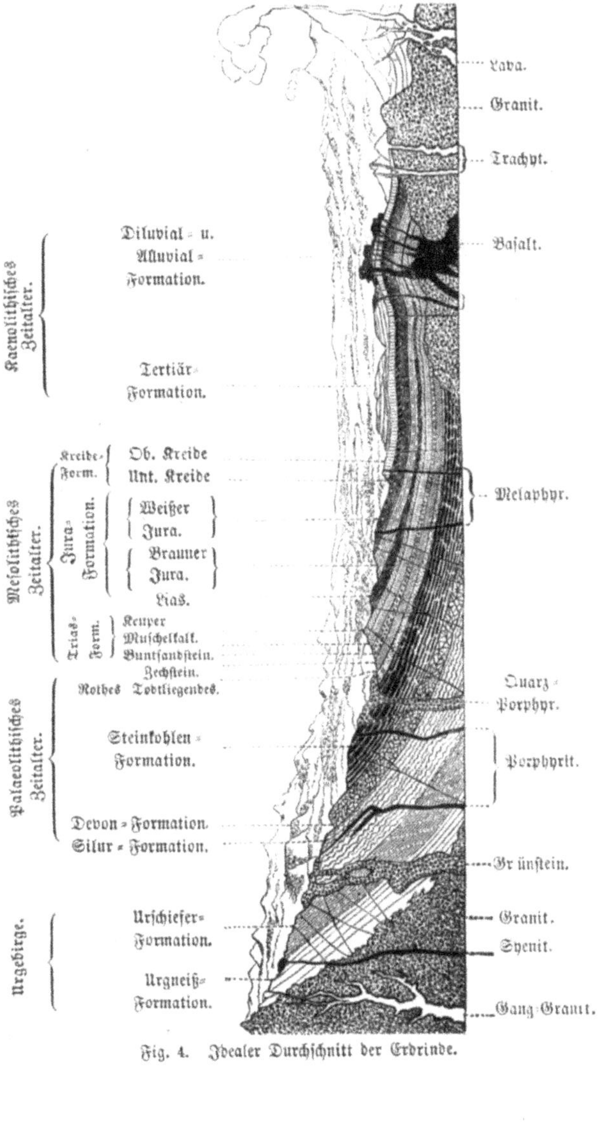

Fig. 4. Idealer Durchschnitt der Erdrinde.

wird. Silberglänzende Glimmerplättchen leuchten aus der dichten, selbst unter dem Mikroskop noch als sehr kleinkörniges Gemenge erscheinenden Grundmasse hervor. Je weiter nach unten, desto krystallinischer wird der Schiefer. Verschiedene Mineralien scheiden sich in deutlichen Kryställchen aus und je nach dem Vorherrschen dieser oder jener Mineralspecies sehen wir den Thonschiefer allmälig in andere Gesteine, wie Glimmerschiefer, Chlorit-, Talk- oder Chiastolith-Schiefer übergehen. An anderen Orten scheint die Auskrystallisirung von gewissen Mittelpunkten auszugehen, es bilden sich Körner von der Größe eines Hirsekorns bis zu der eines Kindskopfes und die Thonschiefer heißen dann, entsprechend der Form dieser Ausscheidungen: Frucht-, Flecken-, oder Knoten-Schiefer.

Der Uebergang, ja die Wechsellagerung von Thonschiefer und Glimmerschiefer läßt sich hundertfältig beobachten, doch nimmt der Glimmerschiefer im Großen und Ganzen die tiefere Stelle ein. An dem lebhaften metallischen Glanz des vorherrschenden weißen, messinggelben oder schwarzen Glimmers und dem ausgezeichneten schieferigen Gefüge läßt sich dieses Gestein leicht erkennen. Es liefert dem Mineralogen manch' prächtigen Krystall oder funkelnden Edelstein; der Bergmann sucht gern darin nach nutzbarem und edlem Erz oder nach schwarzem Graphit.

Glimmerschiefer nebst seinen selteneren Begleitern, Chlorit- und Talk-Schiefer spielen in der Centralkette der Alpen, in Norwegen, Schottland, im Bayerischen Grenzgebirge und in Nordamerika eine große Rolle. H. Credner schätzt seine Mächtigkeit auf der oberen

Halbinsel von Michigan mit Einschluß der untergeordneten Einlagerungen von Kalkstein, Eisenerz, Quarzit u. s. w. auf mindestens 20,000 Fuß. Nicht viel weniger dürfte seine Dicke nach den Angaben Gümbels im bayerischen Walde betragen, so daß man mit einer mittleren Mächtigkeit von 20,000 Fuß für das ganze Urschiefersystem gewiß nicht zu hoch greift.

Wenn sich der Glimmerschiefer gegen oben eng an den Thonschiefer anschließt, so zeigt er sich nicht minder innig mit dem darunter liegenden Gneiß verbunden. Gneiß ist das verbreitetste und älteste aller geschichteten Gesteine, das Fundament, auf welchem sich die ganze Reihenfolge der jüngeren Formationen aufbaut. Mit wechselnder Zusammensetzung, Färbung und Korn tritt er uns entgegen, aber immerhin der Hauptsache nach als ein Gemenge deutlich unterscheidbarer Krystalle von Quarz, Glimmer und Feldspath. Mineralogisch unterscheidet er sich in Nichts von dem eruptiven Granit, aber seine deutliche Schichtung und seine innige Verbindung mit versteinerungsführenden Ablagerungen weisen ihm mit aller Bestimmtheit einen Platz unter den Sedimentgebilden an.

Kein geschichtetes Gestein kann sich mit dem Gneiß an Verbreitung und Mächtigkeit messen. Auf allen Continenten bedeckt er weite Landstriche und bildet für sich allein ganze Gebirge. Seine Mächtigkeit läßt sich wegen starker Faltung und öfterer Wiederkehr der Schichten nur selten mit Sicherheit bestimmen, doch schätzt sie Logan in Canada auf ungefähr 30,000 Fuß, wobei allerdings verschiedene Einlagerungen von körnigem Kalk, Serpentin, Quarzit und Schiefer mit eingerechnet wurden. Dem Bergmann sind sowohl Gneiß, als auch namentlich die genannten Zwischenlagen erwünscht, denn sie liefern fast Alles, was die Erde an Metallen zu bieten vermag.

Trägt nun der Gneiß wirklich die ganze Formationsreihe auf seinen Schultern oder haben wir Grund zu vermuthen, daß darunter noch andere Ablagerungen existiren, die sich unserer Beobachtung entziehen? Diese Frage kann mit Bestimmtheit zu Gunsten des Gneißes beantwortet werden. Man kennt seine untere Grenze und weiß, daß er sich niemals auf geschichtete, sondern immer nur auf massive Gesteine und zwar vorzüglich auf Granit stützt.

Gneiß und Granit sind fast unzertrennlich Zwillingsbrüder: wo der Eine vorhanden, fehlt nur selten der Andere. Beide bestehen aus den gleichen Mineralien und nur im Mangel an Schichtung beruht das unterscheidende Merkmal des Granits. Gar häufig verliert der Gneiß sein schieferiges Gestein und wandelt sich allmälig in Granit um; der letztere sendet Adern oder gangförmige Massen nach oben, und schließt zuweilen scharfkantige Brocken oder ganze Massen durchbrochenen Nebengesteines ein.

Was zwischen der unteren Grenze des Gneißes und den ältesten versteinerungsführenden Schichten der Silurformation liegt, hat die Bezeichnung Ur- oder Grundgebirge erhalten. Dieser riesige Schichtencomplex von mehr als 50,000 Fuß Mächtigkeit repräsentirt eine unermeßlich lange Zeitperiode und läßt sich in zwei Formationen zerlegen, wovon der Urgneiß das ältere, die Urschieferformation das jüngere Glied bildet.

In bewunderungswürdiger Gleichförmigkeit tritt das

Urgebirge überall auf. Zwischen einem Gneiß aus Schottland, den Alpen, Canada, Brasilien oder Afrika gibt es keinen Unterschied und auch die Urschiefer besitzen auf der ganzen Erde die nämlichen Merkmale. Ebenso gilt für ihre Aufeinanderfolge allenthalben dasselbe Gesetz, so daß wenigstens für das Urgebirge die Ansicht der älteren Geologen Rechtfertigung findet, welche sich alle geschichteten Gesteine in gleicher Entwicklung wie concentrische Hüllen über die ganze Erde verbreitet dachten.

Nicht leicht würde man vermuthen, daß die äußerlich so verschiedenen Gesteine des Urgebirges so ziemlich die gleiche chemische Zusammensetzung besitzen. Dennoch liefert uns die Analyse bei allen nahezu dasselbe Mischungsverhältniß von Kieselerde, Thonerde, Eisenoxyd, Kalkerde, Kali und Natron.

Beim Thonschiefer schwankt der Gehalt an Kieselerde zwischen 50 und 65%, beim Glimmerschiefer zwischen 60 und 70%, beim Gneiß zwischen 60 und 75%, Thonerde und Eisenoxyd finden sich im Thonschiefer meist etwas reichlicher (bis zu 25%) als im Glimmerschiefer und Gneiß, dagegen steigt der Gehalt an Kali und Natron beim letzteren bis auf 5% während er im Thonschiefer gewöhnlich nur 2,5—4%, beträgt. Kalkerde tritt nur in geringen Quantitäten (1,5—4%) in die Verbindung ein.

Man kann somit sagen, daß im Urgebirge nach unten eine Zunahme von Kieselerde, Kali und Natron, nach oben eine Anreicherung an Thonerde und Eisenoxyd stattfindet. Diese Unterschiede machen sich aber nicht sprungweise, sondern ganz allmälig geltend, denn man hat es bei diesen

Gesteinen mit veränderlichen Gemengen und durchaus nicht mit festen, chemischen Verbindungen zu thun.

An den bisher genannten Thatsachen läßt sich weder zweifeln noch mäckeln. Mit dem Nachweis des Vorhandenseins, der Verbreitung, Mächtigkeit und Zusammensetzung des Urgebirges findet indessen der Forschungstrieb noch keine Befriedigung. Ein weit höheres Interesse knüpft sich an die Fragen über Entstehung dieser uralten Bildungen und ihre Bedeutung für die Entwickelungsgeschichte der Erde.

Hier eröffnet sich freilich ein hypothesenreiches Gebiet, auf welchem sich die verschiedenen Schulen seit vielen Jahrzehnten bis jetzt ohne Aussicht auf friedliche Verständigung bekämpfen.

Haben wir im Urgebirge die ursprüngliche Erstarrungskruste der Erde oder die ersten Sedimentgebilde vor uns? Ist es aus feurig-flüssiger Masse auskrystallisirt oder als wässeriger Detritus abgesetzt worden?

In diesen Sätzen liegt der Angelpunkt des wissenschaftlichen Streites unter den Geologen.

Die Befragung der geologischen Erscheinungen der Jetztzeit versagt hier ihren Dienst, denn weder unsere Vulkane noch unsere Gewässer bringen Gesteine hervor, die auch nur entfernte Aehnlichkeit mit Gneiß oder Glimmerschiefer besäßen.

Es läßt sich nicht läugnen, daß die Hypothese, welche im Urgebirge und zwar zunächst im Gneiß, das unmittelbare Produkt der erkaltenden Erdoberfläche erblickt, am meisten Wahrscheinlichkeit zu besitzen scheint. Gneiß bildet die Grundlage aller geschichteten Gesteine, seine Zusammensetzung stimmt vollkommen mit gewissen krystallinischen Eruptivgesteinen überein; der Mangel an deutlichen Versteinerungen scheint gegen einen wässerigen Ursprung zu sprechen und selbst das ausgezeichnete Parallelgefüge ließe sich im Nothfall durch eine successive Erstarrung erklären. Unter dieser Voraussetzung hat man in der That auch einen Unterschied zwischen Schieferung und eigentlicher Schichtung aufzustellen versucht, obwohl diese Differenz bei Lichte gesehen auf einer Fiction beruht.

Gegen die feurige Entstehung des Gneißes (beim Glimmer- und Thonschiefer hat eigentlich Niemand ernstlich an eine solche gedacht) erheben sich aber vom chemischen Standpunkt aus zahlreiche Bedenken. Vor Allem gibt die Vertheilung und Ausbildung der mineralischen Bestandtheile dem Gneiß durchaus nicht das Aussehen eines Schmelzproduktes.

Eine alte Erfahrung belehrt uns, daß sich in einer feurig-flüssigen Masse bei der Abkühlung alle Substanzen nach ihrem Schmelzgrad ausscheiden und zwar die schwer schmelzbaren zuerst, die leicht schmelzbaren zuletzt. Unter den Bestandtheilen des Gneißes erfordert aber Quarz weitaus die größte Hitze, um in flüssigen Zustand überzugehen; man müßte daher erwarten, daß zuerst Quarz, dann Glimmer und zuletzt Feldspath zur Krystallisirung gelangten. In Wahrheit hat sich aber offenbar zuerst der leichtschmelzbare Feldspath in deutlichen Krystallen ausgeschieden, um welche sich dann Quarz in unregelmäßigen, verzerrten Massen anschmiegte. Man kann ferner ernstlich daran zweifeln, ob aus einem feurig-flüssigen Gemenge überhaupt Silicate wie Feldspath und Glimmer neben freiem Quarz entstehen können, da uns das Experiment bei ähnlichen Verhältnissen immer nur kieselreiche Gläser liefert; endlich läßt sich noch anführen, daß die Dichtigkeit des im Gneiß vorkommenden Quarzes nicht der durch Schmelzung, sondern der durch wässerige Krystallisation gebildeten Kieselsäure entspricht.

Noch könnten manche andere Einwürfe hervorgehoben werden, allein das bereits Erwähnte dürfte genügen, um die Hypothese von der feurigen Entstehung des Gneißes zu widerlegen. Selbst ehemalige warme Vertheidiger dieser Ansicht suchen neuerdings den primitiven Ursprung des Gneißes durch Erstarrung nur noch für einen Theil desselben zu retten. Im Gneiße sollen sich darnach sedimentäre und Erstarrungs-Gesteine begegnen. „Wäre es möglich", — meint Cotta, der bedeutendste Vertreter dieser Hypothese — „eine solche Grenze innerhalb der Gneißbildung scharf zu bezeichnen, dann würde es zweckmäßig sein, die Erstarrungsgneiße von den metamorphischen, zum Glimmerschiefer gehörigen durch eine andere Benennung zu trennen." Daß für eine derartige Trennung genügende Anhaltspunkte fehlen, gesteht übrigens Cotta freimüthig zu.

Es bleiben nun noch zwei Hypothesen übrig, von denen jede ihre Vertheidiger gefunden hat. Nach der einen stellt der Gneiß nebst seinem Zubehör wirklich die primitive Erstarrungskruste dar, erhielt aber erst durch spätere Veränderung sein jetziges Aussehen; nach der anderen ist er das älteste, durch chemische Processe veränderte Sedimentgestein. Beide Hypothesen kommen darin überein, daß der Gneiß, sowie alle übrigen Gesteine des Urgebirges, nicht mehr in ihrer ursprünglichen Gestalt vorliegen, sowie darin, daß Wasser und hoher Druck den verändernden (metamorphosirenden) Einfluß ausgeübt haben. Man bezeichnet deßwegen in der Geologie die Gesteine des Urgebirges geradezu als metamorphische.

Da nun die Urschiefer gegen oben auf das Innigste mit versteinerungsführenden Schichten verknüpft sind und sich äußerlich sehr wenig oder gar nicht von denselben unterscheiden lassen, so liegt die Vermuthung nahe, daß auch diese gewisse Veränderungen erlitten haben.

Wenn die geschichteten Gebirgsarten bisher geradezu als mechanische oder chemische Absätze der Gewässer oder Organismen bezeichnet wurden, so zeigt doch die alltägliche Erfahrung, daß ein Sandstein, Thonschiefer, Kalkstein u. s. w. niemals in der jetzt vorliegenden Form entstanden ist. Diese Gesteine stimmen zwar in ihrer Zusammensetzung und ihrem Aussehen so vortrefflich mit dem Sand, den Schlamm- und den Kalkabsätzen unserer Gewässer überein, daß sich über ihre sedimentäre Natur kein Zweifel erheben kann, aber sie unterscheiden sich augenscheinlich durch viel innigeren Zusammenhang der einzelnen Theilchen, also durch größere Festigkeit und Härte.

Aus Experimenten, bei welchen man die in der Natur vorkommenden Verhältnisse möglichst genau herzustellen versuchte, hat man gefolgert, daß diese Veränderungen durch den Druck später gebildeter Schichten und durch chemische Einwirkung des alle Gesteine durchdringenden Wassers hervorgebracht wurden. Daraus erklärt sich auch, daß die Gesteine der älteren Formationen in der Regel viel stärkere Umwandlungen erlitten haben, als die der jüngeren. Nur dann, wenn uralte Ablagerungen, wie z. B. die losen silurischen Sande und blauen Thone bei St. Petersburg bald nach ihrer Entstehung auf's Festland gehoben und von keinen späteren Sedimenten bedeckt wurden, konnten sie ihre ursprüngliche Gestalt fast unverändert beibehalten.

Solange die sedimentäre Entstehung eines Gesteines aus der Zusammensetzung und dem Vorkommen unzweifelhaft hervorgeht, sind alle Veränderungen leicht verständlich; sobald sich aber Mineralien in größerer Menge auszuscheiden beginnen und ein feinkrystallinisch-schieferiges oder gar körniges Gefüge entsteht, pflegt man die Gesteine als metamorphische zu bezeichnen. Dieser Ausdruck wurde früher ausschließlich nur auf das Urgebirge angewendet, bis man in den Alpen sehr stark metamorphosirte Gebilde entdeckte, deren jugendliches Alter aus ihrer Lagerung und ihrer innigen Verbindung mit versteinerungsführenden Absätzen hervorgeht. Dieselben finden sich immer nur an solchen Orten, wo steile Aufrichtungen, starke Faltungen und Knickungen der Schichten Störungen verrathen, die sich lediglich durch heftigen Druck erklären lassen.

Die beiden Gegensätze: alte silurische Schichten in horizontaler, ungestörter Lagerung, kaum verändert bei Petersburg einerseits, und junge, in hohem Grade umgewandelte, stark zerrüttete Gebilde in den Alpen anderseits, mußten als Fingerzeig dienen, daß bei der Metamorphose der Druck eine wichtigere Rolle als die Zeit spiele.

Damit haben wir aber einen Factor gewonnen, der nicht wie die Zeit dem Experiment unzugänglich ist. Nimmt man einen beliebigen, feinen Flußschlamm von der Zusammensetzung des Urthonschiefers und drückt ihn mittelst einer hydraulischen Presse zusammen, so läßt sich eine ziemlich harte, geschichtete und unter günstigen Umständen sogar schieferige Masse herstellen; preßt man diese bei fortdauerndem Drucke von oben auch von beiden Seiten her zusammen, so entstehen im Kleinen ganz ähnliche Schichtenfaltungen, wie wir sie bei metamorphischen Gesteinen im Großen in der Natur beobachten können.

Aber noch mehr! Man hat heiße Wasserdämpfe unter einem Druck von mehreren Atmosphären auf Thon einwirken lassen und auf diese Weise blätterigen Glimmer, Kryställchen von Quarz und ein feldspathartiges Mineral erzeugt.

Wasser, hoher Druck und Wärme scheinen somit die Factoren des Metamorphismus zu bilden. Die beiden ersten dürften absolut erforderlich sein, während nach der Meinung mancher Geologen die Wärme zwar beschleunigend wirkt, aber bei hinreichender Zeitdauer auch entbehrt werden kann.

Betrachtet man Gneiß, Glimmer- und Thonschiefer nebst ihren Einlagerungen als die ältesten Sedimentgesteine, so erhalten wir den ersten Factor: Wasser, im Ueberfluß. Wenn wir ferner die enorme Mächtigkeit des Urgebirges bedenken, so ergibt sich wenigstens für die tieferen Gesteine, wie Gneiß und Glimmerschiefer, ein so furchtbarer Druck, wie wir ihn künstlich gar nicht herzustellen vermöchten. Auch nach Wärme werden wir nicht lange vergeblich suchen; denn der Gneiß, als das älteste geschichtete Gebilde mußte durch die Nachbarschaft des glühenden Erdinnern gewiß in eine ziemlich hohe Temperatur versetzt werden.

Für den Gneiß waren somit nach dieser Anschauung die Bedingungen zur Metamorphose bei weitem am günstigsten und aus den angeführten Thatsachen ließe sich die allmälige Abnahme der metamorphischen Wirkungen gegen oben in ungezwungener Weise erklären.

Wo bleibt aber die ursprüngliche Erstarrungskruste der Erde, wenn sie der Gneiß nicht ist?

Man könnte zunächst an Granit denken, da sich das Urgebirge in der Regel auf diesen stützt. Allein gegen die feurige Entstehung des Granites werden von der Chemie die nämlichen Bedenken erhoben, welche bereits beim Gneiße erwähnt wurden.

Es bleibt in der That Nichts übrig, als einzugestehen, daß wir eine Erstarrungskruste nicht kennen, ja daß eine solche möglicherweise überhaupt nicht mehr existirt.

Eine Erklärung für diese vielleicht überraschende Behauptung ließe sich in der folgenden hypothetischen Betrachtung finden.

Man stelle sich vor, die einstige Erstarrungsrinde sei soweit abgekühlt, daß sich heißes Wasser darauf niederschlagen konnte. Dieses Wasser mußte nach den im ersten Kapitel (Seite 10) gegebenen Andeutungen mit gasförmigen Stoffen, worunter verschiedene Säuren, namentlich Kohlensäure, gesättigt sein und war somit im Stande, sofort einen sehr kräftigen Auflösungs- und Zerstörungs-Proceß einzuleiten. Die leicht löslichen Bestandtheile der Erdkruste, z. B. die Alkalien und Kalkverbindungen wurden ausgelaugt, die schwerlöslichen wie Kieselsäure, Thonerde, Eisenoxyd u. s. w. blieben zurück, wurden nun von den heißen Fluthen hin und her geworfen und schließlich zu feinem Schlamm zermalmt. Es bildete sich nach und nach eine Sedimentschicht, die einen gewissen Druck auf das bewegliche Erdinnere ausübte. Hiedurch und in Folge der Anziehung von Sonne und Mond wurde die Kruste von der schmelzflüssigen Masse da und dort zersprengt: es entstanden Unebenheiten auf der Oberfläche und damit Gelegenheit zu einer intensiveren, zerstörenden Wirksamkeit des Wassers. Da jede Eruption eine locale Hebung und in einiger Entfernung eine Senkung zur Folge haben mußte, so konnten die bereits gebildeten Sedimentschichten in solche Tiefe gelangen, daß sie in Folge der hier wirksamen Erdwärme und der auflösenden Kraft des überhitzten Wasserdampfes in einen zähen, wässerigen Brei verwandelt wurden.

Eröffnete sich durch gelegentliches Bersten der darüber lastenden Schichten ein Ausgang, so wurde dieser Brei an die Oberfläche gepreßt und konnte dort als massiges Eruptivgestein erstarren. Damit fänden auch die vielen Uebergänge, sowie die identische Zusammensetzung von Gneiß und Granit ihre Erklärung; denn der letztere wäre ja nichts anderes als eruptiv gewordener Gneiß.

Das sind in kurzen Zügen die Anschauungen, welche sich manche Geologen in neuerer Zeit über die Entstehung des Granites und der metamorphischen Gesteine gebildet haben.

Es ist nicht zu läugnen, daß sich verschiedene Einwürfe gegen diese Hypothese erheben lassen, allein sie scheint besser mit den Gesetzen der Chemie und Physik zu harmoniren, als jene, welche in dem Gneiß theils das Erstarrungsprodukt einer feurig-flüssigen Masse, theils das Resultat der Einwirkung trockener Hitze oder kalten Wassers auf alte Sedimentgesteine erkennt.

Die krystallinische Beschaffenheit mancher Gesteine des Urgebirges kann, wie gezeigt wurde, nicht als Beweis gegen ihren wässeriger Ursprung benützt werden. Unwiderleglich festgestellt freilich wäre ihre sedimentäre Natur, wenn unzweifelhafte organische Ueberreste im Gneiß oder Urschiefer gefunden werden könnten.

Seitdem man weiß, daß fast aller marine kohlensaure Kalk der Thätigkeit zahlloser, kleiner Organismen sein Dasein verdankt, dürfen mit Fug und Recht die häufigen Marmor-Einlagerungen im älteren Urgebirge wenigstens als ein Fingerzeig für die damalige Existenz belebter Wesen betrachtet werden.

Noch bestimmter sprechen dafür mächtige Lager von Kohlenstoff in der Form von Graphit, sowie das gelegentliche Vorkommen von Naphtha: denn die Chemie kennt bis jetzt keinen Proceß, durch welchen Massen von Kohlenstoff oder Kohlenstoffverbindungen ohne organische Beihülfe zu Stande kommen könnten.

Ungeachtet dieser Andeutungen wollte es doch nicht gelingen, erkennbare Spuren von Organismen aufzufinden, bis endlich vor einigen Jahren der canadische Geologe Logan in einem zwischen Gneiß eingelagerten Flötz von körnigem Kalk eigenthümliche, knollige, von Serpentin durchdrungene Massen entdeckte, welche er für organischen Ursprungs hielt.

Proben dieser muthmaßlichen Versteinerung wurden von verschiedenen Fachmännern untersucht und gerade die ausgezeichnetsten Kenner der mikroskopischen Structur bei fossilen Organismen aus niedrigen Thierklassen, wie Carpenter, Dawson, Gümbel und Rup. Jones gaben ihr einmüthiges Urtheil dahin ab, daß man es mit einer neuen Foraminiferenform von ungewöhnlicher Größe zu thun habe.

Das merkwürdige, mit dem Namen Eozoon*) (Morgenwesen) bezeichnete Geschöpf wurde, nachdem einmal seine Eigenschaften bekannt waren, nicht nur in Canada, sondern auch im körnigen Urkalk von Irland, Skandinavien, in Piemont, im böhmischen und bayerischen Wald, sowie in den Pyrenäen aufgefunden. Dasselbe kann somit jetzt geradezu als leitendes Fossil der Urgneißformation angesehen werden.

Es bedurfte freilich des Zeugnisses so bewährter Autoritäten, um die organische Natur des Eozoon zu beglaubigen; denn beim ersten Anblick würde nicht leicht Jemand eine Versteinerung darunter vermuthen.

Das Eozoon besaß ursprünglich wie fast alle Foraminiferen (Seite 39) eine kalkige, durch innere Zwischenwände in viele Kammern abgetheilte Schale. Diese Kammern werden im lebenden Zustand von einer gallert-

---

*) von ἕως Morgenröthe, ζῶον belebtes Wesen.

artigen sogenannten Protoplasmasubstanz eingenommen; nach dem Absterben füllen sie sich zuweilen mit Schlamm oder mit fremder mineralischer Substanz, welche durch die feinen Poren der Schale leicht einzudringen vermag. Beim Eozoon tritt die Möglichkeit einer Erhaltung nur dann ein, wenn die Infiltration einer schwerzerstörbaren Substanz durch die Poren des Gehäuses stattgefunden hat. Im entgegengesetzten Fall verfiel die kalkige Schale dem vernichtenden Einfluß der Metamorphose.

Man findet nun häufig im körnigen Kalk faustgroße Knollen oder massige Parthien von noch ansehnlicheren Dimensionen, die von einem grünen Mineral (Serpentin) in mehr oder weniger regelmäßiger Weise durchzogen sind. Bei dem canadischen Eozoon bildet der Serpentin zahlreiche, schmale durch weißen Kalkspath getrennte, concentrische Bänder.

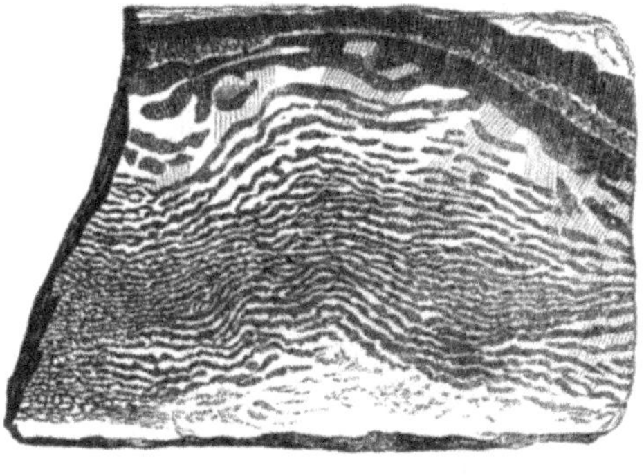

Fig. 5. Eozoon Canadense aus laurentischem Gneiß von Canada, in natürlicher Größe.

Von den grünen Streifen, welche man als Ausfüllung der Kammer betrachtet, entspringen kleine, in die kalkigen Zwischenschichten hineinragende Serpentin-Aestchen oder Fädchen. Das sind offenbar Injectionen von feinen, in der Schale selst verlaufenden Kanälchen, wie sie vielleicht am ähnlichsten bei der lebenden Foraminiferen-Gattung Tinoporus bei hinreichender Vergrößerung gesehen werden. Beseitigt man durch Salzsäure den kohlensauren Kalk, so treten die Kanälchen deutlicher hervor und man erhält dann unter dem Mikroskop bei achtzigfacher Vergrößerung die in Figur 6 dargestellte Ansicht.

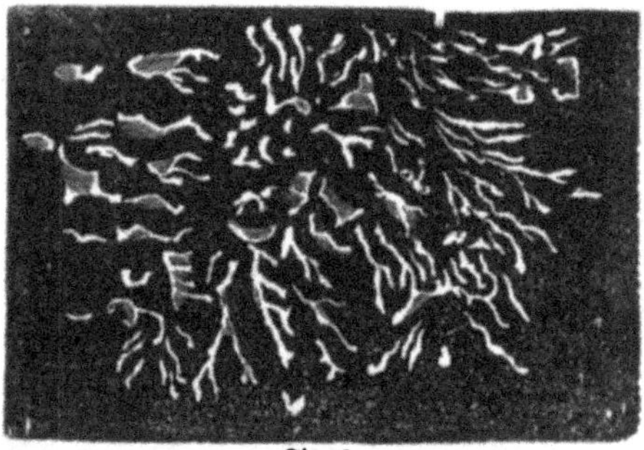

Fig. 6.

Ein idealisirtes sehr stark vergrößertes Bild von Eozoon hat Carpenter (Fig. 7) zu entwerfen versucht.

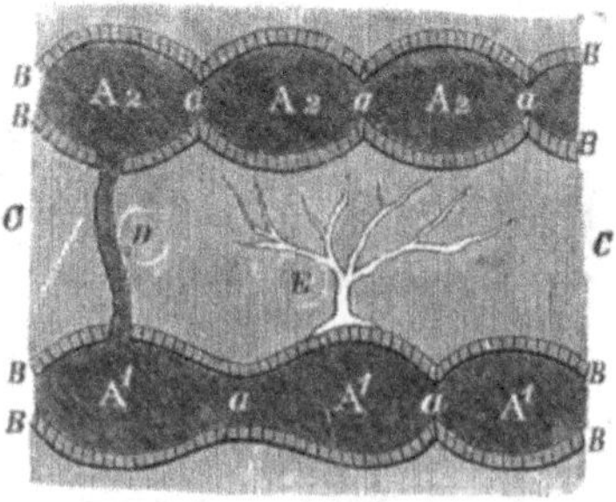

Fig. 7. Idealisirtes Bild von Eozoon.

Der abgebildete Durchschnitt stellt ein kleines Stück von zwei über einander liegenden Serpentinstreifen nebst der dazwischen liegenden weißen Kalkspathschicht dar. In den ersteren sind je drei neben einander gelegene Kammern (A^1 und A^2), die bei a durch spaltenförmige Oeffnungen mit einander in Verbindung stehen, restaurirt. Sie sind wegen ihrer Ausfüllung mit grüner Serpentinmasse dunkel schattirt. Mit B sind die von feinen Röhrchen durchbohrten Seitenwände der Kammern bezeichnet und C stellt das aus kohlensaurem Kalk bestehende sogenannte Zwischen- oder Ausfüllungs-Skelett dar, welches in ähnlicher Weise bei vielen lebenden Foraminiferen vorkommt. Durch dieses Zwischenskelett senden die Kammern in gewissen Abständen Verbindungsröhren (D) nach der nächsten Kammernreihe, oder es verlaufen darin baumförmig verästelte Kanälchen (E), die im lebenden Zustand mit Protoplasma ausgefüllt sein mußten, jetzt aber von Serpentinmasse injicirt sind und darum in mikroskopischen Schliffen leicht erkannt werden.

Verschiedene Geologen haben die organische Natur des Eozoon in Zweifel gezogen, indem sie auf das krystallinische, einer Erhaltung organischer Reste höchst ungünstige Gefüge des Urkalkes, auf die sonst niemals beobachtete Serpentin-Infiltration, und namentlich auch auf die riesige Größe des Eozoon, gegenüber den winzigen lebenden Foraminiferen hinweisen. Seitdem man übrigens Kammern von recenten Arten mit Glaukonit einem serpentinähnlichen Mineral ausgefüllt gefunden, seitdem Carpenter die stattlichen Gattungen Parkeria und Loftusia beschrieben, sowie Salter und Gümbel die Foraminiferen-Natur der mehrere Zoll großen Receptaculiten nachgewiesen haben, verlieren wenigstens die letzteren Einwürfe ihre Bedeutung.

Mit der Entdeckung des Eozoon finden wir eine Vermuthung bestätigt, zu welcher uns schon das Vorkommen von Graphit in körnigem Kalk geführt hatte. Wir sind jetzt genöthigt, in den nahezu 30000 Fuß mächtigen Gesteinen des Urgebirges Ablagerungen jener unendlich langen, unmittelbar auf die Erstarrung der Erdkruste folgenden Periode anzuerkennen, in welcher die ältesten, belebten Wesen auf der Erde erschienen.

Was für ein Interesse knüpft sich aber an diese Erstgebornen der Schöpfung! Wenn wir irgendwo die Unzulänglichkeit unseres Wissens zu beklagen haben, so ist es gerade hier, wo uns ein widriger Einfluß nahezu alle Ueberreste aus dem Frühlingsalter der Erde unwiederbringlich vernichtete und uns den Einblick in die ersten Anfänge des organischen Lebens in tiefes Dunkel verhüllte.

Als eine Erscheinung von hoher Wichtigkeit dürfen wir es aber bezeichnen, daß die einzige, noch erkennbare Spur aus dieser entlegenen Periode auf ein Wesen hindeutet, dessen Verwandte jenen niedrigsten Formen der Schöpfung angehören, die unter dem Namen „Protisten" eine Mittelstellung zwischen dem Pflanzen- und Thierreich einnehmen.

Welche und wie viele Zeitgenossen des Eozoon spurlos verschwunden sind, vermögen wir heute nicht mehr zu unterscheiden: denn die ersten Blätter im Buche der Schöpfung hat der Metamorphismus bis zur Unkenntlichkeit verwischt. Soviel dürfen wir jedoch als Thatsache anerkennen, daß im Zeitalter des Urgebirges, dessen Dauer, wie aus der Mächtigkeit der Schichten hervorgeht, alle übrigen erdgeschichtlichen Perioden zusammengenommen um ein Bedeutendes an Länge überragte, organische Wesen die Erde bevölkerten, daß somit die Versteinerungen der darauf folgenden Silurformation bereits eine vorgeschrittene Stufe in der Entwickelung der Schöpfung darstellen.

Metallne Adern ziehen durch die Tiefen,
Des Bergmanns starker Arm erschließt die Schätze,
Die unberührt so lange d'runten schliefen.
(A. Müller.)

2. Edelsteine. Besondere Lagerstätten und Erzgänge.

Der Geologe faßt bei der Untersuchung des Urgebirges hauptsächlich die Verhältnisse der Lagerung, der Zusammensetzung und der Entstehung der verschiedenen Gebilde in's Auge; für ihn kommen in erster Linie die weitverbreiteten Gesteine als wesentliche Bestandtheile der Erdoberfläche in Betracht und bei diesen fallen fast nur die felsbildenden Mineralien in den Bereich seiner speciellen Forschung. Alle zufälligen, auf vereinzelte Punkte beschränkten Mineralvorkommnisse betrachtet er als angenehme Beigabe, gewissermaßen als Zierrath des im Ganzen ziemlich einförmigen Urgebirges. Er würde ihnen vom rein geologischen Standpunkt aus vielleicht nur geringe Beachtung schenken, wenn nicht gerade diese Beigabe für das praktische Leben häufig ein ganz hervorragendes Interesse in Anspruch nähme.

So verdient es der Erwähnung, daß die meisten Edelsteine dem Urgebirge entstammen. Der Diamant hat sich bis jetzt eingewachsen nur in einem durch parallel geordnete Talkschüppchen schieferigen Quarzgestein, dem sogenannten Itakolumit Brasiliens gefunden. Rubin und

Saphir sind vorzugsweise in Talk- und Hornblendeschiefer zu Hause; der Smaragd liebt Thon- und Glimmerschiefer, der Topas einen im Gneiß eingelagerten Quarzit. Auch unter den Halb-Edelsteinen trifft man Turmalin, Beryll, Granat und die vielen buntgefärbten Quarzvarietäten besonders häufig im Urgebirge. Immerhin bleibt jedoch das Vorkommen der Edelsteine so vereinzelt, daß ihr Preis geradezu unerschwinglich würde, wenn sie durch bergmännische Arbeit auf ihrer ursprünglichen Lagerstätte gewonnen werden müßten.

Zum Vortheil der prunkliebenden Menschheit erleichtert indessen die Natur selbst das Auffinden der Schmucksteine. Wenn das Urgebirge durch Verwitterung oder mechanische Angriffe zerbröckelt und zersetzt wird, so trotzen die Edelsteine vermöge ihrer Härte und Widerstandsfähigkeit gegen chemische Angriffe viel leichter den zerstörenden Einflüssen, als die übrigen Bestandtheile ihres Muttergesteins. Sie erhalten sich als Körner oder Krystalle, wenn ihre Umgebung längst zu Staub zerfallen ist, werden darauf von den Gewässern fortgeführt und in den Kies-, Sand- und Schutt-Anhäufungen der Ebenen begraben. Hier sammeln sie sich allmälig so reichlich an, daß es sich lohnt, die lockeren Massen auszuwaschen, die leichteren Theilchen abzuschwemmen, um schließlich die Edelsteine nebst anderen werthvollen Mineralien, wie Gold, Platin, Zinn u. s. w. zu gewinnen. Man nennt diesen Prozeß „das Ausseifen" und die mit kostbaren Metallen und Edelsteinen versehenen Schuttablagerungen Seifengebirge.

Alle Diamanten von hohem Werth wurden im Seifengebirge gefunden. In Ostindien, Brasilien und neuerdings in Südafrika bildet das „Seifen“ einen Erwerbszweig für Tausende von Menschen. Dagegen könnten als einziges Beispiel einer rentablen bergmännischen Gewinnung von Edelsteinen nur die Smaragdgruben des Tunka-Thals in Peru genannt werden.

Schon oben wurde erwähnt, daß das Urgebirge den Kohlenstoff nicht nur in seiner reinsten Form als Diamant, sondern auch in der unscheinbaren Gestalt des Graphits enthält.

Der Graphit ist in physikalischer Beziehung geradezu der Antipode des Diamants. Er ist schwarz, undurchsichtig, metallglänzend, unverbrennlich und so weich, daß er durch den Fingernagel geritzt wird. Seine Verwendung zur Bleistiftfabrikation, zur Gewinnung von Ofenschwärze, Schmelztiegeln und Maschinenschmiere macht ihn zu einem lohnenden Gegenstand des Bergbaues.

In kleinen Parthien findet er sich in verschiedenen Gesteinen, in bauwürdigen Massen nur im Urgebirge.

Der Graphit erscheint in Form von Lagern, häufig von körnigem Kalk begleitet.

Unter Lager oder Flötz versteht man solche Anhäufungen irgend eines besonderen Minerals oder Mineralgemenges, welche der Schieferung oder Schichtung des sie umschließenden Gesteines parallel laufen. Man spricht von Kohlen-, Salz-, Erz-Lagern u. s. w., je nach der Beschaffenheit des vorherrschenden Bestandtheils.

Alle ächten Lager haben gleiche Entstehungsweise mit ihrem Nebengestein und gehören mit diesem zu derselben geologischen Periode.

Die Bedingungen zur Graphitbildung scheinen nur im Urgebirge vorhanden zu sein. Sehr wahrscheinlich verdanken wir diese eigenthümliche Gestaltung des Kohlenstoffes, metamorphischen Prozessen, über deren Wirksamkeit wir vorläufig noch keine klare Vorstellung besitzen.

Zur Bleistiftfabrikation eignet sich nur der reinste, von allen fremdartigen Beimengungen freie Graphit, wie man ihn in großen Massen auf Ceylon und im südlichen Sibirien findet. Früher mußten die berühmten, im Thonschiefer befindlichen Lager von Borrowdale in Cumberland fast den ganzen Bedarf decken. Man verfuhr deßhalb äußerst sparsam mit dem werthvollen Material und öffnete die Gruben nur ein einziges Mal im Jahre. Eine recht gute Qualität wird auch zu Schwarzbach in Böhmen gewonnen, während in dem benachbarten bayerischen Wald bei Passau die Beimengungen von Kieselerde, Thonerde und Eisenoxyd auf 58% steigen. Der Passauer Graphit kann deßhalb nur zur Herstellung feuerfester Tiegel, Ofenplatten, Ziegel u. dgl. verwendet werden.

In der Form von Lagern finden sich im Urgebirge aber auch andere nutzbare Mineralien, namentlich gewisse Eisen- und Kobalt-Erze. Das wegen seiner Reinheit hochgeschätzte schwedische Eisen wird fast ausschließlich aus einer Verbindung von Eisen mit Sauerstoff, dem sogenannten Magneteisenstein gewonnen. Dieses Erz bildet bei Dannemora, Bisperg und Norberg in Schweden, sowie an vielen Orten des südlichen Norwegens mächtige Lager im Gneiß, die sich entweder auf weite Erstreckung in gleichmäßiger Stärke zwischen die parallelen Schichten des Nebengesteins einschieben, oder stellenweise zu gewaltigen, linsenförmigen Massen anschwellen und alsdann die Bezeichnung Lagerstöcke erhalten.

Treten solche Stöcke durch Aufrichtung der Schichten an die Oberfläche und leisten sie der Verwitterung etwas größeren Widerstand als ihr umhüllendes Nebengestein, so können sie sich allmälig als förmliche Magnetberge aus ihrer Umgebung erheben. So erregt der Taberg bei Jönköping in Schweden die Bewunderung aller Reisenden und in Luleo-Lappmarken ragt der Gellivara-Berg als eine riesige Magneteisensteinmasse von ein paar tausend Fuß Höhe in die Lüfte.

Es fehlt, wie man sieht, den Magnetbergen unserer Märchen nicht an thatsächlicher Unterlage und wenn sie auch den Seefahrern der benachbarten Meere ungefährlich bleiben und keine leidenschaftliche Anziehungskraft auf die Schiffsnägel ausüben, so läßt sich immerhin ihr Einfluß auf die Boussole in beträchtlicher Entfernung wahrnehmen.

Wie Skandinavien das beste Eisen besitzt, so liefert es auch das Erz zur schönsten blauen Metallfarbe.

Die Verbindungen des Kobalts mit Schwefel und Arsenik (Glanzkobalt, Kobaltkies u. s. w.) lagern sich bei Skutterud in Norwegen und Tunaberg in Schweden in ähnlicher Weise zwischen das Urgebirge, wie das Magneteisen.

Die Menge des Erzes ist indessen hier weit geringer. Es bildet nicht wie das Magneteisen die Hauptmasse des im Wesentlichen aus Glimmer und Quarz zusammengesetzten Lagers, sondern findet sich nur mehr oder weniger reichlich in demselben eingesprengt. Häufig greift die Erzführung auch in das hangende oder liegende Nebengestein über, so daß die Grenzen des Erzlagers nicht scharf bestimmt werden können.

Man bezeichnet derartige Vorkommen auch als Imprägnationen.

Zwischen Lagerstöcken und Imprägnationen einerseits und den eigentlichen Erzgängen andererseits läßt sich praktisch kaum ein durchgreifender Unterschied feststellen.

Im Allgemeinen versteht man unter Gängen oder Adern Ausfüllungen von Spalten und Klüften. Gewöhnlich durchschneiden die Gänge das umgebende Gebirge unter größerem oder kleinerem Winkel, können aber auch den Schichten desselben auf gewisse Erstreckung parallel laufen. Im letzteren Fall nehmen sie zuweilen vollständig die Gestalt eines Lagers an, ohne jedoch, wie jene Alter und Entstehungsweise mit dem Nebengestein zu theilen. Solche Lagergänge gehen häufig wieder in ächte Gänge über, indem sie die dem Schichtenbau parallele Richtung verlassen.

Für ganz unregelmäßige, weder als Lager noch Gänge zu bezeichnende Anhäufungen von nutzbaren Mineralien hat man den Namen „Stöcke" gewählt und zwar sind es Lagerstöcke, wenn sie in der Richtung der Schichten verlaufen, Gangstöcke, wenn sie dieselben durchschneiden.

Je nach dem Material der Spaltenausfüllung unterscheidet man Gesteins- und Erz-Gänge. Schon unser idealer Durchschnitt der Erdkruste (Fig. 4) hat uns gezeigt, daß die krystallinischen Massengesteine, wie Granit,

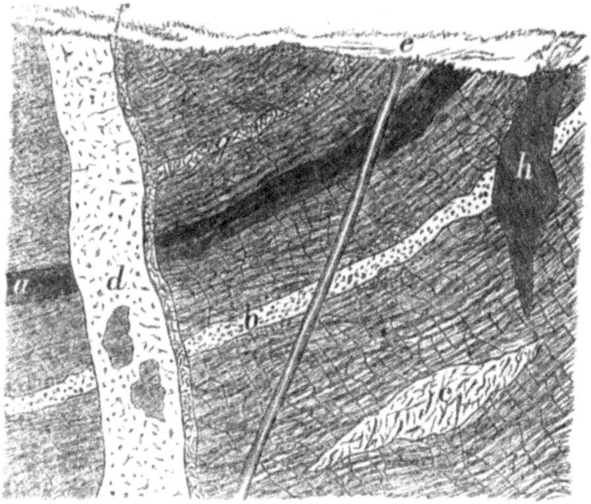

Fig. 8.

a Lager. b Imprägnirtes Lagergestein. c Lagerstock. d Gesteinsgang. e Erzgang. f Contactgang. g Lagergang. h Gangstock.

Porphyr, Basalt, Trachyt, Lava u. s. w. sehr häufig gangförmig auftreten. Es hängt dies mit ihrer Entstehungsweise zusammen; denn nach der unter den Geologen herrschenden Meinung sind dieselben als breiartige heiße Massen aus dem Erdinnern empor gequollen, haben sich zunächst in die vorhandenen Spalten ergossen und sich erst nach deren Ausfüllung auf der Erdoberfläche verbreitet.

Nur dann, wenn die Ausfüllung der Spalte vollständig oder doch zum Theil aus einer Metallverbindung besteht, erregt sie als „Erzgang" das Interesse des Bergmanns. Der Werth und die Bauwürdigkeit eines Ganges hängt von verschiedenen Umständen, und zwar in erster Linie von der Beschaffenheit des Erzes selbst ab. Im Durchschnitt verlangt man als niedrigste Grenze des Erzgehaltes $^1/_8$ Eisen, $^1/_{20}$ Zink, $^1/_{50}$ Kupfer, $^1/_{1000}$ Silber und nur $^1/_{10000}$ Gold.

Schon aus diesen Zahlen geht hervor, daß die Metalle und ihre Erze nur einen geringen Theil der Gesammt-Ausfüllungsmasse zu bilden pflegen. Gewöhnlich herrschen eine Anzahl nicht-metallischer Mineralien, wie Quarz, Kalkspath, Bitterspath, Schwerspath, Flußspath und Hornstein vor. Diese letzteren bezeichnet man als „Gangarten."

Die Vertheilung der Gangarten und Erze erscheint entweder ganz regellos oder in lagenförmiger Anordnung. Im ersten Falle liegen die einzelnen Bestandtheile von sehr ungleicher Größe und Gestalt nach allen Richtungen durcheinander und stellen eine grob- oder feinkörnige Ausfüllungsmasse dar. Bei der lagenförmigen Structur sind die Gemengtheile in mehrere parallele Bänder von ungleicher Dicke geordnet, die in der Richtung der Spaltenwände verlaufen. Gewöhnlich wiederholen sich die einzelnen Lagen in gleichmäßiger Reihenfolge von den beiden Seiten des Ganges gegen die Mitte. Die Stellen, wo der Gang das Nebengestein berührt, heißen die „Saalbänder." Der beistehende, aus B. von Cotta's trefflichem Werk über die Erzlagerstätten entnommene Holzschnitt stellt einen

Durchschnitt des „Drei=Prinzen=Spatgangs“ bei Freiberg dar und liefert ein treffliches Beispiel für die symmetrische Anordnung der verschiedenen Gangarten.

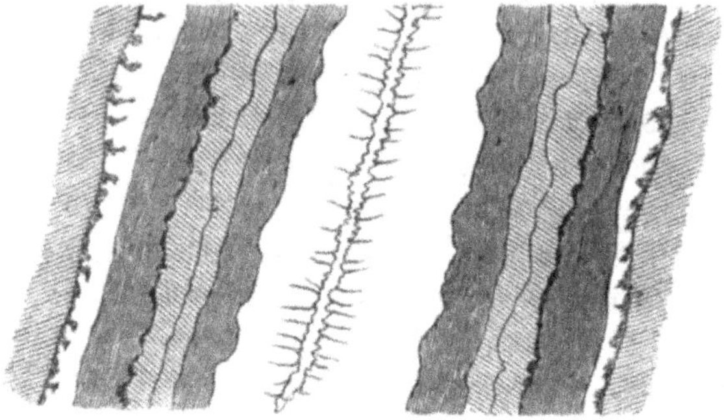

a b c a d e c c f f e c e d a c b a

Fig. 9. Drei=Prinzen=Spatgang bei Freiberg.
a Blende. b Quarz. c Flußspath. d Schwerspath. e Schwefelkies. f Kalkspath.

Man spricht zwar im gewöhnlichen Leben von Silber=, Blei=, Kupfer= und Eisenerz=Gängen; allein es wäre eine ganz irrige Vorstellung, wenn man glauben wollte, daß derartige Lagerstätten nur ein einziges der genannten Erze enthielten. Es beziehen sich diese Bezeichnungen immer nur auf den vorherrschenden oder auf den werthvollsten Bestandtheil, mit welchem indeß fast ausnahmslos noch eine ganze Anzahl anderer Erze vermengt sind. In der That ist die Mannigfaltigkeit der Zusammensetzung der Erzlagerstätten so groß, daß eine scharfe Gruppirung nach dem Inhalte geradezu zur Unmöglichkeit wird, um so mehr als sich derselbe nicht selten verändert.

Immerhin scheint jedoch zwischen gewissen Mineralien und Erzen eine Art Wahlverwandtschaft zu bestehen. Die bergmännische Erfahrung hat uns belehrt, daß sich bestimmte Mineralvereinigungen unter ähnlichen äußeren Verhältnissen so häufig und so gleichmäßig wiederholen, daß man aus dem Vorkommen gewisser Gangarten das Vorhandensein bestimmter Erze mit größter Wahrscheinlichkeit voraussetzen darf. Solche wiederkehrende Mineral-Combinationen werden „Erzformationen" genannt, eine Bezeichnung, die zwar dem Klang, nicht aber dem Sinne nach mit den Formationen der Sedimentärgebilde übereinstimmt.

Die beständigste und zugleich einförmigste aller Erzformationen ist die des Zinnes. Man findet dieses Metall als Zinnerz (Zinnoxyd) theils auf Gängen theils als Imprägnation im Urgebirge. Sein häufigster Begleiter ist Quarz; dieses Mineral ist aber überhaupt so verbreitet, daß es nicht als charakteristisch für ein besonderes Vorkommen angesehen werden kann. Dagegen zeigen sich als unzertrennliche Genossen des Zinnerzes einige sonst ziemlich seltene Mineralien, wie Wolfram mit seinem Zersetzungsproduct Scheelit, ferner Turmalin, Topas, Lithionglimmer, Beryll, Molybdänglanz, Arsenikkies und einige Bor- und Fluorverbindungen.

In viel wechselnderer Gesellschaft tritt das Silber auf, doch ist Blei sein gewöhnlichster, fast nie fehlender Begleiter. Bei Freiberg bildet in der sogenannten edlen Quarz-Formation krystallinischer oder hornsteinartiger, grauer oder weißer Quarz die Hauptmasse des Ganges; die edlen, meist mit Schwefel verbundenen

Silbererze, gemengt mit silberhaltigem Arsenikkies, Bleiglanz und Blende finden sich in dieser Grundmasse eingesprengt. Kommen gelegentlich Hohlräume (Drusen) vor, so begleiten sich dieselben mit zahlreichen, prachtvoll krystallisirten Mineralien.

Bei der kiesigen Blei-Formation überwiegt silberhaltiger Bleiglanz mit einigen anderen Schwefelmetallen, wie Zinkblende, Schwefelkies, Kupferkies, Magnetkies und Arsenikkies und bildet nebst Quarz die ganze Gangausfüllung. Es gehören hieher eine Anzahl von Erzlagerstätten bei Freiberg und Schneeberg in Sachsen, die berühmten Silbergruben von Schemnitz in Ungarn und verschiedene Gänge in Neu-Granada und Columbien.

Eine dritte Combination wird die edle Blei-Formation genannt. Hier haben wir fast immer lagenförmige Anordnung der Gangausfüllung. Quarz, Braunspath, Manganspath, Bleiglanz und Blende, nebst einigen anderen, selteneren Schwefelmetallen liefern die hauptsächlichsten Gangarten. Die edlen Silbererze (gediegen Silber, Silberglanz, Weißgiltigerz u. s. w.) concentriren sich in der Regel in Drusenräumen. Als charakteristische Beispiele dieser Erz-Formation gelten die Gänge von Clausthal am Harz, von Przibram, Kuttenberg und Ratiboritz in Böhmen; sowie die von Kapnik in Siebenbürgen.

Das Silber findet sich ferner in der sogenannten barytischen Blei-Formation. Das Charakteristische dieser Gänge besteht in dem vorherrschenden Barytspath, mit welchem Flußspath, Quarz, Bleiglanz, Blende und Kiese verbunden sind. Diese außerordentlich verbreitete

Combination findet sich gewöhnlich in Gängen mit lagenförmiger Anordnung. Sie ist entschieden neuerer Entstehung, als die vorher erwähnten und tritt sowohl im Urgebirge, wie in Sedimentärbildungen vom verschiedensten Alter auf.

Noch ließen sich schließlich einige andere Combinationen des Silbers aufzählen, doch mögen die bereits erwähnten, als die häufigst vorkommenden genügen.

Gold und Platin haben besondere Vorliebe für Quarz, sind aber so spärlich in den zahlreichen Gängen, welche das Urschiefer-Gebirge durchschwärmen, vertheilt, daß man sich nur selten zu einem bergmännischen Abbau entschließt. Man zieht es vor der Natur die Aufbereitung und Ansammlung im Seifengebirge zu überlassen und sucht hier die kostbaren Metalle durch einfachen Waschprozeß zu gewinnen.

Kupfer, Blei, Zink und namentlich Eisen treten in höchst mannigfaltigen Verbindungen auf, deren speciellere Erörterung an dieser Stelle kein besonderes Interesse bieten würde.

Da alle Gänge als Spaltenausfüllungen zu betrachten sind, so können sie auch überall auftreten, wo Gebirge von Klüften durchzogen sind. Für die Entstehung der Spalten wird man am natürlichsten heftige mechanische Erschütterungen, wie sie besonders bei Erdbeben vorkommen, annehmen.

Die Spaltenbildung muß selbstverständlich der Ausfüllung vorhergehen. Beide Vorgänge sind indeß unabhängig von einander; sie können nahezu gleichzeitig, aber auch in verschiedenen Perioden stattfinden und von verschiedenen Ursachen herrühren.

Wann und wie sich die Spalten ausgefüllt haben, darüber lassen sich nur in einzelnen Fällen begründete Vermuthungen aufstellen. Für die Altersbestimmung der Spalten dagegen gibt es einige ziemlich sichere Kriterien.

Jeder Gang muß jünger sein, als das Nebengestein, welches er durchsetzt. Greifen dagegen die Gänge in einem von Erzlagerstätten durchschwärmten Gebirge nicht in eine darüber befindliche jüngere Gesteins-Ablagerung über, so läßt sich mit großer Wahrscheinlichkeit annehmen, daß sich die Spalten vor der Entstehung des bedeckenden Gebirges gebildet haben.

Nicht selten verlaufen zahlreiche Gänge einer bestimmten Gegend in paralleler Richtung; gehören dieselben überdies ein und derselben Erzformation an, d. h. zeigt ihre Ausfüllung die gleiche Mineral-Combination und Anordnung der einzelnen Bestandtheile, so nimmt man an, daß sie zu gleicher Zeit entstanden seien. Im Allgemeinen müssen indeß Altersbestimmungen, die lediglich auf die Zusammensetzung der Erzgänge basirt sind, mit größter Vorsicht aufgenommen werden, will man sich nicht argen Täuschungen hingeben. Jedenfalls gehört die Meinung, daß sich gewisse Metalle nur zu bestimmten Zeiten ausgeschieden hätten und daß man deßhalb besondere „Metallzeitalter“ unterscheiden könne, in den Bereich der Fabel.

Wenn sich Erzgänge von verschiedener Zusammensetzung kreuzen, so muß der durchsetzende Gang immer jünger sein, als der durchsetzte. In der Zinnerzgrube von Huel Peever in Cornwallis kommt der Fall vor, daß die ältesten Zinnerzgänge (Z) zuerst von

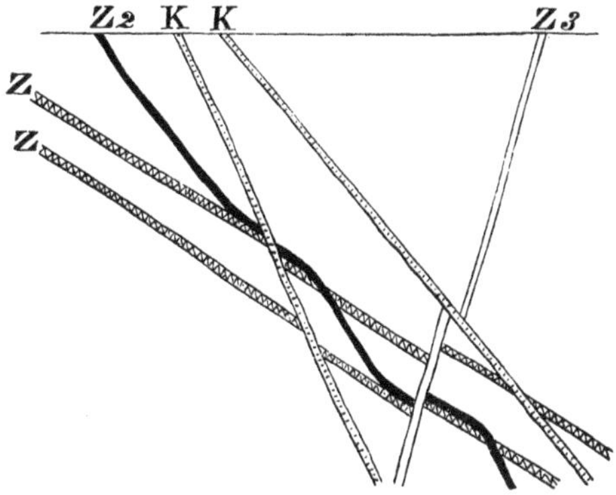

Fig. 10. Gruben von Huel Peever bei Redruth in Cornwallis.

Z Aelteste Zinnerzgänge. Z2 Jüngerer Zinnerzgang. Z3 Jüngster Zinnerzgang. K Kupfererzgänge.

einem jüngeren Gang (Z^2) von ähnlicher Zusammensetzung, und beide von einem noch jüngeren (Z^3) durchsetzt werden. Die Kupfererzgänge (K) endlich durchkreuzen alle vorhandenen Zinnerzgänge. Wir haben also hier viererlei Gänge von verschiedenem Alter und zwar sind unter denselben die Kupfererzgänge die jüngsten, weil sie alle übrigen durchkreuzen.

Dieses Beispiel ist überdies belehrend, weil es uns über die Verhältnisse beim Durchschneiden der Gänge Aufschluß gewährt. Nachdem der jüngere Zinnerzgang (Z^2)

die älteren im sogenannten „Gangkreuz“ durchsetzt hat, verliert er jedesmal eine Strecke weit seine Richtung und läuft neben jenen her. Er wird, wie der Bergmann sagt, „geschleppt“. Störungen anderer Art verursachen die Kupfererzgänge. Sie verschieben bei ihrem Durchsetzen die getrennten Stücke der älteren Gänge, rücken eine Spaltenwand nach oben, unten oder nach den Seiten, so daß die Aufsuchung der Fortsetzung dieser „verworfenen“ Gänge nicht selten große Mühe und Kosten verursacht.

Obschon die Erzgänge ihrer Natur nach an kein bestimmtes Gestein oder Alter gebunden sind, so gehören sie doch in überwiegender Mehrheit dem Urgebirge an. Einzelne Metalle, wie Zinn haben ihre Lagerstätte ganz ausschließlich im Urgebirge; andere, wie Silber, Gold, Platin, Kobalt, Nickel, gewisse Eisenerze greifen zwar gelegentlich in jüngere Ablagerungen herauf, allein ihre Hauptverbreitung liegt doch im Gneiß und Schiefergebirge.

In den versteinerungsreichen Formationen werden die Erzgänge verhältnißmäßig selten; dagegen trifft man dort lagerförmige Metallausscheidungen, deren Alter mit großer Schärfe bestimmt werden kann.

Es ist immerhin merkwürdig, daß einzelne Metalle in gewissen Formationen vorzugsweise zum Absatz gelangten. So findet sich z. B. Quecksilber und seine Verbindungen in ansehnlicher Menge fast nur in der Steinkohlenformation. Manche Zinkerze besitzen eine große Vorliebe für Kalksteine und Dolomite der Triasformation und einzelne Kupferverbindungen für bituminöse Schiefer der Dyasformation. Zur Annahme besonderer

Metallzeitalter können übrigens diese Erscheinungen keine Veranlassung bieten, da die genannten Erze auch in anderen Formationen gelegentlich erscheinen.

Ueberhaupt läßt sich schwer entscheiden, ob hier mehr die Zeit oder die Beschaffenheit des Nebengesteins die Metallanhäufung begünstigt hat. Von einigem Einfluß auf den Erzgehalt der Gänge ist das Nebengestein unzweifelhaft. Bei Kongsberg in Norwegen setzen die Silbererzgänge im Glimmer-, Chlorit- und Hornblende-Schiefer auf. Zwischen diesen Schiefergesteinen befinden sich mehrere mit Schwefelkies, Kupferkies und anderen Schwefelmetallen imprägnirte Lager von sehr bedeutender, 200 — 1000 Fuß betragender Mächtigkeit, welche der Bergmann „Fallbänder“ nennt. Sobald die im Allgemeinen armen Silbergänge in den Bereich dieser Metallzonen gelangen, nimmt ihr Gehalt an geschwefeltem und gediegenem Silber fast regelmäßig in auffallender, wenn auch sehr ungleicher Weise zu. In Folge dieser Erscheinung ist der norwegische Bergbau vielen Wechselfällen ausgesetzt. Nachdem die Kongsberger Gruben schon im Anfang des 17. Jahrhunderts im Betrieb gestanden, wurden sie nach einiger Zeit gänzlich aufgelassen. Im Jahre 1815 wurden die zwei besten Gruben wieder aufgenommen, aber 15 Jahre lang mit Verlust abgebaut. Endlich kamen die reichen Anbrüche und seit 1840 gehören die Kongsberger Silber-Bergwerke zu den ergiebigsten und gewinnbringendsten in ganz Europa.

Mit der Vertheilung der Metalle auf der Erdoberfläche hat es übrigens eine eigene Bewandtniß. Es gibt unstreitig gewisse, durch Erzreichthum gesegnete Gegenden, während andere alles metallischen Gehaltes baar zu sein scheinen. Gewöhnlich herrschen in den letzteren Sedimentgesteine von jugendlichem Alter vor; kommen jedoch dazwischen Eruptivgesteine zu Tage, wie in der Catena metallifera von Toscana, so können sowohl diese, wie die jüngeren Sedimentärgebilde von Erzgängen durchzogen sein. Es scheinen überhaupt die Metalle ziemlich allgemein und bis zu einem gewissen Grade gleichförmig über die ganze Erde vertheilt zu sein; ihre Concentration dagegen in Gängen oder Lagern hängt offenbar von besonderen Umständen ab.

Entschieden günstige Bedingungen bietet in dieser Hinsicht das Urgebirge und nächstdem solche Gegenden, wo ältere versteinerungsführende Gesteine häufig von plutonischen Eruptivgesteinen durchsetzt werden.

Vielerlei Gründe weisen darauf hin, daß bei der Ausfüllung der ursprünglich vorhandenen Spalten mit metallischen Substanzen das Nebengestein eine Rolle spielt. Jedenfalls müssen wir annehmen, daß die Elemente zu den in Gängen und Lagern angehäuften Metallmassen ursprünglich in ganz anderer, weit allgemeinerer Weise vertheilt waren. In der That finden sich ganz kleine Quantitäten vieler Metalle in verschiedenen Gesteinen. Locale Concentration ist offenbar eine Folge vorhergehender Lösung und Bewegung und darauf folgender Krystallisation oder Ablagerung in irgend einem gegebenen Raum.

Das Lösungsmittel war wohl in den meisten Fällen Wasser, denn an gasartige, glühende Metallsublimationen aus dem Erdinnern denkt heute wohl kaum noch ein Geologe. Seitdem man weiß, daß manche Mineralquellen, namentlich wenn sie irgend eine Säure enthalten, im Stande sind, alle möglichen Metalle aufzunehmen und so- lange fortzuführen, bis der Niederschlag entweder durch Abkühlung, Verdunstung oder Verlust des Lösungsmittels durch den Eintritt in neue Verbindungen erfolgt, kann gegen die Annahme einer Entstehung der Erzgänge auf wässerigem Wege wohl kaum noch ein gewichtiger Einwurf erhoben werden. Freilich handelt es sich dann noch immer um die genauere Feststellung des Vorganges selbst. Wenn Werner annahm, daß alle Gangspalten durch Infil- tration von oben ausgefüllt worden seien, so läßt sich eine solche Entstehungsweise wohl für einzelne oberfläch- liche Vorkommnisse, gewiß aber nicht für die Mehrzahl der Erzgänge anwenden; denn die meisten erstrecken sich in die „ewigen Teufen der Erde."

Bei Erzlagern, welche zwischen versteinerungsführen- den Schichten liegen und selbst Fossilreste enthalten, kann die Entstehung aus wässeriger Lösung unter ähnlichen äußeren Bedingungen, wie die des Nebengesteins, nicht zweifelhaft sein.

In vielen Fällen dürfte sich die Ausfüllung der Erz- gänge durch Auslaugung und Secretion aus dem Nebengestein erklären lassen.

Die mit Metall und Mineralstoffen gesättigten un- terirdischen Wasser sammeln sich in Spalten. Hier wirken die verschiedenen Lösungen auf einander, es entstehen Nie- derschläge und zwar bei rascher Ausfüllung von unregel- mäßiger Massenstruktur, bei langsamerem Absatz von lagerförmiger Anordnung. Da tief eindringende Spalten überdies die Circulationswege sowohl für absteigende, als auch für aufsteigende Wasser bilden und die letzteren meist hohe Temperatur und damit auch eine erhöhte Lösungsfähigkeit besitzen, so können sie aus der Tiefe Metalle und Mineralien in die Gänge schaffen, welche dem Seitengestein vollständig fehlen.

Unter diesen allgemeinen Gesichtspunkten dürfte sich die Entstehung der meisten Erzgänge zusammenfassen lassen. In der Praxis erheischt freilich fast jeder besondere Fall seine specielle Erklärung, da sich die Bedingungen für die Circulation des Wassers, für die Lösung und den Niederschlag kaum an zwei Orten genau in derselben Weise jemals wiederholen dürften. Darin liegt aber auch der Grund, warum es kaum zwei absolut gleiche Erzlagerstätten gibt.

Schließlich mögen noch einige Worte über das Aufsuchen von nutzbaren Mineralien ihren Platz finden. Will man der Wahrheit die Ehre lassen, so muß zugestanden werden, daß die Entdeckung beinahe aller Lagerstätten nicht rationellem Suchen, sondern dem bloßen Zufall zu verdanken ist. Noch in neuester Zeit wurden die überreichen Silberminen in Colorado und Arizona durch Trapper, Farmer oder Reisende aufgefunden, ohne daß sich die Wissenschaft das mindeste Verdienst dabei zuzuschreiben hätte. Wieviel mehr mußte das in früheren Jahrhunderten der Fall sein! Eine Menge von Sagen über wunderbare Umstände beim Auffinden dieses oder jenes Erzreviers haben sich noch bis heute im Volksmund erhalten und nicht selten spielt in denselben die Wünschelruthe eine geheimnißvolle Rolle.

In Deutschland hat sie jetzt freilich ihr Ansehen fast gänzlich eingebüßt, dagegen soll sie bei den Bergleuten in Cornwallis und in einigen Gegenden von Frankreich noch immer im Gebrauche stehen. Da die Wirksamkeit der Wünschelruthe indessen schon durch den leisesten Zweifel an ihre Unfehlbarkeit aufgehoben wird, so verliert sich mit der abnehmenden Glaubensstärke der Menschheit allmälig auch das Vertrauen auf diesen Talisman.

Mit solchen Mitteln operirt die Wissenschaft nicht. Sie wird aber auch von einem geologisch unbekannten Lande niemals das Vorhandensein oder das Fehlen von Erzlagerstätten zum Voraus behaupten. Ohne die Kenntniß des geologischen Baues ist das Suchen nach nutzbaren Mineralien ein Umhertappen im Dunkeln. Im entgegengesetzten Falle dagegen gibt es einige Erfahrungsregeln, die sich größtentheils schon aus dem Vorhergesagten ergeben. So wird man z. B. Erzlagerstätten viel eher in gebirgigen als in ebenen Gegenden suchen, viel eher im Urgebirge und in alten Sedimentärgesteinen, als in ungestört gelagerten Formationen jüngeren Alters. In der Nachbarschaft älterer Eruptivgesteine ist die Hoffnung auf Erzreichthum viel berechtigter, als in der Nähe vulkanischer Gebilde. Nicht selten dienen auch äußere Merkmale, wie besondere Färbung und Gestalt der Oberfläche, metallhaltige Quellen, gewisse Pflanzen als Verräther von Erzlagerstätten.

Ist einmal in irgend einer Gegend das Vorhandensein nutzbarer Mineralien erwiesen, dann geschieht die Verfolgung und Aufsuchung der einzelnen Lagerstätten nach bestimmten rationellen Regeln. Das unsichere Herumtasten macht wissenschaftlichen Methoden Platz und die Erfahrungen der Geologie und des Bergbaues vereinigen sich, um der Erde ihren Ueberfluß in der vollständigsten und zweckmäßigsten Weise abzugewinnen.

V.

Zweites oder paläolithisches Zeitalter.

> In der Vergangenheit geweihtem Saale nun,
> Sah' ich zu Stein erstarrt, die Lebensformen ruh'n.
> (Rückert.)

1. Allgemeiner Charakter, Gliederung und Verbreitung.

Kein historisches Ereigniß von bedeutender Tragweite tritt unvorbereitet und plötzlich ein, darum gibt es auch für die menschliche Geschichte keine größeren Zeitabschnitte, deren Anfang und Ende nach bestimmten Jahren begrenzt werden könnte. So verhält es sich auch mit den geologischen Perioden. Selbst die genaueste Beobachtung reicht nicht aus, eine Grenzmarke festzustellen zwischen den oberen Thonschiefern des Urgebirges und der mächtigen, darüber folgenden Formationsgruppe des alten oder paläolithischen Zeitalters.

Unter Verzichtleistung auf eine theoretisch richtige Scheide begnügt man sich mit einem praktischen Hilfsmittel und beginnt dasselbe da, wo man zum ersten Mal einer größeren Anzahl verschiedenartiger, auch für das Auge des Laien erkennbarer Versteinerungen begegnet.

Eine fremdartige, wunderbar gestaltete, an Formen arme, an Individuen reiche Welt tritt uns in den ältesten, sogenannten Primordial-Schichten oder der Cambrischen Formation entgegen.

Sind es auch nur wenige Gattungen von Krustern, Weichthieren und Strahlthieren, so tragen sie doch schon in scharfen Zügen jenes charakteristische Gepräge, das die Versteinerungen des gewaltigen, unter dem Namen der alten oder paläolithischen Formationsgruppe zusammengefaßten Schichtencomplexes als einen großen erdgeschichtlichen Zeitabschnitt bezeichnet.

Vielerlei Gesteine folgen darauf in buntem Wechsel über einander. Manche lassen kräftige Einwirkungen der verändernden und erhärtenden Thätigkeit von Wasser und Druck erkennen; ihre Versteinerungen sind verzerrt, halb zerstört und schwer bestimmbar; andere finden sich in wenig zerrütteter Lagerung, mäßig oder kaum erhärtet und erfüllt von trefflich erhaltenen organischen Ueberresten.

Obwohl die Gesteinsbeschaffenheit nur geringes Interesse besitzt und nicht zur sicheren Erkennung der Formationen dient, so mag doch erwähnt werden, daß dunkle Thonschiefer, Schieferthon, Grauwacke (d. h. quarzreicher, feinkörniger Sandstein mit thonschieferartigem Bindemittel), grobkörniger Quarzsandstein und dichter Kalk von verschiedener Färbung die herrschenden Gebirgsarten des alten Zeitalters bilden.

Eingehendere Beachtung verdienen Aufbau und Gliederung. Schon seit alten Zeiten weiß der Bergmann, daß sich die ächten Steinkohlen in England und am Niederrhein in Schichten von verschiedener Dicke zwischen Schieferthon und Sandstein in ungeheueren Massen eingelagert finden; er weiß, daß diese Steinkohlenflötze stets von einer Unzahl Pflanzenresten begleitet sind, unter denen namentlich wohlerhaltene Farnkräuter, sowie zerdrückte Baumstämme und Zweige mit eigenthümlicher Verzierung in die Augen fallen. Mit erstaunlicher Gleichförmigkeit wiederholt sich diese Erscheinung in allen Theilen Europas und Nordamerikas, so daß man in der sogenannten Steinkohlenformation einen leicht erkennbaren Horizont zur geologischen Orientirung der älteren Erdschichten erhält.

Nicht lange konnte es verborgen bleiben, daß sich unter dem Steinkohlengebirge noch andere meilendicke Ablagerungen meist thoniger, sandiger und kalkiger Gesteine befinden, von denen mehrere zahlreiche organische Ueberreste einschließen. Die älteren deutschen Geologen nannten dieselben Uebergangsgebirge, indem sie von der Vorstellung ausgingen, daß sich hier feuerige und wässerige Gebilde begegnen, „daß es eines Zwischenzustandes bedurfte zum Austoben der Elemente, auf deren Trümmer sich dann die Welt verjüngte."

Lange Zeit schien es unmöglich, den Schichtencomplex zwischen Urschiefer und Steinkohlenformation in derselben Weise zu gliedern, wie das für die jüngeren Formationen schon ohne große Mühe geschehen war. Die zerrütteten Lagerungsverhältnisse und der häufige Mangel an charakteristischen Versteinerungen stellten einer Abgrenzung natürlicher Abtheilungen große Hindernisse entgegen. Dem berühmten englischen Geologen Sir Roderik Murchison war es vorbehalten, durch scharfsinnige Untersuchungen zuerst in der Grafschaft Wales, dann in fast allen Ländern

Europas helles Licht über Aufbau und Gliederung des Uebergangsgebirges zu werfen.

Man unterscheidet jetzt in demselben eine ältere silurische und eine jüngere devonische Formation. Den Silurern, einem kleinen keltischen Volksstamm, welcher während der Römischen Occupation jene Theile des heutigen Wales bewohnte, in denen Murchison das ältere Uebergangsgebirge zuerst studirte und besonders schön entwickelt fand, wurde die unverdiente Ehre zu Theil, eine der interessantesten Entwickelungsstufen der Erde mit ihrem fast vergessenen Namen zu verherrlichen. Nach der Grafschaft Devonshire wurde die jüngere Abtheilung benannt, obwohl dieselbe in der deutschen Eifel und in Belgien weit vollständiger entwickelt ist. In ähnlicher Weise haben auch die meisten anderen Formationen und Stufen Bezeichnungen erhalten, wie sie der blinde Zufall oder die Laune des ersten Beobachters hervorrief. Ein wissenschaftliches Princip sucht man vergeblich in dem Namengewirr der geologischen Handbücher.

Als Muster dieser bedauerlichen Terminologie und zugleich als Beispiel der mannigfaltigen Ausbildung und Gliederung ein und derselben Formation in verschiedenen Gegenden, folgt hier eine Zusammenstellung der Silurbildungen in Böhmen, England und Nordamerika, bei welcher jede horizontale Reihe immer gleichzeitige Ablagerungen umfaßt.

	Böhmen	England	Nord-Amerika
Obere Abtheilung	Etage G dunkler Kalk-stein Etage F lichter Kalk-stein Etage E dunkler Kalk-stein.	**Ludlow-Stufe** Oberer Schiefer Aymestry-Kalk Unterer Ludlow-Kalk. **Wenlock-Stufe** Oberer Llandovery-Schiefer Caradoc-Sandstein Pentamerus-Kalk.	**Untere Helderberg-Stufe** Pentamerus-Kalk-stein Helderberg-Kalk-stein. **Salina-Stufe** Onondaga-Salz-gruppe. **Niagara-Stufe** Niagara-Schiefer und Kalk. Clinton-Gruppe Medina-Sandstein Oneida-Conglo-merat.
Mittlere Abtheilung	Etage D Schiefer und Grauwacke.	**Bala-Kalk** **Llandeilo-Schiefer.**	**Hudson-Stufe** Hudson-Schiefer Utica-Schiefer. **Trenton-Stufe** Trenton- } Kalk. Chazy- }
Untere Abtheilung	Etage C (Primordial-Stufe) dunkler Thon-schiefer.	**Lingula-Schiefer** Tremadoc-Schiefer Stiperstone.	**Potsdam- oder Primordial-Stufe** Kalksandstein Takonische Schichten Potsdam-Sand-stein.

Unter den Versteinerungen der Silurformation finden wir ausschließlich Bewohner des Meeres. Aber nur mit Mühe erkennen wir in dieser fremdartigen Gesellschaft einige Gattungen, die an Formen der jetzigen Schöpfung erinnern: die Arten sind ausnahmslos erloschen. In großer Zahl und Mannigfaltigkeit begegnen wir den Trilobiten, einer eigenthümlichen, völlig ausgestorbenen Familie von krebsartigen Thieren, deren Rückenschild eine ausgezeichnete Gliederung in 3 Abschnitte zeigt. In gleicher Entwickelung sind die Weichthiere vertreten und zwar spielen unter diesen die Classen der Kopf- und Armfüßler die wichtigste Rolle. In der jüngeren Abtheilung bilden ausgestorbene Gattungen von Korallen mächtige Riffe, deren Verbreitung bis in die nordischen Breiten der Insel Gothland und der russischen Ostseeprovinzen reicht. Zahlreiche Seelilien wiegten ihre armtragenden Kronen entweder auf langen, gegliederten Stielen oder schmückten als zierlich getäfelte, fruchtähnliche Kugeln den Boden der Gewässer. Wenn ich noch der ausgestorbenen Graptolithen, sowie spärlicher Ueberreste von Würmern und Seetang gedenke, so sind die wesentlichsten Elemente der silurischen Fauna und Flora aufgezählt.

Niemand wird diese Schöpfung ärmlich nennen können. Unmittelbar nach der Bildung der Primordialschichten taucht wie mit einem Schlage eine solche Fülle von Organismen auf, daß Bigsby in seinem Thesaurus Siluricus nicht weniger als 8897 Arten zu verzeichnen im Stande ist, deren Zahl durch die unermüdlichen Nachforschungen allein in Europa und Nord-Amerika fast täglich mit erstaunlicher Geschwindigkeit zunimmt.

Nicht die Armuth, sondern die Fremdartigkeit dieser Schöpfung überrascht selbst den Fachmann und erweckt häufig sogar nach genauer Betrachtung Zweifel über die systematische Stellung dieser oder jener Form. Wir vermissen in der Silurformation, abgesehen von allen schalen- und skelettlosen, darum überhaupt nicht erhaltungsfähigen Bewohnern unserer heutigen Meere, jede Spur von Landpflanzen und Landthieren und fast alle Vertreter der Wirbelthiere. Kein Geschöpf mit vollkommen verknöcherter Wirbelsäule hat sich bis jetzt in Silurschichten gefunden: Säugethiere, Vögel, Reptilien, Amphibien fehlen vollständig, und nur von haiähnlichen Knorpelfischen und den sonderbaren Panzerfischen wurden in den jüngsten Lagen spärliche Flossenstacheln oder Hautschilder entdeckt, welche das Erscheinen der Fische wenigstens am Ende dieser Perioden bekunden.

Mit bemerkenswerther Gleichförmigkeit verbreitet sich die silurische Bevölkerung über die ganze Erde. Wenn auch gewisse Erscheinungen darauf hinweisen, daß bereits in jener uralten Zeit bestimmte geographische Verbreitungsbezirke existirten, wenn man z. B. bemerken kann, daß die Silurversteinerungen in Rußland, Skandinavien, Thüringen, England und Nord-Amerika unter einander größere Uebereinstimmung zeigen, als mit denen aus Böhmen, Nord-Frankreich, Spanien und Portugal, so bleiben doch die Gattungen in den verschiedenen Erdtheilen im Großen und Ganzen die gleichen, mögen wir eine Silurfauna aus dem arktischen Rußland und Nord-Amerika oder vom Himalaja und Tasmanien untersuchen.

Selbst unter den Arten gibt es mehr kosmopolitische Formen, als in späteren Formationen.

Nicht mit Unrecht hat man aus dieser Thatsache auf gleichmäßige Existenzbedingungen und Klima über die ganze Erde geschlossen, und daß letzteres ein mildes, ja tropisches gewesen sein muß, beweist das massenhafte Vorkommen von riffbildenden Korallen mit aller Bestimmtheit.

Unter dem Namen Uebergangsgebirge verstanden die älteren deutschen Geologen vorzüglich die jetzige Devonformation; denn mit Ausnahme von Böhmen sind Silurbildungen in Deutschland wenig verbreitet. Das wohlbekannte rheinische Schiefergebirge zwischen Bingen und Coblenz, im Hundsrück und der Eifel, die festen buntgefärbten Marmore in Nassau und die erzreichen Grauwacken im Siegener Land gehören zur devonischen Formation. In England liegen ähnliche, vielfach gegliederte Schichten zwischen den jüngsten Silurbildungen, und der Steinkohlenformation; dagegen nimmt in Schottland ein tief roth gefärbter Sandstein, der sogenannte Old red Sandstone die nämliche Stellung ein.

Wirft man einen Blick auf die Versteinerungen, so gibt sich die devonische Fauna unschwer als die Tochter der silurischen zu erkennen. Im Wesentlichen haben sich dieselben Classen, Ordnungen und Familien erhalten; dagegen weichen die Arten fast durchweg von den silurischen ab. Viele ältere Gattungen sind bereits erloschen und durch nahestehende ersetzt, oder die älteren sind geblieben, aber ihre numerische Bedeutung, ihre Fülle oder Armuth an Arten hat sich geändert. Aus den bisherigen Erfahrungen scheint die Thatsache hervorzugehen, daß bereits eine Abschwächung der formbildenden Kraft stattgefunden hat. Nicht nur, daß die devonische Fauna im Ganzen genommen weit ärmer als die silurische ist, sie zeigt auch gegenüber der jugendlich aufblühenden Thierwelt der Silurzeit ein gewisses greisenhaftes Aussehen. Eine Menge von Familien und Gattungen ließen sich aufzählen, die in der Silurzeit Dutzende oder Hunderte von Arten enthielten, in der Devonformation dagegen nur noch durch wenige Formen vertreten sind. Nur in bescheidenem Maaß werden diese Verluste durch neue Gestalten ausgeglichen; fast überall überwiegt die Abnahme den Zuwachs um ein Beträchtliches. In die Wirbelthiere allein, und zwar in die Classe der Fische ist ein frischer Hauch gekommen, dem seltsam gestaltete, gepanzerte Geschöpfe ihr Dasein verdanken. Auch Reptilienreste wollte man in einem gelben devonischen Sandstein von Schottland aufgefunden haben; doch gehören dieselben nach neueren Untersuchungen der viel jüngeren Triasformation an. Jedenfalls gab es übrigens zur Devonzeit schon Inseln und kleine Continente, da sich an verschiedenen Orten die ersten, allerdings spärlichen Ueberreste von Landpflanzen und zwar von Schafthalmen, Farnkräutern und anderen blüthenlosen Gewächsen finden.

In dem Reichthum an Fischen und dem erstmaligen Auftreten von Landpflanzen beruhen denn auch die wesentlichsten Merkmale der devonischen Schöpfung.

Mit der Steinkohlenformation tritt eine auffallende Veränderung ein. Die bisherige, fast ausschließliche Herrschaft der Meeresbewohner hört auf, Süßwasser-

und Meeresbildungen wechseln mit einander ab. Eine üppige, aus kryptogamischen Elementen zusammengesetzte Pflanzenwelt bedeckte von Pol zu Pol die zahlreichen Eilande und Continente der damaligen Periode, reichliche Nahrung liefernd für luftathmende Landschnecken, Insekten, Spinnen und Skorpione. In den Süßwassersümpfen hausten Krebse, Würmer, Weichthiere, Fische und vor Allem zahlreiche Salamander von stattlicher Größe, mit geschildertem Kopf, geschupptem Körper und kräftigen kegelförmigen Fangzähnen. Nicht leicht würde man in den eigentlichen Steinkohlen-Ablagerungen mit ihrer gänzlich veränderten Thierwelt einen Zusammenhang mit dem Uebergangsgebirge vermuthen, wenn nicht die Verbindung in der unteren Abtheilung der Steinkohlenformation durch marine Schichten hergestellt würde, deren Versteinerungen sich sehr eng an die der Devonformation anschließen. Neue Gattungen tauchen in diesem marinen Kohlenkalk oder Schiefer nur in mäßiger Anzahl auf, aber viele alte Stämme treiben noch einmal frische Knospen, um dann auf immer zu verwelken. Viele der bezeichnendsten Typen des paläolithischen Zeitalters, wie die Panzerfische, zahlreiche Weichthiere und Strahlthiere finden im Kohlenkalk ihren Untergang.

Als kurzes Nachspiel der drei ersten Formationen und als Schlußglied der paläolithischen Bildungen kann man die permische oder Dyasformation betrachten. Der erste Name bezieht sich auf das Gouvernement Perm in Rußland, wo die Formation besonders entwickelt ist; der zweite auf die Zusammensetzung aus zwei Hauptgliedern: dem rothen Todtliegenden und dem Zechstein. Als untergeordnete Ablagerung gehört dahin auch der Kupferschiefer der thüringischen und Mansfelder-Bergleute. Die Hauptgesteine der Dyas-Formation sind dunkelroth oder weiß gefärbte Sandsteine von sehr verschiedenem Korn, schwarze, bituminöse, kupferreiche Schiefer und schmußig-graue, unreine, marine Kalksteine.

Flora und Fauna sind äußerst armselig, im Vergleich mit den früheren Formationen, doch fehlt es auch hier nicht ganz an charakteristischen Zügen. Unter den Pflanzen gewinnen die Nadelhölzer an Verbreitung, unter den Thieren finden wir die ältesten Eidechsen im Kupferschiefer.

Im Allgemeinen trägt die Dyasbevölkerung einen schwächlichen, epigonenhaften Charakter; jene Ströme von Lebenskraft, die in geschwellten Adern die Silurschöpfung durchflossen, haben sich im Verlauf der Zeit in feinere Gefäße verzweigt und sind jetzt im Begriff, ganz und gar zu verrieseln.

Es soll später gezeigt werden, daß das Ende der Dyasformation in den bis jetzt geologisch näher bekannten Theilen der Erde eine totale Unterbrechung in der organischen Schöpfungsgeschichte bedeutet, für deren Erklärung sich möglicherweise Anhaltspunkte aus der Verbreitung der paläolithischen Ablagerungen ergeben.

Wenden wir daher dieser zunächst unsere Aufmerksamkeit zu!

Bekanntlich haben geologische Karten die Aufgabe, uns über die Vertheilung der verschiedenen Gebilde zu unterrichten, indem sie alle gleichartigen oder gleichalterigen

Gesteinsarten mit der gleichen Farbe anzeigen. Zum richtigen Verständniß einer geologischen Karte gehören aber einige Erläuterungen; denn ein geübtes Auge erfährt daraus viel mehr, als die Erstreckung dieser oder jener Formation auf den bezeichneten Landstrichen.

Jede Farbe bedeutet ein Eruptivgestein oder eine Sediment-Ablagerung, deren Ausdehnung durch bestimmte Linien begrenzt ist. Zuweilen lassen sich die Ufer vorhistorischer Meere noch mit Sicherheit erkennen. Fänden wir z. B. eine ehemalige Strandlinie am Ostrand des Schwarzwaldes, eine zweite zur nämlichen Formation gehörige am östlichen Fuß der Vogesen, eine dritte bei Basel und die vierte in der Gegend von Bingen und wäre die ganze Rheinebene mit Ablagerungen derselben Formation ausgefüllt, so würde auf einer geologischen Karte dieses ganze Gebiet eine einzige Farbe erhalten und sofort die ganze Verbreitung des einstigen Meeres anzeigen. Wenn aber jüngere Anschwemmungen einen großen Theil der Ebene bedeckt hätten, so müßten diese mit einer anderen Farbe auf der Karte eingetragen werden. Das erste deutliche Bild würde durch diese neue Farbendecke unstreitig gestört, aber wir könnten es jeden Augenblick wiederherstellen, wenn wir die jüngere Farbenschichte beseitigten oder gewissermaßen wie an einem übermalten Bilde wegkratzten.

Es erhellt aus diesem Beispiel, daß geologische Karten nicht direct die Verbreitung früherer Formationen darstellen, sondern nur die Stellen angeben, wo dieselben unbedeckt zu Tage treten. Würde man nun auf einer Karte etwa mit Blau die Ablagerungen der Devonformation, mit Grün die der Silurformation und mit Roth die des Urgebirges bezeichnen, sodann alle den jüngeren Bildungen angehörige Farben entfernen, so würden die mit Grün und Roth bemalten Theile höchst wahrscheinlich das damalige Festland darstellen, weil sie nicht von devonischen Sedimenten bedeckt, also auch von den Gewässern jener Zeit nicht überfluthet waren. Die blaugefärbten würden die beobachtete und die entfärbten Räume die muthmaßliche Verbreitung der Devonformation bedeuten.

Man besitzt sehr verschiedenartige Mittel, um sich über die muthmaßliche Verbreitung einer Formation Auskunft zu verschaffen; volle Gewißheit erhält man aber immer nur durch eine genaue geologische Untersuchung der betreffenden Gegend und ihrer Nachbarschaft.

Es ist vielfach versucht worden, die Vertheilung von Wasser und Land während der verschiedenen Schöpfungsperioden kartographisch darzustellen, wobei es sich freilich nur um Europa und Nord-Amerika handeln konnte, da alle übrigen Erdtheile in geologischer Beziehung höchst ungenügend durchforscht sind. Bei den jüngeren Formationen gewähren solche Karten ein annähernd richtiges Bild, bei den älteren dagegen nimmt die muthmaßliche Verbreitung solche Dimensionen an, daß alle Resultate der bisherigen Versuche einen höchst zweifelhaften Werth besitzen.

Die Silurformation bedeckt im Norden von Europa Flächen von ungeheurer Ausdehnung. In Rußland tritt sie östlich vom Ladogasee zu Tage und erstreckt sich nun in einer breiten, zusammenhängenden Zone über

St. Petersburg, dem Südrand des finnischen Meerbusens entlang durch ganz Esthland bis an die äußersten Eilande Dagoe und Oesel. In die westliche Fortsetzung dieses Zuges fallen die silurischen Inseln Gothland und Oeland. Ein großer Theil des schwedischen Festlandes wird, ähnlich wie die norddeutsche Ebene, durch junges Schuttgebilde verhüllt, aber immerhin tauchen in Dalekarlien, Ost- und West-Gothland und Schonen ansehnliche Silur-Parthien daraus hervor. In Norwegen findet sie sich besonders am Christianiafjord und in der Nähe des Mjösensees verbreitet.

In Großbritannien gilt die Grafschaft Wales für den klassischen Boden der Silurformation, doch fehlt sie auch in Irland nicht vollständig. Auf dem Central-Europäischen Continent gehören kleine Flecken in Schlesien, Sachsen, Oberfranken, Thüringen und am Harz zur eben beschriebenen nordischen Silurzone.

Würden wir in der oben angedeuteten Weise alle Farben jüngerer Formationen auf einer geologischen Karte abheben, so fiele fast das ganze nördliche Europa in das muthmaßliche Gebiet des Silur-Meeres. Nur Finnland, das nördliche Skandinavien und ein Theil von Schottland würden als ältere Inseln aus dem weiten Ocean hervorragen.

Wie es zur Silurzeit im südlichen Europa ausgesehen haben mag, läßt sich schwer sagen; denn hier stehen die Aufschlüsse minder reichlich zur Verfügung. In Böhmen bildet Prag ungefähr die Mitte eines 20 Meilen langen, vielfach gegliederten Silurbeckens, dessen Längenaxe von Nord-Ost nach Süd-West zieht. Eine unglaubliche Menge der prächtigst erhaltenen Versteinerungen wurde in fast 40=jähriger, unermüdlicher Arbeit von dem ausgezeichneten und gewissenhaften Forscher Joachim Barrande der Wissenschaft zugeführt, und noch immer scheint die Quelle ununterbrochen zu fließen.

Obwohl sich die Parallelen mit den gleichzeitigen nordischen Silurstufen überall mit Sicherheit ziehen lassen, zeigt sich doch eine so auffallende Verschiedenheit in der Gliederung und den Versteinerungen des böhmischen Silurbeckens, daß man eine Trennung vom nordischen Meer durch ein schon damals vorhandenes böhmisches Grenzgebirge mit großer Wahrscheinlichkeit vermuthet. Zu dem südlichen Silurmeer gehört wohl auch ein guter Theil des metamorphischen Thonschiefers in den Central=Alpen, obwohl die stark umgewandelten Gesteine bis jetzt nur an ganz vereinzelten Punkten bestimmbare Versteinerungen geliefert haben.

Frankreich besitzt silurische Ablagerungen in der Bretagne und zwar schließen sich dieselben paläontologisch enger an die böhmische als an die näher gelegene englische Entwicklungsform an; dasselbe gilt auch für den ausgedehnten Schieferzug auf der iberischen Halbinsel.

Mit Ausnahme des französischen Centralplateau's in der Auvergne, eines Theiles des Schwarzwaldes und der Vogesen, eines ganz schmalen Streifens in den jetzigen Centralketten der Alpen und Pyrenäen dürfte wohl fast das ganze übrige mittlere und südliche Europa zur Silurzeit vom Meer bedeckt gewesen sein.

Ungeheure Flächenräume von vielen tausend Quadrat-Meilen nimmt die Silurformation in Nord-Amerika ein und zwar sowohl in Canada, als auch in den vereinigten Staaten. Man würde die muthmaßliche Ausdehnung des riesigen amerikanischen Silurbeckens nicht überschätzen, wenn man seinen Anfang an den Ostrand des Felsengebirges verlegte und fast das ganze Territorium der vereinigten Staaten und einen großen Theil von Englisch-Amerika dazu rechnete. Im Osten werden die amerikanischen Silurbildungen ebenso vom atlantischen Ocean abgeschnitten, wie die europäischen im Westen, so daß wir alle Ursache haben, denselben in die muthmaßliche Ausdehnung des Silur-Meeres einzuschließen. Es wäre somit für diese Periode ein Ocean anzunehmen, welcher einen großen Theil der nördlichen Hemisphäre mit seinen Fluthen bedeckte.

Es lohnt sich nicht bei der Verbreitung der Silurformation in China, im Himalaja, in Australien, Tasmanien, Bolivia und am Cap der guten Hoffnung länger zu verweilen, da diese Punkte durch ungeheuere Strecken unerforschten Landes von einander geschieden sind und somit keine Schlüsse über die einstige Vertheilung von Wasser und Land gestatten.

Werfen wir einen Blick auf die Verbreitung der Devonformation in den beiden genauer studirten Erdtheilen, so finden wir die russische Silurzone im Süden durch einen breiten devonischen Streifen umsäumt, dessen Erstreckung fast ununterbrochen vom Eismeer bis an die Küsten von Lievland und Kurland reicht. Jüngere Schuttmassen bedecken seine südwestliche Ausbreitung; aber es ist höchst wahrscheinlich, daß isolirte Parthien in Polen damit zusammenhängen und die Verbindung mit den Devonbildungen in Schlesien, Thüringen, Fichtelgebirge und am Harz herstellen. Zu beiden Seiten des Rheines dehnt sich das größte deutsche Devongebiet über Nassau, Rheinland, Westfalen einerseits, Hundsrück und Eifel andererseits aus, steht in Verbindung mit dem Schiefergebirge in Belgien und den Ardennen und endet in einem isolirten Aufbruch bei Boulogne sur mer. Ansehnliche Landstriche in der Bretagne, den Pyrenäen und im nördlichen Spanien gehören ebenfalls zur Devonformation.

In England beschränkt sie sich in ihrer normalen Entwickelung auf die Grafschaft Devonshire, Cornwallis und Wales, in Schottland wird sie durch den weitverbreiteten Old red Sandstone ersetzt.

Nord-Amerika hat nach Ablauf der Silurzeit bedeutend an Festland gewonnen; die Ufer des Devon-Meeres sind von allen Seiten eingeengt und die Aufschlüsse weit weniger verbreitet, als die der Silurformation.

In viel allgemeinerer Weise und in größerem Maßstabe wiederholt sich die Verminderung der Meere während der Steinkohlenformation auf der ganzen nördlichen Hemisphäre.

In Rußland nimmt zwar die untere Abtheilung, der sogenannte Kohlenkalk noch eine sehr beträchtliche Area ein; allein sowohl seine beobachtete, wie seine muthmaßliche Erstreckung bleibt beträchtlich hinter den beiden älteren Formationen zurück.

Deutschland besitzt erfreulicher Weise zahlreiche und ausgedehnte Gebiete des produktiven Steinkohlengebirges;

9*

allein da sich dasselbe in geschlossenen Süß- oder Brackwasser-Seen gebildet hat, so wird nur ein mäßiger Flächenraum davon bedeckt.

Die größeren Kohlenbezirke Deutschlands liegen in Schlesien, an welche sich die österreich'schen in Mähren und Böhmen anschließen; ferner in Sachsen, Thüringen, am Nieder-Rhein, im Saargebiet und bei Aachen. An der deutschen Westgrenze beginnt der große belgische Kohlenzug, welcher das ganze Land zwischen Maas und Schelde bedeckt und beträchtliche Schätze in der Tiefe birgt.

Frankreich und Spanien scheinen zur Steinkohlenzeit größtentheils Festland gewesen zu sein; denn nur ganz vereinzelte Mulden von geringer Ausdehnung finden sich da und dort meist im Urgebirge zerstreut. Auch in den Alpen und ganz Süd-Europa spielt die Steinkohlenformation eine untergeordnete Rolle.

Großbritannien zeigt sich durch Ausdehnung und günstige Lage seiner Steinkohlenformation vor allen Ländern Europa's bevorzugt. In Wales, Nord-England und Süd-Schottland bedeckt sie Flächen von vielen hundert Quadrat-Meilen und Irland besitzt wenigstens den untern marinen Kohlenkalk in weiter Verbreitung.

Gegen Nord-Amerika freilich tritt auch England weit in den Hintergrund zurück. Nach Dana nimmt allein die produktive obere Abtheilung einen Flächenraum von 124000 englischen Quadrat-Meilen ein und beinahe ebensoviel Land wird vom marinen Kohlenkalk bedeckt. Solche riesige zusammenhängende Territorien gibt es in Europa nicht, vielmehr scheint unser Erdtheil während der Steinkohlenzeit einen seichten Archipel mit zahllosen Inseln und kleinen Festländern gebildet zu haben.

Während der Dyasformation hat die Reduktion der Meere auf der nördlichen Hemisphäre in erstaunlicher Weise zugenommen. Berücksichtigen wir nur die marinen Gebilde, so finden wir allein noch in Central-Rußland, namentlich in den Gouvernements Perm, Orenburg, Kasan und Nowgorod längs der Westseite des Ural ein größeres zusammenhängendes Gebiet von ungefähr 18000 Quadrat-Meilen, gegen welches sich die beschränkten Ablagerungen in Thüringen, Kurhessen und England wie unbedeutende Flecken ausnehmen.

Auch in Nord-Amerika tritt die Dyasformation nur in einem verhältnißmäßig schmalen Streifen am Ostrand des Felsengebirges in den Staaten Texas, Kansas und Nebraska zu Tage.

Diese Andeutungen über die Verbreitung der paläolithischen Formationen mögen genügen, um den Nachweis einer allmäligen Verkleinerung der früheren, allgemeinen Meeresbedeckung, sowie einer stetigen und bedeutenden Vermehrung des Festlandes zu liefern.

Zu ähnlichem Resultat hatte uns schon früher die Betrachtung der Versteinerungen geführt.

Wir haben gesehen, daß in der Silurzeit Land- und Süßwasser-Bewohner noch fehlen und erst in der Devonformation zum erstenmal in geringer Anzahl auftauchen. In den beiden folgenden Formationen erhalten sie das entschiedene Uebergewicht über die mehr und mehr zurücktretenden marinen Geschöpfe.

Es läßt sich keine physikalische oder chemische Ursache ausfindig machen, welcher man eine Verminderung der vorhandenen Wassermasse der Erde am Ende der paläolithischen Periode in so ungeheuerem Maßstabe zuschreiben dürfte, um daraus die erwähnten Veränderungen zu erklären. Wir müssen eher vermuthen, daß in Folge einer langsamen Erhebung der nördlichen Hemisphäre die Gewässer nach anderen Regionen abgeflossen sind und daß mit diesem Ereigniß gleichzeitig eine großartige Auswanderung der damaligen Meeresbewohner stattfand. Vielleicht werden wir später im Innern von Afrika die marinen Ablagerungen entdecken, in denen unsere nordischen Flüchtlinge begraben liegen; möglicher Weise befinden sie sich aber auch unter der Decke des jetzigen südlichen Oceans verborgen und werden immer unserer Beobachtung entzogen bleiben. Mit der Annahme einer solchen Zufluchtsstätte würde das gänzliche Erlöschen aller paläolithischen Geschöpfe am Ende der Dyasformation einen Theil des Räthselhaften und Wunderbaren verlieren, mit dem diese Erscheinung umgeben ist. Statt einer vernichtenden Erd-Katastrophe erhielten wir nur lokale Störungen in den äußeren Lebensbedingungen, welche theils das Aussterben, theils die Auswanderung der vorhandenen Bewohner veranlaßten. Aus den neuen Verbreitungsbezirken konnte dann in einer späteren Periode, wenn wieder günstigere Umstände eingetreten waren, die alte Heimath von Neuem bevölkert werden.

Die vielgenannte, unbestreitbare Kluft zwischen den Ueberresten der Dyasformation und der ältesten Abtheilung des nächsten Zeitalters liefert demnach noch keinen Beweis für die Hypothese, daß die verschiedenen auf einander folgenden geologischen Floren und Faunen ohne allen genetischen Zusammenhang mit ihren Vorläufern entstanden seien.

Und in die graue Zeit sah ich zurück,
Und das Bekannte meinem Blick verging,
Verändert Alles, fremd und wunderbar.
(v. Kobell.)

2. Die Thierwelt des paläolithischen Zeitalters.

Alles Werdende und Alles Gewordene in der belebten Schöpfung hat einen Anfang. Der Forschung kommt es zu, die Vorgänge von ihrer Entwickelung an bis zu ihrer Auflösung zu beobachten und zu erklären. Leider ist das erstmalige Auftauchen organischer Wesen in tiefes Dunkel gehüllt und wie alle Fragen nach dem ersten Anfang und letzten Ende der menschlichen Untersuchung entrückt.

Wenn nach langjährigem Ringen die Wissenschaft zur Ueberzeugung gelangte, daß einerlei Kräfte und Gesetze Einst und Jetzt die Welt regierten, daß es auf der Erde keine anderen Gewalten gab, als diejenigen, welche sie noch heute besitzt und daß sich aus ihnen Alles so entwickelte, wie es gekommen ist, so haben zu diesem Ergebniß Geologie und Paläontologie nicht wenig beigetragen. Schon früher wurde gezeigt, wie die geologischen Erscheinungen der Gegenwart den Schlüssel zur Vergangenheit liefern; jetzt soll uns die Betrachtung der ausgestorbenen Geschöpfe des ältesten Zeitalters den Beweis führen, daß auch im Reich der Organismen das Vergangene nur einen Theil des Bestehenden bildet, daß die erloschenen Pflanzen und Thiere trotz aller Verschiedenheit nach demselben Plane gebaut sind, wie die heutigen, und daß alle Abweichungen nur als Modifikationen der wenigen Hauptcombinationen betrachtet werden müssen, nach welchen sich Pflanzen und Thiere zu allen Zeiten gestalteten.

Alle Versteinerungen lassen sich in die großen Fachwerke der zoologischen und botanischen Systeme unterbringen; bis jetzt hat sich kein Ueberrest gefunden, den wir als Vertreter eines neuen, in der jetzigen Schöpfung unbekannten Typus anzusehen hätten.

Was zunächst die Thierwelt des ersten Zeitalters betrifft, so wird kein Zoologe zweifeln, daß alle Formen ohne Ausnahme einer der 5 großen Abtheilungen oder Typen: den Protisten, Strahlthieren, Kerbthieren, Weichthieren oder Wirbelthieren angehören. Er wird in den Trilobiten mit Leichtigkeit Gliederthiere, in den seltsamen Beutelkriniten Strahlthiere, in den Panzerfischen Wirbelthiere erkennen. Wenn es sich aber darum handelt, den genannten Ueberresten ihren genauen Platz im Systeme anzuweisen, dann beginnen ernstliche Schwierigkeiten.

Gewöhnlich zeigen nämlich die ausgestorbenen Geschöpfe der älteren Formationen Vereinigungen von Merkmalen, wie man sie bei den gegenwärtig lebenden nicht mehr kennt.

Durch das Studium der fossilen Organismen erhält deßhalb auch unsere Vorstellung über den Plan, welcher der ganzen Schöpfung zu Grunde liegt, eine so wesentliche Ergänzung, daß ein Zoologe oder Botaniker ohne Kenntniß der urweltlichen Formen kaum zur Erreichung allgemeiner Resultate befähigt ist. Man wird nicht zu weit gehen, wenn man den Einfluß der Paläontologie auf Zoologie und Botanik ungefähr mit der Wirkung vergleicht, welche die Kenntniß der Bauwerke des Alterthums auf die heutige Baukunst ausübt.

Wenn wir nun unsern Blick auf die Thierwelt des ersten Zeitalters zurückrichten, so verweilen wir zunächst mit besonderem Interesse bei den Geschöpfen, die uns in den tiefsten Schichten der Silurformation, in der sogenannten Cambrischen oder Primordialstufe entgegentreten. Trotz der universalen Verbreitung dieses Horizontes und trotz der ungeheueren Menge von Versteinerungen, von denen sich einzelne Schichten erfüllt zeigen, überschreiten die bis jetzt nachgewiesenen Arten keinenfalls die Zahl 100, und vertheilen sich auf etwa 30 verschiedene Geschlechter.

Ganz vereinzelt finden sich unter denselben Ueberreste von Seetang, von Würmern, von Strahlthieren und von einschaligen Schnecken. Schon viel häufiger erscheinen einige Gattungen zweischaliger Muscheln aus der Classe der Brachiopoden, mit denen wir später nähere Bekanntschaft machen werden. Die hervorragendsten Geschöpfe der Primordial-Meere sind aber sowohl nach Organisationshöhe, Mannigfaltigkeit der Form und Individuenzahl

Die Trilobiten.

In Böhmen gehören unter 40 überhaupt bekannten Versteinerungen der Primordialstufe nicht weniger als

27 Arten (aus 7 Sippen) zu den Trilobiten; in Nord-Amerika stellen sie zu einer Gesammtbevölkerung von 52 verschiedener Thiere das ansehnliche Contigent von 38 Arten.

Die Trilobiten gehören augenscheinlich zu den Gliederthieren, und zwar schließen sie sich nach ihrer ganzen Tracht am besten den Crustaceen oder Krebsen an. Man kennt nur ihre hornig-kalkigen Rückenpanzer genau. Alle Organe auf der Unterseite waren in der Regel fleischig oder häutig und darum für die fossile Erhaltung ungeeignet.

Nehmen wir den Paradoxides Bohemicus (Fig. 11) aus den Primordialschichten von Ginetz in Böhmen als Typus der Familie, so zeigt sich, daß zwei vertiefte, über die ganze Länge des Schildes verlaufende Furchen ein etwas erhabenes Mittelstück (die Spindel) von den beiden symmetrischen Seitentheilen abtrennen. Dadurch entsteht eine Dreitheilung des ganzen Körpers, welche Veranlassung zu der Bezeichnung Trilobiten*) gegeben hat. Aber auch in der Richtung der Queraxe läßt die Abbildung drei scharf geschiedene Abschnitte erkennen, von denen der vordere Kopfschild, der mittlere Rumpf, und der hintere Schwanzschild heißen.

Das Kopfschild besteht aus einem einzigen Stück von meist halbkreisförmiger Gestalt; seine Mitte wird von einem durch die beiden obenerwähnten Längsfurchen eingefaßten Wulst, der sogenannten Glatze eingenommen. Dieser Wulst trägt an seinem Hinterende eine nach den

*) Von τρίλοβος dreilappig.

Gattungen wechselnde Anzahl tief eingesenkter Furchen, welche vermuthlich die Lage der Kauorgane an der Unterseite des Schildes andeuten. Daneben liegen beiderseits

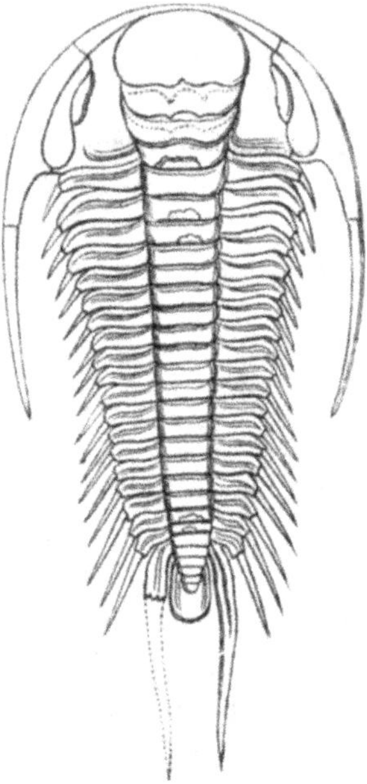

Fig. 11. Paradoxides Bohemicus von Ginetz.

die Wangen, aus denen sich in der Regel große, hervorragende Augen erheben. Das Trilobiten-Auge ist wie bei den Insekten und den meisten Krebsen aus zahlreichen Linsen zusammengesetzt und auf der Oberfläche facettirt. Besitzen die einzelnen Linsen eine ansehnliche Größe, so bilden sie auf dem Aughügel rundliche, ohne Vergrößerungsglas erkennbare Körner, zwischen denen sich dann gewöhnlich noch eine feinere Körnelung bemerken läßt. So sind z. B. die Gesichtsorgane bei den Gattungen Dalmanites und Phacops beschaffen.

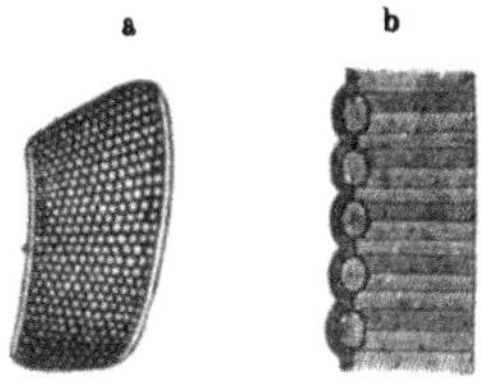

Fig. 12.
a Auge von Dalmanites Hausmanni, b von Asaphus im Durchschnitt; sehr stark vergrößert.

Manchmal vermehrt sich die Zahl der Facetten so erstaunlich, daß man unter sehr starker Vergrößerung mehrere Tausend in einem Auge zählen kann. In solchen Fällen überzog eine durchsichtige Hornhaut das lediglich als rundliche Erhöhung auf den Wangen angedeutete Gesichtsorgan.

Bei einer kleinen Anzahl von Trilobiten und zwar vorzüglich bei solchen aus der Primordialstufe, wohin die beiden abgebildeten Arten aus den Gattungen Agnostus und Hydrocephalus (Fig. 13 und 14) gehören, bedeckt die unveränderte Kopfhaut die Stelle, wo sonst das Auge zu suchen ist, und von letzterem ist keine Spur zu erkennen.

Sonderbarer Weise scheint das Vorhandensein oder Fehlen der Augen von äußeren Einflüssen bedingt zu sein; denn wenn es auch einige wenige Sippen mit lauter blinden Arten gibt, so kommen andere mit sehenden und blinden Formen vor, ohne daß sich unter den letzteren sonstige erhebliche Verschiedenheiten beobachten ließen. Ja Barrande erwähnt sogar eine Art aus der Gattung

Trinucleus bei welcher die Augen bei fortschreitendem Alter verkümmern und schließlich ganz verschwinden.

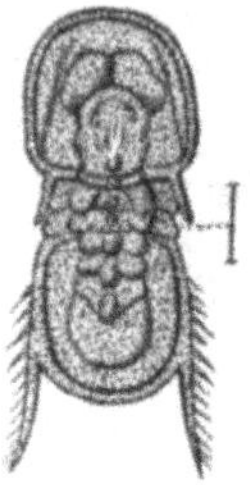

Fig. 13.
Agnostus granulatus von Skrey in Böhmen.

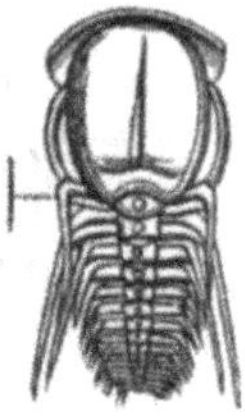

Fig. 14.
Hydrocephalus carens von Skrey.

Ein systematischer Werth kann deßhalb auch der mehr oder weniger vollkommenen Entwickelung des Sehorgans bei den Trilobiten nicht zugestanden werden.

Ganz ähnliche Erscheinungen zeigen sich auch in der Thierwelt der Gegenwart. Daß blinde Vertreter in Familien vorkommen, bei denen sonst das Gesichtsorgan wohl ausgebildet zu sein pflegt, ist jedem Zoologen bekannt. Ich erinnere nur an die blinden Insekten, Salamander und Fische in den dunklen Höhlen von Krain, Dalmatien, Mähren und Nord-Amerika, um von anderen Beispielen bei parasitischen Thieren gar nicht zu reden.

Da sich diese blinden Formen in ihrem ganzen Bau nicht wesentlich von ihren nahe stehenden Verwandten unterscheiden, aber immer derartige Aufenthaltsorte gewählt haben, wo ihnen wegen der herrschenden Dunkelheit ein entwickelter Gesichtssinn von keinem Vortheil sein könnte, so nimmt man an, daß diesen Geschöpfen das Auge durch Nichtgebrauch verkümmert wurde.

Man ist zu solchem Schluß gewiß berechtigt, weil uns die Betrachtung der ganzen Thierwelt zeigt, wie gerade dieses Sinnesorgan in allen seinen Theilen dem Bedürfniß des Augenblicks und der Lebensweise der einzelnen Geschöpfe auf merkwürdige Weise angepaßt ist.

Bei nächtlichen Thieren tritt es glotzend hervor, bei andern ist es zu freier Aussicht auf lange Stiele gestellt — bei solchen, denen es überflüssig ist, verhüllt es sich, verkümmert oder tritt endlich ganz zurück.

Bei den Trilobiten spricht das gelegentliche Fehlen von Augen ebenfalls für eine Rückbildung durch Nichtgebrauch und dies läßt uns vermuthen, daß alle blinden Arten ihr Dasein an lichtarmen Orten gefristet haben.

Bei genauer Betrachtung des Kopfschildes bemerkt man gewöhnlich jederseits von der Glatze eine feine Naht, welche stets am Hinterrand beginnt, dicht an den Augen vorbeiläuft und sich am Vorderrand entweder auf der Ober- oder Unterseite mit der von der andern Seite kommenden Naht vereinigt.

Diese sogenannte Gesichtsnaht läßt sich am besten mit einer durch ein scharfes Instrument verursachten Schnittlinie vergleichen. Sie ermöglichte eine gewisse Beweglichkeit der Wangen und erleichterte vermuthlich die Thätigkeit der Freßwerkzeuge auf der Unterseite, von denen leider mit Ausnahme einer kurzen, an den Vorderrand angehefteten Platte nie etwas erhalten ist.

Der Rumpf besteht aus einer Reihe schmaler, gleichartiger, durch Gelenkflächen verbundener und darum verschiebbarer Glieder, deren Zahl bei manchen Arten mit dem Alter zunimmt, überhaupt bei den verschiedenen Gattungen außerordentlich wechselt und im Ganzen zwischen 2 und 29 schwankt.

Das Schwanzschild bildet ein einziges ungetheiltes Stück von meist halbkreisförmiger Gestalt. Es macht den Eindruck, als ob mehrere Segmente miteinander verschmolzen wären und zeigt häufig mannichfaltige Verzierungen durch Stacheln oder lappenförmige Fortsätze.

Die Beweglichkeit der Rumpfsegmente gestattete vielen Trilobiten, ihren Körper nach Art der Kellerasseln oder Igel einzurollen. Sie legten das Schwanzschild dicht unter den Vorderrand des Kopfschildes, und konnten in dieser Stellung alle auf der Unterseite befindlichen Weichtheile durch das feste Rückenschild vor Beschädigung schützen. So findet man in gewissen Gattungen die Mehrzahl der Individuen zusammengerollt. Der nebenstehende Asaphus Kowalewskyi aus den untern Silurschichten von Pulkowa veranschaulicht diese Stellung und ist überdies durch seine langgestielten Augen bemerkenswerth.

Auffallender Weise fehlt fast allen Trilobiten aus Primordialablagerungen die Fähigkeit, ihren Körper in der erwähnten Weise einzurollen, woraus man folgern wollte, daß sie wenige oder doch ungefährliche Feinde zu fürchten hatten.

Fig. 15.

Bei den meisten jüngeren Formen war, wie es scheint eine zeitweilige Beschützung der weichen Organe auf der Unterseite erforderlich. Leider weiß man über die letzteren nichts Genaueres. Die Trilobitenpanzer sind auf der Unterseite meist leer und obwohl sie nicht selten auf ihrem

Rückenpanzer noch die zartesten Verzierungen in schönster Erhaltung zeigen, hat man doch erst in neuester Zeit an einer einzigen Art (**Asaphus platycephalus**) neben der Platte am vorderen Rand ein Kieferstück mit einem daran befestigten Fühler entdeckt; (Fig. 17 b) ja an einem in Nord-Amerika gefundenen Stück waren sogar auf der Unterseite des Rumpfschildes acht Paar bogenförmige Anhänge (Fig. 17) erhalten, über deren Deutung (ob Füße oder schwach entwickelte Bauchschienen zur Anheftung von weichen, blättrigen Bewegungsorganen) keine Uebereinstimmung unter den ersten

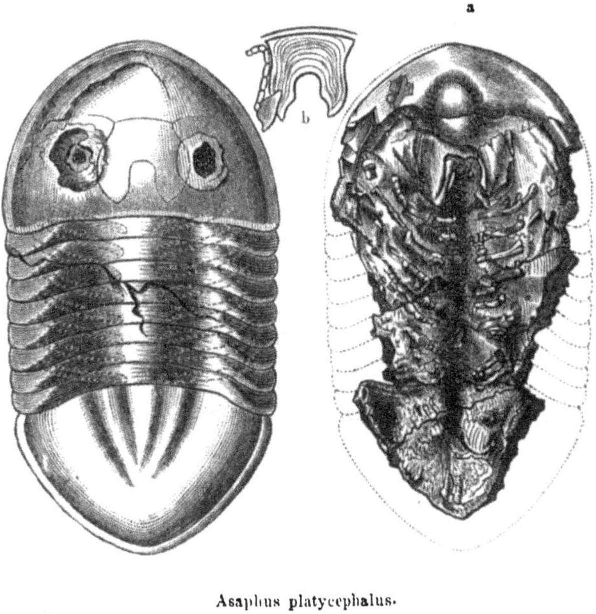

Asaphus platycephalus.
Fig. 6 von oben. Fig. 17 a von unten mit den bogenförmigen Anhängen.
b Kieferstück mit Fühler.

Autoritäten erzielt werden konnte. Bei der überwiegenden Mehrzahl der Trilobiten wären sicherlich sämmtliche auf der Unterseite befindlichen Organe weich und häutig.

Zur Beurtheilung der Lebensweise eines Thieres liefern uns seine Sinnes- und Bewegungs-Organe den besten Aufschluß. So haben wir schon oben aus der mehr oder weniger vollkommenen Entwickelung des Auges geschlossen, daß viele Trilobiten die Dunkelheit liebten, während sich andere offenbar des Lichtes erfreuten.

Ebenso darf man aus dem Fehlen fester Bewegungs- und Kiefer-Organe vermuthen, daß wir es hier weder mit kriechenden noch mit wühlenden Geschöpfen zu thun haben. Wohl aber ist der ganze Körperbau zum Schwimmen trefflich geeignet, wobei das ungegliederte, halbkreisförmige Schwanzschild geradezu als Ruder dienen konnte. Formen mit großem Schwanzschild besaßen darum in dieser Hinsicht sicherlich einen erheblichen Vortheil.

Noch steht uns zur Ermittelung der muthmaßlichen Sitten ausgestorbener Geschöpfe ein Weg offen, der in der Regel am schnellsten und sichersten zum Ziele führt. Es ist dies die Vergleichung mit verwandten Formen aus der heutigen Lebewelt. Leider gewährt uns jedoch dieses Verfahren bei den Trilobiten keinen Aufschluß, denn sie stimmen mit keiner der zahlreichen Ordnungen oder Familien der jetzt existirenden Krustern überein.

Das feste hornig-kalkige Rückenschild, die großen, zusammengesetzten, zuweilen gestielten Augen und die ansehnlichen Dimensionen mancher Arten (man kennt Trilobiten von der Größe eines halben Zoll bis zu einem Fuß) mahnen uns an die höchststehenden Formen der Kruster, zu denen z. B. die gewöhnlichen Flußkrebse und die kurzschwänzigen Seekrabben gehören. In Bezug auf Form und Gliederung des Rückenschildes zeigen die Asseln (Isopoden) unstreitig am meisten Aehnlichkeit; aber die weiche Beschaffenheit der Unterseite bei den Trilobiten, die äußerst schwache Entwickelung der Füße, Taster und Bauchsegmente entfernen sie ziemlich wieder weit von diesen Krustern.

Nur die Ordnung der Blattfüßler oder Phyllopoden, deren bekannteste Gattungen Apus und Branchipus in manchen Süßwassertümpeln Europa's im Frühling in Menge erscheinen, stimmen durch die häutige Beschaffenheit der Füße und durch den Bau der Augen bis zu einem gewissen Grade mit den Trilobiten überein. Auch die gesellige Lebensweise haben sie offenbar mit einander gemein; denn es gibt Schichten, deren Oberfläche buchstäblich von Trilobitenschalen übersäet ist.

Bei näherer Prüfung der einzelnen Körper-Theile: des Kopfes, Rumpfes und Hinterendes der Phyllopoden ergeben sich freilich Verschiedenheiten, wie sie bei Angehörigen ein und derselben Ordnung niemals bestehen dürfen. Auch die Lebensweise war wesentlich verschieden; die einen halten sich in seichten Süßwassertümpeln auf und schwimmen bei sonnigem Wetter, die Bauchseite meist nach oben gerichtet, an der Oberfläche des Wassers; die anderen waren unzweifelhaft Meeresbewohner und suchten vermuthlich mit Vorliebe tiefgründige oder doch wenig beleuchtete Orte auf.

So führt uns der Vergleich mit den lebenden Formen zu keinem Resultat, vielmehr stellen sich diese merkwürdigen Krebse als ein besonderer Formenkreis heraus, welcher

Merkmale aus den höchsten und niedrigsten Ordnungen der heutigen Crustaceen vereinigt.

Noch verdient die eigenthümliche, von Barrande für mehrere Trilobiten-Gattungen ermittelte Entwickelung bei zunehmendem Alter Beachtung. Es finden dabei Metamorphosen statt, die sich hauptsächlich durch Veränderungen am Kopfschild und durch Einschaltung immer zahlreicherer Rumpfsegmente erkennen lassen. Bei den ausgewachsenen Individuen einer Art bleibt die Zahl der Körpersegmente stets die gleiche; dagegen kann dieselbe bei den Arten ein und derselben Gattung etwas variiren und ist, wie schon früher bemerkt, bei verschiedenen Sippen den größten Schwankungen unterworfen. Dadurch zeichnen sich die Trilobiten wesentlich von den lebenden Krustern aus, bei denen nicht nur alle Glieder einer Familie, sondern in der Regel auch einer ganzen Ordnung dieselbe Zahl von Rumpfsegmenten zu besitzen pflegen.

Ueber die geringe Uebereinstimmung der Trilobiten mit den jetzt lebenden Crustaceen kann man nicht in Erstaunen gerathen, wenn man ihre zeitliche Verbreitung überblickt. Sie sind keineswegs auf die Primordialstufe beschränkt, sondern vertheilen sich über sämmtliche Formationen des paläolithischen Zeitalters. Der Höhepunkt ihrer Entwickelung mit ungefähr 60 Sippen und vielen hundert Arten fällt in die mittlere und obere Silurzeit.

Hier finden sich vorzugsweise die Gattungen Asaphus, Illaenus, Trinucleus, Acidaspis, Calymene u. a., von denen einige in den Holzschnitten dargestellt sind.

Von der Gattung Illaenus (Fig. 18) gibt es bis

jetzt nur silurische Arten. Hier sind Kopf- und Schwanzschild außerordentlich ähnlich geformt, das erstere jedoch durch die hervorragenden Augen leicht kenntlich. Der Rumpf besteht aus 10 Segmenten.

Auch Trinucleus (Fig. 19) überschreitet die Grenzen der Silurformation nicht. Die Arten sind zum Theil blind, zum Theil mit kleinen Augen versehen. Ein auffallendes Kennzeichen bildet der breite, punktirte, nach hinten in zwei lange Spitzen verlaufende Saum, welcher das Kopfschild umgibt.

Fig. 18. Illaenus crassicauda aus den unteren Silurschichten von Pulkowa bei St. Petersburg.

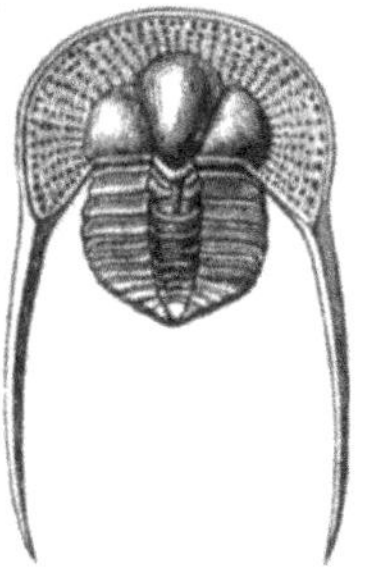

Fig. 19. Trinucleus ornatus von Wessella in Böhmen.

Bei der Gattung Acidaspis (Fig. 20) deren zahlreiche Arten sich auf die Silur- und Devon-Formation vertheilen, ist der ganze Körper äußerst zierlich mit zahlreichen, langen Stacheln geschmückt.

Im Ganzen nehmen die Trilobiten nach Ablauf der Silurzeit stetig ab. Aus der Devonformation kennt man kaum mehr als 30 Arten, unter denen Phacops latifrons

(Fig. 21) mit seinen großen, glotzenden Augen und seiner grobgekörnelten Stirn alle andere an Häufigkeit und weiter Verbreituug übertrifft.

In der älteren marinen Abtheilung der Steinkohlenformation finden sich nur mehr zwei Sippen (Phillipsia und Griffithides) mit wenigen unansehnlichen Arten und die letzte Form erscheint in Amerika in Ablagerungen der Dyasformation.

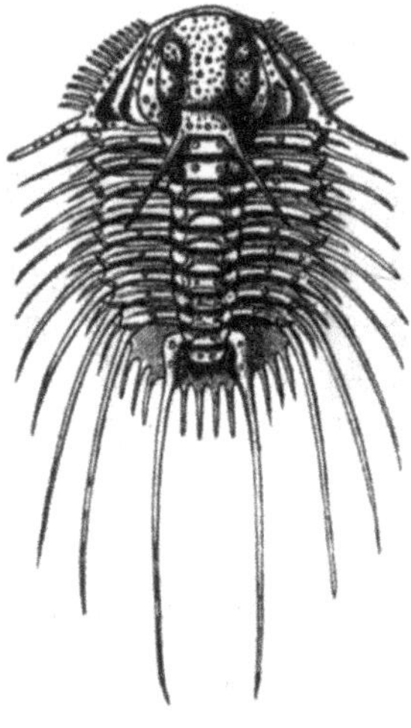

Fig. 20.
Acidaspis Dufrenoyi aus silurischem Kalkstein von St. Iwan in Böhmen.

Damit verschwindet diese merkwürdige Crustaceen-Ordnung um niemals wieder zum Vorschein zu kommen. Ihre Lebensdauer war auf eine verhältnißmäßig kurze Spanne Zeit beschränkt; allein sie entfaltete sich darin in erstaunlicher Fülle und spielte schon durch ihre Ueberzahl in den ersten Entwickelungsstadien der Erde eine hervorragende Rolle.

Wenn in der Primordialstufe die Trilobiten allein di Klasse der Crustaceen vertreten, so werden sie in spä-

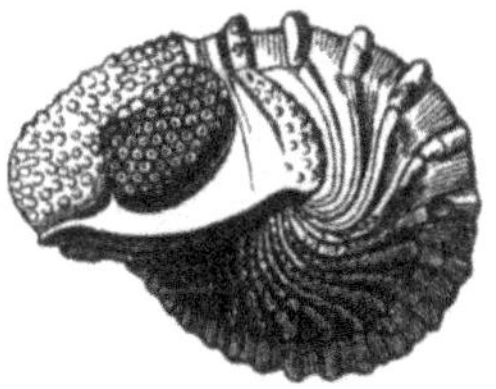

Fig. 21.
Phacops latifrons aus devonischen Kalkstein der Eifel.

tern Abschnitten des paläolithischen Zeitalters von verschiedern anderen Ordnungen begleitet. Die höchst organisirtn Formen freilich, wie wir sie heute in den Flußkrbsen und Seekrabben aus der Ordnung der Decaoden kennen, fehlten damals noch. Ihre Stelle wurde indeß ausgefüllt von der tiefer stehenden Ordnung der

Merostomata*),

vo welcher die heutige Schöpfung nur noch die Gattung de Molluktenkrebse (Limulus) besitzt. Vergleichen wir die letzren wegen ihrer gedrängten Körpergestalt und wegen desturzen Schwanzschildes mit den Krabben der Gegen-

*) Von μηρός Schenkel und στόμα Mund, weil die sogenannten Schenkelglieder der Fußpaare den Mund umgeben und gleichzeitig als Bewegungs- und Kiefer-Organe dienen.

wart, so bieten uns die paläolithischen Merostomen eine interessante Parallele zu den heutigen Decapoden.

Zwar waren die stattlichen Limuli unserer tropischen Meere nur durch einige kleine Formen ersetzt, dafür gab es aber in den paläolithischen Formationen nahezu 60 Arten aus 10 Gattungen, welche durch die starke Ausbildung des Rumpfes und Schwanzes in ihrem äußeren Habitus unseren langschwänzigen Krebsen glichen, aber in ihrem sonstigen Bauplan ziemlich nahe mit den Molukkenkrebsen übereinstimmten.

Hieher gehört der berühmte Pterygotus anglicus,

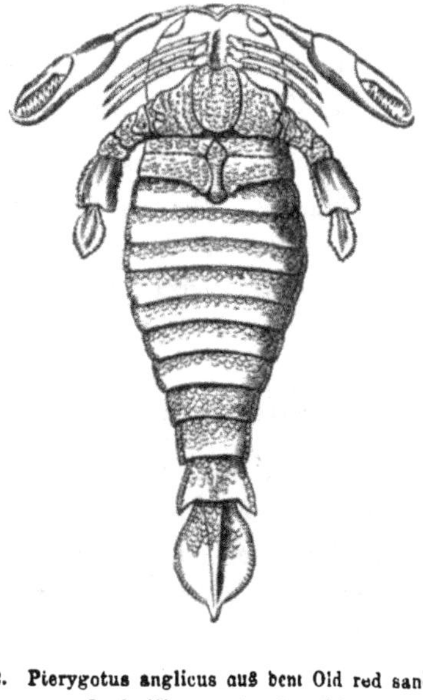

Fig. 22. Pterygotus anglicus aus dem Old red sandstone von Forfarshire, von der Unterseite. (Restaurirt von H. Woodward.)

dessen Länge 6—7 englische Fuß bei einer Breite von 1—1½ Fuß beträgt. Kein lebender Krebs besitzt nur annähernd die Dimensionen des gewaltigen „Seraphim", wie ihn die schottischen Arbeiter wegen der vermeintlichen Aehnlichkeit seiner Scheeren mit Engelsflügeln nennen. Am Vordertheil des Kopfes befinden sich die großen sitzenden Augen; daneben entspringt das kräftige vordere Scheerenpaar, auf welches drei Fühler- und ein breites Schwimmfußpaar folgen. Der ganze Körper wird von festen Ringen beschützt und endigt nach hinten in einer breiten, ruderförmigen Schwanzplatte.

Aus den großen Augen, den kräftigen Schwimmorganen und der ganzen Körpergestalt darf man auf ein sehr bewegliches Geschöpf schließen, dessen räuberische Lebensweise durch die großen Scheeren und die gezähnelten Kiefer außer Frage steht.

Der Seraphim gehört in die Devonformation, seine kleineren Verwandten finden sich größtentheils in jüngeren Silurbildungen. In der Steinkohlenformation stirbt die ganze Familie aus, so daß damit das bisher von den Krustern behauptete Uebergewicht für immer an andere Thierklassen übergeht.

Die Bevölkerung der Primordialstufe bildet nur einen winzigen Bruchtheil der paläolithischen Flora und Fauna. Au jenen alten Schichten bauen sich mächtige Ablagerungen auf von denen jede wieder ihre besonderen Ueberreste enthält. Wollte man sich ein der Wahrheit nahekommendes Bild von der allmäligen Entwickelung der organischen Schöpfung verschaffen, so wäre es nothwendig, alle Abstufungen getrennt zu betrachten.

Es würde sich aus einer derartigen Untersuchung ergeben, daß zwar die Versteinerungen der verschiedenen Stufen und Formationen des paläolithischen Zeitalters eine unverkennbare Aehnlichkeit mit einander besitzen, wie sie etwa die Volkstrachten einer bestimmten Periode untereinander zeigen, aber es würde andererseits auch nicht verborgen bleiben, daß in den vielen auf einander folgenden Generationen bedeutende Veränderungen vor sich gehen, daß sich der Zuschnitt der Trachten mehr und mehr modernisirt. Man würde finden, daß schon die mittlere Silurformation keine einzige Art der Primordialstufe mehr beherbergt und daß in der oberen Abtheilung derselben Formation die ganze Verbindung mit der untersten auf kaum 1 — 2 gemeinsamen Geschlechtern beruht.

Der beschränkte Raum dieses Büchleins verbietet eine derartige stufenweise Verfolgung der Schöpfungsgeschichte. Dafür mögen einige besonders charakteristische Thier- und Pflanzengruppen etwas eingehender behandelt und an ihnen die Umprägungen der Einzelformen im Verlauf der Zeit gezeigt werden.

Die Strahlthiere

nehmen, wenn man die Bedeutung einer Thierklasse nach der Massenhaftigkeit ihres Vorkommens bemißt, eine der ersten Stellen in der Fauna des paläolithischen Zeitalters ein. Sie zeichnen sich insgesammt durch einen regelmäßig radialen oder radial-symmetrischen Bau aus. Ihre ideale Form (Typus) läßt sich durch einen Kreis darstellen, dessen Mittelpunkt das centrale Hauptorgan der Ernährung und Fortpflanzung bedeutet, um welches sich alsdann strahlenförmig oder in zwei gleichen Hälften die übrigen Körpertheile gruppiren.

Man unterscheidet neuerdings bei den Strahlthieren zwei in sehr wesentlichen Merkmalen abweichende Untertypen: Die Coelenteraten *) und die Echinodermen **) oder Stachelhäuter.

Bei den ersteren läßt sich weder ein entwickeltes Gefäß- noch Nerven-System nachweisen. Ein centraler, am oberen Rand von faden- oder lappenförmigen Fühlern umgebener Sack oder Schlauch vertritt gleichzeitig die Stelle von Mund, Magen, Darm und After. In der Körperhöhle bemerkt man gewöhnlich eine kleinere oder größere Anzahl von Abtheilungen, die unter Umständen durch fleischige oder kalkige Scheidewände geschieden sind.

Die Echinodermen stehen durch ein ziemlich complicirtes System von Ernährungs-, Blut- und Wasser-Gefäßen, sowie durch ein deutlich nachweisbares Nervensystem mit Sinnesorganen auf einer höheren Stufe als die Coelenteraten. Ihre äußere Haut ist durch eingestreute Kalkkörperchen oder Stacheln erhärtet, in vielen Fällen sogar mit einer festen, getäfelten Schale umgeben.

Zu den Coelenteraten gehören die Medusen,

---

*) Von κοῖλος hohl und ἔντερον Eingeweide.

**) ἐχῖνος stachelig, δέρμα Haut.

Hydren und Polypen oder Korallen. Von den zwei ersten Klassen können fossile Reste überhaupt nur unter ungewöhnlich günstigen Bedingungen erwartet werden, da der ganze Körper aus einer leicht zerstörbaren, gallertartigen Substanz besteht. Um so wichtiger sind die gesellig lebenden Korallen, deren kunstvolle Bauten zu allen Zeiten den Meeresgrund schmückten.

Gerade die Fähigkeit, sich durch Knospung und Selbsttheilung mit großer Geschwindigkeit fortzupflanzen, verleiht der Klasse der Korallen ihre hervorragende geologische Bedeutung.

Bei dieser Vermehrung lösen sich die jungen Individuen nicht von dem mütterlichen Körper ab, sondern Mutter, Kinder, Enkel und Urenkel, obwohl alle selbständig individualisirt, bleiben im Zusammenhang und bilden große zusammengesetzte Familienstöcke oder Colonien.

Wohl gibt es auch Sippen, bei denen die Vermehrung auf gewöhnlichem Wege durch befruchtete, nach ihrer Ausbildung als isolirte Individuen auftretende Eier stattfindet; bei den meisten erfolgt jedoch die Fortpflanzung in der oben erwähnten Weise.

Betrachten wir nun einen Einzelpolyp z. B. eine Seeanemone, welche man in Aquarien stets in großer Zahl und Mannichfaltigkeit zu sehen Gelegenheit hat, oder eine Knospe aus einer Colonie, so stellt der Körper die Form eines nach oben geöffneten Bechers dar. Mit dem unteren, öfters fußartig ausgebreiteten Ende sitzt das Thier auf dem Boden oder auf dem Mutterstock fest. Die centrale Leibeshöhle wird nach unten blind abgeschlossen, gegen oben endigt sie in einer willkürlich verschließbaren Mundöffnung. Rings um den Mund steht ein Kranz schmaler, fleischiger Fortsätze (Tentakeln), die sich mit den Blumenblättchen einer Aster oder einer Nelke vergleichen lassen und mit diesen auch an Pracht und Mannichfaltigkeit der Farbe wetteifern.

Durch lebhafte Bewegung dieser Organe können die Korallenthierchen einen Strudel im Wasser erregen, womit sie kleine schwimmende Körper in ihren Bereich führen; hier erfassen sie ihre Beute mit den Tentakeln, betäuben dieselbe durch eine ätzende Flüssigkeit und führen sie nun dem Munde zu, um sie entweder zu verspeisen oder, wenn sie sich als unverdaulich erweisen sollte, wieder auszuspeien.

Mit den Tentakeln stehen im Innern der Leibeshöhle fleischige, senkrechte sehr dünne Blätter in Verbindung, deren Zahl von 4, 6, 8 bis auf mehrere hundert steigen kann. Immer ist ihre Menge und ihre Vermehrung bei fortschreitendem Alter durch ganz bestimmte Gesetze geregelt, so daß das Zahlenverhältniß kaum in irgend einer anderen Thierklasse die gleiche Wichtigkeit behauptet. Ohne auf die verwickelten Wachsthumsgesetze näher einzugehen, mag hier nur bemerkt werden, daß die zuerst gebildeten, ältesten Lamellen gewöhnlich am weitesten in die Leibeshöhle hineinragen und daß sich stets alle Blätter von gleicher Größe und Lage zu gleicher Zeit einschieben. Setzt ein junges Individuum 4 oder 6 Primärlamellen auf einmal an, so schalten sich alle späteren in die 4 oder 6 dazwischen liegenden Räume ein und man nennt alsdann die Korallen vierzählig oder sechszählig.

Sehr viele Polypen besitzen die Fähigkeit, in ihrer Haut und in den strahlenförmig geordneten, senkrechten

Fleischlamellen kohlensauren Kalk abzusondern und auf diese Weise ein steinernes Skelett aufzubauen, das nach dem Tod des Thieres ein getreues Abbild seiner ehemaligen Gestalt liefert. Solche kalkabscheidende Formen heißen vorzugsweise Korallen und die im Innern der Fleischlamellen gebildeten, senkrechten Kalkblätter „Sternleisten."

Wer die Korallen aus der paläolithischen Periode nur flüchtig betrachtet, wird keine besonders auffälligen Merkmale an denselben bemerken. Sie treten uns, wie ihre lebenden Verwandten, in der Form von Kreiseln, Bechern, ästig verzweigten Bäumchen, rasenförmigen Lappen oder knolligen Massen entgegen. Bei genauerer Untersuchung ergeben sich aber tiefgreifende Unterschiede sowohl in der Anordnung, Beschaffenheit und im Zahlenverhältniß der Sternleisten, als auch in den Wachsthumsgesetzen und im ganzen inneren Bau.

Die paläolithischen Korallen gehören mit sehr wenig Ausnahmen zwei Ordnungen an, wovon die eine Kelche von ansehnlicher Größe mit wohl entwickelten, zahlreichen Sternleisten und einer runzeligen Außenhülle enthält, während zur anderen nur ganz dünne aber lang säulenförmige Zellen mit wenig und sehr kurzen Sternleisten gehören.

Die erstere, wegen ihrer rauhen Außenwand Rugosen genannte Gruppe zeichnet sich von allen anderen Korallen durch die vierzählige Anordnung ihrer Sternleisten aus. Nicht immer läßt sich diese Eigenthümlichkeit leicht erkennen, namentlich wenn die Kelche mit zahlreichen und ziemlich gleichmäßig entwickelten Sternleisten versehen sind; doch treten die 4 Primärleisten zuweilen noch an ausgewachsenen Individuen kräftig hervor oder die Viertheilung des Kreises ist in anderer Weise angedeutet (Fig. 24); oder sie läßt sich beim Anschleifen des unteren Endes nachweisen.

Fig. 23.

Fg. 24.

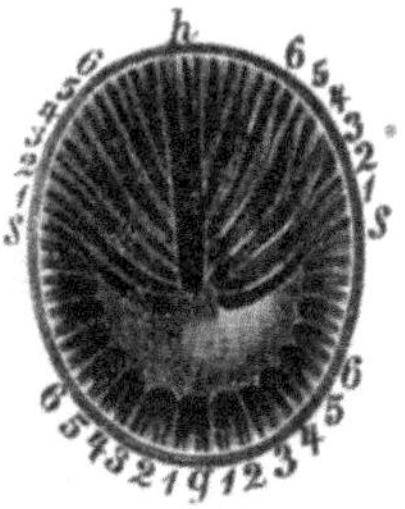

Fig. 25.

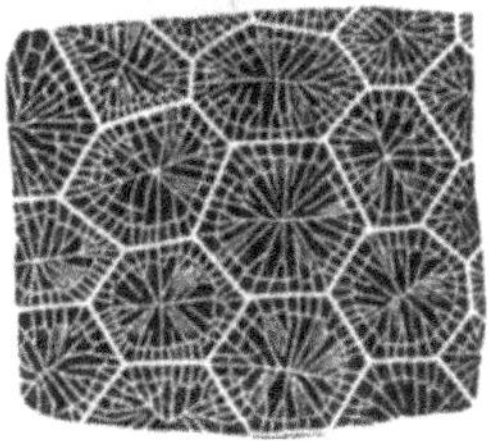

Fg. 23. Omphyma turbinata aus obersilurischem Kalkstein von Gothland.
Fig. 24. Kelch von Zaphrentis.*)
Fg. 25. Stauria astraeiformis aus Gothland mit 4 deutlich sichtbaren Primärleisten.

Dr. Kunth hat überdies eine von allen jüngeren Korallen abweichende Vermehrung der Sternleisten bei den Rugosen beobachtet.

---

*) Die Sternleisten sind in der Reihenfolge ihrer Einschaltung numerirt, und zwar tragen immer die 4 gleichzeitig entstehenden die nämliche Zahl.

Statt daß die vier jüngeren des ersten Nachschubes symmetrisch die Zwischenräume von zwei Primärleisten halbiren, legen sie sich fiederstellig neben 2 gegenüberstehende, in Fig. 24 mit h und g bezeichnete Primärleisten

Fig. 26. Zaphrentis cornicula aus devonischem Kalkstein von Amerika.

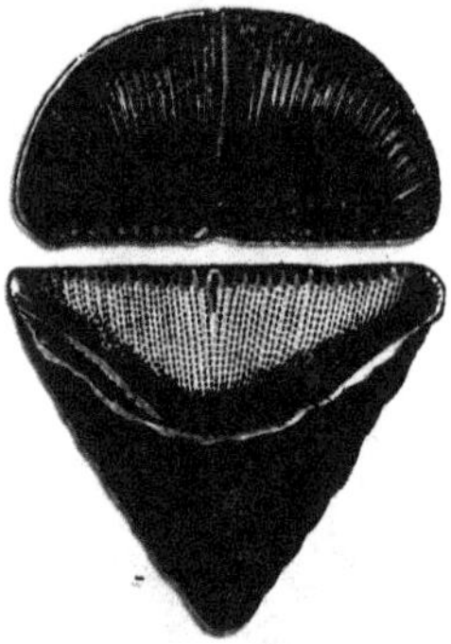

Fig. 27. Calceola sandalina aus devonischem Kalkstein der Eifel.

an; diesen folgen in beinahe paralleler Richtung die Leisten des zweiten Nachschubes, so daß der Kelch erst dann ausgefüllt ist, wenn die eingeschalteten Sternleisten von allen Seiten die beiden mit s bezeichneten Primärleisten erreicht haben. Mit dieser eigenthümlichen Art der Einschaltung steht eine charakteristische fiederförmige Streifung auf der Oberfläche in Zusammenhang, die namentlich an Kelchen mit schwacher Runzelung bemerkt wird. (Fig. 27.)

Liefern schon die erwähnten Verhältnisse Grund genug, um die Rugosen mit großer Sicherheit zu unterscheiden, so gibt es noch überdies eine Anzahl von Formen mit dicken, kalkigen Deckeln, deren Korallen-Natur erst in neuester Zeit durch sorgfältige Untersuchung nachgewiesen wurde. Bis dahin hatte man die charakteristische Pantoffelmuschel (Calceola sandalina) Fig. 27 aus dem devonischen Kalkstein der Eifel zu den zweischaligen Muscheln gezählt.

Jetzt weiß man, daß sogar bei der gemeinsten und formenreichsten Rugosen-Gattung Cyathophyllum zuweilen Kalkdeckel vorkommen.

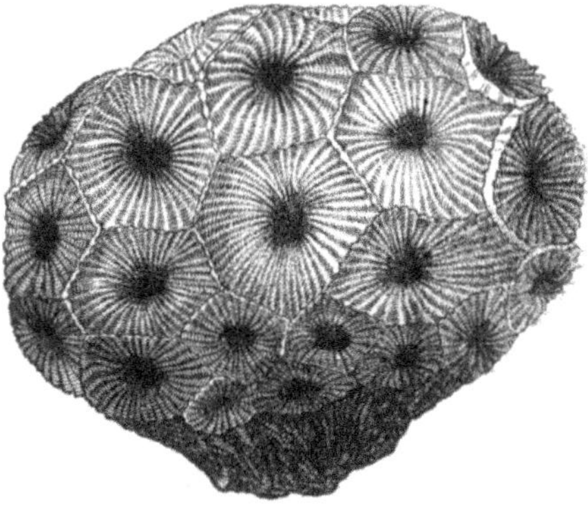

Fig. 28. Cyathophyllum hexagonum aus devonischem Kalk der Eifel.

Die Cyathophyllen finden sich in allen Korallenriffen der paläolithischen Periode. Ihre Kelche haben in der Regel ziemlich ansehnlichen Umfang und zahlreiche Sternleisten; bald ahmen sie die Gestalt einfacher Kreisel oder Becher nach, bald sind sie zu ästigen Gruppen vereinigt oder die Individuen drängen sich dicht an einander und bilden massige Stöcke, deren Oberfläche mit rundlichen oder eckigen Kelchen (Fig. 28) bedeckt ist.

Es ist gewiß wunderbar, daß alle paläolithischen Korallen mit großen Kelchen vierzählig gebaut sind, während bei der überwiegenden Mehrheit der später erscheinenden Formen die Sechszahl zu Grunde liegt.

An sechszähligen Korallen fehlt es zwar den alten Formationen auch nicht, aber sie sind schon an dem winzigen Durchmesser ihrer Kelche und an der äußerst schwachen, häufig kaum wahrnehmbaren Entwickelung ihrer Sternleisten auf den ersten Blick von den Rugosen zu unterscheiden. Die langen, cylindrischen oder stabartigen Zellen gruppiren sich immer zu Colonien von verschiedenem Aussehen.

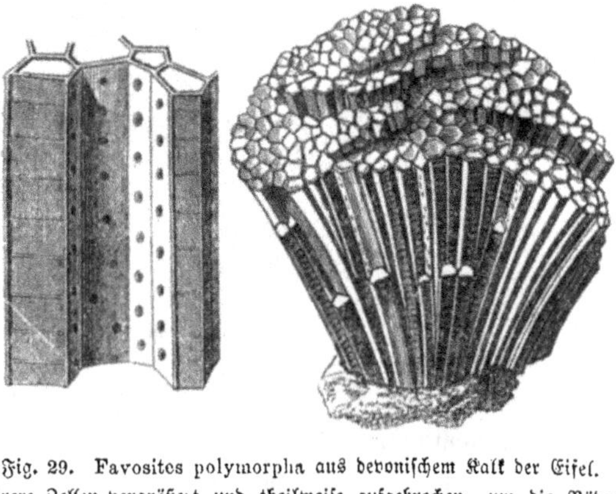

Fig. 29. Favosites polymorpha aus devonischem Kalk der Eifel.
a Mehrere Zellen vergrößert und theilweise aufgebrochen, um die Böden im Innern zu zeigen.

Bricht man die solide Außenwand eines Individuums auf, so zeigen sich im Innern zahlreiche parallele Böden, die in ziemlich gleichmäßigen Abständen die Leibeshöhle jeweils nach unten abschließen.

Nach diesem Merkmal hat man die ganze Familie „Tabulata" genannt.

Die Fig. 29 abgebildete Art gehört zur Gattung Favosites oder Calamopora, von welcher sich zahlreiche Arten von den älteren Silurschichten bis in den Kohlenkalk verfolgen lassen.

Manchmal werden die kleinen Zellen durch ein röhriges

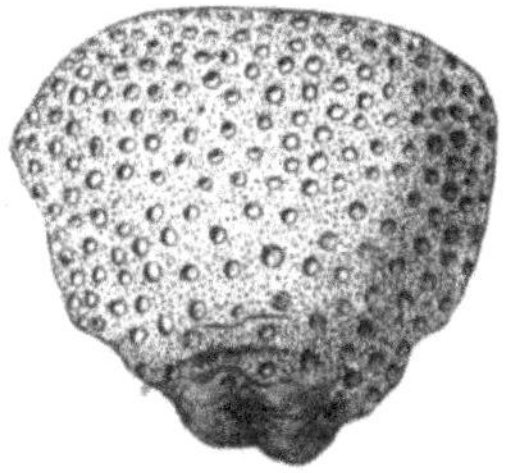

a

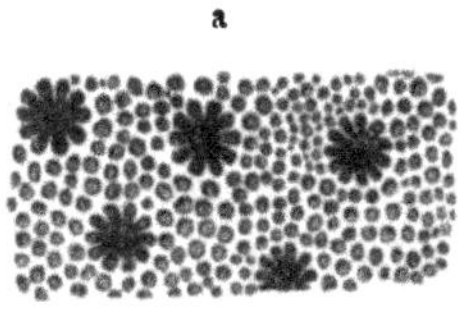

Fig. 30. Heliolites porosa aus devonischem Kalkstein der Eifel. Fig. 30 a eine Parthie der Oberfläche vergrößert.

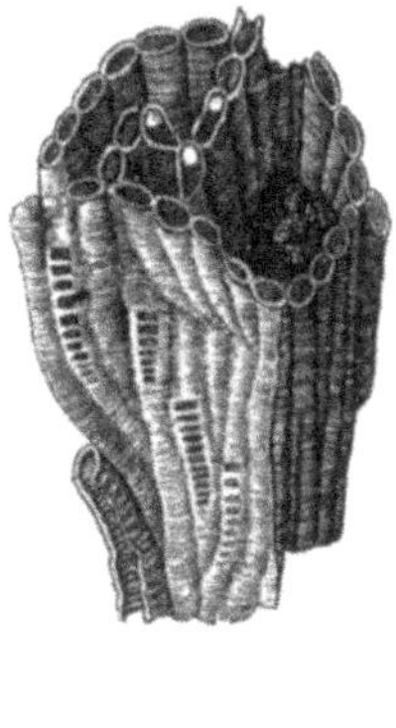

Fig. 31. Halysites catenularia aus obersilurischem Kalk von Gothland.

Zwischengewebe von fester Beschaffenheit von einander getrennt. Die Gattung Heliolites mit ihren deutlich erkennbaren 10—12 kurzen Sternleisten liefert dafür ein gutes Beispiel. Auch in den heutigen Meeren gibt es noch einige Gattungen aus der Familie der Tabulaten (Millepora etc.). Sie sehen in ihrem Habitus den paläolithischen ähnlich und erhöhen durch ihre ausgebreiteten, ungemein dichten Massen die Festigkeit der Korallenbauten.

Wegen ihrer auffallenden Merkmale verdient schließlich noch die Kettenkoralle (Halysites) (Fig. 31) Erwähnung. Bei dieser schließen sich die ovalen Mündungen der langen röhrenförmigen Zellen wie die Glieder einer Kette reihenweise an einander an. Die freistehenden Reihen durchkreuzen sich vielfach und bilden große rasenförmige Massen. Alle Arten sind auf die Silurformation beschränkt.

Nach der ganzen Organisation der Polypen darf der Palaeontologe aus der Beschaffenheit von Bewegungs- und Sinnes-Organen keinen Aufschluß erwarten, da dieselben überhaupt nicht erhaltungsfähig sind. Da übrigens die fossilen Korallen wenigstens theilweise den riffbildenden Formen der Jetztzeit ungemein nahe stehen, so dürfen wir ihnen auch ohne Zögern übereinstimmende Lebensweise zuschreiben. Nun wissen wir, daß gegenwärtig alle gesellig lebenden riffbildenden Kalkkorallen auf einen schmalen Gürtel um den Aequator beschränkt sind, daß sie zu ihrem Gedeihen ein salziges, klares Wasser von mindestens 18° C. bedürfen. Man hat weiter beobachtet, daß sie sich am liebsten in verhältnißmäßig seichten Gewässern aufhalten und kaum in eine größere Tiefe als 150 Fuß hinabsteigen.

Sind aber alle diese Vorbedingungen erfüllt, dann vermehren sich die Korallenthierchen mit staunenswerther Geschwindigkeit. Auf den verlassenen Skeletten der Ahnen entwickeln sich immer neue Generationen; die alten verwandeln sich in festen Fels und dienen ihren Nachkommen als sichere Stütze. Das Leben eines Korallenriffes beschränkt sich zwar nur auf die Oberfläche, entfaltet sich aber hier in zauberhafter Fülle und Schönheit. Wenn längst alle älteren Theile eines Polypenstocks abgestorben sind, so dauert das Leben in den Aesten, Zweigen und der Rinde ungehindert, vielleicht noch Jahrtausende lang fort. Die Lebensthätigkeit eines solchen Stockes hat mit einer Pflanze deßhalb auch nur eine scheinbare Aehnlichkeit; bei dieser wird das ganze Individuum von Innen heraus ernährt; der einzelne Zweig kann ohne Wurzel und Stamm nicht bestehen. Beim Polypenstock dagegen gibt es kein gemeinsames Centralorgan; jedes Individuum steht für sich als lebensfähiger Organismus da, und ist nur mittelbar, wie der Bürger eines Staates, mit dem Wohl und Wehe seiner Nachbarn und des Ganzen verbunden.

Wie untermeerische Gärten zeigen sich die Korallenriffe dem bewundernden Auge des Seefahrers; aus moosförmigem Teppich oder rasenartigen Beeten erheben sich vereinzelte Strauch- oder Kraut-artige Formen mit stattlichen Kelchen; das Ganze prangt in glänzendem Farbenschmuck und ist übersäet mit Millionen buntgestalteter Knospen und Blüthen.

Abgesehen von diesem wundervollen Anblick gewährt auch die Architektur der Korallenbauten dem Naturforscher besonderes Interesse.

Diese muß sich natürlich in erster Linie der Bodenbeschaffenheit des Meeresgrundes anpassen. Finden z. B. die Polypen an der seichten Küste von Festländern oder Inseln zusagende Lebensbedingungen und festen, steinigen Boden zur Ansiedelung, so umsäumen sie dieselbe mit einer breiten Zone von Riffen, welche sich bis zum Wasserspiegel erheben und bei starker Ebbe sogar stellenweise trocken liegen. So sind die Bermudas Inseln, die Südspitze von Florida und Theile von Madagascar durch Saumriffe wie von einem natürlichen Bollwerk umgeben. Nur da, wo Flüsse durch Aussüßung des Meerwassers oder Zufuhr von Schlamm die Entwickelung von Korallen verhindern, entstehen offene, für die Schifffahrt benützbare Zugänge.

Ganz anders gestalteten Korallenbildungen begegnet man an der Ostseite von Australien oder westlich von Neu-Caledonien.

Hier wird die Küste in einer Entfernung von 20—60 Seemeilen von einem wallartigen, aus Korallenskeletten zusammengesetzten, untermeerischen Höhenzug begleitet. Der Außenrand dieser Wallriffe, deren Länge zuweilen 400—1000 englische Meilen beträgt, fällt steil gegen die Hochsee ab; dem Festland dagegen kehrt er eine sanft geneigte von Millionen Meeresgeschöpfen belebte Fläche zu, die in dem klaren, von Stürmen wenig bewegten Kanal ein ruhiges Dasein genießen.

Am anziehendsten werden uns die Inselgruppen der Südsee geschildert. Dort erheben sich die Korallenbauten auf dem Gipfel unterseeischer Vulkane. Sie wachsen bis zur Oberfläche und ragen mit ihren Außenrändern als schmale, ringförmige Atolle über den Wasserspiegel hervor. Im Innern umschließen sie eine seichte Lagune krystallklaren Wassers, zu welcher ein oder mehrere Eingänge durch den schmalen Landstreifen führen.

In der Lagune herrscht selbst bei heftigen Stürmen paradiesische Ruhe, welcher sich Seefahrer und zahllose Meerthiere erfreuen. Ganze Schaaren von Fischen, Schnecken, Muscheln und Stachelhäutern leben darin, denen entweder die Korallenthierchen selbst oder Seeschwämme, winzige Wurzelfüßer und sonstige unter dem Schutze des Korallenriffes angesiedelte Geschöpfe zur Nahrung dienen.

Die riffbildenden Korallen, namentlich die Formen mit kleinen Zellen und solidem Kalkgerüst ziehen den Außenrand vor, wo sie mit der Brandung in ewigem Kampfe stehen und wo ihnen der Ocean stets neue Speise und frisches Wasser zuführt.

Es läßt sich begreiflicher Weise die einstige Gestalt der paläolithischen Korallenriffe nicht mehr feststellen. Ob Saum- oder Wall-Riffe oder Atolle zu jener Zeit vorgeherrscht haben, wird Niemand mehr entscheiden wollen; wohl aber sehen wir, daß damals wie heute die Korallen zu großartigen Massen vereinigt, daß die einzelnen Formen in ähnlicher Weise angeordnet und von ähnlichen, wenn auch der Gattung und Art nach verschiedenen Geschöpfen begleitet waren, wie ihre Nachkommen in den tropischen Meeren der Gegenwart.

Die schwedische Insel Gothland scheint nichts anderes als der Ueberrest eines großen, silurischen Korallenriffes zu sein, das sich vermuthlich nach den russischen Ostseeprovinzen erstreckte und jetzt durch Auswaschung und sonstige Zerstörungen in viele isolirte Schollen zerrissen ist. Sehr wahrscheinlich sind die Inseln Dagoe und Oesel Theile der nämlichen Korallenbildung.

Aehnliche Korallengesteine von ansehnlicher Ausdehnung kennt man in den Silurgebieten von Wales, Norwegen, Canada und den vereinigten Staaten von Nord-Amerika. Aus der Devonformation sind die Korallenkalke der Eifel besonders bekannt, und in der Steinkohlenformation erscheint die untere Abtheilung in Irland, Belgien, Nord-Amerika und vielen anderen Orten häufig in der Form weit verbreiteter Korallengesteine.

Dieses Vorrücken der paläolithischen Korallenriffe nach hohen, nordischen Breiten, wo heutzutage die Temperatur des Meerwassers derartigen Bauwerken als unübersteigbares Hinderniß im Wege steht, führt uns zur Schlußfolgerung, daß zur damaligen Zeit die klimatischen Verhältnisse auf der gemäßigten und kalten nördlichen Hemisphäre denen der heutigen Aequatorialregion gleich kamen.

Bei einer Versprechung der Versteinerungen aus dem Uebergangsgebirge dürfen die Graptolithen*) wegen ihrer Häufigkeit und geologischen Wichtigkeit nicht übergangen werden, wenn sich über ihre systematische Stellung auch wenig Verläßliches sagen läßt Es sind dies lineare Körper, die wie Gras- oder Strohhalme meist platt zusammengedrückt in ungeheuerer Zahl neben einander liegen.

*) Von γράφω ich schreibe, λίθος Stein.

Ihre äußere Hülle muß hornartig und ganz von organischer Substanz durchdrungen gewesen sein; denn sie erscheint gewöhnlich als dünne, kohlige Rinde. In den Silurschiefern vom Fichtelgebirge treten die Graptolithen als silberglänzender, weißer Anflug aus dem schwarzem Grunde des Gesteines hervor.

Die stabförmigen Körper sind auf einer, zuweilen auch auf beiden Seiten mit Zellenreihen besetzt, deren verengte Oeffnungen eine gezahnte Linie verursachen.

Der nebenstehende Holzschnitt (Fig. 32) stellt die ge-

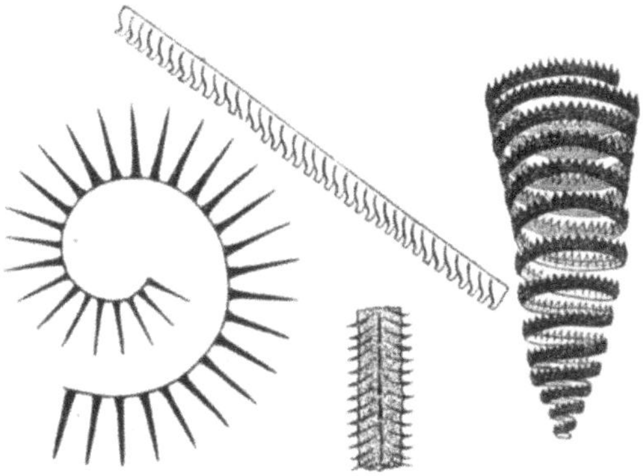

Fig. 32. Graptolithen aus silurischem Alaunschiefer von Böhmen.

wöhnlichsten Graptolithen aus dem Alaunschiefer von Böhmen dar. Man erkennt daraus, daß dieselben nicht nur in geraden Stäben, sondern auch in spiral- oder schraubenförnig gebogenen Linien vorkommen.

Die vollständigsten Exemplare kommen aus Nord-Amerika. An solchen sieht man die einzelnen Stäbchen durch ein wurzelartiges Organ mit einander verbunden, gewissermassen zu einer Kolonie vereinigt; man hat dort sogar kleine hornige Kapseln von ovaler Form gefunden, welche als Eihüllen gedeutet werden.

Alle ächten Graptolithen gehören der Silurformation an. Aus keiner der jüngeren Erdperioden kennt man ähnliche Geschöpfe: darum ist es auch so schwer, denselben im zoologischen System ihre richtige Stelle anzuweisen. In mehrfacher Beziehung scheinen ihnen übrigens die heutigen Sertularien nahe zu kommen, und darnach wären die Graptolithen bei den Coelenteraten unterzubringen.

Mit den Korallen konnte sich die Klasse der Stachelhäuter oder Echinodermen zu keiner Zeit hinsichtlich ihrer Individuenzahl messen. Dafür entschädigt sie aber den Naturforscher durch ungewöhnliche Vielseitigkeit ihrer Gestaltung, durch vollkommenere Entwickelung ihrer Organe und in fossilem Zustande durch bewunderungswürdige Vollständigkeit der Erhaltung.

Alle Echinodermen bewohnen das Meer. Ihre bekanntesten Repräsentanten sind die Seesterne (Asteriden) und die Seeigel (Echiniden), denen sich noch die Ordnungen der pflanzenähnlichen Crinoideen*) (Seelilien, Haarsterne) und die Holothurien (Seegurken) anschließen.

*) κρῖνον Lilie, εἶδος Gestalt.

Die Stachelhäuter besitzen ohne Ausnahme die Fähigkeit, kalkige Absonderuugen zu erzeugen; aber während sich dieselben bei den Polypen, dem Skelett der Wirbelthiere vergleichbar, im Innern des Körpers ablagerten, drängen sie sich bei den Echinodermen in die äußere Hülle. Die Kalktheilchen stellen sich erst ein, wenn die weiche Haut bereits vorhanden ist; sie dehnen sich nach allen Richtungen darin aus, bis sie mit den benachbarten zusammenstoßen und in Folge der allseitigen Beschränkung ihres Wachsthums vieleckige Gestalt annehmen. Wenn nun Gefäße in der Körperperipherie ausmünden, so durchbrechen sie in der Regel auch das äußere Kalkgerüst als größere oder kleinere Oeffnungen. Die getäfelte Schale des Stachelhäuters bedeutet daher auch weit mehr, als das zufällig geformte kalkige Haus einer Schnecke oder Muschel. Sie ist der versteinerte Ausdruck der inneren Organisation des Thieres und von dieser im Ganzen und Einzelnen bestimmt. Aus diesem Grunde lassen sich auch sehr unvollständige Ueberreste von Stachelhäutern mit verhältnißmäßig großer Sicherheit zoologisch bestimmen.

Wenn die Gestalt der Täfelchen von Wachsthumsverhältnissen in der Haut abhängig ist, so liegen der beständigen Wiederholung der Fünfzahl und ihrer Multipla tiefere Gesetze des inneren Aufbaues zu Grunde. Sind bei den Korallen und Medusen Vier und Sechs maßgebend, so beherrscht die Fünf den ganzen Grundplan der Echinodermen. Fünf Strahlen zählt man in der Regel bei den Seesternen, fünf oder 5 × x Arme bei den Seelilien, fünf Kiefer, fünf Haupternährungs- und Blut-Gefäße, fünf Geschlechtsdrüsen, fünf Porengänge bei fast allen

Stachelhäutern — kurz überall, wo bei den Korallen vierfache, beim menschlichen Körper zwiefache Symmetrie herrscht, begegnet man bei den Stachelhäutern einer fünffachen Wiederholung.

Seesterne und Seeigel sind jedem Leser bekannte Gestalten. Alle Meeresküsten liefern mannigfaltige Beispiele dieser Thiere in reichlicher Menge. Bei den Crinoideen oder Seelilien dagegen fehlt die Anschauung aus dem alltäglichen Leben. Es entbehren zwar die heutigen Meere nicht gänzlich dieser Geschöpfe, allein sie fallen weder durch Größe, noch besondere Schönheit in die Augen, leben überdies entweder in großen Tiefen auf dem Grunde des Oceans oder schwimmen frei in einiger Entfernung von der Küste umher. Der Zahl nach stehen sie den übrigen Echinodermen weit hintan. Es sind im Ganzen nur 4 lebende Gattungen bekannt und unter diesen erscheint nur eine (Comatula) in mehreren Arten und größerer Individuenzahl. Von den 3 anderen werden nur in den reichsten Museen einzelne Stücke als besondere Seltenheiten aufbewahrt.

Im paläolithischen Zeitalter war das Zahlenverhältniß der Stachelhäuter ein ganz anderes als heutzutage. Dort bildeten die Crinoideen einen wesentlichen Bestandtheil der Thierwelt, während die Seesterne nur in geringer Zahl vorhanden waren und die Seeigel erst in der Devonformation in vereinzelten Formen erschienen.

Trotz aller Eigenthümlichkeiten der Crinoideen lassen sich doch in ihrem äußerst mannigfaltigen und weit von einander abweichenden Bau gewisse verwandtschaftliche Beziehungen mit allen übrigen Echinodermen nicht verkennen, gleichsam als ob die Natur schon in dieser ältesten Abtheilung den Grundplan für die 3 übrigen Ordnungen habe versuchen wollen, um ihn erst später in selbständiger Ausführung zu vollenden.

In einer seitlich vollständig geschlossenen, getäfelten Schale von Kugel-, Becher- oder sackförmiger Gestalt werden die wesentlichen Weichtheile der Crinoideen umhüllt. Mund und After sind durch einen Darm verbunden und befinden sich auf der Oberseite des sogenannten Kelches, dessen Stützpunkt im Centrum der Unterseite, gerade dem Munde gegenüber liegt. Aeußerst selten befestigen sie sich unmittelbar mit dem Kelch auf dem Boden oder einer sonstigen Unterlage, sondern in der Regel sitzen sie auf einem nach unten zu einer knolligen oder verästelten Wurzel verdickten Stiel.

Dadurch erhalten unsere Geschöpfe ein Pflanzenähnliches Aussehen und werden mit einer gewissen Berechtigung Seelilien genannt. Die Aehnlichkeit des Crinoideenstiels mit einem Pflanzenstengel beruht übrigens lediglich auf seiner äußeren Gestalt. Bei genauerer Betrachtung sieht man, daß er aus vielen scheibenförmigen, mit Gelenkflächen verbundenen Gliedern zusammengesetzt ist und daß er von einem vom Kelch bis zur Wurzel verlaufenden, centralen Gefäßkanal durchzogen und ernährt wird.

Nur in seltenen Fällen fehlt der Stiel oder eine andere Anheftungsstelle des Kelches; die Thiere bewegen sich alsdann frei schwimmend im Meer.

Der wichtigste Theil einer Seelilie bleibt immer der Kelch. Von seiner Basis aus gruppiren sich die Täfelchen stets mehr oder weniger deutlich in 5 Strahlen oder Radien, die sich entweder unmittelbar berühren oder durch

Zwischentäfelchen von meist abweichender Form mit einander verbunden werden. Am oberen Rand des ringsum geschlossenen Kelches brechen die 5 Reihen sehr selten ab gewöhnlich besitzt das oberste Täfelchen eine Gelenkfläche, auf welcher sich gegliederte, einfache oder vielfach verästelte Arme erheben. Vollständig armlose Crinoideen scheinen nach den neueren Erfahrungen kaum zu existiren, wohl aber sind die Arme bei einigen Familien so schwach entwickelt, so zart und klein, daß nur in den seltensten Fällen Ueberreste davon erhalten bleiben. Man kann daher für die Praxis recht wohl armtragende und armlose Formen unterscheiden.

Da zu den letzteren viele der ältesten Crinoideen gehören, so möge ihnen zunächst unsere Aufmerksamkeit geschenkt sein.

Gerade die zwei in ihrer ganzen Organisation sehr fern stehenden Familien: die Cystideen und Blastoideen zeichnen sich durch Verkümmerung der Arme aus.

Bei den Cystideen*) zeigt sich der Crinoideen-Charakter am wenigsten deutlich ausgesprochen. Auf winzigen Stielchen stehen die kugeligen, getäfelten Kelche, wenn sie nicht unmittelbar mit ihrer Basis festgewachsen sind. In der Anordnung und Zahl der Kelchtäfelchen herrscht die größte Verschiedenheit. Bald findet man die Kelche aus 20—30 regelmäßig fünfstrahlig angeordneten Tafeln zusammengesetzt, wie bei der Gattung Caryocrinus (Fig. 33), bald ist die ganze Oberfläche mit hundert und mehr

*) κύστις Beutel, εἶδος Gestalt.

Plättchen gepflastert, in deren Anordnuug sich keinerlei Gesetzmäßigkeit erkennen läßt.

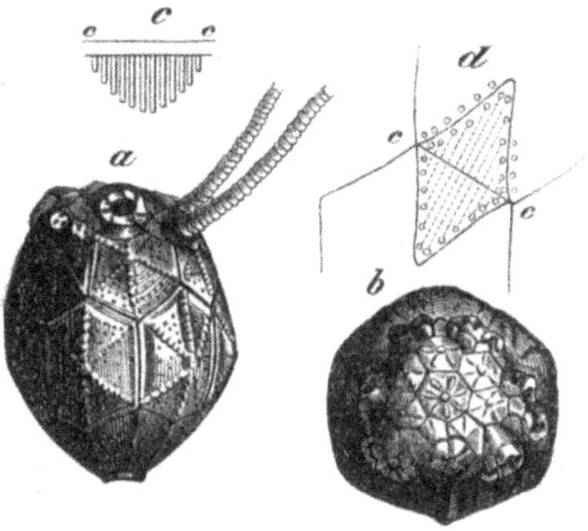

Fig. 33. Caryocrinus ornatus aus silurischem Kalkstein von Lockport im Staate New-York.

a Kelch mit Armen, b derselbe von oben, c zwei porentragende Kelchtäfelchen vergrößert, d dieselben in der Richtung von c c durchschnitten.

Auf der getäfelten Oberseite befinden sich in der Regel zwei Oeffnungen, von denen man die eine für den **Mund**, die andere für den **After** hält. Vom Munde strahlen zuweilen vertiefte Furchen aus, an deren Ende sich sehr kleine Gelenkflächen zur Anheftung dünner, gegliederter Aermchen befinden. Eine aus 5 dreieckigen Täfelchen zusammengesetzte Pyramide in der Nähe der beiden Oeffnungen glaubt man als äußeren Genitalapparat erklären zu dürfen.

Ziemlich räthselhaft ist die Bedeutung und Funktion

zahlreicher, meist in Rhomben gestellter Poren auf der Oberfläche vieler Cystideen. Ist die äußerste Schalenschicht etwas abgerieben oder wird sie ganz leicht angeschliffen, so bemerkt man, das jede Pore in eine im Innern der Schale befindliche, seitlich zusammengepreßte Röhre mündet. Der Verlauf dieser Röhren ist an den Tafeln vom Caryocrinus (Fig. 33 d) durch punktirte Linien angedeutet; bei Echinosphaerites (Fig 34) sieht man dieselben in Folge des abgewetzten Zustandes der Schale entblößt.

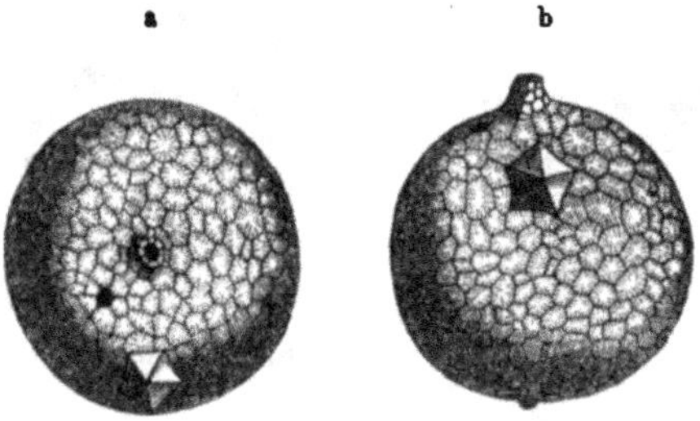

Fig. 34. Echinosphaerites aurantium aus silurischem Kalk-Mergel von Pulkowa bei St. Petersburg.
a von oben, b von der Seite.

Macht man bei der Caryocrinus-Tafel einen Querschnitt in der Richtung der Nath cc, wo zwei benachbarte Täfelchen zusammenstoßen, so erhält man das Fig. 33 c dargestellte Bild, an welchem man erkennt, daß die längsten Röhrchen auch am tiefsten in die Leibeshöhle hineinragen.

Der amerikanische Geologe Billings hat die Beschaffenheit dieser Röhrchen am genauesten studirt und vermuthet darunter Respirationsorgane.

Ueber die äußere Form der Cystideen läßt sich wenig allgemein Gültiges sagen. Gewöhnlich erscheinen sie als unregelmäßig kugelige Körper von der Größe einer Haselnuß, Wallnuß oder sogar eines Apfels; doch giebt es auch Kelche von Becher- oder Walzen-förmigem Aussehen.

Die Cystideen sind ganz und gar ausgestorben und mit Ausnahme weniger devonischer Arten auf die Silurformation beschränkt.

Zu den reizendsten, aus der Urwelt überlieferten Geschöpfen gehören unstreitig die Blastoideen*) oder Knospenstrahler. Ein runder, mit Nahrungskanal versehener Stiel trägt die selten mehr als Zoll-langen, fünfstrahligen Kelche, deren Form an eben im Aufbrechen begriffene Blumenknospen erinnert. Zuweilen findet man auch Kelche von Birnen, Walzen- oder Kugel-förmiger Gestalt, die kaum noch den Namen Knospenstrahler verdienen.

Die Kelche bestehen unveränderlich aus 13 Haupttäfelchen. Drei umgeben als Basis den Stiel; darüber folgen zwei aus je fünf Stücken zusammengesetzte Tafelkränze, von denen diejenigen des oberen mit denen des unteren alterniren. Zugleich neigen sich die Täfelchen der oberen Zone so weit gegen einander, daß sie ein Deck-Gewölbe bilden und darin nur eine kleine, centrale Oeffnung frei lassen.

Vom Scheitel beginnen fünf länglich-ovale oder lanzettförmige, gegen unten in eine Spitze verlaufende ausgeschnittene Dreiecke, welche meist bis in die Nähe der drei

*) βλάστος Knospe, εἶδος Gestalt.

Basaltäfelchen herabreichen, aber auch kürzer sein können. Nur sehr selten erscheinen diese Felder vollkommen leer, so daß sie einen Einblick in die Leibeshöhle gewähren.

In der Regel sind sie in ganz eigenthümlicher Weise ausgefüllt und stellen sich nicht als seitliche Oeffnungen des Kelches, sondern nur als etwas vertiefte Felder dar.

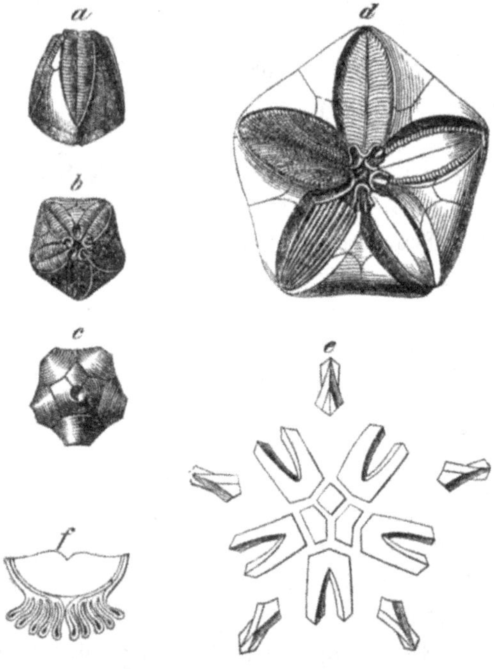

Fig. 35 a — c. Pentatrematites florealis aus dem Kohlenkalk von Illinois. a Kelch in natürlicher Größe von der Seite, b von oben, c von unten. d Ein Kelch vergrößert, um die verschiedenartige Ausfüllung der ausgeschnittenen Felder zu zeigen. e Ein Kelch in seine Täfelchen zerlegt. f Querschnitt durch ein ausgeschnittenes Feld mit den in der Tiefe befindlichen Röhren.

Bei dem gewöhnlich vorkommenden Erhaltungszustand bieten die in den Ausschnitten liegenden Felder den in Figur 35 a und b dargestellten Anblick.

Hier verläuft in der Mitte eine vertiefte Längslinie, in welche zahlreiche, parallele Querfurchen der beiden Seitentheile einmünden.

Bei günstiger Verwitterung erkennt man, daß die quergefurchten Felder in ziemlich complicirter Weise aus mehreren zum Theil über einander, zum Theil neben einander liegenden Stücken zusammengesetzt sind.

Die Mitte wird stets von einer soliden, ungetheilten, mit den erwähnten Querfurchen versehenen Kalkplatte von schmal lanzettförmiger, nach unten zugespitzter Gestalt eingenommen.

Dieses Lanzettstück füllt aber das Feld nicht vollständig aus, sondern läßt jederseits eine schmälere oder breitere Rinne frei, in welche sich zahlreiche, wie Backsteine an einander gefügte Täfelchen einschalten. Da wo sich diese schmalen Plättchen an den festen Kelch anlegen, verengen sie sich so weit, daß immer zwischen zwei neben einander liegenden Täfelchen eine kleine Oeffnung frei bleibt. Die ausgeschnittenen Felder werden somit an ihrem äußeren Rand von je einer Porenreihe umsäumt.

Zuweilen fallen sowohl die zahlreichen, schmalen Porentäfelchen als auch das Lanzettstück aus; dann sieht man in der Tiefe des Feldes 2 Bündel zusammengepreßter Röhren, die nach Billings mit den Oeffnungen zwischen den Porentäfelchen in Verbindung stehen. Die Röhren verlaufen der ganzen Länge nach unter dem dreieckigen Feld; jedes der beiden Bündel mündet in eine gemeinsame am oberen Ende des Feldes befindliche Oeffnung. Da es im Ganzen 5 Ausschnitte giebt und jeder zwei Röhrenbündel besitzt, so müßte man im Scheitel außer der Central-Oeffnung eigentlich noch 10 weitere peripherische Mündungen erwarten, während doch die Abbildungen deren nur fünf erkennen lassen.

Bei näherer Betrachtung dieser fünf Löcher sieht man aber sofort, daß jedes derselben die Mündungen von je zwei Röhrenbündeln enthält. Es stoßen nämlich im Scheitel die Ausschnittfelder unter spitzem Winkel zusammen, wodurch ein Zusammenfließen der aus 2 benachbarten Feldern kommenden Röhrenöffnungen zur Nothwendigkeit wird. Sehr häufig läßt sich übrigens eine Halbirung der 5 Scheitellöcher mittelst schmaler Scheidewände noch deutlich constatiren. Eines derselben ist immer größer als die übrigen und enthält eine unmittelbar in die Leibeshöhle mündende Afteröffnung.

Nach der Meinung von Billings entsprechen die zusammengepreßten Röhren der Blastoideen den inr hombisch

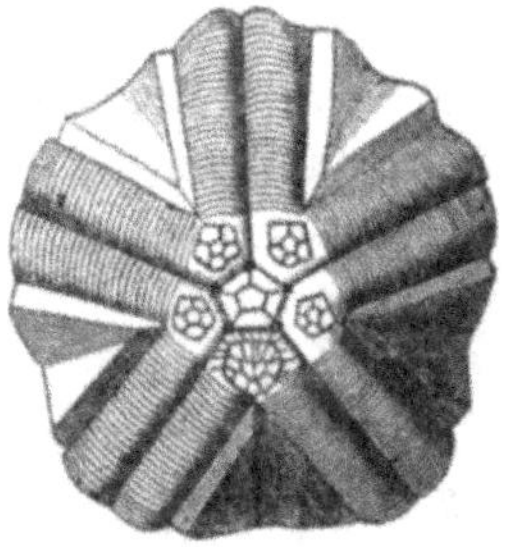

Fig. 36. Kelchdecke von Pentatrematites vollständig erhalten.

gestellten Poren ausgehenden Kanälchen bei den Cystideen, und dienen wie jene als Respirations-Organe.

Man kann Tausende von Blastoideenkelchen untersuchen und wird immer im Scheitel die 6 erwähnten Oeffnungen vorfinden; dennoch haben dieselben bei Lebzeiten des Thieres nicht existirt, wie uns 2 — 3 vollständig erhaltene Exemplare aus dem amerikanischen Kohlenkalk belehren. An diesen (vgl. Fig. 36) zeigt sich nicht nur die Central-Oeffnung, sondern auch die fünf peripherischen Löcher durch kleine Kalktäfelchen verschlossen, die vermuthlich eine gewisse Beweglichkeit besaßen und deßhalb nach dem Tode des Thieres fast regelmäßig abfielen.

Sehr wahrscheinlich lag der Mund, wie bei vielen armtragenden Crinoideen unter der centralen Decke verborgen und erhielt seine Nahrung durch die vertiefte Längsfurche der 5 Lanzettstücke zugeführt. Vielleicht hatten 5 von Billings entdeckte, um das Centrum des Scheitels gelegene, feine Oeffnungen die Aufgabe, die Nahrung aus den Radial-Furchen nach dem Munde zu leiten.

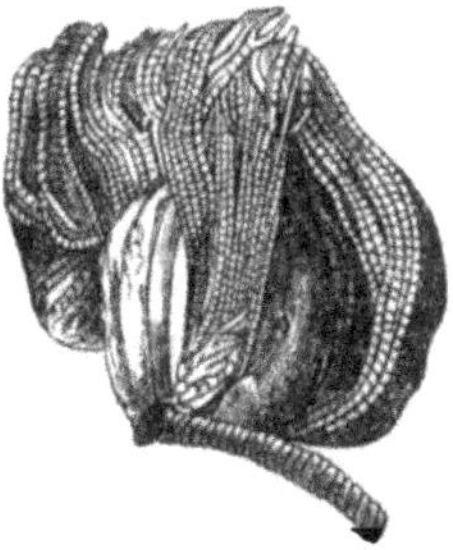

Fg. 37. Granatocrinus Norwoodi aus dem Kohlenkalk von Illionis.

Bei den lebenden Crinoideen dienen vor Allem die verästelten Arme als Ernährungs-Organe. Aehnlich mag es wohl auch bei den Blastoideen der Fall gewesen sein;

nur waren bei diesen die gegliederten Aermchen von winziger Größe und fadenförmiger Gestalt. Sie standen dicht gedrängt in großer Anzahl auf den quergestreiften Ausschnittfeldern, sind aber nur in besonders günstigen Fällen noch erhalten.

An dem Figur 36 abgebildeten Kelch sind die Arme auf einem Felde eingezeichnet; ein selten schönes Exemplar von Granatocrinus Norwoodi (Fig. 37) haben neuerdings Meek und Worthen aus dem Kohlenkalk von Illinois beschrieben.

Die geologische Verbreitung der Blastoideen beschränkt sich auf die drei älteren paläolithischen Formationen; doch sind sie in der Silurzeit äußerst selten, während sie in der Steinkohlenformation mit ungefähr 40 Arten den Höhepunkt ihrer Entwickelung erreichen.

Daß über manche Einzelheiten im Bau der Cystideen und Blastoideen, sowie über die Deutung verschiedener Theile des Kelches noch Unsicherheit und widersprechende Meinungen bestehen, darf uns nicht wundern, da unsere heutigen Meere keine nahestehenden Geschöpfe enthalten.

Bei den armtragenden Crinoideen (Armlilien) dagegen werfen 4 lebende Gattungen (Pentacrinus, Rhizocrinus, Holopus und Comatula) helles Licht auf den Bauplan ihrer fossilen Ahnen.

Unsere recenten Formen sind mittelst gegliederter Stiele am Boden festgewachsen. Bei der Gattung Comatula erhält sich der Stiel freilich nur im jugendlichen Alter; später löst sich die armtragende Krone ab und das Thier vertauscht seine bisherige seßhafte Lebensweise mit einer frei beweglichen in offener See.

Bei allen lebenden und einigen fossilen Crinoideen besteht der Kelch aus einer Anzahl fünfzeilig geordneter Tafeln von ansehnlicher Dicke, die mit gelenkartig vertieften Flächen über einander liegen. Nach diesem Merkmal werden sie unter der Bezeichnung „Articulaten“ *) von dem älteren einfach „getäfelten“ Formen geschieden.

Am oberen Rand des Kelches beginnen die langen, vielfach verzweigten, gegliederten Arme, zwischen deren Anfängen sich als Kelchdecke eine lederartige Haut ausspannt. Fünf Furchen führen aus den Wassergefäßen der Arme die Nahrung zu dem im Mittelpunkt der Kelchdecke gelegenen Mund, in dessen Nähe sich eine zweite, etwas seitwärts gelegene Oeffnung für den After befindet.

Die paläolithischen Formen sind mit einer einzigen Ausnahme alle gestielt. Ihre isolirten Stielglieder mit den zierlich gestrahlten Gelenkflächen erfüllen bisweilen zu Millionen gewisse Kalksteine, in denen man nur mit Mühe vereinzelte Kelche findet: so sehr überwiegt hier das Anheftungsorgan den eigentlichen Körper. In fünf Radialreihen ordnen sich die Kelchtäfelchen an, bald nur einen einzigen Kranz über der Basis bildend, bald in mehreren Reihen über einander geschichtet. Stoßen die fünf Radien nicht unmittelbar zusammen, so füllen Zwischentäfelchen die Lücken aus; die Arme aber setzen sich immer nur mittelst Gelenkflächen an den obersten Kranz der fünf Radialreihen an. Im Gegensatz zu den lebenden Crinoideen sind

*) Articulatus gegliedert.

die Kelchtäfelchen der paläolithischen von geringer Dicke, einfach an einander gereiht, nur durch schmale, geradlinige Ränder verbunden, und darum auch die Körperhöhle beträchtlich geräumiger. Auf der Oberseite befindet sich statt der lederartigen Haut eine solide, getäfelte Decke. Dieselbe wird entweder von einer einfachen After-Oeffnung durchbrochen oder es erhebt sich daraus eine stattliche, abgerundete, zierlich getäfelte Pyramide, welche auf ihrer Spitze den After trägt. Eine Oeffnung für den Mund ist nur selten im Centrum der Decke ersichtlich; dagegen hat Meek nachgewiesen, daß bei den mundlosen Formen die Nahrungsgefäße der Arme dicht unter der Kelchdecke durch tunnelartige Röhren nach der Mitte geführt werden, wo sich offenbar das dem äußerlichen Munde der lebenden Crinoideen entsprechende Organ befindet.

Im Bau der Arme verschwendet die Natur eine erstaunliche Mannigfaltigkeit. Alle sind aus zahlreichen, bald ein-, bald zwei-zeilig geordneten Kalkstückchen zusammengesetzt, selten einfach, häufiger ästig verzweigt, aber mit ihrer Basis unveränderlich auf den obersten Täfelchen der fünf Kelchradien ruhend. Ihre nach Innen gerichtete Seite ist ausgehöhlt und zur Aufnahme der schon erwähnten Gefäße geeignet; an den Außenrändern dieser Rinnen stehen fadenförmige, gegliederte Ranken.

Wegen der großen Zerbrechlichkeit der Arme und namentlich der feinen Seitenranken gehören vollständig erhaltene Crinoideen zu den Seltenheiten. Meist sind die Kelche von den Armen und Stielen getrennt, da die beiden letzteren in ihre einzelnen Täfelchen zerfallen. Für die Unterscheidung der Gattungen werden vorzugsweise die Kelche

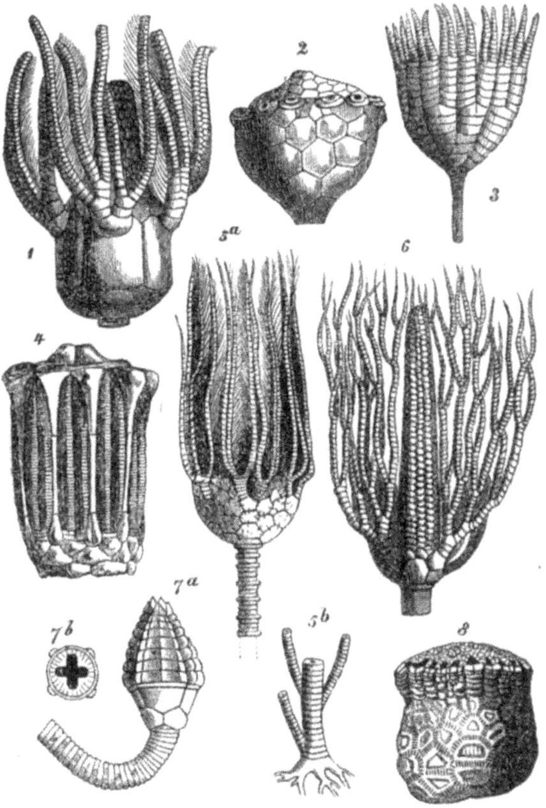

Fig. 38. Paläolithische Crinoideen.

1. Platycrinus trigintadactylus aus dem Kohlenkalk von Irland. 2. Actinocrinus tricuspidatus aus dem Kohlenkalk von Belgien. 3. Ichtyocrinus lævis aus silurischem Kalk von Nordamerika. 4. Eucalyptocrinus rosaceus aus devonischem Kalk der Eifel. 5a Actinocrinus triacontadactylus aus Kohlenkalk von England. 5b. Basis des Stieles. 6. Taxocrinus Briareus aus devonischem Kalk der Eifel. 7. Cupressocrinus crassus ebendaher. 8. Rhodocrinus crenatus ebendaher.

berücksichtigt und bei diesen liefern Anordnungen nnd Zahl der Täfelchen ganz vortreffliche und constante Merkmale.

Von dem Formenreichthum der paläolithischen Crinoideen gibt die vorstehende Tafel nur eine sehr unvollkommene Vorstellung. Man kennt bereits mehr als 80 Gattnngen mit mehr als 400 Arten aus den alten Formationen, von denen etwa 180 im Kohlenkalk liegen. Die übrigen vertheilen sich ziemlich gleichmäßig auf die Silur- und Devon-Formation.

Für die Meere des alten Zeitalters müssen sie ein reizender Schmuck gewesen sein. Ihre Standorte waren vorzugsweise die Korallenriffe. Wenn wir diese mit marinen Wiesen und Wäldern vergleichen können, deren Totaleindruck durch einige herrschende Formen bestimmt wird, so dürfen wir die Seelilien als die Vertreter der blüthenreichen Gewächse ansehen, die durch Mannigfaltigkeit und Schönheit das Auge des Beschauers erfreuen.

Im Vergleich zur Gegenwart besaßen die Crinoideen im paläolithischen Zeitalter eine ganz erstaunliche Verbreitung; allein wir dürfen nicht vergessen, daß sie gewissermaßen auch für die übrigen Echinodermen Ersatz leisten mußten; denn damals gab es erst wenige Seesterne, und die Seeigel fehlten, wie es scheint, in der Silurformation noch gänzlich.

Wie Alles aus jener alten Zeit einen fremdartigen Charakter trägt, so lassen auch die wenig zahlreichen paläolithischen Seeigel höchst merkwürdige Unterschiede von ihren lebenden Anverwandten erkennen.

Den Besuchern der Meeresküsten sind die Seeigel wohlbekannte Geschöpfe. Sie verdienen ihren Namen mit vollem Recht; denn ihr ganzes getäfeltes Haus ist mit einer starrenden Bedeckung kalkiger Stacheln von sehr verschiedener Größe und Form versehen. Der Körper wird vollständig von der kugeligen, herzförmigen oder abgeplatteten Schale umgeben. Hier giebt es weder Arme noch Stiel; die pflanzenähnliche Tracht der Crinoideen ist verschwunden und hat dem thierischen Typus Platz gemacht. Mit der Außenwelt steht das Seeigelthier durch zwei größere Oeffnungen in Verbindung. Die zur Aufnahme der Nahrung bestimmte (Mund) liegt stets auf der Unterseite, ist häufig von festen Kalkkiefern umgeben und geht in einen dicken, schlauchartigen Darm über, der nach der zweiten Oeffnung, dem After, führt. Der After liegt entweder im Scheitel der Schale, gerade dem Munde gegenüber, oder hinter demselben in irgend einem beliebigen Punkte der Halbirungslinie des Körpers. Vom Scheitel zum Munde verlaufen unmittelbar unter der Schale fünf Wassergefäße, welche durch zahlreiche, in 2 Doppelreihen stehende Poren kleine, außerordentlich dehnbare Schläuche an die Oberfläche senden, die theils zur Respiration, theils zur Fortbewegung dienen.

Man nennt die fünf, von je zwei Doppelporen-Reihen eingeschlossenen Schalenstreifen Poren- oder Ambulacral-Felder, die fünf übrigen Zwischen- oder Interambulacral-Felder.

Bei allen normalen Echiniden besteht jedes der zehn Felder unabänderlich aus 2 vom Mund bis zum Scheitel verlaufenden Reihen polygonaler Tafeln, so daß also die ganze Schale aus 20 Tafelreihen zusammengesetzt wird.

Von der Triasformation an bis zur Gegenwart weicht kein Seeigel von diesem constanten Zahlengesetz ab.

Anders bei den paläolithischen Formen! Hier können die Porenfelder und noch öfters die Zwischenfelder mehr als zwei Tafelreihen enthalten. Diese Einschaltung von Täfelchen geht in so beliebiger Weise vor sich, daß die Zahl der Reihen je nach den Gattungen zwischen 35 und 75 schwankt. Bei dem nebenstehenden Palaechinus besitzen beispielsweise die Porenfelder nur zwei, die Zwischenfelder fünf Reihen von Täfelchen, also im Ganzen 35 Reihen.

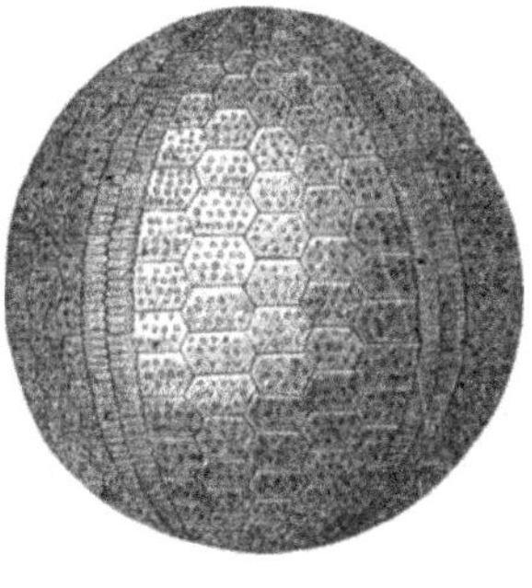

Fig. 39. Palaechinus elegans aus dem Kohlenkalk von Irland.

Alle paläolithischen Seeigel haben die After-Oeffnung im Scheitelschild und zeichnen sich durch sehr kleine Stachelwarzen aus.

Zu dem allgemeinen Naturgesetz, daß der Bauplan der Organismen stets den äußeren Existenz-Bedingungen in glücklicher Weise angepaßt ist, liefern die Stachelhäuter einen trefflichen Beleg.

Seesterne und Seeigel suchen mit Vorliebe sandige oder felsige Küsten auf und sind zu einer Lebensweise in bewegtem, ja sogar stürmischem Wasser durch ihr solides Gehäuse und durch ihre Fähigkeit, sich fest am Boden anzusaugen, vorzüglich geeignet. Für die Crinoideen wären derartige Standorte ganz unzuträglich. Ihre zartgegliederten Arme, ihre dünnen Stiele würden selbst durch leichten Anprall der Wogen Schaden leiden und in der Brandung einer felsigen Küste unfehlbar zerschmettert werden.

Darum ziehen sich auch die gestielten lebenden Gattungen auf den tiefen Meeresgrund zurück, wo kein Wellenschlag ihnen nahen kann und führen hier in kaum bewegtem Wasser, zum Theil in weiter Entfernung vom Ufer ein mehr vegetatives als animalisches Dasein. Auf Raub können sie wegen Mangels an freiwilliger Bewegung nicht ausgehen, auch sind ihre Glieder-Arme schon wegen ihrer Zerbrechlichkeit und langsamen Bewegung wenig zum Ergreifen größerer Thiere geeignet. Sie verspeisen, wie aus ihrem Mageninhalt hervorgeht, vorzugsweise mikroskopische Kruster, winzige Diatomeen und wahrscheinlich auch Foraminiferen. Da alle Nahrung, ehe sie zum Munde gelangt, die feinen Gefäße der Arme passiren muß, so bleibt ihnen freilich nur die Auswahl unter den mikroskopischen Geschöpfen, die freilich im tiefen Wasser auch in größter Menge verbreitet sind.

Die Weichthiere.

Es wäre eine ermüdende Arbeit, wenn wir die einzelnen Klassen der Weichthiere oder Mollusken mit derselben Ausführlichkeit, wie bei den Strahlthieren betrachten wollten; denn, wenn auch die paläolithischen Weichthierschalen an Individuenzahl nur von den Korallen übertroffen werden, so bieten sie doch unter dem Gesichtspunkt der Formveränderung nur mäßiges Interesse. Die einzelnen Klassen zeigen ziemlich beständige Merkmale und eine verhältnißmäßig geringe Gestaltungsfähigkeit. Wir schließen das freilich nur aus der Beschaffenheit der Kalkschalen, deren Form übrigens keineswegs in jener innigen Beziehung zur ganzen Organisation steht, wie bei den Korallen und Echinodermen. Von den leicht verweslichen Weichtheilen erhalten sich natürlich keine fossilen Ueberreste; darum fehlen der Palaeontologie auch ganze Ordnungen der Mollusken und darum wird auch die Entwicklungsgeschichte dieses Thiertypus trotz der unendlichen Häufigkeit einzelner Abtheilungen stets unvollständig bleiben müssen.

Des Absonderlichen bieten übrigens die paläolithischen Mollusken noch immerhin genug. Vor Allem fällt der außerordentliche Formenreichthum in gewissen, heutzutage wenig verbreiteten Ordnungen auf. Es zeigt sich überhaupt in dem numerischen Verhältniß der Arten und Individuen verschiedener Klassen ein schroffer Gegensatz zur Jetztzeit. Die gewöhnlichen Schnecken und Muscheln fehlen dem paläolithischen Zeitalter zwar nicht, sie erscheinen in zahlreichen, meist ausgestorbenen Gattungen; allein während diese beiden Klassen jetzt fast ausschließlich die Beschäftigung der Sammler von lebenden Conchylien bilden, so verschwinden sie doch in jener alten Periode beinahe gegen die Unzahl der Brachiopoden und beschalten Cephalopoden: zwei Klassen, von denen unsere heutigen Meere nur noch wenige Vertreter enthalten.

Die Brachiopoden*) oder Spirobranchier (Armfüßler oder Spiralkiemener) sind selbst den Bewohnern der Meeresküsten wenig bekannt. Sie leben vorzüglich auf felsigem oder sandigem Boden, meist in großer Tiefe, in den Meeren aller Breiten. Nur selten werden ihre Gehäuse von den Wellen an den Strand geworfen. Die Thiere bauen sich durch ihre Kalk absondernde Oberfläche zweiklappige Schalen von höchst charakteristischer Gestalt. Fast immer ist eine der beiden Klappen größer als die andere und überragt jene durch einen schnabelförmigen, gekrümmten, entweder durchbohrten oder geschlossenen Fortsatz. Die kleine Schale lenkt sich mittelst eines Vorsprungs zwischen zwei unter dem Schnabel der großen Klappe befindliche Schloßzähne ein und wird durch einen besonderen, complicirten Muskel-Apparat geöffnet und geschlossen. Beim Vergleich mit einer gewöhnlichen, zweischaligen Fluß-Muschel springt die symmetrische Form der Brachiopodenschale sofort in die Augen. Ein Schnitt durch den Schnabel in der Richtung der Mittellinie der beiden Klappen theilt Thier und Schale in zwei vollkommen gleiche Hälften; während bei einer Fluß-Muschel durch Zerschneiden niemals zwei völlig symmetrische Hälften erhalten werden, selbst wenn wir die Theilung in die Fläche verlegen, in welcher sich beide Schalen vereinigen. Auch die feinere Struktur der Brachiopodenschale unterscheidet sich wesentlich von der der gewöhnlichen Muscheln. Die concentrischen, dichten Perlmutterschichten der letzteren fehlen den Brachiopoden gänzlich

*) βραχίων Arm, πούς Fuß.

dagegen besteht ihre Schale aus äußerst feinen, nur dem bewaffneten Auge erkennbaren Kalkfasern oder Stäbchen, die immer im schiefen Winkel gegen die Oberfläche angeordnet sind und zuweilen von feinen, senkrechten Röhrchen durchbohrt werden. Durch diese charakteristische Struktur lassen sich auch die kleinsten Stückchen eines Brachiopoden-Gehäuses von allen sonstigen Molluskenschalen sofort unterscheiden.

Eine fundamentale Verschiedenheit bieten ferner die Athmungs-Organe. Während die Muscheln mittelst fleischiger, mit Wimpern besetzter Blätter athmen und deßhalb den Namen Blätterkiemener (Lamellibranchiata) führen, besitzen die Brachiopoden spiral eingerollte, fleischige, mit Fransen besetzte, armähnliche Lappen, die bei vielen Gattungen durch einen kalkigen, am Schloßrand der kleinen Klappe befestigten Apparat gestützt werden.

a b c

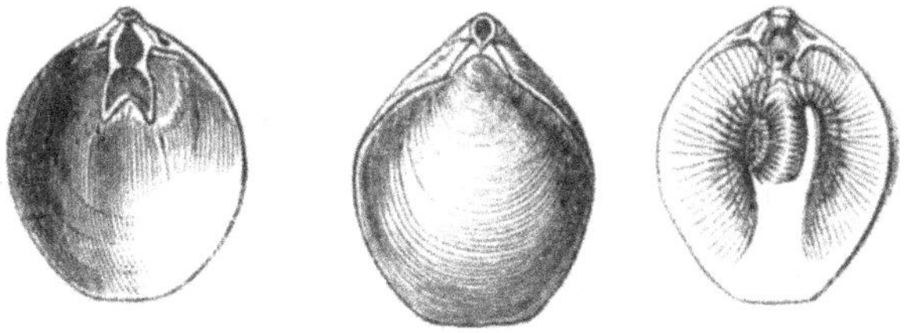

Fig. 40. Terebratula vitrea aus dem Mittelmeer.
a. Kleine Klappe von innen gesehen mit der zur Befestigung der Spiralarme bestimmten Kalkschleife. b. Ansicht der ganzen Schale. c. Kleine Klappe von innen mit den an die Kalkschleife befestigten Respirations-Armen.

Nach dem Vorhandensein oder Fehlen, nach der Gestalt des höchst mannigfaltig gebauten sogenannten „Armgerüstes", nach der Beschaffenheit des Schlosses, sowie nach der äußeren Form der Schale werden die Gattungen unterschieden.

Von der Fähigkeit einer willkürlichen Ortsveränderung scheinen nur wenige dieser Thiere Gebrauch zu machen. Bei der Mehrzahl ist der Schnabel der großen Klappe durchbohrt, oder eine sonstige Oeffnung in der Schnabelregion vorhanden, durch welche das Thier einen muskulösen, hornigen Strang zur Anheftung an fremde Körper heraussendet. Diese Gewohnheit der Brachiopoden, sich in tiefes Wasser zurückzuziehen, um sich daselbst dauernd anzusiedeln, ihre Abneigung vor seichtem, von der Brandung gepeitschtem Wasser mußte sie ganz besonders für die uferarmen Meere der älteren Formationen geeignet machen.

Dieser günstigen Anpassung an die damaligen Lebensbedingungen dürfte denn auch ihre damalige erstaunliche Häufigkeit und ihr Uebergewicht gegenüber den strandliebenden, kriechenden und bohrenden Muscheln und Schnecken zuzuschreiben sein.

Man kennt in den jetzigen Meeren nicht ganz 100 Brachiopoden-Arten, denen trotz unserer unvollständigen Kenntniß der fossilen Ueberreste schon mindestens 1400 paläolithische gegenüberstehen. Die Klasse erreichte schon in der Silurzeit den Höhepunkt ihrer Entwickelung und wenn auch jüngere Formationen in gewissen Schichten nicht weniger Individuen umschließen, so kann sich doch keine spätere an Reichthum der Gattungen und Arten mit der silurischen messen.

Aus dem Heere von Formen sollen hier nur einige der bezeichnendsten herausgegriffen und durch Wort und Bild kurz erläutert werden.

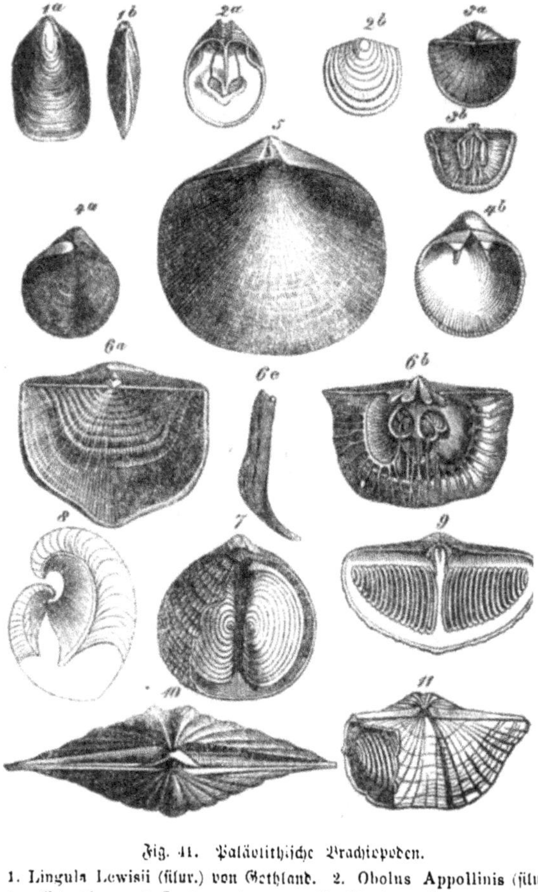

Fig. 41. Paläolithische Brachiopoden.

1. Lingula Lewisii (silur.) von Gothland. 2. Obolus Appollinis (silur.) von Petersburg. 3. Leptaena transversalis (silur.) von Tudley. 4. Orthis elegantula (silur.) von Gothland. 5. Orthis striatula (devon.) aus der Eifel. 6. Strophomena depressa (silur.) von Tudley und Gothland. 7. Atrypa reticularis (silur.) Gothland. 8. Innere Ansicht von Pentamerus (silur.) 9. Spirifer striatus (Kohlenkalk) Irland. Innere Ansicht der kleinen Klappe. 1'. Spirifer speciosus (devon.) Eifel. 11. Spirifer trigonalis (Kohlenkalk) Derbyshire.

Die Gattung **Lingula***) Fig. 41 1 tritt schon in der Primordialstufe in außerordentlicher Menge auf, verbreitet sich dann durch alle folgenden Formationen bis in die Jetztzeit, ohne ihre Gestalt wesentlich zu verändern. Beide Schalen sind gleichgroß, dünn, von hornig-kalkiger Zusammensetzung; zwischen sich lassen sie eine spaltartige Oeffnung für den muskulösen Befestigungsstiel frei.

Die kleinen, gleichfalls hornig-kalkigen Schälchen von **Obolus** (Fig. 41²) hat man wegen ihrer flachen, runden Form mit der griechischen Scheidemünze verglichen und darnach benannt. Die Klappen sind ungleich groß; im Innern sieht man Muskeleindrücke, aber kein Armgerüst. Man kennt nur silurische Arten; die häufigste liegt bei St. Petersburg zu Millionen in untersilurischem Sandstein.

Von **Leptaena****) (Fig. 41³) überschreiten nur 4—5 Arten die Grenzen des paläolithischen Zeitalters; **Strophomena*****) (Fig. 41⁶) beschränkt sich auf die drei ältesten Formationen. Bei beiden ist die große Klappe gewölbt, die kleinere vertieft; der Schloßrand lang, gerade, unter den Wirbeln mit schmalem, langgestrecktem, dreieckigem Feld. Die Oeffnung der großen Klappe wird durch ein kleines, dreieckiges Täfelchen (Deltidium) verschlossen. Die beiden nahe verwandten Gattungen unterscheiden sich durch die Form der Muskeleindrücke auf der Innenseite der Schalen. Ein Armgerüst fehlt.

Auch die artenreiche, rein paläolithische Gattung

---

*) lingula eine kleine Zunge, nach der Gestalt der Schale benannt.

**) λεπτός dünn, wegen der geringen Dicke der Schale.

***) στροφομένος gedreht.

Orthis*) (Fig. 41 [4. 5]) besitzt keinen kalkigen Brachialapparat. Beide Schalen sind gewölbt, meist radial gestreift und mit sehr ausgebildetem, dreieckigem Felde (Area) über dem geraden Schloßrand versehen. Unter dem Wirbel der großen Klappe befindet sich ein Spalt zum Austritt des Anheftungsstieles.

Kohlenkalk und Zechstein bilden vornehmlich die Heimat der Gattung **Productus****) (Fig. 43).

42 a

42 b

43

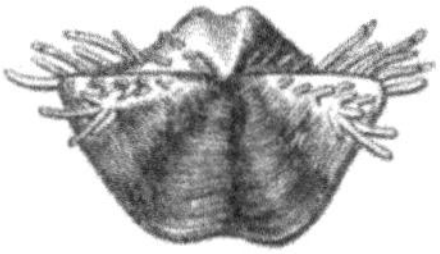

Fig. 42. Strigocephalus Burtini aus devonischem Kalk der Eifel. b Ansicht des Armgerüstes.

Fig. 43. Productus horridus aus dem Zechstein von Gera.

Man erkennt dieselbe leicht an den stachelartigen Röhren auf der Oberfläche der Schalen, von denen die eine gewölbt, die andere vertieft ist. Am geradlinigen Schloßrand fehlt das dreieckige, für die vorher erwähnten Gattungen charakteristische Feld.

Bei **Atrypa*****) (Fig. 41 [7]) werden die Respirations-Arme durch zwei symmetrische Spiralkegel gestützt, deren

*) ὀρθός gerade, wegen des geraden Schloßrandes.

**) productus verlängert.

***) τρύπα Loch und α privativum (sehr schlechter Name, nach dem irrthümlich für undurchbohrt gehaltenen Schnabel gebildet.)

Basis sich gegen die große, die Spitze gegen die kleine Klappe richtet. Man kennt nur silurische und devonische Arten.

Die Gattung Spirifer*) (Fig. 41[9, 10, 11]) enthält eine Menge von Arten, welche sich vorzugsweise auf die paläolithischen Formationen vertheilen, zum kleinen Theil aber auch noch in die Trias- und Lias-Bildungen hinaufgehen. Beide Schalen sind häufig radial gefaltet, stark in die Breite gezogen und am geraden Schloßrand mit dreieckigem, scharfbegrenztem Felde versehen. Das Armgerüst besteht aus Spiralkegeln, deren Spitzen den Seitenflügeln zugekehrt sind.

Als Beispiele von Brachiopoden, bei denen das Armgerüst aus Scheidewänden und Kalkschleifen gebildet wird, sind die Gattungen Pentamerus**) (Fig. 41[8]) und Strigocephalus***) (Fig. 42) abgebildet.

Die Brachiopoden bilden durch ihre enorme Individuenzahl einen Hauptbestandtheil der paläolithischen Bevölkerung. Sie lebten, am Boden haftend, friedlich neben ihren gleichfalls festsitzenden Genossen, den Korallen und Crinoideen. Keiner befeindete den Anderen oder machte ihm gewaltthätig seine Nahrung streitig, sondern Jeder lebte von schwimmenden, mikroskopischen Geschöpfen, die sich unvorsichtig in den durch Tentakeln, Arme oder geöffnete Klappen hervorgerufenen Strudel wagten. Wenn man bedenkt, welche Unzahl von Brachiopoden, Korallen und

---

*) spirifer der Spiral-Träger.

**) πέντα fünf, μέρος Theil.

***) strix Eule, κεφαλή Kopf.

Crinoideen lediglich durch Thierchen und Pflanzen von winziger Größe gespeist werden mußten, so gibt dies einen Fingerzeig für die Existenz von Millionen Protoplasma erzeugender Geschöpfe, welche die paläolithischen Meere erfüllt haben müssen. Leider ist jedoch von denselben kaum eine Spur überliefert: so mangelhaft sind die Aufzeichnungen, nach denen der Paläontologe die Schöpfungsgeschichte zu schreiben versucht!

In der Silurformation sind zwar die Trilobiten bereits einer räuberischen Lebensweise verdächtig; die eigentlichen Tyrannen der damaligen Zeit dagegen waren offenbar die Cephalopoden*) oder Kopffüßler.

Unter den Mollusken nehmen die Cephalopoden unbedingt die oberste Rangstufe ein. Der Weichthiertypus zeigt sich bei ihnen zu einer solchen Perfection ausgebildet, daß sie trotz eines im Ganzen unvollkommeneren Bauplanes die niedrigsten Wirbelthiere an Organisationshöhe bedeutend überragen.

Bei den bekannten, auch in den europäischen Meeren verbreiteten Sepien oder Tintenfischen (Fig. 44) ist der Kopf sehr bestimmt vom Rumpfe geschieden. Zwei hervortretende Augen bekunden ein ausgebildetes Nervensystem. Die Respiration wird durch zwei große, baumförmig verästelte Kiemen bewerkstelligt; ein vielfach verzweigtes System von Gefäßen und Organen steht für Ernährung und Fortpflanzung zur Verfügung; zwei kräftige, fast wie Vogelschnäbel gestaltete, hornige oder kalkige Kiefer zermalmen die Beute, welche von 10 muskulösen, mit

*) κεφαλή Kopf, πούς Fuß.

Saugnäpfen oder Haken besetzten, am Kopf befestigten Fangarmen (häufig auch **Füße** genannt) ergriffen und

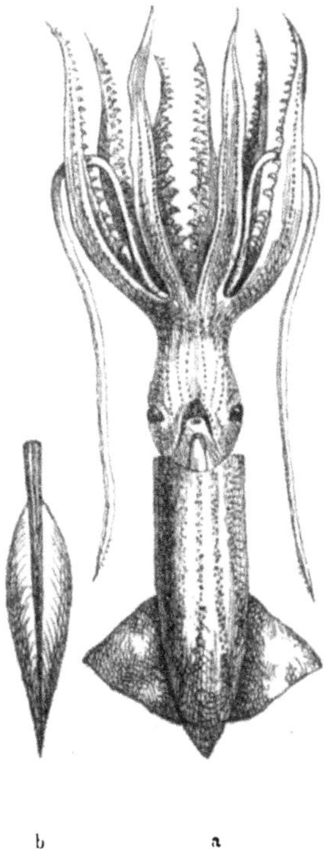

b a

Fig. 44. Enoploteuthis leptura aus dem stillen Ocean.
a. Thier von der Bauchseite. b. Innerliche Schale (Schulp).

den Munde zugeführt wird. Bei allen Tintenfischen werden die im Rumpf befindlichen, vegetativen Organe von einer dicken, fleischigen Haut (Mantel) umhüllt, die zuweilen auf der Rückseite eine flache, hornige oder kalkige Schale (Fig. 44 b) absondert. Diese Sepienschale (Schulp) wird stets von der Haut bedeckt und kommt erst bei der Sektion zum Vorschein; sie ist häufig papierdünn und ungemein zerbrechlich. Im Rumpf liegt auch der mit brauner Sepia erfüllte Tintenbeutel, wonach diese Thiere benannt sind. Von diesem Beutel mündet eine Ausführungsöffnung nach einem über der Athemhöhle befindlichen kegelförmigen Trichter, welcher durch Ausstoßen von Wasserstrahlen das Thier beim Schwimmen pfeilschnell vorwärts treibt. Bei drohender Gefahr wird durch denselben Trichter Sepia ausgespritzt und dadurch das Wasser in weitem Umkreis getrübt.

Ob in den ältesten Formationen Tintenfische existirt haben, wird wohl noch lange eine offene Frage bleiben, weil aus dem Mangel von Ueberresten durchaus nicht auf das Fehlen dieser wenig erhaltungsfähigen Thiere geschlossen werden darf.

Zu den Cephalopoden gehört auch die bekannte Perlbootschnecke oder der Nautilus, (Fig. 45) von welcher man sechs lebende Arten aus dem indischen Ocean kennt. Hier enthält eine große, rothgestreifte Schale ein Thier, das sich von den Sepien durch den Mangel eines Tintenbeutels, durch sehr zahlreiche, kurze, fleischige Arme ohne Saugnäpfe und hauptsächlich durch die Respirations-Organe unterscheidet, welche aus vier, nicht aus zwei Kiemen gebildet sind. Wenn sich die Sepien und Nautilusthiere sofort als verwandte Glieder einer Classe zu erkennen geben, so liegt doch in der Beschaffenheit der Schalen ein Unterschied, wie er kaum größer gedacht werden könnte. Der Nautilus besitzt kein innerliches Kalk- oder Hornblatt auf der Rückseite, wie die meisten Tintenfische, sondern er bewohnt ein festes, aus mehreren in einer

Fig. 45. Nautilus Pompilius aus dem indischen Ocean.
Das Thier liegt in der Wohnkammer; die Schale ist in der Mittelebene durchgeschnitten, um die inneren Abtheilungen und den durchlaufenden Sipho zu zeigen.

Ebene spiral eingerollten Windungen bestehendes, symmetrisches Haus.

Das Thier selbst füllt nur einen kleinen Theil (etwa die Hälfte der letzten Windung) aus und liegt in dieser sogenannten Wohnkammer mit dem Bauch gegen außen gewendet. Zwei kräftige, hinter dem Kopf befindliche Muskeln halten dasselbe jederseits an der glatten Innenseite der Schale fest. Nach hinten wird die Wohnkammer durch eine solide, concave Scheidewand aus Perlmuttersubstanz abgeschlossen und von da an wird die ganze Spiralröhre durch parallele, in regelmäßigen Abständen erscheinende Scheidewände in zahlreiche Kammern eingetheilt. Sämmtliche Kammern werden von einer in der Mittelebene der Spirale gelegenen, runden Oeffnung durchbohrt, in welcher ein am Thier befestigter, gefäßreicher und sehniger Strang, der Sipho, verläuft und somit alle Abtheilungen unter einander und mit der Wohnkammer in Verbindung setzt. Manchmal ist der Sipho ganz oder theilweise von einer kalkigen Scheide (Siphonaldute oder Siphonalröhre) umhüllt. Man hat dem Sipho früher abenteuerliche Functionen zugeschrieben. Er sollte dazu bestimmt sein, die Kammern je nach Bedarf voll Wasser zu pumpen, und wieder zu entleeren. Jetzt weiß man, daß der gekammerte Schalentheil hermetisch gegen außen verschlossen ist, daß niemals Wasser in die Kammern eindringen kann, sondern daß dieselben stets nur von Luft erfüllt sind. Dem Sipho kann daher die erwähnte Bestimmung nicht zukommen; er kann wegen seiner geringen Stärke auch nicht zum Festhalten des schweren Thieres dienen, sondern er hat vermuthlich nur die Aufgabe, den Kammern Luft zuzuführen.

Die leichte, lufterfüllte Schale macht den Nautilus zu einem trefflichen Schwimmer. Will er untertauchen, so zieht sich das Thier tief in die Wohnkammer zurück, um möglichst wenig Platz einzunehmen und dadurch das specifische Gewicht zu vergrößern; wünscht er zu steigen, so streckt sich das Thier weit aus der Schale hervor, verdrängt ein großes Volumen Wasser und wird dann von selbst durch die leichte Schale, welche geradezu die Dienste eines Luftballons versieht, gehoben. Ein beweglicher, muskulöser Trichter hinter dem Kopfe hat die Bestimmung, Wasser mit größerer oder geringerer Heftigkeit nach jeder beliebigen Seite auszustoßen, um damit die Geschwindigkeit und die Richtung der Fortbewegung zu leiten. Beim Schwimmen hängt der Kopf des Thieres nach unten und die Schale schwimmt oben auf dem Wasser.

Es ist von außerordentlicher Wichtigkeit, daß die Gattung Nautilus, welche eine ganz isolirte Ordnung der Vierkiemener (Tetrabranchiata) unter den lebenden Cephalopoden bildet, auf die Jetztzeit überliefert wurde; denn sonst wären uns die zahllosen, paläolithischen Nautiliden und die nicht minder verbreiteten Ammonshörner des mittleren Zeitalters ein ewiges Räthsel geblieben.

Nicht alle fossilen Vierkiemener besaßen, wie der Nautilus, eine spiral eingerollte Schale, deren Umgänge sich umhüllen oder doch wenigstens berühren; ja gerade die häufigste Gattung des paläolithischen Zeitalters, das Geradhorn (Orthoceras*), Fig. 46 und 47), zeichnet sich durch eine langgestreckte, stabförmige, gerade Röhre aus. Gewöhnlich ist die Wohnkammer nach dem Wegfaulen des Thieres mit eingedrungenem Gestein ausge-

*) ὀρθός gerade, κέρας Horn.

füllt und in den Luftkammern haben sich Krystalle oder dichte Absätze aus Substanzen gebildet, welche durch die Schale von außen her langsam einsickerten. Ist in solchen Fällen überdies die dünne Schale abgeblättert oder in

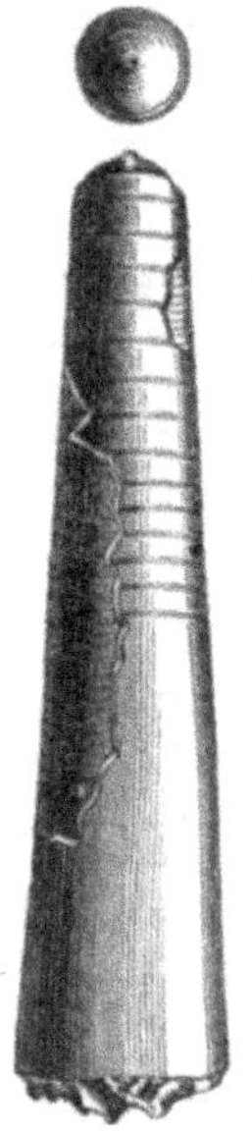

Fig. 46. Orthoceras timidum aus silurischem Kalkstein von Lochkowin Böhmen.

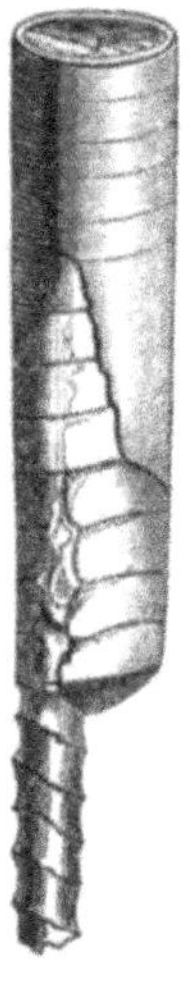

Fig. 47. Orthoceras duplex aus silurischem Kalkstein von Schweden.

anderer Weise zerstört, so kommen die Linien (Suturen), mit welchen sich die Scheidewände an die Innenseite der Schale anheften, sehr schön zum Vorschein. Der Sipho liegt bald in der Mitte, bald in der Nähe des Randes.

Man kennt allein aus der Silurformation ungefähr 850 Orthoceras-Arten, zu denen Böhmen weitaus das größte Contingent stellt. In den folgenden Formationen nimmt ihre Zahl rasch ab, doch überschreiten vereinzelte Arten noch die Grenzen des paläolithischen Zeitalters und erscheinen zuletzt in der alpinen Trias. In Schweden und Rußland findet sich ein rother oder grauer silurischer Marmor ganz erfüllt von 2—6 Fuß langen Röhren des Orthoceras **duplex** (Fig. 47), dessen charakteristische, gekammerte Durchschnitte mit dem ungewöhnlich dicken, seitlich gelegenen Sipho jedem Besucher Stockholm's auf Trottoirplatten und an größeren Bauwerken in die Augen fallen.

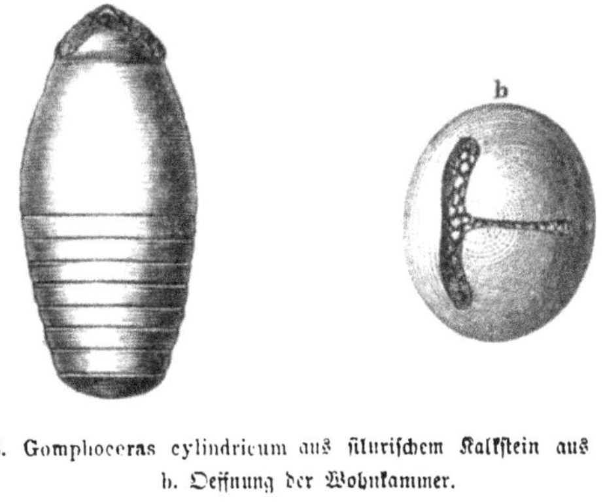

Fig. 48. Gomphoceras cylindricum aus silurischem Kalkstein aus Böhmen. b. Oeffnung der Wohnkammer.

De silurische und devonische Gattung Gomphoceras*) (Fig. 48) besitzt ebenfalls eine gerade Schale von mäßiger Länge, erhält aber durch die eigenthümliche

---

*) γόμφος Pflock, Keil, κέρας Horn.

Zusammenbiegung der Mündungsränder der Wohnkammer eine birnförmige Gestalt.

Bildet die Schale eine kurze, gekrümmte, einem Füllhorn ähnliche Röhre und ist die Mündung einfach, so entsteht die artenreiche Gattung Cyrtoceras*) (Fig. 49); ist die Mündung wie bei Gomphoceras verengt, so zählt man die Schalen zur Gattung Phragmoceras.**)

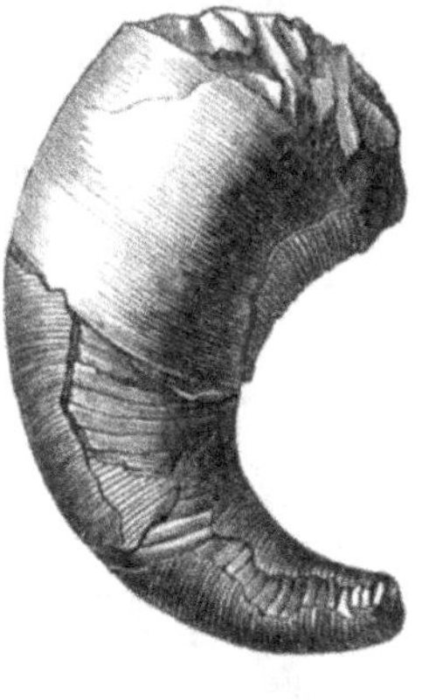

Fig. 49. Cyrtoceras Murchisoni aus silurischem Kalkstein von Koniepruß in Böhmen.

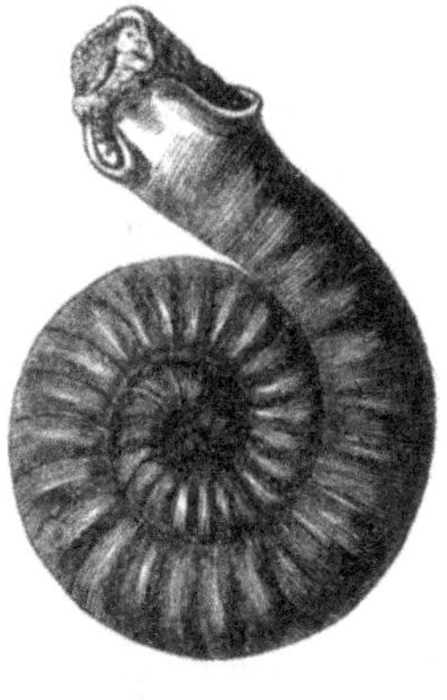

Fig. 50. Lituites simplex aus silurischem Kalkstein von Lochkow in Böhmen.

Windet sich die Röhre in derselben Ebene zu einer Spirale auf, ohne daß sich die Umgänge berühren, so heißt man die Schalen Gyroceras***); legen sie sich dicht an einander an oder umhüllen sich mehr oder weniger, so

*) κυρτός krumm, κέρας Horn.

**) φράγμα das Verzäunte, wegen der verengten Mundöffnung.

***) γῦρος Kreis.

können je nach der Beschaffenheit der Mundöffnung, der Lage des Sipho und der Art und Weise der Scheidewand-Anheftung verschiedene Gattungen entstehen.

Bei Lituites (Fig. 50), einer rein silurischen Sippe, löst sich der letzte Umgang von der im Uebrigen geschlossenen Spirale los; die Mündung ist einfach oder verengt; die Suturen der Scheidewände bilden eine einfach gebogene Linie; der Sipho ist vom Rande entfernt.

Die noch heute lebende Gattung Nautilus (Fig. 45) hat ihre ältesten Vorläufer bereits in der Silurformation. Die Schalen sind spiral eingerollt, die Mündung nicht eingeengt, die Suturen der nach außen concaven Scheidewände einfach, seltener wellig gebogen und der Sipho stets vom Rande entfernt in der Mittelebene der Spirale.

Die wichtigen paläolithischen Gattungen Clymenia (Fig. 51) und Goniatites (Fig. 52) sehen äußerlich genau wie Nautilus aus; aber ihre Scheidewände heften sich nicht mit einfachen Linien an die Innenseite der Schale

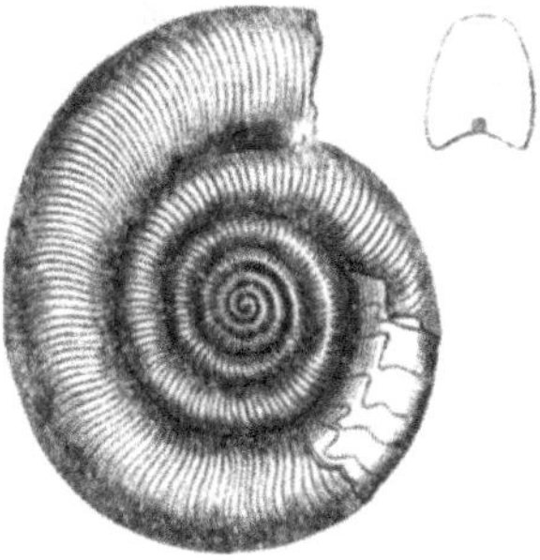

Fig. 51. **Clymenia undulata** aus devonischem Kalkstein vom Fichtelgebirge.

Fig. 52. **Goniatites sphaericus** aus der Kohlenformation von der Lüttker Haide bei Suttrop.

an, sondern bilden eine stark wellig gebogene oder gezackte Suturlinie.

Bei Goniatites liegt der Sipho dicht unter der Schale an der Außenseite, bei den Clymenien, welche sich überdies durch ihre zahlreichen, wenig umhüllenden Umgänge unterscheiden, in der Mittellinie der Innenseite, unmittelbar auf dem vorhergehenden Umgang. Clymenien hat man bis jetzt vorzüglich in den obersten Devonschichten nachgewiesen. Die Sippe Goniatites dagegen beginnt in der Silurzeit, erreicht im Kohlenkalk das Maximum ihrer Entwickelung und gestaltet sich darauf fast unmerklich in die mesolithischen Ammonshörner um.

Die historische Entwickelung der Cephalopoden bietet manche räthselhafte Erscheinung. Aus der Primordialstufe kennt man bis jetzt keine Spur derselben, dagegen treten die eigentlichen Nautiliden d. h. die Formen mit einfachen Suturlinien und centralem oder intermediärem Sipho in den mittleren Silurbildungen mit einem Mal in solcher Masse auf, daß Barrande nicht weniger als 1577 verschiedene silurische Arten aufzuzählen im Stande ist. Sie nehmen in den darauf folgenden Formationen ziemlich rasch ab und reduciren sich mit Beginn des mittleren Zeitalters auf die Gattung Nautilus, welche mit seltener Langlebigkeit bis in die Gegenwart fortdauert. Wenn alle Formen der organischen Schöpfung in der That, wie man aus vielen Gründen anzunehmen berechtigt ist, in genetischem Zusammenhang stehen und sich durch allmälige Veränderung aus einander entwickeln, so liefert das plötzliche und massenhafte Erscheinen einer sehr erhaltungsfähigen Weichthierfamilie entweder den Beweis für die Unvollständigkeit der geologischen Ueberlieferung überhaupt oder doch für den höchst dürftigen Zustand unserer jetzigen paläontologischen Sammlungen.

Schon oben wurde auf die gewaltige Größe mancher Orthoceras-Arten hingewiesen. Solchen Riesen stehen in den nämlichen Gattungen auch winzige Vertreter von kaum einem Zoll Länge gegenüber. Im Allgemeinen besaßen die Vierkiemener Schalen von ansehnlicher Größe, die am häufigsten zwischen 2 Zoll bis zu einem Fuß im Durchmesser oder in der Länge schwankten.

Wenn demnach die Bewohner dieser Schalen den verwandten Tintenfischen unserer heutigen Meere nur einigermaßen an Gewandtheit, Kraft und Raublust ähnlich waren, so mögen sie ein ziemlich strenges Regiment in den paläolithischen Gewässern ausgeübt haben.

Die Wirbelthiere

waren allein im Stande die Cephalopoden erfolgreich zu bekämpfen; und wenn man sieht, wie sich die letzteren fast im gleichen Maaße vermindern, als die ersteren an Formen- und Individuen-Reichthum gewinnen, so scheint es fast, als ob zwischen beiden eine gewisse Wechselbeziehung, wahrscheinlich eine Mitbewerbung um die gleiche Nahrung bestanden habe.

In der Silurformation kennt man bis jetzt nur Ueberreste von **Fischen** und zwar liegen auch diese in den höchsten Schichten, nahe an der Grenze der Devonformation.

Bei Ludlow in Wales wurden Zähnchen, einige Schuppen und hauptsächlich Flossenstacheln aufgefunden, von denen sich übrigens kaum mit Sicherheit behaupten läßt, ob sie zu Haien oder zu Schuppenfischen gehören. Verschiedene Fischreste (5 Arten) haben auch die obersilurischen Ablagerungen Böhmens geliefert.

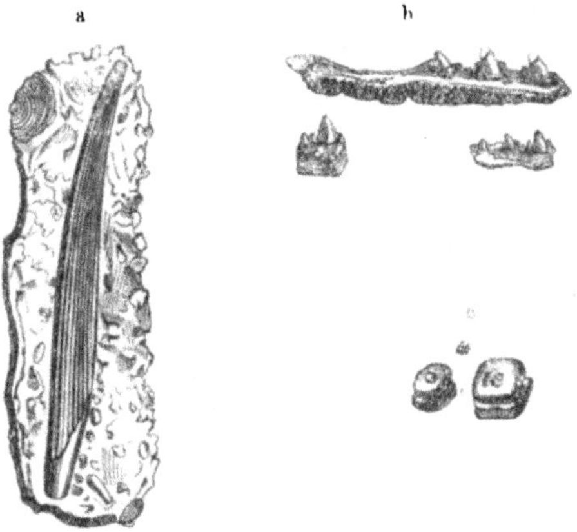

Fig. 53. Fischreste aus den obersten Silurschichten von Ludlow in Wales. a. Flossenstachel von Onchus tenuistriatus. b. Kieferfragment von Plectrodus mirabilis. c. Chagrin-Schuppen eines Haifisches (Thelodus).

In der Devonformation, namentlich im alten, rothen Sandstein Schottlands, ferner in der Steinkohlenformation und in der Dyas werden die Fische allmälig ziemlich zahlreich.

Ein charakteristisches Merkmal der meisten paläolithischen Fische bildet die mangelhafte Verknöcherung der Wirbelsäule.

Aechte Knochenfische (Teleostei) mit festen Wirbeln, welche heute etwa neun Zehntel aller lebenden Fische ausmachen, existirten damals noch nicht. Die vom Thiere abgesonderte Kalksubstanz gelangte vielmehr in der Regel anstatt im inneren Skelet in der Hautbedeckung zur Ablagerung. So begegnen wir mit Erstaunen in der Devonformation Fischen, deren Oberfläche mit ansehnlichen, dicken Knochenplatten gepanzert ist.

Unter diesen Panzerfischen steht die Gattung Pterichthys (Flügelfisch) Fig. 54 aus dem schottischen Old red Sandstone wegen ihrer bizarren Form oben an.

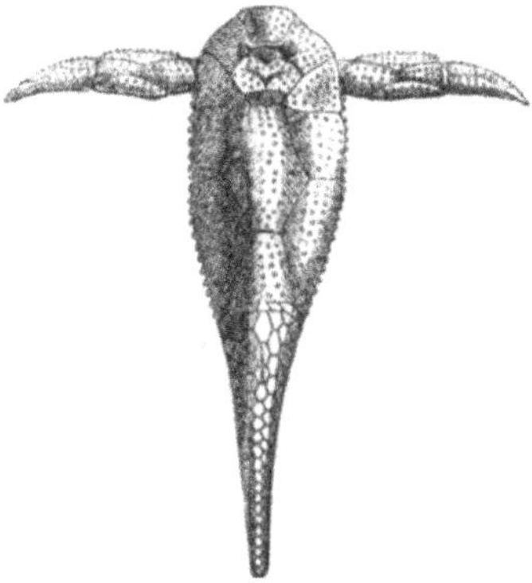

Fig. 54. Pterichthys aus dem Old red sandstone von Schottland, restaurirt nach Pander.

Kopf und Leib waren mit dicken, emaillirten Knochenplatten bekleidet und der Schwanz mit zierlichen, vieleckigen Schuppen umhüllt. Das sonderbarste Merkmal, wonach die Gattung auch ihren Namen trägt, liegt in der flügelartigen Ausbildung der Brustflossen. Die Lage der jedenfalls kleinen Mundöffnung ist nicht genau bekannt und auch von Zähnen konnte bis jetzt Nichts entdeckt werden. Die Pterichthys-Arten waren insgesammt klein. Die Länge der Skelete beträgt höchstens einen Fuß, meistens sind sie aber nur handgroß oder noch kleiner.

Es ist sehr zweifelhaft, ob die Fischnatur dieses merkwürdigen Fossils, für welches die Gegenwart kein Analogon liefert, bei der gänzlichen Unbekanntschaft mit dem inneren Skelet je anerkannt worden wäre, wenn nicht verwandte Gattungen aus denselben Schichten die typischen Merkmale der Fische in deutlicherer Weise an sich trügen. So besitzt z. B. Coccosteus ebenfalls einen mit dicken Emailplatten gepanzerten Kopf und Vorderkörper; aber die flügelförmigen Anhänge fehlen und am fein beschuppten Hinterleib hat man Gräten und normale Flossen nachgewiesen. Besonders groß wird auch Coccosteus nicht, dagegen hat man in Schottland und den russischen Ostseeprovinzen von ähnlichen Fischen herrührende Platten entdeckt, die auf Riesenformen von mehr als 20 Fuß Länge zu deuten scheinen.

Ein anderer Typus aus dem alten, rothen Sandstein, von sehr sonderbarem Aussehen ist die Gattung Cephalaspis.

Hier wird der Kopf von einem einzigen, halbmondförmigen Schild gestützt, das in vieler Beziehung an das Kopfschild eines Trilobiten erinnert. Aber es liegt auf demselben ein zierliches, aus kleinen, sternförmigen Schmelzschuppen gebildetes Pflaster; auch stehen die ovalen Augen ziemlich dicht neben einander, ungefähr in der Mitte des Schildes. Der Körper war mit länglichen, reihenweise geordneten rhombischen Schmelzschuppen bedeckt, welche am Rücken und Bauch in schiefen, an der Seite in geraden Reihen dachziegelartig über einander liegen.

Der Schwanz ist am hinteren Ende aufwärts gebogen und mit wohlentwickelter, ungleichseitiger Flosse versehen.

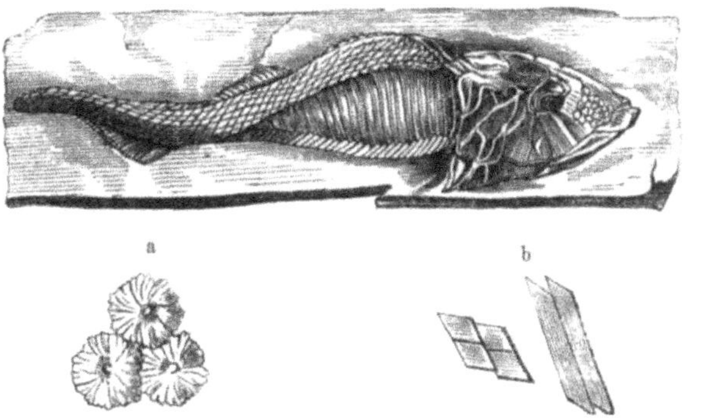

Fig. 55. Cephalaspis Lyelli aus dem alten, rothen Sandstein von Forfarshire.

a. Sternförmige Schuppen, mit welchen das Kopfschild bedeckt ist. b. Schuppen von verschiedenen Theilen des Rumpfes und Schwanzes.

Vom Gebiß und inneren Skelet ist bei diesem ziemlich seltenen, beinahe 1 Fuß langen Fisch Nichts erhalten.

Wenn wir die Haie oder sonstigen Knorpelfische ausnehmen, von denen sich Zähne und Flossenstacheln ziemlich häufig, seltener ganze Skelette erhalten finden, so gehören alle übrigen paläolithischen Fische in die Ordnung der Schmelzschupper oder Ganoiden*). Die Panzerfische bilden eine gänzlich erloschene, auf die Devonformation beschränkte Familie der Ganoiden, die einige

*) Von γάνος Glanz.

entfernte Aehnlichkeit mit unseren heutigen Stören besitzt.

Den alten Meeren fehlten aber auch solche Fische nicht, die sich den ächten Ganoiden der Jetztzeit etwas enger anschließen. Die typischen Vertreter dieser Ordnung*) zeichnen sich außer einigen anatomischen, im fossilen Zustand nicht erhaltungsfähigen Merkmalen besonders durch ihre dicken, glänzenden, mit Schmelz überzogenen, knöchernen Schuppen von rhombischer oder rundlicher Gestalt aus. Aehnliche Formen existiren gegenwärtig nur noch in wenigen Gattungen in den Flüssen von Nord-Amerika und Nord-Afrika.

Die fossilen Schmelzschupper aus dem alten, rothen Sandstein schließen sich in ihrer ganzen äußeren Gestalt und besonders in der Ausbildung der Schwanzfloße ziemlich enge an die afrikanische Gattung Polypterus an. Bei dieser wird nämlich das hintere Ende der verknöcherten Wirbelsäule oben und unten beinahe gleichmäßig von Flossenstrahlen umwallt. Solche „amphicerke"**) Schwänze kommen bei den ächten Knochenfischen niemals vor, wohl aber finden wir sie bei den devonischen Ganoiden, freilich mit dem Unterschiede, daß die oberen Strahlen viel kürzer und schwächer entwickelt sind, als die unterhalb der Wirbelsäule befindlichen. Die nebenstehenden Abbildungen des lebenden Polypterus und des fossilen Glyptolepis veranschaulichen dieses Verhältniß.

---

*) Vom Stör, welcher eine besondere, in vielen wesentlichen Merkmalen von den Schuppenganoiden abweichende Familie bildet, wird hier abgesehen.

**) ἀμφί ringsum, κέρκος Schwanz.

Unsymmetrischer Bau der Schwanzflosse ist übrigens ein Merkmal, das allen fossilen Fischen des paläolithischen Zeitalters zukommt. Bei den meisten Ganoiden zeichnet sich der obere Lappen der Schwanzflosse nicht allein durch größere Länge aus, sondern der beschuppte Körper mit der

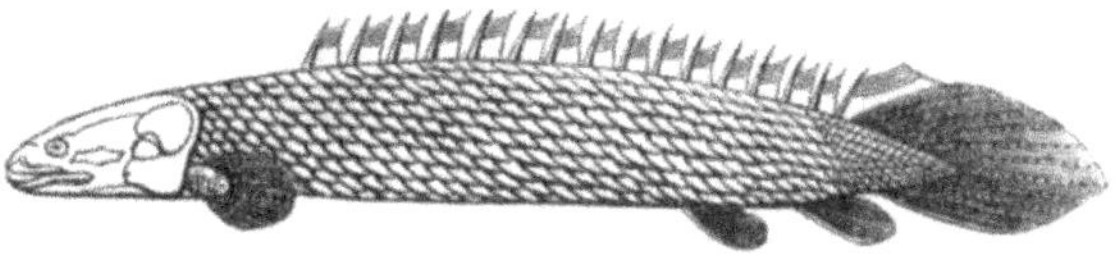

Fig. 56. Polypterus Bichir aus dem Nil.

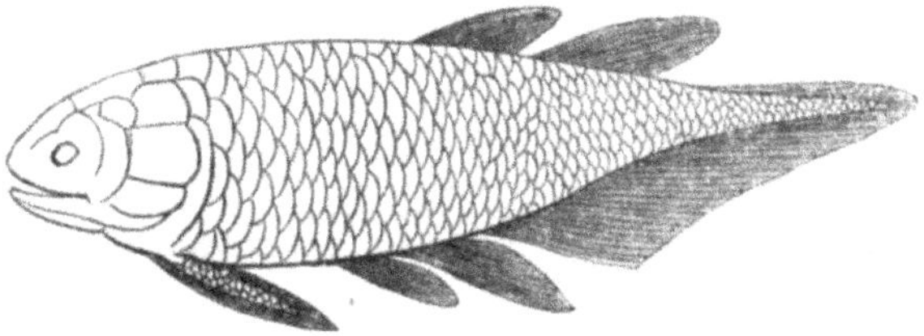

Fig. 57. Restaurirtes Bild von Glyptolepis aus dem alten, rothen Sandstein von Schottland. (Nach Huxley.)

Wirbelsäule setzt sich auch bis in seine äußerste Spitze fort. Zu diesen „heterocerken"*) Schwänzen der alten Ganoiden bildet die symmetrische Beschaffenheit der Schwanz=

*) ἕτερος Einer von Zweien, κέρκος Schwanz.

flosse bei den jüngeren Ganoiden und vorzüglich bei den Knochenfischen einen sehr charakteristischen Gegensatz.

Bei den jetzt existirenden und bei den Fischen von der Liasformation an aufwärts, mit Ausnahme der Haie,

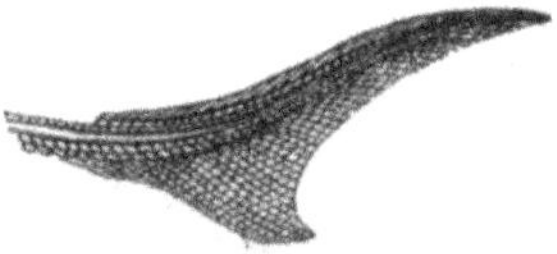

Fig. 58. Heterocerker Fischschwanz.

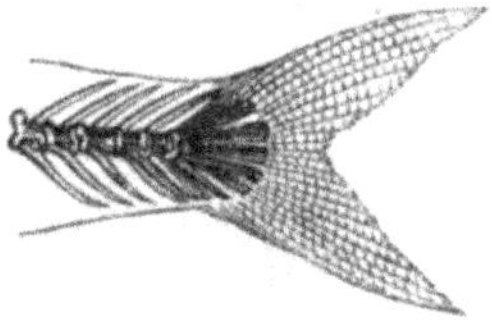

Fig. 59. Homocerker Fischschwanz.

Störe und der lebenden Ganoiden-Gattung Lepidosteus endigt die Wirbelsäule am Anfang des Schwanzes in der Mitte des Körpers. An das hintere Ende setzt sich alsdann eine symmetrische oder gleichlappige „homocerke"*) Schwanzflosse an.

Ein bekanntes Beispiel eines heterocerken Fisches lie-

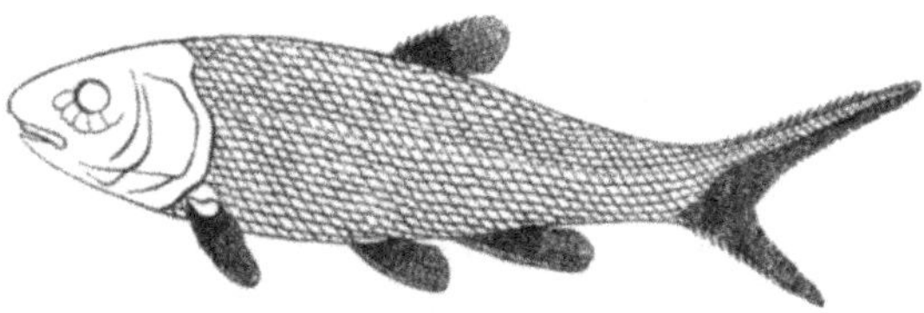

Fig. 60. Palaeonicus Freieslebeni aus dem Kupferschiefer von Eisleben.

*) ὁμός ähnlich, κέρκος Schwanz.

fert der gemeine Palaeoniscus Freieslebeni aus dem Mansfelder Kupferschiefer.

Zu Tausenden liegen die Abdrücke im Gestein; sie gleichen in Größe und Gestalt Häringen, erregten aber wegen ihrer lebhaft glänzenden Schmelzschuppen von jeher die Aufmerksamkeit der Bergleute. Zahlreiche verwandte Gattungen finden sich während der Steinkohlen- und Dyas-Zeit über die ganze Erde verbreitet.

Die heterocerke Schwanzflosse ist allen gemein. Diese Eigenthümlichkeit gewinnt aber an Bedeutung, seitdem man weiß, daß sie in einem gewissen Embryonalstadium auch bei vielen lebenden Knochenfischen existirt.

Wenn man überdies bedenkt, daß bei den paläolithischen Ganoiden die Wirbelsäule in der Regel nur verknorpelt, nicht wie bei den lebenden Verwandten verknöchert ist, und daß alle Fische mit knöchernem Skelet in frühester Jugend einen knorpeligen Rückenstrang besitzen, so geht daraus hervor, daß die alten Schmelzschupper, wenn sie auch an Größe und Schönheit den jüngeren nicht nachstehen, doch in Beziehung auf Skelet- und Schwanz-Bildung einen entschieden embryonalen Charakter an sich tragen.

Amphibien und Reptilien

erscheinen erst in der Steinkohlen- und Dyas-Zeit, wo ausgedehnte Festländer und eine üppige, die Luft reinigende Flora die Existenz Lungen athmender Thiere begünstigten. Viele Schwierigkeiten freilich haben diese ältesten Landbewohner den Paläontologen bereitet, da die jetzige Thierwelt ähnlicher Geschöpfe entbehrt.

Das erste paläolithische Amphibien-Skelet wurde im Jahr 1844 im Kohlenschiefer von Münsterappel in Rhein-Bayern entdeckt. Einige Jahre später fand man zu Lebach und Börschweiler bei Saarbrücken in Thoneisensteinknollen so zahlreiche Ueberreste von drei verschiedenen Amphibien-Arten aus der Gattung **Archegosaurus** *) daß Hermann von Meyer zu seiner ausführlichen Monographie Skelete oder Fragmente von 279 Individuen benützen konnte. Die Lebacher Eisensteine und Thonschiefer wurden früher zur Steinkohlen-Formation gezählt, jetzt hält man dieselben für eine Einlagerung im rothen Todtliegenden.

Nach dem allgemeinen Bau des Schädels und der Extremitäten steht Archegosaurus (Fig. 61) den Salamandern der Jetztzeit am nächsten; auch das Vorhandensein von knöchernen Kiemenbögen, sowie die ungemein kurzen Rippen sprechen bestimmt für die Amphibiennatur. Die Extremitäten endigen mit getrennten Fingern, sind aber schwach und nur zum Schwimmen oder Kriechen geeignet.

Zu diesen Amphibien-Merkmalen will der mit glänzenden, rauhen, knöchernen Platten geschützte Schädel, nach welchem Archegosaurus nebst seinen Verwandten unter dem Namen der Glanzköpfe (Ganocephalen) zusammengefaßt werden, wenig passen. Viel besser würde diese Beschaffenheit der Schädeldecke mit den Knochen-Fischen übereinstimmen.

Das Scheitelbein besitzt, wie bei den Eidechsen, ein rundes Loch, die Augen sind durch einen besonderen Plattenring verstärkt, und auf den Kiefern stehen, wie bei den

---

*) ἀρχηγός Stammvater, σαῦρος Eidechse.

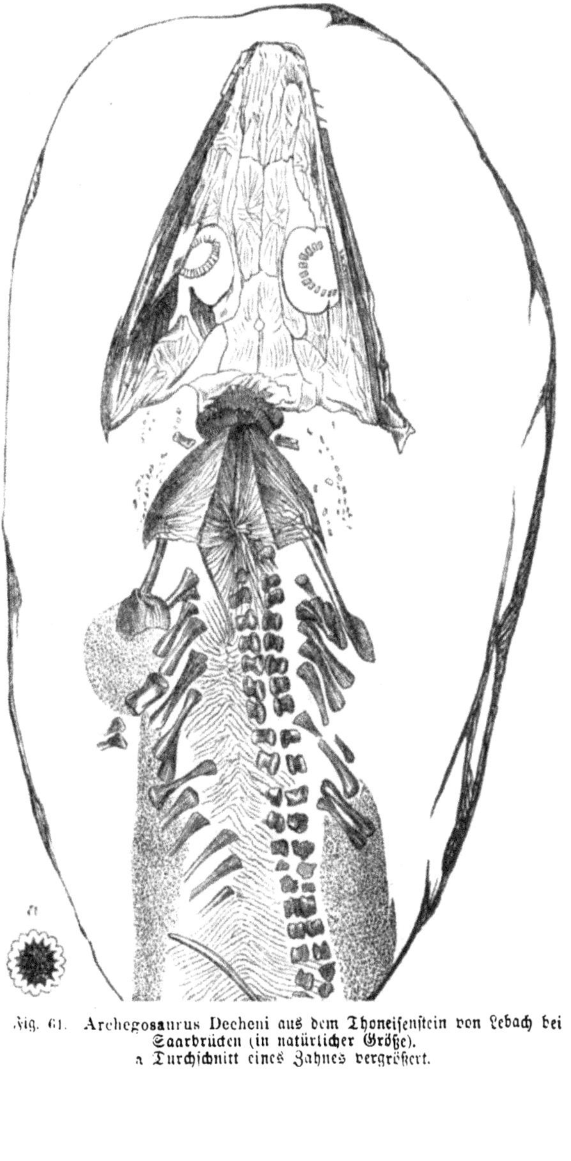

Fig. 61. Archegosaurus Decheni aus dem Thoneisenstein von Lebach bei Saarbrücken (in natürlicher Größe).
a Durchschnitt eines Zahnes vergrößert.

Krokodilen, kräftige, kegelförmige Fangzähne, deren Zahnsubstanz (Dentine) eine an Fischzähne erinnernde einfache Faltung erkennen läßt. (Fig. 61 a).

An der Kehle liegen drei große Knochenplatten; der ganze übrige Körper ist mit kleinen, knolligen Schuppen bedeckt. Zu beiden Seiten der Kehlplatten zeigt unsere Abbildung noch Ueberreste der Kiemenbögen. Das Hinterhaupt stützt sich, wie bei den lebenden Amphibien, mit zwei Gelenkköpfen auf die Wirbelsäule.

Zu dieser sonderbaren Vereinigung von Eigenschaften, die wir heute getrennt bei Fischen, Fröschen, Salamandern, Eidechsen und Krokodilen suchen müssen, kommt noch das embryonale Merkmal einer höchst unvollkommen verknöcherten Wirbelsäule hinzu. Der Archegosaurus liefert uns somit gleichzeitig ein Beispiel jener beiden in urweltlichen Ablagerungen ziemlich verbreiteten Formen, welche man als Embryonal- und Collectiv-Typen bezeichnet hat.

Bieten die alten Amphibien aus Saarbrücken dem Paläontologen durch die erwähnten Verhältnisse ein hervorragendes Interesse, so fallen sie bei oberflächlicher Betrachtung doch weder durch besondere Größe, noch durch abenteuerliche Gestalt in die Augen. Es sind kleine, wenige Zoll bis höchstens 3 Fuß lange, in ihrer ganzen Tracht einem großen Salamander nicht unähnliche Thiere, die sich offenbar theils in Süßwassersümpfen, theils auf dem Festland aufgehalten haben. Für diese Lebensweise spricht die Beschaffenheit ihrer Lagerstätte, sowie die mit ihnen zusammen vorkommenden Landpflanzen, Insecten, Crustaceen und Süßwasser-Conchylien.

Fast unmittelbar nach Entdeckung der ältesten Amphibien im Saarbecken wurden auch anderwärts ähnliche Ueberreste aufgefunden.

Schon im Jahre 1848 machte Dr. King auf die Fußspuren eines großen, fünfzehigen Amphibiums oder Reptils aufmerksam, die im Kohlensandstein von Pennsylvanien nicht selten beobachtet werden. Aber erst 4 Jahre später fand man im Innern eines aufrechtstehenden, dicken Sigillarienstammes aus dem Steinkohlengebirge Neu-Schottlands Schädel, Unterkiefer und Rumpftheile eines 2½ Fuß langen Amphibiums (Dendrerpeton).

Es folgten nun ziemlich rasch auf einander sowohl in Nord-Amerika, als auch in der Gegend von Edinburgh, Glasgow uud besonders von Kilkenny in Irland neue Funde, so daß im Verlauf von 20 Jahren Ueberreste von etwa 16 verschiedenen Gattungen aus der Steinkohlen- und Dyas-Formation zu Tage kamen. Durch diese alten Repräsentanten wurde der Formenschatz in der Klasse der Amphibien sehr beträchtlich erweitert. Einige der neuentdeckten Gattungen schlossen sich zwar aufs engste an Archegosaurus an, aber andere stellten sich mehr als die Prototypen der Frösche und Salamander heraus. Als Beispiel für die letzteren ist in Fig. 62 Lepterpeton aus Kilkenny abgebildet. Diese und einige verwandte Gattungen aus der Steinkohlenformation unterscheiden sich von den ächten Glanzköpfen durch schmälere und längere Köpfe, durch geringere Entwicklnng der knöchernern Schädelschilder und durch das Fehlen der charakteristischen Knochenplatten an der Kehle. Auf dem Körper befindet sich wie bei Archegosaurus eine schützende Hülle

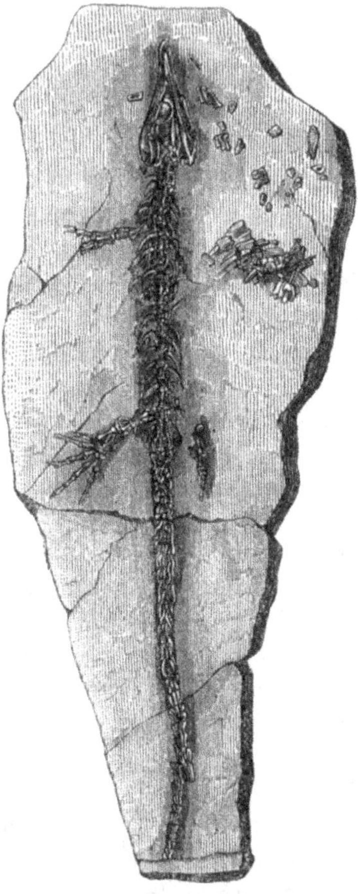

Fig. 62. Lepterpeton Dobbsii aus der Steinkohlen-Formation von Kilkenny in Irland. (¾ natürliche Größe.)

von kleinen Schuppen. Ist somit das Hautskelet weniger ausgebildet als bei den Ganocephalen, so zeigt sich dafür das innere Skelet viel weiter vorgeschritten. Die beiden Hinterhauptsgelenkköpfe sowie die Wirbelkörper sind solide verknöchert, wenn auch die beiderseits ausgehöhlten Gelenkflächen der letztern noch immerhin an Fische erinnern. Bei den Zähnen vermißt man die eben erwähnten Faltungen der Zahnsubstanz.

Viel seltener sind die ächten **Reptilien** im paläolithischen Zeitalter. Von einer einzigen Gattung (Proterosaurus) aus dem Mansfelder Kupferschiefer und den Lyasbildungen in England existiren mehrere wohlerhaltene Skelete. Es ist dies eine dem ägyptischen Monitor in Größe und sonstigen Merkmalen nahestehende Land-Eidechse, bei welcher jedoch die Zähne wie bei den Krokodilen in besondere Gruben eingefügt sind. Also auch hier eine Vereinigung von Eidechsen und Krokodil-Charakteren!

Mit den Reptilien ist der Höhepunkt der paläolithischen Schöpfung erreicht. Kein Thier von vollkommenerer Organisation hat Spuren in den vier alten Formationen hinterlassen; auch ist es wenig wahrscheinlich, daß solche zu damaliger Zeit existirt haben. Wohl ist es richtig, daß Folgerungen aus negativen Thatsachen nirgends gefährlicher sind, als in der Geologie, wo ein einziger glücklicher Fund schon oft die geläufigsten Annahmen zerstört hat. So wurde bis zum Jahr 1844 die Existenz anderer Wirbelthiere, als von Fischen in der Steinkohlenformation auf's Bestimmteste in Abrede gestellt; heute kennt man darin mehr als ein Dutzend verschiedener Amphibien-Gattungen. Allerdings muß hier auch berücksichtigt werden, daß die Gelegenheit, Ueberreste von Land und Süßwasser bewohnenden Wirbelthieren zu erlangen, kaum irgendwo günstiger gedacht werden kann, als in der Steinkohlenformation, die an zahllosen Stellen auf der Erdoberfläche ausgebeutet wird und aus welcher ganze Berge von wohlerhaltenen Versteinerungen alljährlich an's Tageslicht gelangen.

Wenn trotzdem bis jetzt von Vögeln oder Säugethieren nicht eine Spur beobachtet werden konnte, so ist dies eine so auffallende Thatsache, daß sie beinahe als Beweis für das Fehlen jener Thiere gelten kann.

Rückblick.

Werfen wir nun, am Schlusse stehend, noch einmal einen Blick auf die gesammte vergangene Thierwelt des paläolithischen Zeitalters zurück, so springt zunächst ihr inniger Zusammenhang mit den äußeren Existenzbedingungen in die Augen. Sie ist erstaunlich einförmig, rein marin und von kosmopolitischer Universalität in der Primordialstufe, wo nach der Meinung der Geologen die Erde fast allerwärts mit Meer bedeckt sein mußte. In der Silurformation entfaltet sich in allen Abtheilungen ein überraschender Reichthum an Formen; aber wir sehen darunter vorzugsweise Bewohner der offenen See, wie Korallen und Cephalopoden, oder der stillen, vom Wellenschlag unberührten Tiefe, wie Crinoideen, Brachiopoden und Trilobiten. Erst in der Devon-Formation vermehren sich die Ufer bewohnenden Schnecken, Muscheln und Stachelhäuter, und in der Steinkohlen-Formation endlich stellen sich mit der allmäligen Verminderung der Meeresbedeckung auch Luft athmende Festlandsbewohner ein.

Die universelle Verbreitung, welche in der Primordialstufe noch als Regel gilt, hat bereits in der mittleren Silurzeit nachgelassen. Schon hier läßt sich eine gewisse, regionenweise Verbreitung der Versteinerungen erkennen, aus welcher wir die Zerlegung der silurischen Meere in verschiedene getrennte Becken vermuthen. Je genauer wir die Faunen der paläolithischen Ablagerungen kennen lernen, desto bestimmter gelangen wir zum Resultat, daß es schon damals verschiedene thiergeographische Provinzen gab.

Wie sich die einzelnen Lebewesen schon in der ältesten Zeit auf bestimmte Bezirke beschränkten, so sind auch ihrer verticalen Verbreitung d. h. ihrer zeitlichen Dauer ziemlich enge Grenzen gezogen.

Gerade in der verhältnißmäßig kurzen Lebensdauer der einzelnen Arten beruht die Möglichkeit der Aufstellung jener zeitlichen Abschnitte, welche man als Formationen, Stufen u. s. w. bezeichnet. In der Regel besitzt jede Stufe ihre eigenthümliche Fauna und hat meist nur wenige, sehr selten ein Drittheil oder die Hälfte aller Arten mit einer anderen höheren oder tieferen gemein. „Aber immerhin sind die geologischen Abtheilungen nicht haarscharf geschieden, ein mehr oder minder starker Procentsatz von Formen geht aus einer Gruppe in die andere über, wie man die Grenze auch legen mag. Nach den Untersuchungen Barrande's in Böhmen konnte man glauben, daß die verschiedenen, von ihm begründeten Silurstufen ihre streng abgeschlossenen Faunen besäßen, aus welchen keine Art in ein anderes Stockwerk überginge — aber schon im Fichtelgebirge zeigten sich später Arten aus der Primordialstufe mit anderen aus höheren Stockwerken vermischt und Aehnliches bewährte sich überall für alle Abtheilungen des paläolithischen Zeitalters. So gehen z. B. aus der silurischen Formation 20 Arten in die devonische über, und letztere hat fast ebensoviel mit der Steinkohlen-Formation gemein. Dies ist aber von Wichtigkeit für die Betrachtung der Erdgeschichte überhaupt. Es wird dadurch bewiesen, daß sich dieselbe nicht aus einzelnen, scharf abgeschnittenen Perioden zusammensetzt, sondern daß, wenn Störungen in der Fortsetzung des ruhigen Absatzes an einzelnen Orten eintreten, diese local waren und an anderen Orten eine allmälige Umänderung sich einleitete. An den Grenzmarken zweier unmittelbar auf einander folgender Formationen finden sich immer Schichten, welche den Uebergang dadurch vermitteln, daß Arten der älteren Gruppe mit Arten der jüngeren Formation zusammenliegen und gerade die Existenz solcher Zwischenschichten beweist den allmäligen Uebergang."

In ihrem Totalcharakter steht die paläolithische Thierwelt tief unter der jetzigen. Aber nicht darin allein, daß die zwei höchsten Thierklassen, Vögel und Säugethiere, noch gänzlich fehlen, beruht ihre Inferiorität; auch nicht darin, daß etwa nur die allerniedrigsten Thiertypen vertreten wären, was, wie wir gesehen haben, keineswegs der Fall ist — sondern vornehmlich darin, daß innerhalb der verschiedenen Typen, Klassen, Ordnungen und Familien immer der unvollkommenere Bauplan zuerst erscheint, sich zuweilen rasch zur höchstmöglichen Ausbildung vervollkommt, dann aber erlischt, um anderen Formen aus einer höher angelegten Familie den Platz zu räumen. So sind unter den Strahlthieren die Korallen und Crinoideen, unter den Weichthieren Brachiopoden und in der Classe der Cephalopoden die niedrigste Ordnung der Vierkiemener vorzugsweise verbreitet. Unter den Kerbthieren überwiegen die tiefstehenden Trilobiten, unter den Wirbelthieren die Fische und Amphibien, und innerhalb dieser Klassen wieder die niedrig organisirten Ordnungen der Knorpelfische, der heterocerken Schmelzschupper und der Glanzköpfe.

Der paläolithischen Bevölkerung wird überdies durch die zahlreichen Embryonal- und Sammel-Typen das Gepräge der Unfertigkeit in hohem Grade aufgedrückt. Aber eben in dieser Eigenthümlichkeit liegt anderseits auch die Bürgschaft einer gewissen jugendlichen Kraft und Fortbildungsfähigkeit. Die Embryonalform muß sich entwickeln, wachsen und reifen; der Sammeltypus kann durch Theilung und Ausbreitung neue Gestalten hervorbringen.

Und wo das Land vom Fluthenschaum gesichert,
da hob ein Wald von Blätterkronen sich,
der dem Gebilde stolzer Palmen glich
und riesig hoch gewölbtem Farrenkraute.
v. Kobell.

3. Pflanzen und Steinkohlen.

Die Frage, ob Pflanzen oder Thiere zuerst auf der Erde erschienen, ist oftmals und unter verschiedenen Gesichtspunkten erörtert worden. Nach der Entdeckung des Eozoon's gebührt, wie es scheint, dem niedrigsten Thiertypus der Protisten die Priorität, allein die Graphitlager im Urgebirge deuten möglicherweise auf die gleichzeitige Existenz von Pflanzen hin. Jedenfalls gingen die Seethiere den Landpflanzen voran; aber schon in der Cambrischen und Primordial-Stufe finden sich unzweifelhafte vegetabilische Ueberreste, und zwar sind es marine Algen von verschiedener Form und Größe, meist mangelhaft erhalten.

Auch in den jüngeren Silurbildungen und in der Devonformation stehen die Meerpflanzen noch entschieden im Vordergrund. Es erfüllen hier ihre verkohlten Abdrücke zuweilen Schichten in solcher Masse, daß sie förmliche Kohlenlager bilden, deren mariner Ursprung häufig noch durch einen geringen Gehalt an Jod und Brom erkannt werden kann.

Nach ihrem ganzen Aussehen lassen sich die paläolithischen Algen (Fig. 63) kaum von ihren lebenden Verwandten an den heutigen Meeresküsten oder in den Sargasso-Wiesen des Oceans unterscheiden. Allerdings beruht bei diesen niedrigen Gewächsen die Unterscheidung der Gattungen meistens auf Merkmalen, deren Erhaltung in fossilem Zustand nur selten denkbar ist.

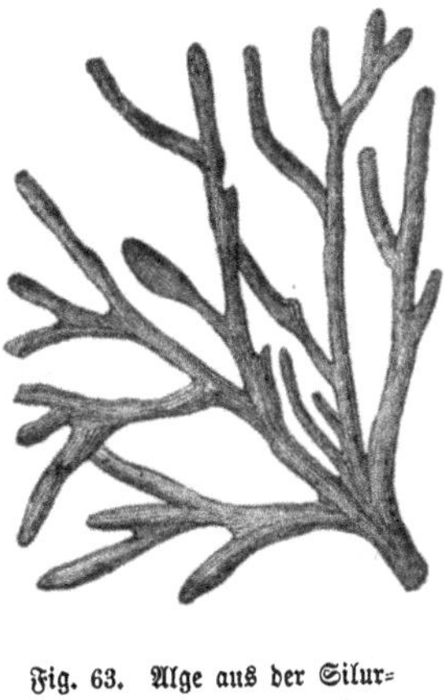

Fig. 63. Alge aus der Silur-Formation (Buthotrephis).

Fig. 64. Cyclopteris hibernica aus dem oberen Old red sandstone von Kilkenny in Irland.

In der Devon-Formation finden sich die ersten Landpflanzen, freilich nur an wenig Localitäten und auch da in ziemlich spärlicher Zahl. Im Ganzen mögen etwa 60 Arten beschrieben sein. Fast alle gehören zu den blüthenlosen Gewächsen; die meisten zu den Farnkräutern, Lycopodiaceen und Schafthalmen, einige wenige zu den Nadelhölzern. Das abgebildete rundblätterige, durch besonders schöne Erhaltung ausgezeichnete Farnkraut (Fig. 64) aus Kilkenny findet sich in stattlichen Wedeln in einem grünlich grauen Thonschiefer der oberen Devonformation.

Im Wesentlichen besteht die Devon-Flora aus den nämlichen Gattungen, welche man später in der produktiven Steinkohlen-Formation in viel größerer Häufigkeit und zum Theil in vorzüglichem Erhaltungszustand antrifft. Die Arten freilich sind fast ohne Ausnahme verschieden.

In der jüngeren Steinkohlen-Formation treten die marinen Algen völlig zurück gegen die Unzahl von Stämmen, Wurzeln, Zweigen und Blättern von Landpflanzen, die sich vorzugsweise in den Schieferthonen unmittelbar über und unter den Steinkohlenflötzen angehäuft finden, überhaupt in Kohlen führenden Ablagerungen niemals gänzlich fehlen. Ja, daß die Kohlen selbst von Pflanzen herrühren, daß sie nur umgewandelte vegetabilische Massen sind, wird heute von Niemanden mehr bezweifelt. Kein chemischer Proceß wäre ohne organische Beihülfe im Stande die Kohlensäure der Luft zu zerlegen und einen Theil ihrer Elemente zu einer festen Kohlenwasserstoff-Verbindung umzugestalten. Wenn wir aber unseren Blick der Gegenwart zuwenden, so sehen wir in den Torfmooren und in den Treibholzanhäufungen einen langsamen Zersetzungsproceß vor sich gehen, durch welchen die Pflanzenfaser unter einer schützenden Wasserdecke nicht wie an freier Luft gänzlich verwest und in gasförmige Stoffe übergeführt wird, sondern unter Verlust eines Theiles ihrer Bestandtheile, namentlich an Wasserstoff und Sauerstoff, allmälig in Torf und bei längerer Einwirkung in Braunkohle umgewandelt wird. Auch durch directes Experiment läßt sich unter Beobachtung geeigneter Vorsichtsmaßregeln aus Holz ein Körper darstellen, welcher in seinen physikalischen und chemischen Eigenschaften kaum von Steinkohle zu unterscheiden ist.

Torf, Braunkohle, Steinkohle und Anthracit sind nur verschiedene Abstufungen im Zersetzungsprocesse der Pflanze. Bei der Steinkohle hat die Umänderung einen solchen Grad erreicht, daß eine schwarze, glänzende, gleichartige Masse entstand, in welcher die ursprüngliche pflanzliche Structur so vollständig verwischt wurde, daß sie sich nur nach vorhergehender, zweckmäßiger Präparation und auch dann nur ausnahmsweise nachweisen läßt. Noch weiter ist die Metamorphose beim Anthracit gediehen. Hier ist fast aller Wasserstoff und Sauerstoff verschwunden und der zurückbleibende harte, homogene, muschlig brechende Körper besteht beinahe ganz aus Kohlenstoff. Unter allen Kohlen besitzt der Anthracit die größte Heizkraft, nur bedarf es zu seiner Verbrennung eines lebhaften Luftzuges. Nach durchgreifenden Unterschieden zwischen den vier genannten Zersetzungsstadien sucht man vergeblich. Wie Torf und Braunkohle durch alle Zwischenstufen mit einander verbunden sind, so stehen sich auch Braunkohle und Steinkohle mit sehr veränderlichen chemischen und physikalischen Eigenschaften ohne scharfe Grenze gegenüber.

Unzweifelhaft haben Zeit und Druck den entscheidendsten Einfluß bei diesem Umwandlungsproceß ausgeübt; darum finden sich im paläolithischen Zeitalter in der Regel die beiden vorgeschrittensten Zersetzungsproducte: Anthracit und Steinkohlen, in jüngeren Bildungen vorzugsweise Braunkohlen. Wie übrigens Zeit durch Druck ersetzt werden kann, haben wir bereits bei den metamorphischen Gesteinen kennen gelernt. Daraus erklärt sich auch, daß in den zerrütteten, stark zusammengepreßten Sedimentgebilden der Alpen Kohlen aus jüngeren Formationen vorkommen, die sich kaum von ächten Steinkohlen unterscheiden lassen. In Rußland dagegen, wo ungestörte Lagerungsverhältnisse und weiche Gesteinsbeschaffenheit für einen sehr geringen Druck Zeugniß ablegen, gibt es in der Steinkohlen-Formation eine dunkelbraune Blätterkohle, die kaum einer Braunkohle, sondern eher einer Torfmasse ähnlich sieht.

Aus welchen Pflanzen ist aber die Steinkohle entstanden? Durch directe Untersuchung läßt sich diese Frage wegen der vorgegangenen Umwandlung nur ausnahmsweise lösen*); da jedoch alle Steinkohlen-Flötze in ihren hangenden und liegenden Schichten stets von einer Menge pflanzlicher Ueberreste begleitet werden, so kann man doch kaum etwas Anderes annehmen, als daß die nämlichen Gewächse auch das Material der Kohlen-Flötze geliefert haben. Bei den jüngeren Braunkohlen, wo die Holzstruktur in der Regel noch ziemlich gut erhalten ist, steht dies außer Zweifel. Aber allerdings weichen die Pflanzen, welchen wir unsere Braunkohlen-Flötze verdanken, in weit höherem

*) In Central-Rußland findet sich in der ächten Steinkohlen-Formation eine Blätterkohle, die vollständig aus Rinden von Lepidodendron zusammengesetzt ist.

Grade von denen der Steinkohlenzeit ab, als von denen der jetzt noch grünenden Flora.

Versuchen wir nun aus den vielen, den Steinkohlen-Gruben entnommenen Pflanzentrümmern ein Bild der paläolithischen Vegetation wieder herzustellen! Bei diesem Bemühen treten dem Paläontologen größere Schwierigkeiten in den Weg, als bei der Restauration fossiler Thiere. Die Pflanzenfaser widersteht den zerstörenden Einflüssen weit weniger, als die festen Knochen oder Kalkschalen der Säugethiere, Mollusken und Strahl-Thiere. Nur selten findet man in älteren Schichten noch Stämme mit wohl erhaltener innerer Struktur. Ueberdies gibt es bei den Pflanzen kein gesetzmäßiges Verhältniß zwischen der Größe und Gestalt der einzelnen Theile und dem ganzen Gewächs. Sind daher Wurzeln, Stämme, Aeste, Blätter, Blüthen und Früchte, wie dies fast immer der Fall ist, von einander getrennt, so läßt sich ihre Zusammengehörigkeit nur vermuthen, selten aber beweisen. Man ist bei der Bestimmung und Restauration fossiler Pflanzen auf ein sehr großes Vergleichs-Material und ganz besonders auf glückliche Funde angewiesen, an denen sich einzelne Theile wenigstens theilweise noch in ihrem ursprünglichen Zusammenhang befinden.

In der jüngeren Steinkohlen-Formation fällt sofort der Mangel an Seetang oder sonstigen marinen Pflanzen in die Augen. Die Steinkohlen können somit auch kein Gebilde des Meeres, kein Produkt von Tangwäldern sein, wie neuerdings behauptet wurde. Gegen eine solche Annahme spricht auch der Charakter aller überlieferten

Kohlenpflanzen, sowie der mit ihnen vorkommenden Ueberreste von Land- und Süßwasser-Thieren.

Die Steinkohlen-Flora bestand vorzugsweise, häufig fast ausschließlich aus blüthenlosen Gefäß-Kryptogamen. Unter diesen zeigen sich die mannigfaltigen Reste von Farnen mit der Jetztzeit inniger verknüpft, als irgend eine andere organische Formengruppe der paläolithischen Schöpfung.

In den prächtig erhaltenen Abdrücken von Wedeln, Blättchen und Zweigen sieht der Laie nur bekannte Gestalten der Gegenwart und selbst der Botaniker hat alle Mühe, die fossilen Gattungen von den lebenden zu unterscheiden, da gerade das beste systematische Merkmal, die Anordnung der Früchte auf der Unterseite der Blätter an den fossilen Farnen nur selten wahrgenommen werden kann. Auffallende Verschiedenheiten in der ganzen Tracht, in der Wedel- und Blatt-Bildung zwischen den Farnen der ältesten Formationen und denen der Jetztzeit existiren nicht; die Wedel der fossilen Arten rollten sich vor ihrer Entwickelung, gerade so wie heute, schneckenlinig ein und selbst an Größe dürften die ersteren unseren Strauch- und Baum-artigen Formen aus den warmen Regionen nicht überlegen sein. In der Regel waren es niedrige, auf dem Boden wachsende oder an Bäumen schmarotzende Pflanzen und nur ausnahmsweise traten sie mit armsdicken oder noch stärkeren Stämmen unter die Elemente des Hochwaldes ein.

Während gegenwärtig in ganz Europa etwa 60 Farn-Arten existiren, kennt man aus der Steinkohlen-Formation über 250, die sich in viele Gattungen vertheilen. Es genügt übrigens ein Blick auf die nebenstehenden Abbildungen der 3 verbreitetsten Gattungen (Pecopteris, Neuropteris und Sphenopteris), um sich von ihrer Aehnlichkeit mit den lebenden Formen zu überzeugen. Die wichtigsten Unterschiede der 3 genannten Genera beruhen auf der Stellung, Form und Nervatur der Blättchen.

Fig. 65. Neuropteris flexuosa.

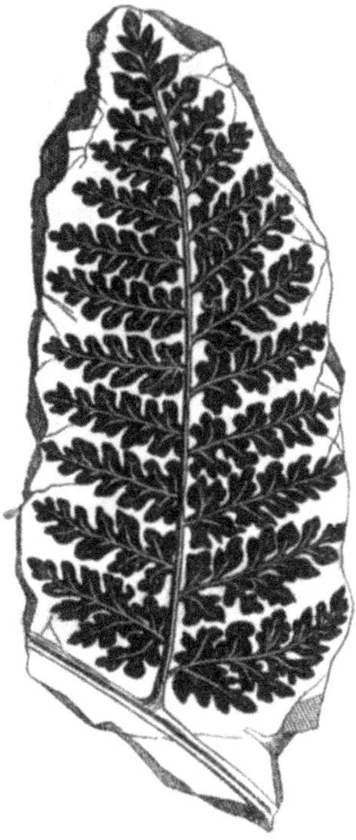

Fig. 66. Sphenopteris trifoliata.

Aus der Steinkohlen-Formation von Saarbrücken.

Wie wesentlich nun die Bedeutung der Farnkräuter für die Physiognomie der Landschaft in der Steinkohlenzeit und wie massenhaft und formenreich ihr Auftreten auch gewesen sein mag: als Kohlen bildendes Material mußten sie wegen ihres geringen Holzreichthums den Gewächsen mit stärkeren Stämmen und Aesten nachstehen.

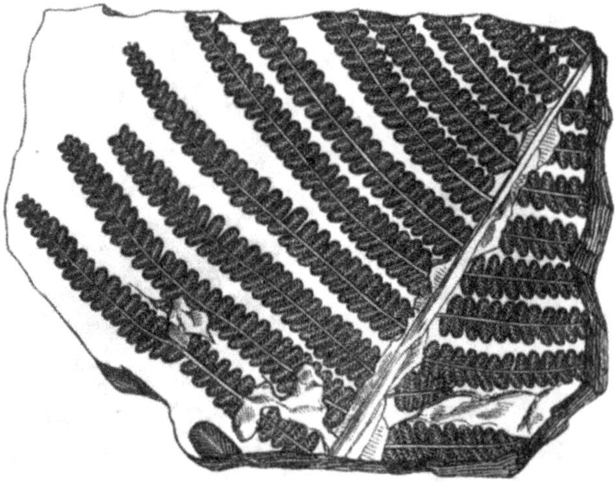

Fig. 67. Pecopteris arborescens aus der Steinkohlen-Formation von Wettin bei Halle.

In der That finden sich Kohlenflötze, die ausschließlich oder nur vorzugsweise aus Farnresten zusammengesetzt wären, verhältnißmäßig selten, dagegen gelten Calamiten, Sigillarien und Schuppenbäume (Lepidodendron) als die eigentlichen Kohlenbildner.

Die eben erwähnten Namen bezeichnen ausgestorbene Baum-Gattungen aus Familien, deren lebende Vertreter nur als krautartige Gewächse bekannt sind.

In den Ueberresten der Calamiten bemerkt auch das Auge des Nichtbotanikers sofort die Aehnlichkeit mit unseren heutigen Schafthalmen oder Katzenschwänzen (Equisetum). Leider besaßen diese schönen Pflanzen ein so vergängliches Gewebe, daß ihre Struktur nur höchst selten noch untersucht werden kann. Da überdies vollständige Exemplare nur ausnahmsweise vorkommen und Rinde, Zweige, Blätter und Früchte gewöhnlich vom Stamm abgelöst sind, so herrscht über die Natur und das Aussehen dieser verbreiteten Bäume noch mancherlei Unsicherheit.

Gewöhnlich findet man die Stämme platt gedrückt und zerbrochen. An einigen besonders günstig erhaltenen Stücken ließ sich übrigens erkennen, daß sie der Hauptsache nach, wie die Schafthalme, aus einem schwammigen Markcylinder mit lang gestreckten, röhrigen und ziemlich weiten Zellen bestanden. Eine sehr dünne, aber solide, holzige, entweder glatte oder längs gestreifte Rinde umhüllte den Stamm. Dieselbe wandelt sich beim Versteinerungsprozeß in der Regel in Kohle um, während die Gefäßzellen des Markcylinders gewöhnlich völlig zerstört und darauf durch eindringende Steinmasse ersetzt werden. Fällt nun die dünne verkohlte Rinde ab, so erhält man gewissermaßen einen steinernen Ausguß des Markcylinders. In den Sammlungen liegen fast nur solche entrindete Stücke. (Fig. 68 b).

Die Calamitenstämme waren, wie die Schafthalme, gegliedert, allein statt der Blattscheiden besaßen sie an den

Absätzen wirtelförmig gestellte Zweige, die ihrerseits wieder absatzweise mit einem Kranz schmaler Blättchen besetzt waren (Fig. 68a). Nach Dawson standen die ährenförmigen Früchte, in denen man zuweilen noch die Samen findet, wirtelförmig am Gipfel des Baumes; allein es scheint unzweifelhaft, daß auch die Aeste Frucht-Aehren tragen konnten. Leider sind die letzteren stets von den Stämmen abgelöst. Gehören übrigens die unter dem Namen Calamostachys beschriebenen Früchte wirklich, wie Schimper annimmt, zu Calamites, so würden dieselben, auf eine unerwartete Verwandtschaft mit den Lycopodiaceen hinweisen und wir hätten hier wieder das Beispiel eines fossilen Typus mit einer Vereinigung von Merkmalen, die gegenwärtig auf verschiedene Familien vertheilt sind.

Die Wurzeln (Fig. 68 g) wurden lange verkannt und galten für die Gipfel von Zweigen, bis endlich in Neuschottland eine Anzahl aufrechtstehender Calamitenstämme mit den charakteristischen, zuckerhutförmigen unteren Enden entdeckt wurden.

Ueber die Beschaffenheit der Zweige und Blätter konnten sich die Botaniker bis jetzt nicht einigen. Mehrere der besten Kenner halten die Annularien (Fig. 68 d. e), Asterophylliten und Sphenophyllen für dieselben, während Andere darin selbständige krautartige Sumpf-Gewächse erkennen, welche die Stelle der jetzigen Gräser und Blumenpflanzen vertraten.

Jedenfalls zeichneten sich die Calamiten in vortheilhafter Weise vor ihren lebenden Vettern, den Schafthalmen aus. Während es diese selbst in den Tropen-

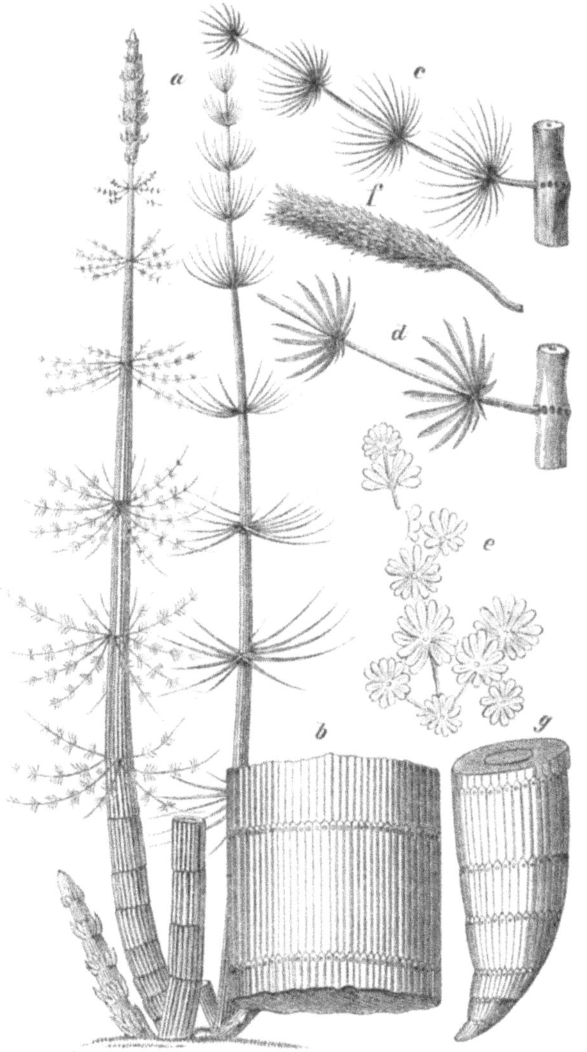

Fig. 68. Calamites.
a Restaurirte Bäume. b Ein Stammstück. c d und e Zweige mit Blättern. f Fruchtzapfen. g Unteres Ende des Stammes.

ländern höchstens bis zu einer Höhe von 4 Meter bringen, konnten die Calamiten eine Höhe von 10 und 12 Meter erreichen.

An die Calamiten schließen sich Baumformen an, bei denen das schwammige Mark statt von einer dünnen Rinde von einem ziemlich breiten, ringförmigen Holzcylinder umgeben ist. In diesem letzteren erhalten sich die feinen, röhrigen Gefäße zuweilen ganz vortrefflich (Fig. 69); die viel weiteren und zarteren Gefäße im Mark dagegen werden

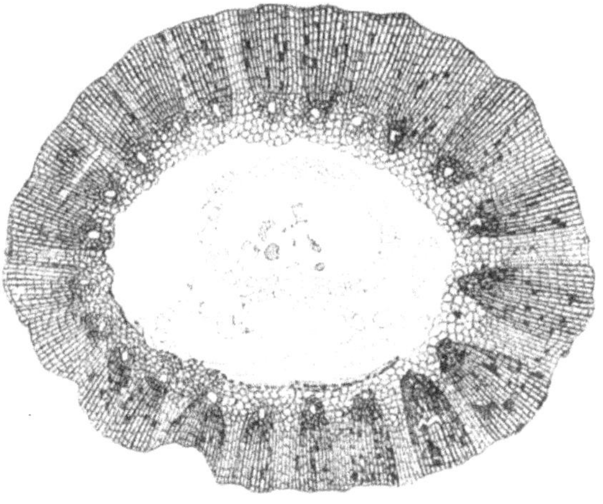

Fig. 69. Querschnitt durch einen Ast von Calamodendron commune aus der Steinkohlen-Formation von Halifax.

zerstört, und durch Gesteinsmasse ersetzt, so daß in diesem Fall ein versteinerter, gerippter Stamm von einem halbverkohlten Holzcylinder umgeben ist. Manche Paläontologen halten die meisten Calamiten-Arten für derartige, ihrer

Hülle beraubten Ausgüsse, während Dawson und Andere die Formen mit dicker, holziger Rinde für eine besondere Gattung Calamodendron ansehen.

Zu den Kohlenbildnern zählen in erster Linie auch die mächtigen Stämme der schlankgewachsenen, 20—25 Meter hohen Siegelbäume oder Sigillarien (Fig. 70), nebst ihren kräftigen, vielfach verzweigten Wurzeln. Die sonderbaren 1—5 Fuß dicken Stämme ragten als einfache, oder nur am oberen Theil schwach verzweigte Schäfte, gewaltigen Besen vergleichbar in die Lüfte, fast ihrer ganzen Länge nach mit schmalen, palmenartigen Blättern (Fig. 70 b) geschmückt. Die Rinde der Sigillarien erhält durch parallele, von der Wurzel zur Krone verlaufende Furchen, zwischen denen sich reihenweis geordnete zierliche Blattnarben erheben, ein höchst charakteristisches Aussehen (Fig. 70 c. d). Man hat die stark hervortretenden, scheibenförmigen Narben mit Siegelabdrücken verglichen und danach die Bäume benannt.

Die Rinde der Sigillariën ist sehr widerstandsfähig, der eigentliche Stamm dagegen vergänglich. Man findet daher nackte, ihrer Blätter beraubte Bäume mit verkohlter Rinde zu Tausenden zusammengedrückt in den die Kohlenflötze umgebenden Gesteinen.

Ueber die sehr eigenthümliche innere Structur der Stämme liegen sorgfältige Untersuchungen von Brongniart und neuerdings von Dawson vor. Danach bestanden dieselben aus mehreren sich umhüllenden, concentrischen Ringen von verschiedenem Bau (Fig. 70 e).

Die eigentliche Axe bildet ein dicker, aus weiten Treppengefäßen, wie bei den Farnen zusammengesetzter

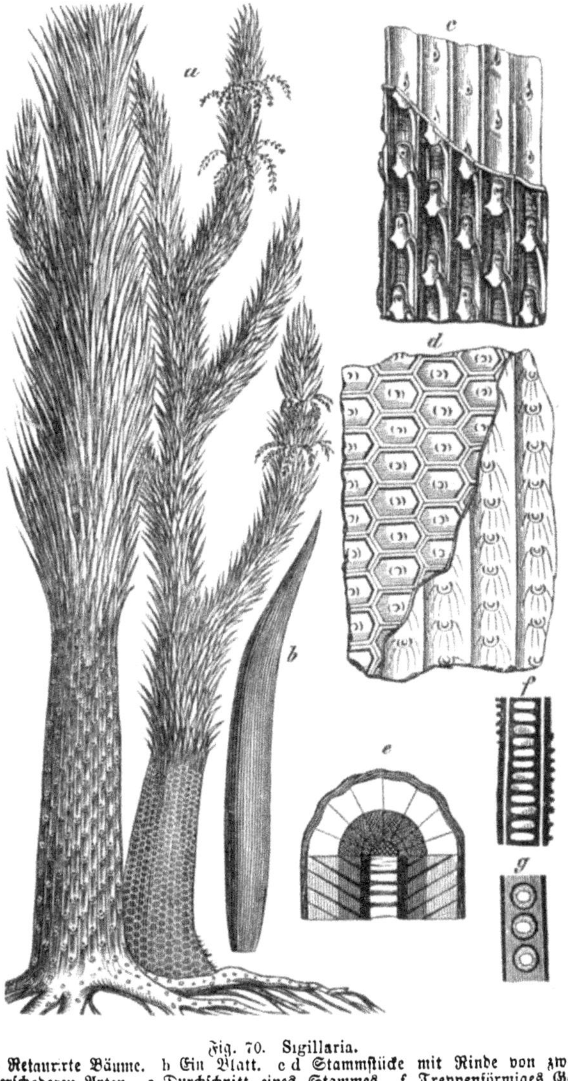

Fig. 70. Sigillaria.

a Retaurirte Bäume. b Ein Blatt. c d Stammstücke mit Rinde von zwei verschederen Arten. e Durchschnitt eines Stammes. f Treppenförmiges Gefäß ais dem den Markcylinder umschließenden Holzring. g Röhrig punktirtes Gefäß aus dem äußeren Theil desselben Holzringes.

Markcylinder. Sehr häufig wird derselbe früher als die übrigen Theile des Stammes zerstört und von Schlamm oder sonstiger Gesteinsmasse ausgefüllt. Man hat solche Ausgüsse früher für selbständige Pflanzen gehalten und dieselben zur Gattung Sternbergia gezählt.

Das Mark wird von einem Holzcylinder umgeben, dessen dünne Zellgefäße sehr viel dichter stehen und in der Nachbarschaft des Markes eine eng treppenförmige, weiter nach außen eine röhrig-punktirte Struktur besitzen. *)

Es folgt dann ein weiterer Holzring, mit einer an Nadelhölzer erinnernden Struktur und dieser wird schließlich von der dichten Rinde umhüllt. Sämmtliche Ringe werden von radialen Markstrahlen durchkreuzt.

Ueber die Wurzeln der Siegelbäume wußte man lange Zeit nichts; wohl aber kannte man ganz vortrefflich eine sehr verbreitete Pflanze von ansehnlicher Größe, die fast beständig die Unterlage der Steinkohlenflötze erfüllt und förmlich in dieselben hineinzuwachsen scheint.

Man nannte diese Reste wegen zahlreicher runder Narben auf der Oberfläche Stigmarien (Fig. 71. 72) und stellte sie auf Grund ihrer inneren Gefäßstruktur in die Nachbarschaft der Lycopodiaceen. Die Stigmarien gabeln sich, wie einige trefflich erhaltene Stücke beweisen, von einem Centralstamm aus in horizontaler Richtung in zahlreiche walzige Aeste, die mit langen cylindrischen, fast blattähnlichen Zasern besetzt sind. Fallen die letzteren ab,

*) Nach Dawson findet sich bei den Cycadeen ein ganz ähnliches Zellgewebe.

so lassen sie die charakteristischen etwas hervorstehenden Narben zurück.

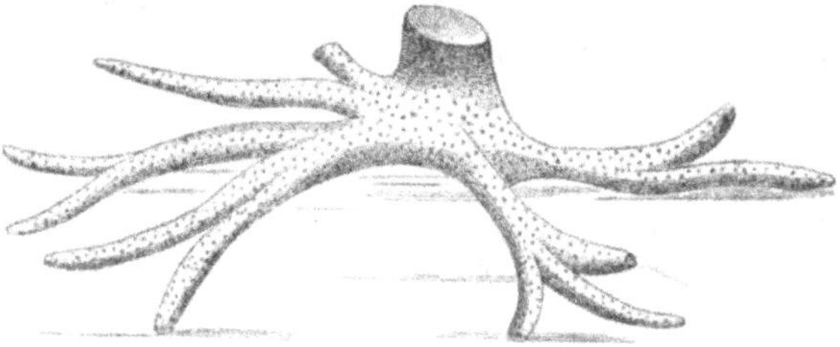

Fig. 71. Stigmaria noch in Verbindung mit einem Sigillarienstamm.

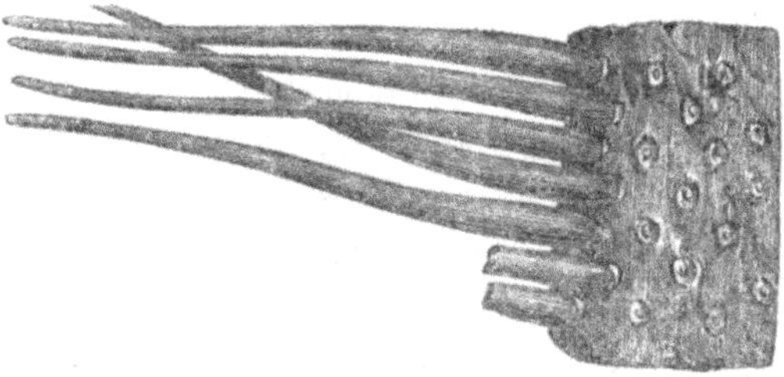

Fig. 72. Stigmaria ficoides aus Niederburbach im Elsaß.

Die Möglichkeit einer Zusammengehörigkeit dieser Pflanzen mit den Sigillarien hatte schon Brongniart aus der Aehnlichkeit der innern Struktur vermuthet; aber erst Binney lieferte durch den Fund eines mit Wurzeln versehenen Sigillarienstammes in den Kohlenfeldern von Lancashire den handgreiflichen Beweis, daß die Stig-

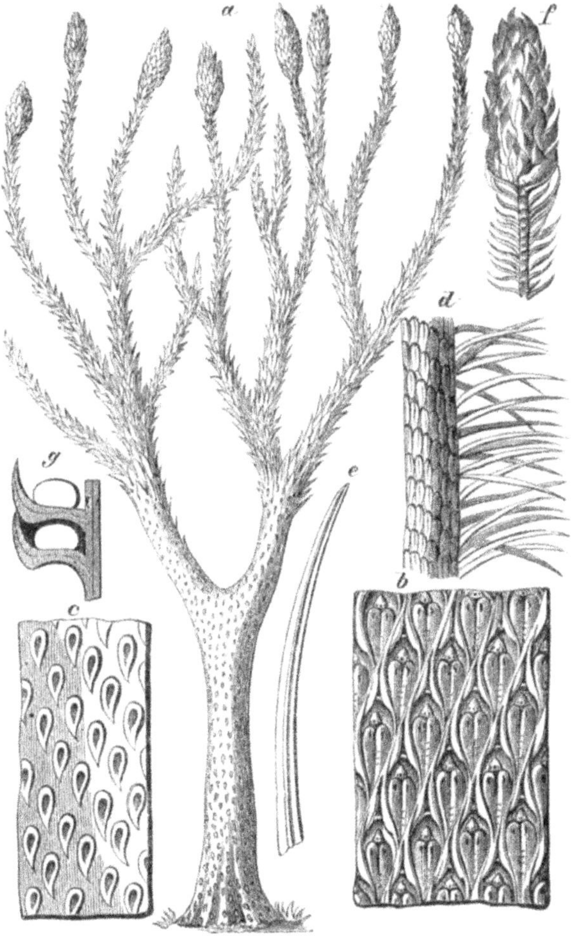

Fig. 73. Lepidodendron.
a Restaurirter Baum. b. c Rindenstücke. d Zweig mit Blättern. e Blatt.
f Fruchtzapfen. g Zwei Blätter aus dem Fruchtzapfen mit Früchten.
(vergrößert.)

marien keine selbständige Pflanzengattung sind. Seitdem hat man aufrechtstehende Siegelbäume mit Stigmarienwurzeln an vielen Orten in ansehnlicher Menge, namentlich in Neu-Schottland nachgewiesen.

Herrscht über einzelne Punkte des Baues der Calamiten und Sigillarien noch Ungewißheit, so sind die weit verbreiteten Schuppenbäume (Lepidodendron) um so genauer bekannt. Auch bei diesen bedecken erhabene, elliptische Blattnarben, gewissermaßen wie Schuppen die ganze Oberfläche der mächtigen Stämme, welche sich oben in eine vielfach verzweigte Krone vergabeln. Sämmtliche Zweige (Fig. 73) sind ringsum mit langen, schmalen, fast Tannennadeln gleichenden, schräg abstehenden Blättern besetzt und endigen häufig in kegelförmigen Fruchtzapfen. Diese Früchte werden aus schildförmigen Deckblättern gebildet, an deren wagrecht von den Spindeln abstehenden Stielen die Samen befestigt waren.

Für die systematische Stellung der Schuppenbäume haben gerade die Fruchtzapfen eine hervorragende Bedeutung, denn sie stimmen in überraschender Weise mit denen der heutigen Bärlappgewächse (Lycopodiaceen) überein. Diese letzteren sind freilich unansehnliche, meist auf dem Boden kriechende Pflanzen, von denen nur einzelne, in den Tropenländern heimische ausnahmsweise die Höhe von 3—4 Fuß erreichen. Dagegen verhalten sich die Schuppenbäume der Vorzeit freilich als wahre Riesen, denn man kennt Fragmente, welche auf Stämme von 12 Fuß Umfang und von mehr als 100 Fuß Höhe schließen lassen.

Die Wurzeln der Lepidodendren wurden, wie bei den Siegelbäumen, aus Stigmarien gebildet.

Ueber die innere Struktur der Stämme, welche mit jener der lebenden Bärlappen fast genau übereinstimmt, gibt der beistehende Holzschnitt Aufschluß.

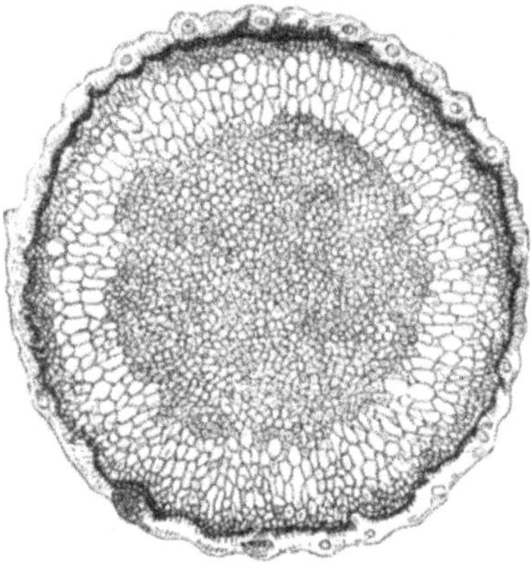

Fig. 74. Querschnitt durch einen Ast von Lepidodendron Harcourti aus Dudley.

Daß die Schuppenbäume in die Familie der Lycopodiaceen gehören wurde schon nach der ersten sorgfältigen Untersuchung anerkannt und ist seitdem niemals ernstlich bestritten worden. Die Verwandtschaft fällt auch dem Laien sofort in die Augen, wenn man die lebende Selaginella (Fig. 75) mit dem von Dawson restaurirten Lepidodendronbaum vergleicht. In vielen Merkmalen schließen sich die Siegelbäume der nämlichen Familie an, allein ihre theils an Zapfenpalmen (Cycadeen), theils an Nadelhölzer, theils an Farne erinnernde Struktur, ihre säulenförmige mit Blattnarben besetzten Stämme und die Beschaffenheit ihrer Früchte, über welche nur sehr widersprechende Angaben vorliegen, scheint ihnen eine besondere vermittelnde Stellung zwischen den Gefäß-Kryptogamen und den nacktsamigen Blüthenpflanzen anzuweisen.

Fig. 75. Abbildung einer noch lebenden Lycopodiaceen-Form (Selaginella).

Die Calamiten, Sigillarien, Lepidodendren und Farne sind die Gewächse, denen wir vorzugsweise die Steinkohlenlager zu verdanken haben. Nur ausnahmsweise scheinen auch Nadelhölzer und zwar Gattungen, die sich den heutigen Araucarien oder Salisburien am nächsten anschließen, zur Bildung von Kohlenflötzen beigetragen zu haben; allein es sind weniger Stämme, als dreikantige Früchte von der Größe einer Haselnuß, welche uns durch ihre Häufigkeit die nicht unwichtige Rolle dieser Pflanzen bekunden.

Erst in der Dyaszeit gewinnen die Nadelhölzer eine größere Bedeutung. Die Stämme sind jedoch in der Regel nicht in Steinkohle umgewandelt, sondern häufiger von Kieselsäure durchdrungen und vollständig versteinert. Beil Radowenz in Böhmen kennt man im rothen Todtliegenden einen förmlichen versteinerten Wald, dessen Stämme auf 20—30000 Stück geschätzt werden.

Seltener als die Nadelhölzer finden sich einige Arten

von Zapfenpalmen (Cycadeen) und sogar von ächten Palmen. Die sichere Bestimmung der letztern läßt indessen Manches zu wünschen übrig.

Als auffällige Eigenthümlichkeit der Steinkohlenpflanzen sind ihre großen Verbreitungsbezirke zu erwähnen. Mit merkwürdiger Gleichförmigkeit erstreckt sich die Kohlenflora über die ganze Erde, so daß beinahe jedes Revier ein Bild fast der ganzen damaligen Vegetation wenigstens in ihren Hauptzügen darbietet. In den entlegendsten Theilen Europa's trifft man dieselben Formen an und sogar in Nord-Amerika stimmen von 350 bekannten Arten 146, also fast die Hälfte mit europäischen überein; die eigenthümlichen sind größtentheils nur Wiederholungen europäischer Formen mit geringen Abweichungen. Ja noch mehr! In Spitzbergen, Ost-Indien, China, Süd-Afrika, Brasilien und Australien werden die Steinkohlenflötze, wenn nicht aus europäischen Arten, so doch fast durchaus aus den gleichen Gattungen gebildet.

Eine Erklärung dieser Thatsache hat Heer gegeben. Die Flora bestand allerwärts vorzüglich aus blüthenlosen Gewächsen, welche ungemein kleine Samen besitzen. Diese werden durch den Wind über weite Strecken fortgeführt und entwickeln sich überall, wo sie günstige Lebensbedingungen antreffen. Dasselbe findet noch heute mit den Sporen der Moose, Farnen und Schafthalmen statt, weßhalb manche dieser Pflanzen über die ganze Erde ausgestreut sind.

Wie weit entfernt sich, nach dem bisher Erwähnten, das Gesammtbild des paläolithischen Urwaldes von dem unserer heutigen Tropenländer! Ihm fehlte vor Allem die Mannigfaltigkeit und der Blüthenschmuck der Jetztzeit. Denn wenn auch über 800 verschiedene Pflanzenarten allein aus der Steinkohlen- und Dyas-Formation aufgezählt werden, so darf man nicht außer Acht lassen, daß dieselben fast ausnahmslos nur in Fragmenten vorliegen und daß sehr häufig die verschiedenen Theile einer einzigen Pflanze als besondere Arten oder Gattungen beschrieben worden sind. Mit Erweiterung unserer Kenntniß wird sicherlich die Artenzahl soweit zusammenschrumpfen, daß sie mit der Entwickelung der wenigen Familien in richtigem Verhältniß steht. Auf wesentliche Bereicherungen der Steinkohlenflora durch bis jetzt unbekannte Typen dürfen wir kaum noch hoffen, da keine andere Ablagerung so vollständig und an so zahlreichen Punkten der Erdoberfläche aufgeschlossen und ausgebeutet wird.

Für den Mangel an ächten Blüthengewächsen und Laubhölzern liefert nicht allein das Fehlen jeglicher Ueberreste den Beweis, sondern noch mehr der Umstand, daß auch in den älteren Formationen des mittleren Zeitalters, selbst unter den günstigsten Erhaltungsbedingungen noch keine Spuren derselben zu finden sind.

Von trauriger Monotonie mußte der Anblick jener Urwälder der Vorzeit gewesen sein, wo blüthenlose Gewächse die Herrschaft behaupteten, wo sich schwach beblätterte Calamiten oder säulenförmige, mit Narben verzierte, fast zweiglose Schäfte von Sigillarien an einander drängten, wo Schuppenbäume mit ihrer vergabelten, von borstigen Blättern besetzten Krone alle übrigen Genossen überragten und wo mattgrüne Farne oder krautartige

Schafthalme die Stelle von Unterholz, Gras und Blumen vertraten.

Auch der lebendigsten Phantasie fällt es schwer, sich in eine so fremdartige Welt zu versenken. Man ist geneigt am Gewohnten und Bekannten zu haften; darum leiden auch alle bisherigen idealen Landschaftsbilder aus der Steinkohlenzeit an dem Mangel, daß die Künstler mehr bestrebt sind malerische Baumpartien nach Art der Jetztzeit in gefällige Linien zu bringen, als den einförmigen, dichten Urwald in seiner ganzen natürlichen Häßlichkeit darzustellen.

In der Gegenwart suchen wir vergeblich nach ähnlichen Bildern. Höchstens Neuseeland mit seinem ursprünglichen, von fremden Eindringlingen noch unberührten Pflanzenkleide mag bei den ersten gelehrten Besuchern Anklänge an vergangene Zeiten wach gerufen haben. Auch dort besteht die einheimische Flora vorherrschend aus Baum- oder Strauch-artigen Farnen und stattlichen Araucarien. „Im Innern der neuseeländischen Wälder", schreibt Hochstetter, „ist es düster und todt, weder bunte Schmetterlinge, noch Vögel erfreuen das Auge oder geben Abwechselung; alles Thierleben scheint erstorben, und so sehr man sich auch nach dem Walde gesehnt, so begrüßt man doch mit wahrem Wonnegefühl nach tagelanger Wanderung durch diese düsteren und öden Wälder wieder das Tageslicht der offenen Landschaft." Auch in diesem Mangel an belebten Wesen liegt eine bedeutsame Uebereinstimmung mit dem Urwald der Kohlenzeit. Damals gab es ja noch kein Säugethier, noch keinen Vogel — nur schleichende Amphibien, stumme Fische und einige niedrige Thiere bevölkerten in geringer Zahl die sumpfigen, mit dichtem Pflanzenwuchse bedeckten Niederungen.

An Ueppigkeit übertraf die Steinkohlenflora sogar die Vegetation unserer Tropenländer. Die meisten ausgestorbenen Gattungen überragen, wie wir gesehen, ihre lebenden Verwandten an Größe. Am schlagendsten tritt uns die Fruchtbarkeit jener Zeit entgegen, wenn wir erfahren, daß unsere Schafthalme zu den einjährigen Gewächsen gehören und daß deßhalb die nahestehenden Calamiten wahrscheinlich in wenigen Monaten Stämme von 1 Fuß Durchmesser und 30 Fuß Höhe treiben mußten.

Solche Ueppigkeit ist nur in einem feuchten, tropischen Klima möglich. Da aber die Kohlenflötze auf Spitzbergen und den Bären-Inseln, in Central-Europa, Brasilien und Australien so ziemlich von denselben Pflanzen begleitet werden, so dürfen wir mit Recht aus dieser Aehnlichkeit der Arten auch auf eine Gleichmäßigkeit des Klimas und der atmosphärischen Beschaffenheit über die ganze Erde schließen. Competente Beurtheiler schätzen die Temperatur des damaligen Klima's auf etwa 20—25° C.

Die Steinkohlenpflanzen wuchsen, vielleicht mit Ausnahme der Nadelhölzer und Zapfenpalmen, höchst wahrscheinlich in sumpfigen Ebenen und in einer von Wasserdunst erfüllten Atmosphäre. Soviel dürfen wir wohl aus der Lebensweise ihrer heutigen Verwandten, der Farne, Bärlappgewächse und Schafthalme schließen, die sich ja mit Vorliebe an feuchten, schattigen Standorten ansiedeln. Aber wir besitzen sogar die direkten Beweise von heftigen wässerigen Niederschlägen aus der Zeit der Steinkohlenflora. Sie bestehen in deutlich erhaltenen Abdrücken von Regentropfen (Fig. 76), welche die Schichtflächen von Thonschiefer oder Sandstein in unmittelbarer Nachbarschaft der Kohlenflötze zuweilen in ansehnlicher Ausdehnung bedecken. Solche

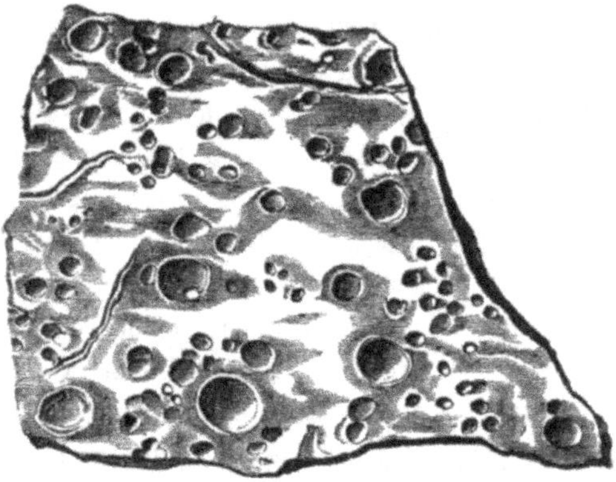

Fig. 76. Eindrücke von Regentropfen auf grünlichem Kohlenschiefer von Cap Breton in Neu-Schottland.

Spuren vorweltlicher Regengüsse haben sich namentlich in Neu-Schottland gefunden.

Wenn über die Natur der Steinkohlen-Pflanzen in den wesentlichen Punkten ziemliche Uebereinstimmung unter den Geologen herrscht, so stellt doch das eigenthümliche Vorkommen der Kohlen fast jeder naturgemäßen Erklärung die größten Schwierigkeiten entgegen. Schon die Frage, ob untergegangene Wälder unmittelbar an Ort und Stelle in Kohle verwandelt wurden, oder ob herbeigeschwemmtes Treibholz und Pflanzendetritus die Flötze erzeugt haben, ist kaum anders zu beantworten, als daß die letztere Entstehungsart nur wenigen Ablagerungen von beschränkter

Ausdehnung zukommen kann. Es läßt sich wohl denken, daß das Material zu den enorm mächtigen, aber nur über einige Meilen Landes verbreiteten Flötzen von Sainte Etienne bei Lyon durch Anschwemmung geliefert wurde; ebenso läßt sich aus der mikroskopischen Beschaffenheit und chemischen Zusammensetzung gewisser bituminöser Kohlen und kohlenreicher Thonschiefer mit großer Wahrscheinlichkeit entnehmen, daß dieselben aus zusammengeschwemmtem Pflanzendetritus entstanden sind. Der Amazonenstrom mit seinem durch halbverfaulte Pflanzentrümmer vollständig getrübten Wasser liefert uns noch heute den Beweis, wie derartige kohlige Absätze in Flußniederungen zur Ablagerung gelangen können.

Die Hypothese der Zusammenschwemmung ist aber ganz unstatthaft für Flötze, welche sich ununterbrochen über ein Areal von mehreren hundert Quadrat-Meilen ausdehnen, wie das in Nord-Amerika vielfach der Fall ist. Ein weiterer, gewichtiger Einwurf liegt in der verhältnißmäßig reinen Beschaffenheit der Steinkohlenflötze selbst. Wären sie durch Fluthen zusammen getrieben, so müßte man stellenweise eingelagerte Gesteinsbrocken, Gerölle und Sand, jedenfalls aber viel mehr erdige Beimengungen nachweisen können, als wirklich vorhanden sind.

Steinkohlenflötze von weiter Erstreckung können eigentlich nur an der Stelle entstanden sein, wo ihr pflanzliches Material gewachsen ist. Für diese Annahme läßt sich außer dem bereits Gesagten geltend machen, daß die Stigmarien, also die Wurzeln der Siegelbäume und Schuppenbäume, beinahe immer in der Unterlage der Flötze in Masse vorkommen, daß diese Unterlage überhaupt zuweilen eine

Humus ähnliche, von Wurzelfasern erfüllte Beschaffenheit zeigt und daß sich endlich Blätter, Zweige, Fürchte, Farnwedel, überhaupt die Kronentheile der Pflanzen vorzugsweise in den Deckschichten finden. Auch die aufrecht stehenden Baumstämme sprechen für eine Vegetation an Ort und Stelle.

Eine höchst räthselhafte Erscheiuung bleibt übrigens immerhin die oftmalige Wiederholung von Kohlenflötzen über einander. Man würde sich eine ganz falsche Vorstellung von der Steinkohlenformation machen, wenn man annehmen wollte, daß sämmtliche Kohle, z. B. des Saar- oder Ruhr-Reviers in eine einzige Schicht zusammen gedrängt wäre. Das ist niemals der Fall. Die Kohle vertheilt sich vielmehr auf zahlreiche Schichten oder Flötze, deren Mächtigkeit zwischen der Dicke eines Zolles bis zu der von 10, 15, 30 und mehr Fuß schwankt. Flötze von bedeutender Stärke sind in der Regel durch „Zwischenmittel", d. h Schieferschichten in mehrere Bänke zertheilt. Die Hauptmasse der Steinkohlenformation besteht aus mächtigen Ablagerungen von Sandstein, Schieferthon oder Kohlenschiefer, welche sich zwischen die Kohlenflötze einschalten. So schätzt man im Saar-Revier die Totaldicke von ungefähr 164 über einander liegenden Kohlenflötzen auf nur 338 Fuß, während die Gesammtmächtigkeit der ganzen Formation mindestens 10000 Fuß beträgt. Bei Colebrookdale in Cumberland beträgt die Gesammtmächtigkeit von 135 Flötzen etwa 500 Fuß, und auch hier ist die Menge der Kohle verschwindend gering, gegen die gewaltigen Massen von Zwischengestein. Nicht immer folgen so zahlreiche Flötze auf einander; das Kohlenbecken von Zwickau z. B.

besitzt nur 9, das vom Plauen'schen Grunde bei Dresden nur 3—4, ja es gibt kleine Mulden, wie die von Stockheim in der Oberpfalz, mit einem einzigen bauwürdigen Flötze.

Die Wiederholung der Kohlenflötze und ihre Unterbrechung deutet auf oftmalige Wiederkehr gleichartiger Existenzbedingungen hin, die wir uns kaum anders als in Folge oscillatorischer Bewegungen der Erdoberfläche denken können. Dadurch liefert ein und derselbe Landstrich bald als Festland den Boden für eine üppige Vegetation, bald diente er stürmischen Fluthen zum Spielball und wurde von diesen mit mächtigen Sand- und Schlamm-Massen bedeckt. Gewöhnlich waren es, wie wir aus den thierischen Ueberresten erkennen, süße Gewässer, welche diese Zwischenschichten erzeugten, zuweilen mußte auch das Meer über die wahrscheinlich niedrigen Ufer der damaligen Zeit eingebrochen sein, da in einzelnen Revieren die Steinkohlenbildungen marine Thierreste bergen. Nach den Ueberschwemmungen gewann das Festland wieder die Oberhand, eine neue Vegetation erhob sich an derselben Stelle, wo einst der frühere Urwald gestanden, um nach Verlauf von tausend und aber tausend Jahren das Schicksal ihrer Vorgängerin zu theilen.

Zur Bildung von Torf und Kohle gehört in erster Linie eine, wenn auch noch so seichte Wasserdecke; denn in Ermangelung dieses Schutzes vermodert jede Pflanzenfaser in kürzester Zeit so vollständig, daß sie kaum eine Spur ihres Daseins hinterläßt. Wenn nun die Natur der Steinkohlenpflanzen sich allerdings einem feuchten, ja sumpfigen Standort günstig zeigt, so fehlt es doch in unseren heutigen warmen Regionen an Bildungen, welche mit den Torfmooren der gemäßigten Zonen oder mit den sumpfigen Urwäldern der Steinkohlenzeit verglichen werden könnten.

So treten unseren Hypothesen von allen Seiten Schwierigkeiten entgegen und bis jetzt mühen wir uns vergeblich ab, den Schleier von dem Geheimniß jener Vorgänge vollständig zu lüften! Für welche Entstehungsweise der Steinkohlen wir uns auch entscheiden mögen: mit der Zeit dürfen wir in keinem Falle kargen; um einige zehn tausend Jahre mehr oder weniger darf es uns nicht ankommen.

Chevandier hat berechnet, daß ein kräftiger, hundertjähriger Buchenwald in Holzkohle umgewandelt und auf seinem Waldareal gleichmäßig ausgebreitet, den Boden nur mit einer 16 Millimeter dicken Schicht bedecken würde. Unter gleicher Voraussetzung hätten die 338 Fuß Steinkohlen im Saarbecken nicht weniger als 672788 Jahre erfordert, denen überdies noch die Bildungszeit für nahezu 10000 Fuß Zwischengestein beizufügen wäre. Auf andere Grundlagen gestützt, glaubte G. Bischof die zur Entstehung der Saarkohlen erforderliche Zeit auf 1004177 Jahre schätzen zu dürfen.

Man begreift, daß solche Angaben nur einen höchst zweifelhaften Werth besitzen können; aber immerhin geht aus diesen Versuchen soviel hervor, daß selbst dann, wenn wir den Urwäldern der Steinkohlenformation eine Ueppigkeit zuschreiben, die heutzutage sogar unter dem Aequator nicht ihres Gleichen findet, für die Bildung der Steinkohlenformation Zeitläufte erforderlich werden, die fast über unser Vorstellungsvermögen hinausgehen.

Welche Massen von Kohlensäure müssen aber damals in der Atmosphäre vertheilt gewesen sein, wenn im Saarbecken allein ungefähr 864000 Millionen Centner Steinkohlen in den Boden begraben und gleichzeitig fast auf der ganzen Erdoberfläche viele Milliarden Centner von Kohlenstoff der Luft entzogen werden konnten, ohne daß dieselbe ihre Fähigkeit, neue Vegetationen zu ernähren, verloren hätte!

Aber was durch einen bewunderungswürdigen Vorgang in grauer Vergangenheit vorsorglich aufgespeichert wurde, kommt späteren Generationen zu Gute. Mit der großartigen Entfeßlung des fossilen Brennstoffes beginnt ein neuer Abschnitt in der menschlichen Geschichte. Auf der Umsetzung von Steinkohle in Wärme und Kraft beruht vornehmlich unsere moderne Industrie und damit auch ein erheblicher Theil unserer modernen Civilisation.

Mit Recht preisen wir darum das rasch aufstrebende Nord-Amerika als das Land der Zukunft: seine unerschöpflichen Kohlenfelder, die ausgedehntesten auf der Erde, sichern ihm die spätere Weltherrschaft. Das reiche England sieht mit Besorgniß auf die fortwährende Steigerung seiner schon jetzt fast übermäßigen Kohlenausbeutung und als gar im Jahr 1863 Sir William Armstrong in einer öffentlichen Versammlung britischer Gelehrten auseinandersetzte, daß bei einer nur geringen Verbrauchszunahme von jährlich $2^3/_4$ Millionen Tonnen (bei einer Gesammtproduktion von 98 Millionen Tonnen im Jahr 1865) sämmtliche abbaubare Kohlenflötze in Groß-Britannien nur noch für 212 Jahre ausreichen könnten, da hielt es die Regierung für geboten, genaue Erhebungen über den Stand der „Kohlenfrage“ vornehmen zu lassen.

Die Arbeiten der königlichen Untersuchungs-Commission sind zwar noch nicht abgeschlossen, aber nach den bis jetzt publicirten Berichten scheint sie der von Armstrong so bedrohlich geschilderten Gefahr vorerst keinen sehr ernsten Charakter beizulegen. Es sei allerdings richtig, daß der Verbrauch innerhalb der letzten 25 Jahre im Durchschnitt um jährlich 2³/₄ Millionen Tonnen zugenommen habe, aber bei dem gewaltig aufblühenden Kohlenbergbau in Deutschland und Nord-Amerika dürfte sich die Ausfuhr in Zukunft voraussichtlich eher vermindern als vermehren; überdies suche die Technik durch vollkommenere Maschinen den Brennstoff besser auszunützen, sowie die Steinkohle für gewisse Zwecke durch andere Stoffe, wie Petroleum und Anthracit zu ersetzen.

Als Hauptbedenken gegen die Armstrong'sche Berechnung wird ferner die Unmöglichkeit einer zuverläßigen Abschätzung der in Großbritannien vorhandenen Kohlenmenge hervorgehoben, da ja die Zahl, Mächtigkeit und horizontale Erstreckung der Kohlenflötze selbst in den am besten aufgeschlossenen Gegenden kaum mit hinlänglicher Genauigkeit festzustellen sei. Damit würde natürlich auch der Berechnung des Zeitpunktes einer vollständigen Erschöpfung die sichere Grundlage geraubt.

Trotz dieser Beruhigung haben die Engländer den warnenden Ruf eines patriotischen Mannes beherzigt und werden gewiß fernerhin mit ihrem für unerschöpflich gehaltenen Stammkapital sparsamer Haus halten.

Dem deutschen Reiche steht in industrieller Beziehung eine glänzende Zukunft offen. Während England, Belgien und namentlich Frankreich schon einen großen Theil ihres Kohlenschatzes verbraucht haben, sind unsere mächtigen Lager an der Saar, bei Aachen, am Nieder-Rhein, in Schlesien und Sachsen noch wenig angegriffen und werden nach sachkundiger Berechnung selbst bei beträchtlicher Verbrauchssteigerung für mehrere tausend Jahre vorhalten. So dürfen wir hoffen, daß der schwer erkämpften politischen Entwickelung auch auf materiellem Gebiet ein rascher Aufschwung folgen wird.

VI.

Drittes oder mesolithisches*) Zeitalter.

Doch hier hält die Natur mit mächtigen Händen die Bildung
An und lenket sie sanft in das Vollkommnere hin.
(Göthe.)

1. Allgemeiner Charakter, Gliederung und Verbreitung.

Ein langer Abschnitt in der Entwickelungsgeschichte der Erde hat mit dem paläolithischen Zeitalter sein Ende gefunden. Der Kampf zwischen Erdinnerem und Kruste, zwischen Festland und Meer, der noch am Schlusse der Steinkohlenformation und zur Dyaszeit mit gewaltiger Heftigkeit getobt haben muß, wie wir aus den großartigen Durchbrüchen eruptiver Gesteine entnehmen können, wird jetzt in ruhigere Bahnen gelenkt. Die Continente erlangen, nachdem ihre Umrisse überhaupt einmal festgestellt waren, größere Beständigkeit und wenn auch Veränderungen in der Vertheilung von Wasser und Land fortdauern, wenn Oscillationen der Erdoberfläche heute das Meer da einbrechen lassen, wo gestern noch eine fröhliche Landbevölkerung sich tummelte, so erkennen wir doch nirgends die Spuren so durchgreifender Umgestaltungen der Erdober-

*) μέσος der mittlere, λίθος Stein.

fläche, wie sie im vergangenen Zeitalter stattgefunden haben. Gewisse Landstriche bleiben unveränderlich Festland, andere unveränderlich Meeresboden; ein drittes, strittiges Gebiet verfällt zeitweilig der Herrschaft Neptuns und je nachdem er seine Fluthen vorschiebt oder zurückzieht, erweitern oder verringern sich die Grenzen der verschiedenen Formationen.

Was beim Anblick einer geologischen Karte zuerst in die Augen fällt, ist die gänzliche Unabhängigkeit der mesolithischen Ablagerungen von denen des vorhergehenden Zeitalters. Die ehemalige Vertheilung von Wasser und Land zeigt sich vollständig aufgehoben und die Erstreckung der Absätze nach neuen Gesetzen geordnet.

In Central-Europa lassen sich die einstigen Strandlinien wenigstens der jüngeren mesolithischen Meere aus der Beschaffenheit und Verbreitung ihrer Ablagerungen mit soviel Wahrscheinlichkeit ermitteln, daß man berechtigt ist, auf Karten die muthmaßlichen Grenzen der alten Festländer und Meere wiederherzustellen. Sobald übrigens solche Versuche den genau durchforschten Boden Europa's überschreiten, verlieren sie jeden Anspruch auf Glaubwürdigkeit.

Wir können uns freilich um so leichter auf unseren heimischen Erdtheil beschränken, als kein anderer die in Frage stehenden Gebilde in gleicher Vollständigkeit oder in nur annähernder Reichhaltigkeit an organischen Ueberresten aufzuweisen hat.

Das Hauptinteresse liegt hier noch durchaus in marinen Ablagerungen. Was auf dem Festlande vorging, hat sich verwischt, oder hat nur ausnahmsweise in Strand- und Süßwasser-Gebilden geologische Urkunden hinterlassen.

Meist reihen sich marine Schichten in regelmäßiger Folge unmittelbar aneinander. Wo sich dagegen Erzeugnisse süßer Gewässer zwischen die marinen einschalten oder sonstige Verhältnisse, wie Hebungen und Senkungen des Bodens, Störungen in der ruhigen Entwickelung der organischen Schöpfung bewirken, wo sich schroffer Wechsel in den fossilen Resten zweier benachbarter Schichten kund gibt, da ziehen die Geologen Grenzlinien für ihre Stufen und Formation. Nach diesem Grundsatz wird das mesolithische Zeitalter in Trias-, Jura- und Kreide-Formation zerlegt und diese Formationen wieder in eine Reihe von Stufen und Horizonten. Daß übrigens diesen Abtheilungen meist locale und zufällige Verhältnisse zu Grunde liegen, wird deutlich werden, wenn wir nach Betrachtung der drei Formationen im nördlichen und mittleren Europa einen Blick auf den geologischen Bau der Alpenländer werfen.

a. Die Trias-Formation.

Drei Glieder von höchst ausgeprägten Eigenthümlichkeiten: der bunte Sandstein, Muschelkalk und Keuper vereinigen sich zu einer innig verbundenen Trias, die namentlich seit der Wiedervereinigung von Elsaß und Lothringen mit dem deutschen Reich eine vorzugsweise deutsche Formation genannt werden kann. Wenn auch kleine Ausläufer in die Nord-Schweiz und Burgund übergreifen, so bleiben doch Süd- und Mittel-Deutschland die Heimath der normal entwickelten Trias; in England, Südfrankreich, Spanien, Polen und Rußland dagegen verwandelt sie sich durch Unterdrückung der einen oder der anderen Abtheilung gerne in eine Dyas*).

Zwischen der organischen Schöpfung der paläolithischen Periode und der Trias ist fast jede Brücke abgebrochen. Eine völlig neue Welt begrüßt uns beim Eintritt in's mittlere Zeitalter. Die Sigillarien, Schuppenbäume, Stigmarien und ächten Calamiten sind verschwunden, die Farnkräuter reducirt, durch andere Gattungen ersetzt und die ganze Baum-Vegetation vorwaltend aus Nadelhölzern nnd Zapfenpalmen zusammengesetzt. In der Thierwelt vermissen wir unter den Strahlthieren vorzüglich die vierzähligen Korallen, die Beutelkriniten, Knospenstrahler, getäfelten Armlilien und vieltäfeligen Seeigel, unter den Weichthieren zahlreiche Brachiopoden- und Cephalopoden-Gattungen, unter den Gliederthieren die Trilobiten, unter den Wirbelthieren die Panzerfische, die meisten heterocerken Ganoiden und die glanzköpfigen Amphibien. Neue Formen stellen sich successive ein, aber wie weit auch die Kluft zwischen den Organismen der beiden Zeitalter sein mag, eine völlige Zerreißung jedes genetischen Zusammenhanges bedeutet sie nicht, da eine Menge von früheren Familien und Ordnungen allerdings mit veränderten Arten fortdauern, ohne wesentliche Umgestaltungen ihres Bauplanes erkennen zu lassen.

Gewiß fehlen uns bis jetzt noch verschiedene Zwischenschichten, in denen die Ueberreste jener Geschöpfe begraben liegen müssen, welche sich während der bedeutenden Boden-

*) δυάς Zweiheit.

schwankungen in Europa nach anderen, ruhigeren Regionen zurückgezogen hatten.

Das tiefste Glied der Trias ist der bunte Sandstein: ein einförmiges, meist roth, zuweilen auch weiß oder bunt gefärbtes Gestein von 800—1000 Fuß Mächtigkeit, seiner Hauptmasse nach aus Quarzkörnern zusammengesetzt, die durch ein lichtes, thoniges Bindemittel zusammengefügt werden. Im südlichen Schwarzwald und den Vogesen fängt der Sandstein an, zieht durch Odenwald, Spessart und Röhn nach Kurhessen und Thüringen, wo ein ansehnlicher gebirgiger, von Waldeck bis Altenburg reichender Landstrich von ihm bedeckt wird. Weiter nördlich reicht der Harz mit seinen älteren Gesteinen inselförmig ans dem Sandsteingebiet hervor, das schließlich in die Diluvial-Ebene untertaucht. Wie sich aus dem Thüringer Wald ein schmaler Streifen über Koburg nach dem Bayerischen Franken abzweigt, so sendet auch der linksrheinische Vogesenzug einen Ausläufer gegen Trier, nach der Eifel, Luxemburg und Wälsch-Lothringen.

Sind die langgezogenen ziemlich einförmigen Gebirgslinien des Sandsteins auch nicht besonders malerisch, so entfaltet er doch in seinem Inneren viele landschaftliche Schönheiten. Mit Bewunderung ruht der Blick auf wilden Felsenmeeren oder steilen, mauerartigen Wänden, deren rothe Färbung prächtig gegen das tiefe Grün des Waldes contrastirt. Der bunte Sandstein ist der eigentliche Boden für den deutschen Wald. Auf ihm gedeihen gleich vortrefflich Tanne und Buche und wo ihre Wurzeln ein Fleckchen frei lassen, da sprossen Farnkräuter, Waldbeeren, Besenginster und purpurblüthiger Fingerhut aus der immergrünen Moosdecke hervor. Aber wie gern auch der Geologe nach langer Wanderung in diesen duftigen, kühlen und quellenreichen Wäldern Erfrischung sucht, für ihn bleibt der Sandstein ein unergiebiges Feld, auf dem er tagelang sucht, ohne nur eine Spur von Fossilresten zu erblicken.

Nur in den oberen Lagen, wo das Gestein thonreicher, weicher und dünnschichtiger wird, stellen sich Landpflanzen und Reptilienknochen ein; ja bei Hildburghausen und Koburg findet man Schichtflächen mit fünfzehigen Fußspuren bedeckt, (Fig. 77), von denen man die größeren einem Froschsaurier (Chirotherium*) von gewaltigen Dimensionen, die kleineren einer schwächeren Amphibien-Form zuschreibt. Auch in Nord-Amerika kennt man am Connecticut River einen rothen, thonigen, triasischen

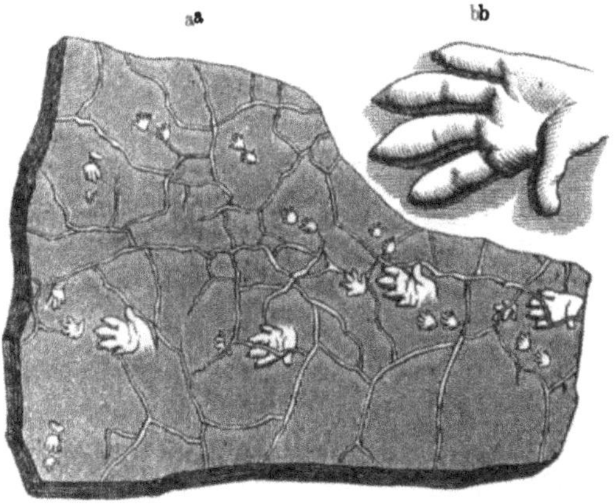

Fig. 77. Chirotherium-Fährten aus dem bunten Sandstein von Hildburghausen. a Sehr verkleinert, b eine der größeren Fährten in 1/8 natürlicher Größe.

---

*) χείρ Hand, θηρίον Thier.

Sandstein mit Abdrücken von Regentropfen, Furchen von Wellenschlag und namentlich von zahlreichen Fußspuren. Einige dieser letzteren zeigen große Aehnlichkeit mit den Chirotherium-Fährten, andere werden verschiedenen Froschsauriern und Schildkröten zugeschrieben. Die merkwürdigsten (Fig. 78) jedoch gehören offenbar zweibeinigen Geschöpfen mit dreizehigen Füßen an, denn die Spuren lassen sich auf lange Strecken in Reihen verfolgen, in denen immer ein rechter Fuß mit einem linken abwechselt, während die Fährten von vierfüßigen Thieren stets auf 2 parallelen Reihen stehen.

Man kann diese Fußspuren nur Vögeln zuschreiben. Wir hätten somit Anzeichen für die Existenz von mehreren Vogel-Arten, von denen einzelne gigantische Dimensionen besitzen mußten, da ihre Zehen-Abdrücke 15 Zoll in der Länge messen und 4—6 Fuß von einander abstehen. Knochenreste hat man leider bis jetzt weder in dem Sandstein von Connecticut noch von Hildburghausen

Fig. 78. Vogelfährten im Sandstein vom Connecticut River.

entdeckt. Die Fährten liefern übrigens den sichern Beweis, daß jene Thiere den Meeresstrand zu einer Zeit besuchten, wo sich unsere jetzigen festen Sandsteinbänke noch in weichem Zustand befanden.

Das zweite Glied der Trias-Formation ist der Muschelkalk. „Sobald wir den Sandstein verlassend — sagt Fraas*) — auf die Ebenen des Muschelkalks hinaustreten, kommen wir vom Wald ins Feld. Dort reine Waldwirthschaft und Hinterwaldler Naturen, hier Feldwirthschaft und Bauern, dort einzelne Höfe und Weiler, hier Städte und Dörfer. Stundenlang ziehen sich wogende Kornfelder über die welligen Ebenen hin, während Weideland und vereinzelte Waldgruppen die Höhen krönen. Die fruchtbaren Ebenen würden bald einförmig werden, wenn nicht Flüsse, wie Neckar, Tauber und Main, tief sich in die Muschelkalkfelsen eingenagt und damit romantische Thäler im Wechsel mit fruchtbaren Höhen gebildet hätten."

Unreiner, dunkelgrauer Kalk, erfüllt von zahlreichen Meermuscheln und Schnecken, thonige Mergel, Dolomit, Gyps und Steinsalz sind die herrschenden Gesteine der Muschelkalkgruppe, welche sich gleichfalls, wie der bunte Sandstein, in der Nachbarschaft des Ufers abgelagert hatte.

Der Muschelkalk bedeckt in Mittel- und Süd-Deutschland fast überall den bunten Sandstein, fehlt aber in England ganz und gar.

Aus seiner einförmigen, wenn auch an Individuen

*) Fraas. Vor der Sündfluth. S. 196.

reichen Fauna ragen nur einige Meersaurier, die Ceratiten und eine schöne Seelilie (Encrinus liliiformis) durch allgemeineres Interesse hervor. Bemerkenswerth ist der gänzliche Mangel an Korallen.

Mit dem Keuper*) trat wieder eine Hebung des Bodens ein. Ansehnliche Theile des Muschelkalkmeeres wurden trocken gelegt und selbst da, wo sich heute die äußerst mannigfaltigen Niederschläge der Keuperzeit ausbreiten, hat offenbar die See nur mühsam gegen die andringenden Süßwasserfluthen das Feld behauptet. Grell gefärbte, rothe, grüne, gelbe und graue Mergel, liefern den fruchtbaren Boden für den schwäbischen und lothring'schen Weinbau und für die Hopfengärten Mittelfrankens; sie bilden nebst lichtfarbigen Bausandsteinen, Gyps und Steinsalz die etwa 800 Fuß mächtige Keupergruppe, in welcher reine Kalksteine, wenigstens in dem jetzt ins Auge gefaßten Gebiete, gänzlich fehlen.

So spärlich im Ganzen organische Reste auftreten, so bekunden sie doch klar und deutlich den Kampf zwischen Meer und Süßwasser. Gleich über dem Muschelkalk folgt eine Sandsteinbildung mit schwachen Kohlenflötzen (Lettenkohle), in welcher schenkeldicke Schafthalme, palmenähnliche Sagobäume und riesige Froschsaurier die Nachbarschaft des Festlandes bekunden. Weiter nach oben kommen dann Mergel mit Meermuscheln, immer wieder von Zeit zu Zeit von Pflanzen und Reptilien führenden Strandbildungen unterbrochen. Schließlich endigt die Triasformation mit einem quarzreichen marinen Sandstein, der

*) Provinzialname für einen dolomitischen Mergel bei Koburg.

von Fischschuppen, Fischwirbeln, Flossenstacheln, Gräten, Zähnchen, Reptilienknochen und Excrementen so sehr erfüllt ist, daß man der Ablagerung den Namen Knochenbett oder Bonebed beilegte.

In Deutschland, Lothringen, Burgund und England erscheint das Bonebed in übereinstimmender Ausbildung als treffliche Grenzmarke zwischen Trias und Jura.

Im Bonebedmeer, „das mit seinem seichten, stinkenden Wasser kaum den Boden leckte" (Quenstedt) kamen auch die ältesten Ueberreste von Säugethieren zum Absatz. Es sind Backzähnchen von kleinen Beutelthieren.

Bietet die Trias-Formation dem Geologen nur mäßige Ausbeute, so wird sie vom National-Oekonomen um so höher geschätzt. Nicht allein liefern ihre einzelnen Glieder trefflichen Wald- und Feld-Boden, sondern sie bergen noch außerdem erstaunliche Mengen von Steinsalz. Der letzteren Eigenschaft verdankt die Trias ihren früheren Namen „Salzgebirge". Damit sollte freilich nicht ausgedrückt werden, als ob nur in ihr Steinsalzlager vorhanden wären, denn schon lange wußte man, daß die berühmten, in neuester Zeit leider durch eingedrungene Wassermassen schwer beschädigten Gruben von Wieliczka der Tertiär-Formation angehören. Jetzt kennt man in dem Salt-Range Gebirge im Punjab und in Nord-Amerika silurische, in Peru cretacische und in Spanien alttertiäre Salzlager. Wie sich Kohlen unter gewissen Bedingungen zu allen Zeiten bilden konnten, so ist auch Salz nicht an eine einzige Formation gebunden.

Sogar in der Trias findet sich das Salz in verschiedenen Horizonten. Es wird stets von Gyps oder

Anhydrit (schwefelsaurem Kalk mit oder ohne Wasser) begleitet und häufig durch Beimischung von eisenhaltigem Thon oder Bitumen verunreinigt. In Baden, Schwaben, Franken und in der Nord-Schweiz liegt es im Muschelkalk. Man gewinnt es bei Rappenau, Wimpfen, Hall, Dürrheim und Schweizerhall als Soole, die durch Bohrlöcher heraufgepumpt und dann entweder unmittelbar oder nach vorheriger Gradirung in Siedhäusern abgedampft wird.

Bei Friedrichshall und Wilhelmsglück unfern Heilbronn dagegen wird ein 47 Fuß mächtiges Lager von wundervoller Reinheit bergmännisch abgebaut und unmittelbar als Krystallsalz versendet.

Das berühmte Staßfurter Schönebecker Lager, dessen Vorhandensein zahlreiche Salzquellen schon seit vielen Jahrhunderten angezeigt hatten, wurde erst im Jahre 1852 durch einen Schacht erschlossen. Man mußte zuerst eine Decke von buntem Sandstein durchfahren und gelangte dann in eine mächtige Salzmasse, in welcher der Bohrer 1000 Fuß eindrang, ohne die Unterlage zu treffen. Das eigentliche Steinsalz in Staßfurt ist wasserhell und vollkommen rein; es bildet regelmäßige, ungefähr 6 Fuß dicke Schichten, die durch Anhydritschnüre getrennt werden. Darüber liegen noch etwa 280 Fuß zerfließliche Magnesia- und Kali-Salze, von denen die letzteren wegen ihrer vielfältigen Verwendbarkeit eine blühende Industrie in wenig Jahren hervorgezaubert haben.

In neuester Zeit wurden bei Sperenberg südlich von Berlin und am Segeberg in Holstein Salzmassen von so enormer Mächtigkeit im Muschelkalk erbohrt, daß

Norddeutschland sehr bald die Einfuhr englischen Salzes entbehren können wird.

An Großartigkeit übertrifft die englische Salzindustrie von Northwich bei Liverpool bis jetzt alle ähnliche Unternehmungen. Es werden dort jährlich ungefähr 20 Millionen Centner versotten, während z. B. Bayern in seinen 4 großen südlichen Salinen Berchtesgaden, Reichenhall, Traunstein und Rosenheim nur etwa 8 — 900,000 Centner gewinnt.

Das englische Salz befindet sich nicht wie in Süddeutschland in der unteren oder mittleren Trias, sondern gehört nach Murchison in die Keuperformation. Auch in Lothringen gewinnt man bei Vic, Dieuze und Chateau Salins herrliches Krystallsalz aus dem Keuper.

Für die Entstehung der Salzlager haben ältere Geologen vielfach vulkanische Kräfte in Anspruch genommen; sie ließen das Steinsalz entweder wie geschmolzene Gebirgsmassen im feurig-flüssigen Zustande aus Spalten emporbringen oder betrachteten es, mit Berufung auf die Salzkrusten an thätigen Vulkanen, als Sublimationsprodukt.

Heute zweifelt kaum noch Jemand, daß alle Salzlager der Verdunstung von ehemaligen Meeren oder Salzseen ihr Dasein verdanken.

Das Meerwasser enthält im Mittel etwa 25 Tausendstel Steinsalz und außerdem in kleineren Mengen sämmtliche sonstigen chemischen Verbindungen (Bittersalz, Kali- und Magnesia-Salze, Gyps), welche in der Regel die Steinsalzlager begleiten. Wir haben nur an die Küsten der Charente, nach Marseille, Sardinien, Spanien u. s. w. zu gehen, um in großartigem Maßstab die Salzgewinnung aus Meerwasser durch Verdunstung zu beobachten. Dort füllt die Hochfluth zu bestimmten Zeiten die mit Schleußen versehenen Salzgärten (marais salans), in welchen die mittägliche Sonne alsdann die Verdampfung übernimmt. Aber auch im todten Meer, in den Salzseen des südlichen Rußlands und der Sahara oder am See des Mormonenstaates Utah kann man sehen, wie sich bei Uebersättigung des Wassers am Boden und an den Ufern dicke Krusten, ja förmliche Lager von Steinsalz niederschlagen. Daß bei der Verdunstung salzhaltiger Wasser sich alle Verbindungen nach dem Grade ihrer Löslichkeit ausscheiden und daß darum Gyps und Steinsalz als die schwerlöslichsten Bestandtheile zuerst zu Boden fallen, läßt sich ohne besondere Vorkehrungen jeden Augenblick experimentell nachweisen. Erst nach Ausscheidung dieser beiden Verbindungen schlagen sich bei fortdauernder Verdampfung auch die bitteren, zerfließlichen Magnesia- und Kali-Salze nieder. Seitdem man weiß, daß bei Staßfurt und bei Kalusz in Galizien, also in Salzlagern aus sehr ferne stehenden Formationen, die genannten leicht löslichen Salze unveränderlich die obersten Deckschichten bilden, seitdem man überdies im Eltonsee an der unteren Wolga den Boden mit krystallisirten Steinsalzkrusten bedeckt gefunden, und in seinem Wasser eine Mutterlauge aus Magnesia- und Kali-Salzen beobachtet hat, ist der Beweis, daß austrocknende Gewässer Steinsalz geliefert haben und theilweise noch liefern mit aller naturwissenschaftlicher Sicherheit geführt. Die Entdeckung mikroskopischer Organismen im Steinsalz selbst mußte übrigens auch die letzten Zweifel an der marinen Entstehung der Steinsalzlager in der Erde beseitigen.

b. Die Jura-Formation.

Der Hebungsproceß, welcher sich während der Triaszeit, wie es scheint, mit ziemlicher Raschheit vollzog, dauerte auch noch in der darauf folgenden Formation, die vom Juragebirge ihren Namen entlehnte, fort. Von allen Seiten verengen sich die einstigen Strandlinien, je weiter wir in der Schichtenreihe emporsteigen. Diese Abnahme der Meeresbedeckung erfolgt indeß so langsam und allmälig, daß die hervorgerufenen Veränderungen in der Oberflächengestaltung nur dann in die Augen fallen, wenn Schichten von erheblicher Altersdifferenz bezüglich ihrer Verbreitung mit einander verglichen werden. Viele Thatsachen weisen darauf hin, daß wenigstens im nördlichen und mittleren Europa während der Trias die seichtesten Uferregionen von der Salzfluth gänzlich verlassen wurden und daß das zurückweichende Meer bei Beginn der Jurazeit an Stellen gelangt war, wo sich der Untergrund des Oceans rascher vertiefte, so daß nicht allein der schnellen Abnahme der Wasserbedeckung Grenzen gesteckt wurden, sondern daß auch jene für die Trias so charakteristischen Aestuarienabsätze auf ein bescheidenes Maß herabsanken.

Wer die Gesteine und Fossilreste der drei Hauptglieder der Juraformation mit einiger Aufmerksamkeit betrachtet, wird zugestehen, daß sich in der unteren Abtheilung, im Lias*) oder schwarzen Jura, wie man dieselbe in Süddeutschland mit Vorliebe bezeichnet, die Nach-

*) Provinzial-Name für thonigen Kalkstein in Somerset; wahrscheinlich von layers herrührend. Man spricht Leias.

barschaft des Festlandes in den Absätzen zwar hin und wieder noch bemerklich macht, daß die meisten jedoch bereits einen rein marinen Charakter tragen und nur ausnahmsweise eingeschwemmte Ueberreste von Landpflanzen und Landthieren enthalten.

Mögen wir den Lias am nördlichen Abhang der schwäbischen und fränkischen Alb aufsuchen, wo er sich, nach einem treffenden Ausspruch Leopold von Buch's, „wie ein Teppich" vor den darüber liegenden, rasch ansteigenden, jüngeren Juraschichten ausbreitet; mögen wir ihn im Juragebirge der Schweiz, am Ostrand des gallischen Beckens bei Metz, Nancy und Vesoul oder am Westrand bei Bayeux und Caen in der Normandie durchforschen; mögen wir den langen Streifen verfolgen, der sich quer über England von Dorset nach Yorkshire zieht, oder die zerstreuten Fundstellen in Norddeutschland aufsuchen — überall erscheint er mit merkwürdiger Gleichförmigkeit sowohl seiner Gesteine, als auch seiner organischen Einschlüsse.

Dunkelgefärbte, von thonigen Beimengungen verunreinigte Kalke, gelbliche, eisenschüssige Sandsteine, graue Mergel und schwarzblaue, bituminöse Schiefer wiederholen sich in mehrfachem Wechsel, einen Complex von höchstens 500 Fuß Mächtigkeit zusammensetzend.

Fast jeder einzelne Horizont enthält seine eigenartigen Versteinerungen und zwar gewöhnlich in so großer Menge und so allgemeiner Verbreitung, daß wir nach gewissen, leitenden Arten die zeitlichen Aequivalente Schicht für Schicht in entfernten Gegenden selbst dann nachweisen können, wenn die Ablagerung an der einen Stelle in ge-

Karte von Mittel-

Taf. I.

Königsberg
Stettin
Berlin
Warschau
Dresden
Breslau
Prag
Krakau
Pest
Pannonisches
Meer
Triest

waltiger Dicke entwickelt, an der anderen auf ein Minimum zusammengeschrumpft ist. Da wir ferner in den Sandsteinen, Mergeln, dunkeln Schiefern und unreinen Kalksteinen des Lias mit aller Bestimmtheit erhärtete Absätze aus der Nähe des Ufers erkennen, so läßt sich nach den thatsächlichen Aufschlüssen die einstige Begrenzung des Lias-Meeres mit einiger Genauigkeit verfolgen.

Auf nebenstehendem Kärtchen (Taf. I.) ist der Versuch gemacht, die Vertheilung von Festland und Meer in Mitteleuropa zur Liaszeit darzustellen.*)

Der Lias theilt die meisten Gattungen, aber nur sehr wenige Arten — wenn überhaupt — mit der folgenden Jura-Abtheilung. Sein paläontologisches Wahrzeichen bilden die Belemniten oder Donnerkeile. Neben diesen spielen Ammonshörner, Austern und Brachiopoden die wichtigste Rolle. In Süddeutschland zeichnet sich in seiner oberen Abtheilung der schwarze, dünnblätterige Oelschiefer (nach einer häufig vorkommenden zweischaligen Muschel auch Posidonomyenschiefer genannt) durch einen wahren Schatz prächtig erhaltener Fossilreste aus. Langgestielte Seelilien mit weitverzweigten Armen (Medusenhäupter) finden sich in Gruppen von 10—20 Individuen auf riesigen Platten vereinigt; daneben liegen Fische mit glänzendem Schuppenkleide; aber vor Allem erregen vollständige Gerippe von gewaltigen Meersauriern aus den Gattungen Ichthyosaurus, Plesiosaurus und Teleosaurus

*) Ueber die Grundsätze, nach denen sich die muthmaßliche Erstreckung der vorweltlichen Meere ermitteln läßt, vgl. S. 126.

die Bewunderung selbst des ungebildeten Steinbrechers, der sie in bestimmten Schichten aufzusuchen und sorgsam herauszunehmen versteht. Nicht selten verräth sich die Nachbarschaft solcher Saurier durch versteinerte Excremente (Koprolithen Fig. 79), die an der Küste von Yorkshire so massenhaft vorkommen, daß sie wegen ihres ansehnlichen Gehaltes an Phosphorsäure bergmännisch gewonnen werden.

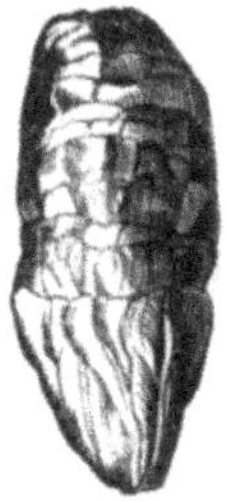

Fig. 79.

Steigen wir aus der Lias-Ebene in das Hügelland des braunen Jura oder Dogger hinauf, so ändern sich Gesteinsbeschaffenheit, Farbe und Fossilreste der Niederschläge in bemerkenswerther Weise. In Schwaben und Franken macht der schwarze Lias weichen, braun und grau gefärbten Mergeln und rostfarbigen Eisenrogensteinen Platz, während sich in den Nachbarländern in einem gewissen Horizont mächtige, gelblich weiße Kalksteine entwickeln, die aus lauter winzigen, wie Fischeier gestalteten Körnchen zusammengesetzt sind und darum den Namen Rogenstein oder Oolith erhalten haben. Nach diesem als Baumaterial hochgeschätzten Gestein nennen die Engländer und Franzosen den braunen Jura auch Oolithformation.

An Versteinerungen herrscht ein solcher Reichthum, daß es schwer fällt, unter der Masse von Formen den Ueberblick zu bewahren. Muscheln, Schnecken, Seeigel, Korallen, überhaupt alle möglichen marinen Vertreter aus den niederen Thier-Typen bevölkerten die Küsten des Jurameeres. Die Belemniten haben sich im Vergleich zum Lias bereits vermindert, erreichen aber hier die ansehnlichste Größe. In fabelhafter Menge entwickeln sich die Ammoniten mit ihren zum Theil wundervoll verzierten Schalen; an Fischen und Meersauriern dagegen ist der braune Jura verhältnißmäßig arm, wahrscheinlich weil flache Küsten mit schlammigen Absätzen, in denen sich die Ueberreste solcher Thiere am besten erhalten, weniger häufiger als im Lias vorhanden waren.

Ueberhaupt verrathen nur ausnahmsweise einzelne Schichten durch ihre Fossilreste eine Nachbarschaft mit dem Festlande oder eine von süßen Gewässern herrührende Materialzufuhr. So gibt es in England bei Brora litorale Sandsteine mit schwachen Kohlenflötzen und bei Scarborough Schiefer mit Farnkräutern, Cycadeen und Nadelhölzern. Große Berühmtheit hat auch der Oolith von Stonesfield in England erlangt. Dort vermischen sich mit marinen Conchylien und Fischen auch Ueberreste von Flugeidechsen und kleinen Beutelthieren.

In den Oberflächen-Verhältnissen scheint während der Zeit des braunen Jura keine erhebliche Veränderung eingetreten zu sein. Die Uferbildungen folgen fast genau denen des Liasmeeres, nur ziehen sie sich mit jeder neuen Schicht etwas weiter zurück.

In der oberen Abtheilung, dem weißen Jura, hat die zurückweichende See wenigstens in Süddeutschland und in der Schweiz das Ufergebiet meist schon verlassen, so daß nunmehr die Beschaffenheit des Untergrundes im eigentlichen Seebecken zur Geltung gelangt. Den verschiedenen Tiefenverhältnissen muß in erster Linie jene überraschende Ungleichförmigkeit der gleichalterigen Niederschläge, jene Verschiedenheit der Versteinerungen in gleichzeitigen Schichten von unähnlichem Gesteinscharakter zugeschrieben werden, die selbst auf geringe Entfernungen dem Wiedererkennen einer zusammenhängenden Ablagerung große Schwierigkeiten entgegenstellt. Während in England, Nordfrankreich und Norddeutschland offenbar auf seichtem Untergrund dunkelfarbige Thone, Mergel und unreine Kalksteine zum Absatz gelangten, füllte in Süddeutschland und da wo sich heute das schweizerisch-französische Juragebirge erhebt, ein tiefes Meer seinen Untergrund mit reinen, lichtfarbigen Kalksteinen und Dolomiten von mehr als 1000 Fuß Mächtigkeit aus. Mauerartig ragen am Nordrand der schwäbischen Alb die steilen, weithin leuchtenden Felswände des weißen Jurakalkes aus den bewaldeten Vorhügeln empor; oben dehnen sie sich zu einem kahlen, wasserarmen Hochland aus, das nur im ersten Frühling, wenn die Sonne den Schnee von dem steinigen Boden rascher als in den Nachbarbergen geschmolzen hat, zu Wanderungen einlädt. Im Sommer herrscht dort unerträgliche Hitze oder bei regnerischem Wetter ein rauher Wind. Zuweilen ist das Hochplateau durch tiefeingerissene Thäler unterbrochen, in dessen Wiesen-Grunde stets ein krystallklares Wasser dahinfließt. Auf den höhlenreichen, schwer zugänglichen, meist dicht bewaldeten Felsgehängen dieser Thäler oder auf vorspringenden, die Ebene beherrschenden Kuppen des Steilrandes haben die Ritter des Mittelalters, darunter die Ahnen der Hohenstaufen und Hohenzollern mit besonderer Vorliebe jene Burgen erbaut, deren

Ruinen noch heute dem süddeutschen Jura seinen romantischen Schmuck verleihen.

Ganz andere Gebirgsformen zeigt uns der weiße Jura in der nördlichen und westlichen Schweiz. Zwar die Gesteine sind im Ganzen genommen dieselben; auch die steil ansteigenden, einförmigen Kalkwände, die dürftige Vegetationsbekleidung und die Wasserarmuth bezeichnen den schweizerisch-französischen Jura in gleicher Weise wie den deutschen — allein statt eines hochgelegenen Tafellandes sehen wir dort eines der ausgezeichnetsten Kettengebirge der Welt. Wer den Jura auf der Straße von Solothurn nach Basel, von Neuchatel nach Pontarlier oder an irgend einem anderen Punkte durchkreuzt, hat Gelegenheit den wellenförmigen Bau dieses Gebirges zu studiren. Eine Parallelkette folgt auf die andere, jede durch ein Längenthal von der anderen getrennt und jede im Wesentlichen aus denselben Elementen, wie alle übrigen zusammengesetzt. Tiefe Querthäler dienen als natürliche Straßen und legen zugleich den innersten Bau des Gebirges bloß. Alle Ketten bilden geschlossene oder der Länge nach aufgerissene Gewölbe. Je nachdem nun die Querrisse (Clusen) oder die Längsaufbrüche (Comben) in die Tiefe und Breite gehen, erhält man landschaftliche Bilder von großer Mannigfaltigkeit. Kaum läßt sich ein schöneres Beispiel für den Einfluß der Lagerungsverhältnisse bei ein und derselben Formation ausfindig machen, als der deutsche und schweizerische Jura. Dort sind erhärtete Absätze nahezu in ihrer ursprünglichen Lage geblieben, hier wurden sie offenbar noch in weichem Zustand von der Seite her in viele wellige Falten zusammengepreßt.

Unter den Gesteinen des weißen Jura überwiegt entschieden der Kalk; doch sind auch Dolomit und aschgraue oder blaugraue Mergel weit verbreitet. Einzelne Kalkschichten sind erfüllt von vielgestaltigen Kalkschwämmen, die zu Millionen den Boden bedeckten und mit ihren löcherigen Skeleten zur Entstehung des Kalkgebirges beitrugen. Daneben wimmelt es von Ammoniten, Brachiopoden, zierlichen Seeigeln und allen erdenklichen Meeresgeschöpfen, die sichtlich an ihren einstigen Wohnsitzen begraben wurden und fast nie Spuren von Abrollung erkennen lassen.

Auch die Korallenthierchen bauten im jüngeren Jurameere emsig an ihren steinernen Riffen und hinterließen mächtige Kalkfelsen, die von oben bis unten theils aus ihren eigenen Ueberresten oder von solchen Strahlthieren und Mollusken erfüllt sind, deren Verwandte auch jetzt mit Vorliebe diese Bauwerke bevölkern.

Den Schluß der süddeutschen Juraformation macht ein Gebilde von besonderem Interesse. Ueber den plumpen, Korallen-reichen Felsenkalken oder Dolomiten lagern dünnschichtige, lichte Kalkschiefer, die schon im Aargau beginnen und ununterbrochen durch Süd-Baden, Schwaben nach Franken sich fortziehen. Am linken Donau-Ufer zwischen Monheim und Kelheim in Bayern werden diese Schiefer in großen Quantitäten als Bodenplatten und Dachschiefer gewonnen. Auf einem beschränkten Gebiet zwischen Pappenheim, Solenhofen und Eichstädt zeichnet sich der Schiefer durch ein äußerst zartes Korn und wundervoll regelmäßige Schichtung aus — er heißt jetzt lithographischer Schiefer oder Lithographie-Stein, je nach der Dicke der einzelnen Bänke. In keiner Formation und an keinem anderen Ort findet sich ein Material von annähernder Güte für den Steindruck. Die gleichalterigen Kalksteine von Cirin im Ain-Departement übertreffen zwar den Solenhofener Stein noch an Feinheit des Korns, allein es fehlt ihnen die natürliche plattenförmige Ablösung und die damit zusammenhängende Widerstandsfähigkeit gegen Druck. Die dicken Bänke von Cirin werden gesägt, zerbrechen jedoch bei stärkerer Spannung außerordentlich leicht. Bis jetzt finden die Solenhofener Steine, jeder Concurrenz trotzend, ihren Weg über die civilisirte Welt. Leider scheinen jedoch gerade die feinsten Lagen („die blauen Steine") nahezu abgebaut zu sein.

Auch in paläontologischer Hinsicht ist der lithographische Schiefer eine Perle einziger Art. Auf seinen Schichtflächen liegen Ueberreste von Meeres- und Land-Bewohnern in unübertrefflicher Erhaltung neben einander. Sind die Versteinerungen auch nicht so zahlreich, wie in den tieferen, dichten Jurakalken, so verdanken wir doch der Sorgfalt, mit der die auf Nebenverdienst bedachten Steinbrecher jeden einigermaßen deutlichen Ueberrest auf die Seite legen, jene Menge interessanter Geschöpfe, welche heute fast alle geologischen Museen der Welt und besonders das der bayerischen Hauptstadt zieren. Wenn wir im lithographischen Schiefer deutliche Abdrücke von Medusen erkennen, deren Körper lediglich aus weicher Gallerte besteht und in der Regel wie ein Hauch nach dem Absterben des Thieres verschwindet, wenn zahlreiche Libellen und andere Insecten noch das feinste Geäder ihrer zarten Flügel abgedrückt haben, wenn langschwänzige

Krebse mit vollständigen Fühlern und Füßen im Schiefer liegen, wenn nackte Tintenfische deutliche Umrisse ihres Körpers hinterlassen haben, wenn endlich sogar die Federn des ältesten wohlerhaltenen Vogels unversehrt überliefert wurden — so müssen wir zugestehen, daß hier Erhaltungsbedingungen geherrscht haben müssen, wie wir sie kaum an einem zweiten Orte je wieder zu finden hoffen dürfen.

Daß neben diesen leicht vergänglichen Geschöpfen auch zahlreiche Seefische vorkommen, zum Theil noch mit ihren glänzenden Schmelzschuppen bedeckt, zum Theil als Skelete, wie sie kaum die geschickte Hand eines Präparators reiner darstellen könnte, daß sogar vollständige Haie, Rochen und Chimären trotz der knorpeligen Beschaffenheit ihrer Wirbelsäule aufgefunden wurden, kann kaum überraschen.

Auffallender Weise fehlen jedoch dem lithographischen Schiefer die gewaltigen Meersaurier und Crocodile des Lias. **Sie sind durch kleinere Formen aus denselben** Ordnungen oder durch niedliche Eidechsen, Flugsaurier und Schildkröten ersetzt. Von Säugethieren wurde bis jetzt noch keine Spur entdeckt, obwohl in den nahezu gleichalterigen obersten Jura-Schichten Englands Ueberreste von Beutelthieren vorkommen.

Wer in den lithographischen Schiefern von Solenhofen und Umgebung den erhärteten, äußerst feinen Kalkschlamm einer seichten, von Brandung und Stürmen geschützten Bucht des Jurameeres vermuthet, in welcher neben den Meeresgeschöpfen auch gelegentlich verunglückte oder herbeigeschwemmte Landbewohner begraben wurden, wird kaum fehlgreifen; schildert uns doch d'Orbigny im Golf von l'Aiguillon Verhältnisse aus der Gegenwart, wie sie kaum ähnlicher gedacht werden könnten.

In England und Nord-Frankreich gibt es keine dem lithographischen Schiefer ähnliche Bildungen. Dort herrschen schlammige Absätze vor und nur stellenweise entwickeln sich lichte Kalksteine oder Korallenkalke. Vielleicht ist der Portlandstein, welcher das Material zu dem stolzesten Prachtbau Londons, der Paulskirche, lieferte, das zeitliche Aequivalent des obersten Theiles unseres süddeutschen lithographischen Schiefers, wenngleich die Fossilreste beider Ablagerungen kaum eine einzige gemeinsame Art enthalten.

Das kann uns freilich nicht wundern, wenn wir einen Blick auf das nebenstehende Kärtchen von Central-Europa (Taf. II) während der oberen Jurazeit werfen und sehen, daß die früheren Meerengen von Langres und Dijon einerseits und Poitier anderseits, welche noch zur Zeit des braunen Jura eine Vermischung der Fluthen des anglo-gallischen Oceans mit dem helvetisch-germanischen und Mittelmeer gestatteten, ausgetrocknet sind. Schmale, durch das Zurückweichen der Ufer entstandene Landstriche schieben sich jetzt als Riegel zwischen die beiden Meere und verhindern die wechselseitige Auswanderung ihrer Bewohner.

Ganz unabhängig von einander und ganz eigenartig entwickelte sich daher auch die Geschichte der beiden Gebiete. In Süddeutschland und in der Nord-Schweiz zog sich das Meer nach Absatz des lithographischen Schiefers südwärts gegen die Alpen und ließ das ganze fränkischschwäbische und nordschweizerische Juragebirge als Festland zurück. In England und Norddeutschland dagegen entstanden Süßwassersümpfe von beträchtlicher Ausdehnung. Die schönsten Eichenwälder Englands stehen in den Grafschaften Kent und Sussex auf mehr als 1000 Fuß mächtigen Sandstein- und Mergel-Ablagerungen jener alten Sümpfe, die darnach den Namen Wälder- oder Wealden-Stufe erhalten haben. Hier wurden jene Ueberreste der riesigsten aller Landreptilien, der Dinosaurier, aufgefunden, aus denen man die merkwürdigen Geschöpfe restaurirte, die im Garten des Krystallpalastes von Sydenham das Staunen des Publikums erregen. In Norddeutschland findet sich die Wälderstufe am Deister in Hannover, wo sie eine treffliche Steinkohle und zahlreiche Ueberreste von Landpflanzen enthält. Noch sind Farnkräuter und palmenähnliche Cycadeen die herrschenden Formen, allein auch verschiedene Nadelhölzer, namentlich Cypressen und Tannen, stellen ein reichliches Contingent zur damaligen Flora. Von Laubhölzern dagegen finden sich noch keine Reste.

Gehört die Wälderstufe zur Jura- oder Kreide-Formation?

Mit dieser Frage haben sich mehrere Abhandlungen in ausführlicher Weise beschäftigt und dieselbe in der Regel zu Gunsten der Kreideformation entschieden. Im Grunde genommen läßt sich aber die Land- und Süßwasser-Bevölkerung der Wälderstufe ebensowenig mit der einen, wie mit der anderen Formation vergleichen. Beide haben im nördlichen Europa nur marine Absätze hinterlassen, zwischen welche sich die Wälderstufe als fremdartige Unterbrechung einschiebt. In ihr spiegelt sich die Lebewelt auf dem Festland und im süßen Wasser eines langen Zeitraums ab, über dessen marine Bewohner uns gewisse, erst neuerdings genauer untersuchte Ablagerungen im südlichen Europa Aufschluß gewährt haben.

c. Die Kreide-Formation.

Wenn schon im oberen Jura die Wirkungen jener Abtrennung des anglo-gallischen Beckens und der damaligen Nordsee vom helvetisch-germanischen und mittelländischen Meere durch verschiedenartige Ausbildung der Ablagerungen deutlich erkennbar wurden, so erlangen sie in der Kreidezeit solchen Einfluß, daß wir genöthigt sind beide Regionen völlig gesondert zu betrachten. Vergeblich würde man die weiße Kreide, nach welcher die ganze Formation ihren Namen trägt, im gleichen geologischen Horizont in Südfrankreich oder in den Alpen aufsuchen und ebenso wenig irgend ein anderes Gestein der nordischen Zone. Auch in den Fossilresten zeigt sich zwischen den einzelnen Stufen nur geringe Uebereinstimmung; an einigen wenigen gemeinsamen Arten und fast noch sicherer an einer großen Menge ähnlicher Ersatzformen werden die gleichzeitigen Bildungen erkannt. In dem Maße, als sich der unbeschränkten Vermischung der verschiedenen Meere Schranken entgegen stellen, entstehen mehr oder weniger wohl geschiedene thiergeographische Provinzen.

Der Hauptschritt zur Abtrennung des Mittelmeeres wurde im oberen Jura gemacht; in der Kreidezeit gewinnen die Zwischenländer durch Austrocknung fast des ganzen nördlichen oder außeralpinen Theiles des helvetisch-germanischen Jura-Meeres beträchtlich an Umfang und wenn auch die westliche Verbindung zwischen der damaligen Nordsee und dem Mittelmeer wahrscheinlich durch eine viel weitere Oeffnung als die heutige Straße von Gibraltar stattfand, so genügte doch die Absperrung einiger der früher bestandenen Hauptcanäle, um die bedeutendsten Differenzen zwischen den Absätzen der beiden Gebiete hervorzurufen. Die muthmaßliche Vertheilung von Wasser und Land während der mittleren Kreidezeit ist auf nebenstehenden Kärtchen (Taf. III) dargestellt.

Aus den mehr und mehr zusammenschrumpfenden Grenzen der Kreidemeere stellt sich heraus, daß auch diese Formation, in ihrer Gesammtheit genommen, während einer langsamen Erhebung der nördlichen Hemisphäre entstanden ist. Es scheint zu damaliger Zeit in Europa Mangel an größeren Landseen geherrscht zu haben, wenigstens sind Süßwasserbildungen äußerst selten. Darum geben die paläontologischen Urkunden über die Festland- und Süßwasser-Bewohner der Kreidezeit nur den allerdürftigsten Aufschluß. Diese Lücke in unserem Wissen ist um so beklagenswerther, als wir aus dem Vorkommen von jurassischen Säugethieren mit Sicherheit folgern dürfen, daß auch in der Kreidezeit Formen gelebt haben müssen, welche die weite Kluft zwischen den mesolithischen Beutelthieren und den vielgestaltigen, weit höher organisirten Säugethieren der Tertiärzeit ausfüllten. Wo die paläontologische Ueberlieferung in einiger Vollständigkeit vorliegt, gibt es keine Sprünge in der natürlichen Schöpfungsgeschichte. Alle Entwickelung fand allmälig und stufenweise statt. Ein ungeheurer Sprung wäre es aber, wenn auf die kleinen Beutler der Jura-Formation unvermittelt die Dickhäuter der älteren Tertiärzeit folgten. Ehe wir uns zu einer so außerordentlichen Annahme entschließen, werden wir nach einer naturgemäßen Erklärung für das Fehlen der Landsäugethiere suchen und diese in der äußerst spärlichen Entwicklung von Süßwasserschichten während der Kreidezeit auch ohne Schwierigkeit finden.

Was über die Eintheilung, Gesteinsbeschaffenheit und Fossilreste der Kreideformation hier gesagt werden soll, bezieht sich lediglich auf das nordeuropäische Gebiet. Die Ablagerungen der mittelländischen Zone sollen in dem folgenden Abschnitt über den geologischen Bau des Alpengebirges Erwähnung finden.

Auch die Kreideformation zerfällt in drei Hauptabtheilungen und diese wieder mindestens in 6 (vgl. S. 64), nach manchen Autoren in 9 Stufen.

Die Hauptstufe der unteren Kreide das Neocomien*), dem man noch die im mittelländischem Gebiete hauptsächlich entwickelten Stufen Valanginien**), Urgonien***) und Aptien†) zufügen kann, und mit denen das untere Glied der mittleren Abtheilung, der Gault in der Regel innig verbunden ist, finden sich hauptsächlich in der Form von Thon, Sandstein, Sand, unreinem Kal und Kalkmergel entwickelt.

---

*) Nach Neocomum (Neuenburg).

**) Nach dem Dorf Valangin bei Neuenburg im schweizerischen Jura benannt.

***) Nach Orgon bei Marseille.

†) Nach Apt im Departement Vaucluse.

In Deutschland kennt man diese Stufen an beschränkten Punkten in der Hilsmulde von Braunschweig und Hannover am nördlichen Harzrand und am Teutoburger Wald.

In England lehnen sich die Gebilde der älteren Kreide allenthalben östlich an den breiten jurassischen Streifen an, welcher von Yorkshire quer übers Land nach der Küste von Dorset zieht. Aber auch der ehemalige Süßwassersumpf der Wälderstufe ist größtentheils Festland geworden und wird nun von einem schmalen Streifen älterer Kreideschichten umsäumt.

Im französischen Theil des anglo-gallischen Beckens sind die älteren Kreidebildungen nur am Ostrand aufgeschlossen, wo sie im Ganzen genommen ziemlich genau der Küstenlinie des früheren Jurameeres folgen. Am ausgezeichnetsten und fossilreichsten sind sie in den Dep. Haute-Marne und Yonne entwickelt.

Eine classische Gegend für untere Kreide ist auch der südwestliche Theil des schweizerischen Juragebirges zwischen Genf und Biel. Die Absätze sind übrigens nach einem etwas anderen Typus entwickelt und gehören bereits zum mittelländischen Meer, das einen schmalen Golf in nördlicher Richtung nach dem Jura ausschickte.

Paläontologisch bietet die untere Kreide kein hervorragendes Interesse.

Seeschwämme, Korallen, Seeigel, Muscheln und Schnecken bilden vorzugsweise ihre Bevölkerung. Unter den Weichthieren zeichnen sich noch immer Belemniten und Ammoniten durch besondere Häufigkeit aus.

Zu Zittel, Aus der Urzeit. S. 292.

Karte von Mittel-Europa

eren Kreidezeit.

Die letzteren beschränken sich indessen nicht mehr auf einfache, eingerollte Spiralschalen, sondern gefallen sich in bizarren Gestalten, indem sich die Windungen bald von einander loslösen, bald zu hackenartigen oder stabförmigen Röhren entwickeln oder sich in schraubenförmiger Spirale aufrollen.

In die mittlere und obere Kreide gehören die Ablagerungen des großen sächsisch-böhmischen Golfes, der wahrscheinlich einen schmalen Canal über Pilsen und Bodenwöhr nach Regensburg und Passau sandte. Die tiefste Stelle wird wenigstens in Sachsen, Böhmen, Mähren und Schlesien gleichmäßig von einem lichtgrauen oder gelblich grauen Quadersandstein eingenommen.

Darüber folgt der Pläner, ein wohlgeschichteter, aschgrauer Kalkmergel oder unreiner Kalkstein, dessen Verbreitung über den ganzen sächsisch-böhmischen Golf ostwärts nach Schlesien und Galizien, nordostwärts nach Hannover und Westphalen sich erstreckt. Zahlreiche Versteinerungen charakterisiren diese Abtheilung.

Zu oberst folgt wieder ein Quadersandstein, der sich petrographisch nicht vom unteren, bereits erwähnten unterscheiden läßt.

Dieses in gewissen Schichten der Verwitterung leichter zugängliche, in anderen außerordentlich dauerhafte Gestein veranlaßt jene merkwürdigen Felsen und Bergformen, welchen die sächsische Schweiz und gewisse Theile des südlichen Harzes ihren landschaftlichen Reiz verdanken. Aus ihm bestehen die fast senkrecht abfallenden Wände des Liliensteins und Königsteins, die mit Nadeln und Zacken gezierten Felsen der Bastei, das chaotische, großartige Steinmeer von Adersbach in Böhmen. Als Baumaterial wird er vielfach verwendet, steht aber an Haltbarkeit weit hinter dem bunten Sandstein der Trias zurück. Er enthält, wie fast alle Sandsteine wenige und schlecht erhaltene Versteinerungen.

In England und Nordfrankreich nehmen fossilreiche, grünlich gefärbte Glaukonitsande und weiche, aschgraue Kreide die Stelle des unteren Quadersandsteines und Pläners ein. Bei Paris liegen die wasserreichen grünlich gefärbten Sande der mittleren Kreide unter einer mehr als 500 Meter mächtigen Decke von Tertiärablagerungen und speisen die berühmten artesischen Brunnen von Grenelle und Passy.

Nur in der oberen Abtheilung kennt man die reine weiße Schreibkreide, welche auch in England, Norddeutschland und Dänemark weite Landstrecken bedeckt. Dieses merkwürdige Gestein besteht fast vollständig aus Resten oder Schälchen winziger Organismen. Wenn wir das feine Kalkmehl unter starker Vergrößerung betrachten, so wimmelt es im Gesichtsfeld von ovalen oder rundlichen Scheibchen, die mit den Coccolithen des Tiefseeschlammes (S. 40) im Atlantischen Ocean vollständig übereinstimmen. Daneben sieht man gekammerte Schälchen von Foraminiferen, Ueberreste von Moosthierchen (Bryozoen) und feinen Kalkstaub, welcher keine organische Form mehr erkennen läßt.

Die ganze, aus reinem kohlensaurem Kalk bestehende Masse erinnert in ihrer organischen Zusammensetzung auffallend an den Kalkschlamm auf dem Grunde unserer heutigen Meere. Sicherlich verdankte die Kreide auch ähnlichen Verhältnissen ihre Entstehung. Bewunderungswürdig bleibt es aber immerhin, daß sich durch Anhäufung von Milliarden solcher Schälchen und Fragmente, Ablagerungen von 500 Fuß Mächtigkeit bilden konnten, wie wir sie z. B. am Gestade der Insel Rügen anstehen sehen.

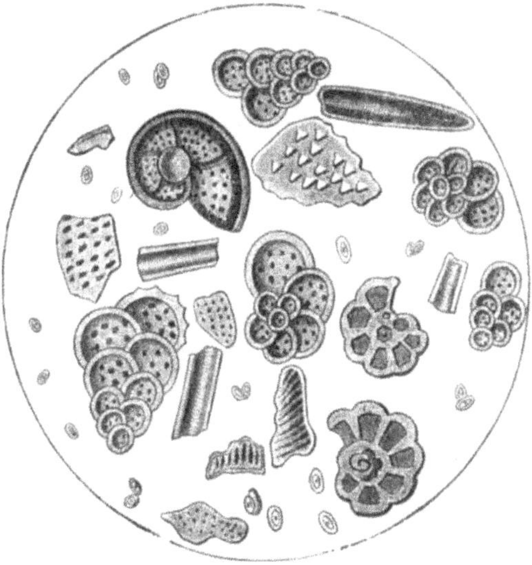

Fig. 80. Mikroskopische Ansicht der weißen Schreibkreide.

Wer die blendend weißen Felswände von Stubbenkammer, der Küste von Seeland oder England mit ihrer contrastirenden grünen Vegetationsdecke gesehen, wird einen unauslöschlichen Eindruck von diesem eigenartigen, reizvollen Landschafts-Bilde bewahren. Dem aufmerksamen Beobachter fallen an den schneeweißen Wänden überdies dunkle Parallelstreifen, die sich in Absätzen von 2—4 Fuß wiederholen, in die Augen. Dieselben geben sich bei näherer Besichtigung als regelmäßige Reihen von Feuersteinknollen oder als zusammenhängende dunkle Feuersteinschichten zu erkennen und liefern nicht selten eine reichliche Ausbeute an verkieselten Versteinerungen.

Da wir in der Kreide jetzt ein Analogon zu dem Tiefseeschlamme der Gegenwart erkennen, so dürfen wir darin auch keine anderen Versteinerungen, als Ueberreste von Bewohnern der hohen See erwarten. In der That bietet uns die weiße Kreide reichliche Spuren von Foraminiferen, Echinodermen, Mollusken und Fischen, niemals aber von Landpflanzen oder Landthieren.

Während sich im größten Theil der Nordsee und im anglo=gallischen Becken die weiße Kreide auf tiefem Meeresgrund absetzte, entstanden wenigstens in Deutschland am Südrande des damaligen Meeres Strandbildungen von ganz anderer Art. Der schon früher erwähnte obere Quadersandstein im sächsisch=böhmischen Golf, in Schlesien, am Harz und bei Aachen ist in diesen Gegenden Stellvertreter der weißen Kreide. Dieser, sowie einige andere der obersten Abtheilung angehörige Gesteine enthalten Reste von Landpflanzen, aus denen wir auf eine höchst bemerkenswerthe Umgestaltung der Flora zu schließen berechtigt sind. Statt der früher überwiegenden Nadelhölzer, Cycadeen und Farne findet man nämlich ächte, dikotyledonische Laubhölzer, immergrüne Eichen und Feigen und vor Allem Proteaceen mit dicken, lederartigen Blättern.

Leider sind mit den Landpflanzen keine Säugethiere in die Strandbildungen der oberen Kreideformation ge=

langt, und auch aus den übrigen Wirbelthierclassen, mit Ausnahme der Fische, liegen nur spärliche Trümmer vor. Vereinzelte Knochen, deren Bestimmung indeß nicht über allen Zweifel erhaben ist, werden zwar Vögeln zugeschrieben, allein es ist höchst wahrscheinlich, daß die befiederten Bewohner der Lüfte während der Kreidezeit noch zum guten Theil durch Flugeidechsen ersetzt waren. Von diesen hat man in der Nähe von Cambridge zahlreiche Skelettheile gefunden. Die räuberischen Meersaurier der Jurazeit: die Ichthyosauren, Plesiosauren und wie sie alle heißen, dauern auch in der Kreide noch fort werden aber etwas seltener; neben ihnen erscheinen überdies Pflanzen fressende Landsaurier von riesigen Dimensionen, und gigantische Meer-Eidechsen, unter denen der Maassaurier (Mosasaurus) vom Petersberg bei Mastricht besondere Berühmtheit erlangt hat.

Der Kreidetuff unter den Festungswerken des Petersberges mit seinen uralten schon von den Römern betriebenen unterirdischen Steinbrüchen verdient überhaupt als jüngstes Glied der nordeuropäischen Kreideformation besondere Erwähnung. Das gelbe, sandige, fast ganz aus kleinen versteinerten Meerorganismen (Foraminiferen, Moosthierchen, Mollusken und Strahlthieren) bestehende Gestein liegt in einer Mächtigkeit von nahezu 100 Fuß über der weißen Schreibkreide. Frisch aus dem Bruch herausgenommen lassen sich die dicken, noch von Erdfeuchtigkeit durchdrungenen Bänke beliebig sägen und schneiden, erlangen aber durch Austrocknen genügende Härte, um als geschätztes Baumaterial verwendet zu werden.

Aehnliche Gesteine von geringerer Mächtigkeit finden sich auch im Pariser Becken und auf Seeland.

Mit ihnen schließt die Kreideformation ab. Es folgt aus schwer erklärlichen Ursachen eine Stockung in der bisherigen Sedimentbildung, verbunden mit localen Einschaltungen von Süßwasserschichten.

Auf die organische Welt übten diese Ereignisse einen so verderblichen Einfluß aus, daß im nördlichen Europa, mit Ausnahme einiger Protisten, alle bisher existirenden Pflanzen und Thiere verschwinden, so daß wir uns hier einer jener scharfgezogenen Grenzmarken gegenüber befinden, wie wir sie bereits am Schlusse der Dyasformation kennen gelernt haben.

Wo sich der Seestern wiegte, weidet jetzt
Die scheue Gemse in der Kräuter Duft.
Wo ebne Wasser ruhten, drängen sich
Viel tausend Felsengipfel in die Luft.
(v. Kobell.)

2. Das Alpengebiet im mittleren Zeitalter.

Schon in den ältesten Zeiten ragte das Gerippe unseres stolzesten Gebirges in Europa über den Wasserspiegel hervor. An himmelanstrebende Gipfel, an mächtige Gletscher und wild zerrissene Gebirgsformen dürfen wir jedoch nicht denken, wenn wir uns ein Bild von den ersten Anfängen der Alpen vor unserem geistigen Auge entwerfen wollen. Soweit uns die gegenwärtige Verbreitung, die Beschaffenheit, die Lagerungsverhältnisse und der organische Inhalt der Gesteine über den ehemaligen Zustand der Erdoberfläche Aufschluß gewähren, dürfen wir annehmen, daß die aus Granit und Urgebirge zusammengesetzte Centralkette der Alpen wahrscheinlich schon im archolithischen Zeitalter als ein niedriger Inselzug existirte. Paläolithische Gewässer umsäumten später seine Ufer und hinterließen zwei breite Grauwacken- und Schiefer-Zonen, über deren unterirdische Ausdehnung nach Norden und Süden nicht einmal Vermuthungen ausgesprochen werden können, so sehr sind sie im ganzen südlichen und mittleren Europa von jüngeren Ablagerungen bedeckt.

Während im mittleren Zeitalter der Inselzug sich immer höher aus dem Wasser erhob und nach und nach einen zusammenhängenden, am Meerbusen von Genua beginnenden und von da an durch die ganze Alpenkette fortziehenden Streifen Festland bildete (Taf. I, II und III), in dessen östlicher Fortsetzung die Karpathen-Inseln lagen, entstanden ringsum kalkige Sedimente, welche wir nicht allein in den nördlichen und südlichen Kalk-Alpen, sondern auch in den Karpathen, in der Balkan-Halbinsel, in den Apenninen, Cevennen und Pyrenäen wiedererkennen. Wir müssen somit im mittleren Zeitalter das gesammte südliche Europa zum Alpengebiete zählen. Im vorhergehenden Kapitel ist überdies gezeigt worden, daß die Trias-, Jura- und Kreide-Ablagerungen im schweizerischen und deutschen Juragebirge wahrscheinlich die Nordküste des den Fuß der Alpen bespülenden helvetisch-germanischen Meeres bezeichnen, wenn gleich ihre Gliederung und Fossilreste bedeutende Abweichungen von den alpinen erkennen lassen. Als Beleg für das Vorhandensein des alpinen Inselzuges in so früher Zeit kann angeführt werden, daß an keiner einzigen Stelle die mesolithischen Ablagerungen ununterbrochen quer über die Centralkette sich fortziehen, ja daß sie nur ganz ausnahmsweise in der Westschweiz bis in den Kern des Alpengebietes hereingreifen. Ueberdieß unterscheiden sich die Ablagerungen am nördlichen Rande in solchem Grade von jenen am Südrande, daß es schwer zu erklären wäre, wie sich Absätze von so abweichender Beschaffenheit dicht neben einander in einem ununterbrochenen Wasserspiegel hätten bilden können.

Bleiben wir, um unsere Aufgabe nicht übermäßig auszudehnen, beim Alpenzug im engeren Sinne stehen, so zeigt uns dieser das Bild eines im Grundplan höchst einfach und klar angelegten, aber in der Detailconstruction unendlich verwickelten Stückes Erdoberfläche.

Erst den letzten zwei Jahrzehnten war es beschieden, den Schleier dieses gigantischen geologischen Räthsels einigermaßen zu lüften. In früheren Jahren hatten selbst die Koryphäen der nordeuropäischen Geologie vergeblich nach dem rothen Faden gesucht, der den Weg aus diesem Labyrinth zeigen sollte. Man hatte sich schließlich mit einer oberflächlichen Schichtengliederung begnügt, in welcher fast die ganze mesolithische Kalkzone unter dem gemeinsamen Namen „Alpenkalk" zusammengeworfen wurde, der stets mit einer Art unbehaglichen Grauens genannt wurde.

Jetzt ist das Wirrsal der alpinen Schichten so ziemlich gelöst; sie sind eingefügt in den Rahmen des geologischen Systems und mit ihren gleichalterigen Ablagerungen in Nord-Europa größtentheils genau parallelisirt. Unsere Anschauungen über den inneren Bau der Erdkruste über Metamorphismus, über den Werth und die Abgrenzung der Formationen, über die Wirkungen der Gletscher und viele andere Fragen haben sich durch die Untersuchung der Alpen so wesentlich erweitert oder verändert, daß wir dieselbe geradezu als das wichtigste Ereigniß in der neueren Geschichte der Geologie bezeichnen dürfen.

Wer von den tausend Wanderern, welche alljährlich das Kettengebirg der Alpen überschreiten, mit Aufmerksamkeit die wechselnden Bergformen und Gesteine namentlich im östlichen, verhältnißmäßig einfacher gebauten Zuge betrachtet, erhält gewiß einen mehr oder weniger bestimmten Eindruck von dessen symmetrischer Construction. Zuerst gelangt er, von Norden ausgehend, in die sanften, grünbewaldeten, Hügel der bayerischen und österreichischen Vorberge. Sie bestehen vorwiegend aus Sandstein, enthalten hin und wieder Kohlenflötze und gehören der Tertiärformation an. Dann folgt im schroffen Wechsel die Kalkzone. Mauerartig ragen hier die lichtgrauen Kalkwände in die Lüfte, ihre Gipfel sind wild zerrissen, mit unzugänglichen Spitzen und Graten gekrönt, auf ihren sonnigen Höhen und in ihren tiefen Thälern sind alle Reize der Natnr vereinigt: kahle, weithin leuchtende Felsen wechseln mit blumenreichen Matten oder dunklem Wald, Bäche rauschen in raschem Lauf durch Gräben und Schluchten den Thälern zu, in welchen krystallklare Seen das Auge erfreuen. Die Gegend von Berchtesgaden und das österreich'sche Salzkammergut zeigen die landschaftlichen Reize der nördlichen Kalkzone in vollster Mannigfaltigkeit vereint.

Weiterhin folgt die Grauwacken- und Thonschieferzone, ein zusammenhängendes Band mit weichen, abgerundeten Gebirgsformen, aus Gebilden des paläolithischen Zeitalters bestehend.

Sie lehnt sich an die breite, aus Urgebirge zusammengesetzte Centralkette an. In ihr liegen die bedeutendsten Höhen, die gewaltigsten Gletscher und Firnfelder; ihr gehören der Mont Cenis, der Montblanc, der Monte Rosa, die höchsten Gipfel der Berner Alpen, der Gotthard, Bernina, die Ortlesspitze, die Oetzthalgruppe und der Groß-Glockner an. Die landschaftliche Physiognomie ist überaus wechselnd, je nachdem krystallinische Schiefer, Gneiß oder massige krystallinische Gesteine (Granit, Syenit u. s. w.) vorherrschen.

Hat man die Wasserscheide überschritten und zeigt sich der symmetrische Bau des Gebirges nicht, wie an der Brennerstraße, durch plutonische Eruptivgesteine gestört, so wiederholen sich am Südabhange alle die genannten Zonen in der nämlichen Reihenfolge.

Man durchwandert zuerst den südlichen Grauwacken- und Thonschiefer-Gürtel, um alsdann in die Kalk- und Dolomit-Region zu gelangen, die sich durch größere Wildheit, Sterilität und Wasserarmuth von ihrer lieblicheren Schwesterbildung am Nordrand unterscheidet. Sie zieht unter dem Namen Karst nach Görz und Istrien, verbreitet sich durch Dalmatien bis an die Südspitze von Griechenland hinab und setzt die höchsten Theile der Apenninen zusammen.

In den fruchtbaren Hügeln, welche den Nordrand der lombardisch-venetianischen Ebene umsäumen, erkennt man mühelos das Gegenstück zur Sandsteinzone der Schweiz, Bayerns und Oesterreichs.

So stellen sich die Alpen als ein langgezogener Gebirgsrücken dar, von dessen centraler Axe dachförmig und symmetrisch die jüngeren Sedimentgesteine nach beiden Seiten abfallen. Die letzteren sind freilich häufig so chaotisch verworren, die Schichten so wild durcheinander geworfen, aufgerichtet, gefaltet, geknickt und überstürzt, daß sich ihre ursprüngliche Anordnung nur mit größter Mühe noch ermitteln läßt. Der Anblick jener gefalteten und geknickten Kalksteinschichten, welche z. B. an den Felswänden des Vierwaldstättersees die Aufmerksamkeit selbst des achtlosesten Reisenden auf sich ziehen, wird stets etwas räthselhaftes behalten. Es erscheint uns unbegreiflich, daß das spröde Gestein fast wie eine weiche Masse geknetet und gefaltet werden konnte, allein wir müssen uns erinnern, daß nicht selten die im Kleinen sprödesten Körper im Großen eine bedeutende Biegsamkeit besitzen können. Wie sich große Eis-, Stahl- und sogar Glas-Massen durch starken Druck mit Leichtigkeit biegen lassen, so wäre es wahrscheinlich auch möglich eine feste Kalksteinschicht von meilengroßer Ausdehnung zu biegen, wenn wir im Stande wären, sie an beiden Enden zu fassen und zusammenzudrücken. Denkt man sich überdieß die Gesteine noch mit Erdfeuchtigkeit durchtränkt und dadurch in einem minder spröden Zustand, als an den der Oberfläche zunächst gelegenen Theilen, so läßt es sich am Ende begreifen, wie durch gewaltigen Druck, namentlich wenn er Jahrtausende lang unausgesetzt wirksam blieb, jene merkwürdigen Schichtenstörungen entstehen konnten. Abgesehen von diesen Unregelmäßigkeiten im Schichtenbau gibt es in den Alpen noch vielfache Beweise eines heftigen Druckes, welchem alle älteren Ablagerungen ausgesetzt waren. Man findet Schichten stellenweise auf die Hälfte oder auch noch weniger ihrer normalen Mächtigkeit zusammengequetscht; an anderen Orten sind alle Gesteinstheilchen nach einer bestimmten Richtung an die Länge gestreckt und an dieser Verschiebung nehmen sogar die Versteinerungen Theil, welche sich alsdann auf das seltsamste verzerrt zeigen. Auffallender Weise scheinen alle diese Störungen vollkommen unabhängig von vulkanischen Erscheinungen zu sein; denn sie finden sich gerade da am häufigsten, wo Eruptivgesteine gänzlich fehlen. Damit werden wir einer uns nahe liegenden Erklärung dieser Störungen beraubt. Ueberhaupt so leicht es ist, die Wirkungen mechanischer Kräfte, welche in vergangenen Perioden mit furchtbarer Energie thätig gewesen sein müssen, aus vielen Anzeichen nachzuweisen, so schwierig ist es in jedem einzelnen Falle den Grund anzugeben, warum ein Druck gerade in einer bestimmten Richtung ausgeübt und durch welche Ursachen derselbe überhaupt hervorgerufen wurde. In vielen Fällen bleibt die Vermuthung am wahrscheinlichsten, daß die langsam aufsteigende Bewegung der Centralaxe selbst einen gewaltigen Druck auf die Nebenzonen ausübte und in ihnen jene großartigen Zerrüttungen verursachte, welche wir heute mit Erstaunen betrachten.

Daß übrigens die Alpen nicht mit einem Ruck, in Folge einer einzigen Erdkatastrophe emporstiegen, sondern daß sie hundertmal ansetzten um ihre jetzige Höhe anzustreben, daß sie ihr Ziel erst nach langem, vielfach unterbrochenem Rütteln an der Erdveste erreichten, das geht aus den Lagerungsverhältnissen der Sedimentgesteine mit Sicherheit hervor.

Werfen wir nun einen Blick auf die aus mesolithischen Absätzen zusammengesetzten beiderseitigen Kalkzonen, zunächst in den nordöstlichen Alpen, so zeigt sich in ihnen ein tiefgreifender Contrast gegenüber dem nördlichen Europa. Wie in allen alpinen Ablagerungen fällt zunächst ihre große Mächtigkeit und ihr verhältnißmäßig geringer Reichthum an Versteinerungen in die Augen. Letztere fehlen zuweilen ganzen Schichtencomplexen gänzlich oder sie beschränken sich auf einige wenige Bänke.

Unter den Triasbildungen wird der bunte Sandstein durch rothe oder grüne, glimmerreiche Schiefer ersetzt, welche hier und dort den obersten Sandsteinlagen des außeralpinen Gebietes gleichen. Sie enthalten jedoch höchst selten Landpflanzen und Landreptilien, vielmehr marine Muscheln und Schnecken. Die reichen Steinsalzlager bei Berchtesgaden und im österreich'schen Salzkammergut gehören theilweise zum bunten Sandstein, theilweise auch zum Keuper.

Statt des Muschelkalks thürmen sich in den östlichen Alpen graugefärbte dolomitische Massen (Guttensteiner-Schichten) auf einander, darüber folgen schwarze oder röthliche Kalksteine, zuweilen von mergeligen oder thonigen Schichten unterbrochen. Nach einer genauen Uebereinstimmung der einzelnen Glieder mit dem nordeuropäischen Muschelkalk sucht man vergeblich; ja sogar unter den zahlreichen marinen Versteinerungen erleichtern nur wenige gemeinsame Arten die Orientirung.

Im Keuper hört jede speciellere Parallele auf. Statt litoraler Sandsteine und brackischer Mergel tritt in den Alpen ein vielfach gegliederter Schichtencomplex mit überwiegend marmorartigen Gesteinen auf. Da ist zunächst der blutrothe, dichte Marmorkalk von Hallstadt, Aussee und Berchtesgaden zu nennen, worin namentlich an den erstgenannten Orten Millionen der schönsten Ammonshörner neben anderen Meeres-Conchylien liegen. Im nördlichen Europa gibt es in der Trias noch keine ächte Ammoniten; sie erscheinen dort erst im Lias. Unsere früheren Erfahrungen über die Lebensdauer dieser wichtigen Cephalopoden haben sich somit seit Erforschung der Alpen wesentlich verändert. In den bayerischen und nordtyroler Alpen ersetzen schwarze Blätter-Mergel (Partnachschiefer), weißer Wettersteinkalk und dunkelgefärbte Kalkmergel (Raibler Schiefer) jene fossilreichen Ablagerungen im Salzkammergut.

Auch in den Süd-Alpen finden sich bei St. Cassian in Tyrol, Raibl in Kärnthen, Esino am Comersee und anderen Orten versteinerungsreiche Keuperbildungen von sehr bedeutender Mächtigkeit. Mit Ausnahme vereinzelter Ablagerungen besteht die alpine Trias aus reinen Meeresgebilden und zwar größtentheils aus Gesteinen, deren Beschaffenheit auf eine Entstehung in tiefem Wasser hinweist. Da nun die Trias im ganzen südlichen Europa und in den entlegensten Theilen der Erdoberfläche, wie im Himalajah, in Neuseeland und Californien in der alpinen Entwickelung erscheint, so muß man diese mit Fug und Recht als die normale bezeichnen, welcher die mittel- und nord-europäische als eine locale Strandbildung gegenübersteht. Ueber die einstige Verbindung der letzteren mit dem alpinen Triasmeer fehlt wegen der Bedeckung des ganzen Zwischengebietes durch jüngere Sedimente jeder Aufschluß. Es läßt sich daher auch nicht sagen, ob die bedeutenden Differenzen lediglich in der größeren oder geringeren Entfernung vom Festland, in der Tiefe und Beschaffenheit des Meerbodens ihre Erklärung finden oder ob nicht, wie Gümbel vermuthet, ein jetzt in die Tiefe versunkener Landrücken das helvetisch-germanische Becken in zwei gesonderte geographische Provinzen schied.

Ein Bonebed zwischen Trias und Jura gab es in den Alpen nicht. Statt dessen findet man über dem Keuper graue Kalksteine und weiße Dolomite von mehr als tausend Fuß Mächtigkeit. Beide sind marinen Ursprungs, nur in einzelnen Schichten versteinerungsführend, häufig aller organischen Ueberreste baar. Einige Muscheln finden sich in großer Zahl sowohl im nordeuropäischen Bonebedsandstein, als in den marinen Kalksteinen der Alpen und beweisen, daß die letzteren trotz ihrer enormen Mächtigkeit das zeitliche Aequivalent der oftmals nur handhohen Knochenschicht darstellen.

Diese interessante, alpine Zwischenbildung — die **Rhätische Stufe** — wurde bald der oberen Trias, bald dem unteren Lias zugetheilt, weil ihre Versteinerungen sowohl mit denen des Keupers, als mit denen des Lias vielfache Verwandtschaft besitzen.

Jedenfalls steht fest, daß die Lücke zwischen den beiden Formationen im alpinen Gebiete, wenn auch nicht vollkommen ausgefüllt, doch weit weniger klaffend ist, als im mittleren und nördlichen Europa, wo durch Einschaltung vom brackischen und Süßwasser-Schichten der Zusammenhang der marinen Absätze unterbrochen wurde.

In der Schweiz herrschten während der Triaszeit wesentlich verschiedene Verhältnisse, wie sich aus den Absätzen jener Zeit ersehen läßt. Schon in Graubündten sucht man vergeblich nach den Aequivalenten des bunten Sandsteins, Muschelkalks und Keupers der Ostalpen; dort lagern sich auf den krystallinischen Kern mächtige Massen von grünen und grauen Schiefern, leider fast ganz ohne Versteinerungen, welche möglicherweise alle paläolithischen und einen Theil der mesolithischen Absätze bis zur Kreide herauf vertreten. Weiter westlich läßt sich der bunte Sandstein als ein quarzreiches Conglomerat von rother Farbe (Verrucano oder Sernifit) wiedererkennen, dann folgt ein etwa 200 Fuß mächtiges Lager von löcherigem

Dolomit (Rauh-Wacke) ohne alle Versteinerungen als Vertreter des Muschelkalks. Keuper und rhätische Stufe sind kaum entwickelt und letztere nur in der Nähe des Thuner Sees durch charakteristische Fossilreste zu erkennen. Während der Jura- und Kreidezeit bildete das heutige Rheinthal eine höchst merkwürdige Scheide zwischen den Ablagerungen der westlichen und östlichen Alpen, die auch am Südgehänge der Alpen wieder zu erkennen ist und dort dem Westrande des Gardasees entlang nach Norden verläuft. Die Differenzen zwischen den mesolithischen Ablagerungen der Ost- und Westalpen sind kaum weniger scharf ausgeprägt, als jene zwischen Nord-Alpen und Süd-Alpen.

Während der Juraformation macht sich sowohl innerhalb der Alpen, als namentlich auch zwischen den alpinen und außeralpinen Ablagerungen wieder eine etwas größere Uebereinstimmung geltend, obwohl die Verschiedenheiten immerhin noch groß genug sind, um Wiedererkennung gleichzeitiger Schichten zu erschweren. Man kennt hauptsächlich meerische Ablagerungen, deren Versteinerungen noch am meisten Aehnlichkeit mit denen der schwäbischen und schweizerischen Jurazone besitzen, obwohl auch hier viele eigenthümliche Localformen bemerkt werden. In der Gesteinsbeschaffenheit, weniger in der Mächtigkeit, weichen die alpinen Schichten vollständig von den gleichzeitigen außeralpinen ab. So zeigt sich z. B. der Lias in den Alpen häufig in Gestalt eines röthlichen Crinoideen-Marmors oder als fester, dünnschichtiger dunkelgrauer Mergelkalk oder als lichter, mit Feuerstein durchzogener Kalkstein.

Eine der Wälderstufe entsprechende Süßwasserbildung zwischen Jura- und Kreide-Formation kennt man in den Alpen nicht. Hier folgten ununterbrochen Meeresschichten auf Meeresschichten, die großen Umgestaltungen in der Vertheilung von Festland und Wasser, die Veränderungen in den äußeren Lebensbedingungen gingen fast spurlos an den Alpen vorüber. Kein schroffer Wechsel in der Gesteinsbeschaffenheit, keine bedeutenden Dislocationen deuten hier einen größeren Abschnitt an. Im Gegentheil, die tithonische Stufe, wie man die marine Zwischenbildung genannt hat, zeigt sich sowohl petrographisch, wie paläontologisch auf's engste mit den jüngsten Jura- und den ältesten Kreide-Bildungen verknüpft. Sie enthält zwar eine im Ganzen ziemlich eigenartige Fauna, aber in ihrer unteren Lage finden sich noch zahlreiche jurassische Formen, mit denen sich weiter oben einige Kreide-Arten vermengen. Noch hat der Streit, ob die tithonische Stufe zum Jura oder zur Kreide zu rechnen sei, keinen Abschluß gefunden; aber darin stimmen alle Meinungen überein, daß eine Formationsgrenze niemals an dieser Stelle gezogen worden wäre, wenn die geologischen Forschungen statt in England, Norddeutschland und Nordfrankreich, im alpinen Gebiete begonnen hätten.

In der Kreidezeit macht sich die Absperrung des mittelländischen (alpinen) Meeres von Nord-Europa am bestimmtesten geltend. Die unteren Stufen sind mindestens dreimal so mächtig entwickelt, als im anglo-gallischen Becken. Eine Fülle von merkwürdigen Versteinerungen, namentlich von Ammonshörnern mit ihren aufgelösten Nebenformen und eigenthümlich gestalteten Belemniten charakterisiren die mergeligen oder thonigen Kalkgesteine, während anderwärts im gleichen geologischen Horizont lichtgefärbte Kalksteine

Fig. 81.
Caprotina ammonia aus dem Schrattenkalk von Orgon bei Marseille.

mit zahllosen Foraminiferen ihre Entstehung auf tiefem Meeresgrund verrathen. In den sterilen, wilden Kalkbergen des Languedoc, im dalmatinischen Karst, in den Schweizeralpen, im Bregenzerwald und im Allgäu ersetzt der mächtig entwickelte „Schrattenkalk" die weichen, mergeligen, obersten Neocomienschichten des Pariser Beckens. In seinem Gebiet liegen vorzugsweise jene nackten, vom Wanderer gefürchteten Karrenfelder, die wie Gletscher das Grün der Alpenweiden unterbrechen. Er ist stellenweise ganz erfüllt von Schalen einer eigenthümlichen zweischaligen Muschel (Caprotina), deren große Klappe durch spiral gedrehte Wirbel ausgezeichnet ist. (Fig. 81). Nach dieser Leitmuschel nennt man die Ablagerung auch Caprotinenkalk.

Wo die mittlere und obere Kreidestufe im nördlichen Europa durch Grünsand, Pläner, Quadersandstein und weiße Schreibkreide gekennzeichnet ist, finden sich im mittelländischen Gebiete vorzugsweise lichte, zuweilen aber auch ganz dunkel gefärbte feste Kalksteine. Unter den zahlreichen Fossilresten, welche in diesen mächtigen, vielfach gegliederten Ablagerungen vorkommen, zeichnet sich vor allem eine der Kreideformation ausschließlich zukommende Familie ausgestorbener Muscheln aus. Die verschiedenen Gattungen und Arten dieser Rudisten lebten gesellig und bildeten mit ihren schweren Kalkschalen förmliche Riffe, die in vieler Beziehung an Korallenbauten erinnern, früher auch damit verwechselt wurden. Einige derselben nähern sich durch spiral gedrehte Wirbel den Caprotinen; bei anderen ist die umgekehrt kegelförmige, gekrümmte oder gerade Schale mit der dünnen Spitze am Boden festgewachsen und oben durch einen flachen Deckel geschlossen. Die beiden ungleich gestalteten Klappen werden durch einen complicirten Schloßapparat mit einander verbunden.

Den Badegästen von Reichenhall sind die versteinerten „Kuhhörner" vom Untersberg (Hippurites cornu-vaccinum Fig. 82) mit ihren zuweilen 1½ Fuß langen gebogenen Unterschalen wohl bekannt. Aehnliche Arten

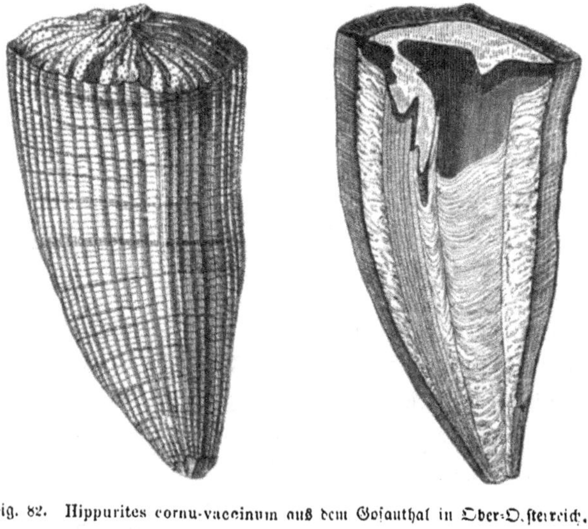

Fig. 82. Hippurites cornu-vaccinum aus dem Gosauthal in Ober-Oesterreich. a. Von außen. b. Durchschnitt desselben Exemplars, um den Schloßapparat zu zeigen.

derselben Gattung kommen in großer Masse im Gosauthal, in den Südalpen bei Belluno, in der Provence, Dordogne, Charente und am Nordabhang der Pyrenäen vor.

Ganz vereinzelt findet man in der alpinen Kreide zwischen den überwiegenden Meereskalken auch eingeschaltete Süßwasserschichten. Ja sogar Steinkohlen werden bei Wiener Neustadt und in der Nähe von Marseille aus mittleren und oberen Kreidebildungen gewonnen. An Conchylien und Pflanzen liefern dieselben nicht unerhebliche Ausbeute, dagegen konnten unter den Wirbelthierresten bis jetzt nur Fische und Reptilien, aber keine Säugethiere entdeckt werden.

In der Regel schließt das mesolithische Zeitalter in den Alpen mit Meeres-Gebilden ab und unmittelbar darüber folgen nicht selten die ältesten Schichten der Tertiärzeit gleichfalls in mariner Entwickelung. Trotzdem ist die Grenze zwischen Kreide- und Tertiär-Formation auch hier ziemlich scharf gezogen. Fast alle Kreidearten, mit Ausnahme einer Anzahl Foraminiferen erlöschen und wenn auch die marine Tertiärfauna, namentlich in den unteren Thierklassen keine sehr auffallenden Contraste gegenüber den Kreideformen erkennen läßt, so besteht hier doch immerhin eine so beträchtliche Lücke, daß der Abschluß eines großen Zeitalters gerechtfertigt wird.

Als Hauptergebniß der geologischen Untersuchung der Alpen muß in erster Linie die Umgestaltung der bisherigen Anschauungen über Bedeutung und Abgrenzung der Formationen bezeichnet werden. Wenn sich schon auf einem so beschränkten Raum, wie Europa, zwei Regionen mit total verschiedener Anordnung der geschichteten Gesteine unterscheiden lassen; wenn sich Hebungen und Senkungen des Bodens, Austrocknung oder Aussüßung von Meeren, Ueberfluthung von ansehnlichen Festlandstheilen, Entstehung von Süßwassersümpfen oder Landmassen ganz unabhängig in einem der beiden nahegelegenen Gebiete vollziehen konnten, ohne daß das andere von diesen Ereignissen im mindesten berührt wurde, dann müssen wir auf die Annahme von universellen Formationsgrenzen verzichten. Die Entwickelung der organischen Schöpfung ist zwar nach allgemeinen, für die ganze Erde gültigen Gesetzen erfolgt, allein sie spielt sich nicht nach einer einzigen Schablone, sondern in vielen, von localen Einflüssen abhängigen Specialgeschichten ab.

Ewig wechselt der Wille den Zweck und die Regel, in ewig
Wiederholter Gestalt wälzen die Thaten sich um;
Aber jugendlich immer, in immer veränderten Schöne,
Ehrst du, fromme Natur, züchtig das alte Gesetz.

(Schiller.)

3. Pflanzen und Thiere im mesolithischen Zeitalter.

a. Die Flora.

„Eine niedrige Küste erhebt sich aus dem Ocean. Im Hintergrunde tauchen ringförmige Korallen-Inseln aus dem Wasserspiegel hervor. Geflügelte Eidechsen durcheilen die Lüfte, langhalsige Seedrachen schwimmen im Meer, an dessen Ufer die Gebeine eines ausgeworfenen Ichthyosaurus bleichen. Festland und Inseln sind mit üppiger Vegetation bedeckt. Da steht eine Gruppe stattlicher Bäume, von unten bis oben mit breitem gefiedertem Laube besetzt, das seinen Ursprung aus kurzen knolligen Aesten zu nehmen scheint. Es sind Pterophyllen, Gewächse von halb Palmen- halb Farne- artiger Tracht. Daneben erregt ein kleiner Wald von Padanen mit gewaltigen, hängenden Blättern und aufwärts strebenden, durch gabelige Luftwurzeln gestützten Stämmen die Aufmerksamkeit. Auf dem Boden oder in Felsspalten sprossen allenthalben Farnkräuter mit großen, vielgestaltigen Wedeln hervor."

Das ist in kurzen Zügen das Bild der Jurazeit und zugleich der Vegetation in der ersten Hälfte des mesolithischen Zeitalters, wie es der geistvolle Unger in seinen bekannten urweltlichen Landschaften entrollt hat!

Was man diesen phantastischen Darstellungen vom Standpunkt der wissenschaftlichen Genauigkeit auch vorwerfen mag: sie gewähren wenigstens den Vortheil, die Resultate mühsamer Detailforschung mit einem Blick übersehen zu können.

Schon früher wurde auf den tiefgreifenden Unterschied in der Pflanzenwelt des mittleren Zeitalters gegenüber jener der älteren Formationen hingewiesen. Die Steinkohlenzeit bietet das seltsame Bild eines aus blüthenlosen Gewächsen zusammengesetzten Urwaldes dar, bei welchem wir unschlüssig sind, ob wir mehr die Einförmigkeit und niedrige Organisation der Formen oder die Ueppigkeit und riesige Größe der Individuen bewundern sollen; die mesolithische Periode hingegen zeigt uns in ihren älteren Formationen eine Flora von ungleich höherer Entwickelung, aber noch immer von sehr monotonem Charakter. Aus der Dyas ist nur eine kleine Anzahl von Gattungen und zwar vorzüglich Farne in den bunten Sandstein übergegangen. Dieselben erhalten sich geraume Zeit, werden aber nach und nach von neuen Gestalten überfluthet.

Im bunten Sandstein spielen Nadelhölzer und Farnkräuter die wichtigste Rolle. Da gibt es vor Allem zapfentragende Voltzien, die den Cedern der Jetztzeit gleichen, ferner dickstämmig, hochgewachsene, den neuholländischen Araucarien ähnliche Widdringtoniten, ausgezeichnet durch äußerst zarte Nadeln und Zweige. Auch säulenförmige Calamiten und ächte Schafthalme, von den jetzt lebenden Formen nur durch ihre gewaltige Größe unterschieden, fehlen nicht. Ein wichtiges und weit verbreitetes Element ist ferner in den immergrünen Zapfenpalmen (Cycadeen) hinzugekommen. Diese,

Fig. 83.
Abbildung einer lebenden Zapfenpalme (Cycas circinalis) aus Südafrika.

gegenwärtig hauptsächlich in der südlichen Hemisphäre vorkommenden Gewächse nehmen sowohl nach ihren botanischen Merkmalen als auch nach ihrer Tracht eine Mittelstellung zwischen den Farnen, Palmen und Nadelhölzern ein. Am oberen Ende der geraden, unverästelten Stämme (Fig 83) stehen zahlreiche lange, einfach gefiederte, in der Jugend eingerollte Wedel, deren lederartige Blätter besonders zur Fossilisation geeignet sind. Ihre großen Früchte besitzen mit den Zapfen der Nadelhölzer die größte Uebereinstimmung. Das getrocknete Mark gelangt als Sago in den Handel.

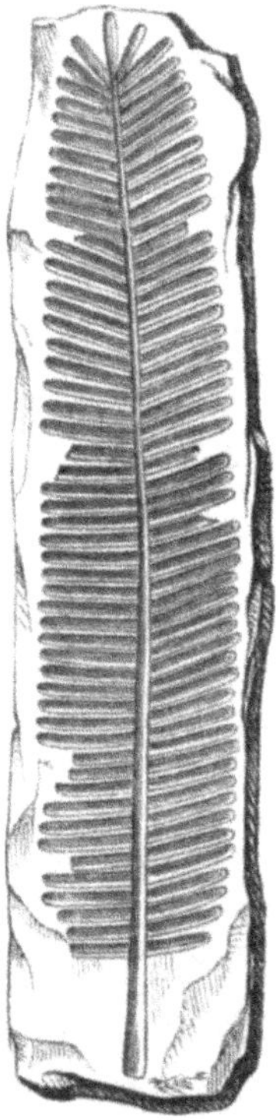

Fig. 84. Pterophyllum Jägeri aus dem Schilfsandstein von Stuttgart.

Im Keuper und noch mehr in der Juraformation wird die landschaftliche Physiognomie in erster Linie durch die reiche Entfaltung der Cycadeen bedingt. Man kann sagen, daß vom Keuper bis zur unteren Kreide der Schwerpunkt der Vegetation in den nacktsamigen Pflanzen liegt und daß die mäßigen Veränderungen innerhalb dieser langen Zeit durch das Erlöschen von alten und das Auftauchen von neuen Cycadeen- und Nadelholz-Arten veranlaßt werden.

Der (Fig. 84) abgebildete Wedel aus den Schilfsandstein von Stuttgart gehört zur Gattung Pterophyllum, deren Stämme eine ansehnliche Dicke und Höhe erreichten.

Andere verwandte Formen

aus jüngeren Schichten (Zamites, Podozamites, Mantellia) heften ihre stattlichen Fiederwedel an kurze, fast kugelige Stämme, die auf ihrer ganzen Oberfläche mit tiefen, von abgefallenen Zweigen herrührenden Narben besetzt sind.

Von Monokotyledonen erscheinen am Ende der Jurazeit zum ersten Mal einige Pandanen, Palmen und Liliengewächse, welche den südlich-tropischen Charakter der damaligen Vegetation noch wesentlich erhöhen.

Aus der mittleren Kreideformation kennt man nur spärliche Ueberreste von Landpflanzen, so daß die Flora der jüngeren Kreidezeit, wie sogleich gezeigt werden soll, in fast unvermitteltem Contrast der eben geschilderten gegenübersteht.

Hätte man bei Aufstellung der geologischen Formationen die fossilen Pflanzen in erster Linie berücksichtigt, so wäre ohne Zweifel zwischen die ältere und jüngere Kreide die Grenze eines Weltalters gefallen; denn niemals gab es eine vollständigere Aenderung im Vegetationskleid unserer Erde, als gerade hier.

Betrachten wir die Pflanzenreste, welche uns der Quadersandstein von Aachen und vom Harz, die obere Mergelkreide von Westfalen, der Pläner von Sachsen Böhmen und Schlesien oder die Kohlenschiefer von Grönland und Spitzbergen liefern, so fehlen zwar darunter stattliche Farne, Nadelhölzer und Sagobäume keineswegs, allein sie spielen nicht mehr die bisherige, Alles beherrschende Rolle.

Der landschaftliche Charakter ist ein anderer geworden. Er wird jetzt bedingt durch immergrüne dikotyledonische Laubhölzer. Merkwürdiger Weise tritt diese

Abtheilung des Pflanzenreichs, welcher heutzutage drei Viertheile der Flora angehören, nicht allmälig mit vereinzelten Formen in die Schöpfung, sondern sie erscheint sofort in gewaltiger Menge, alle anderen Gewächse in Hintergrund drängend. Allein in der Gegend von Aachen hat man schon etwa 200 verschiedene Arten nachgewiesen.

Dieses plötzliche Auftauchen einer großen Anzahl vollständig neuer Formen, die sich in keiner Weise mit den früher gekannten in genetische Verbindung bringen lassen, gehört gewiß zu den überraschendsten und schwierigsten Problemen der Schöpfungsgeschichte. Schon einmal, bei der Betrachtung der Primordialfauna haben wir auf eine ähnliche Erscheinung hingewiesen. Im vorliegenden Falle könnte man übrigens die Vermuthung hegen, daß in dem langen Zeitraum, welcher durch mächtige, pflanzenleere, marine Schichten zwischen der Neocom- und Cenoman-Stufe bezeichnet wird, die vermißten Zwischenformen existirten, aber keine Spuren ihrer Anwesenheit hinterließen.

Die Laubbäume der oberen Kreide gehören hauptsächlich zu immergrünen Eichen, Feigen, Taxus und Proteaceen, von denen die letzteren jetzt am Cap der guten Hoffnung und in Neu-Holland am besten gedeihen. Unsere heutigen Banksien und Grevilleen mit ihren lederartigen, gezackten Blättern und zierlichen Blüthenbüscheln dürften wohl noch am meisten die Tracht ihrer Ahnen aus der Kreidezeit bewahrt haben.

Sämmtliche genannten Pflanzen, denen sich noch mehrere Fächerpalmen und Pandanen beimischen, liefern auch für die jüngere Kreidezeit den Beweis eines warmen Klimas, welches sich, wie aus den Untersuchungen Heer's über die reiche Kreideflora von Grönland und Spitzbergen hervorgeht, bis in die Nähe des Nordpoles hinauf erstreckte.

Neben der Landvegetation verdient die marine Flora wenigstens beiläufige Erwähnung. Schon in der Trias finden sich in einzelnen Schichten Haufen von platten, stabförmigen Stückelalgen (Bactryllien); im Lias haben Knorpeltang und Seegras förmliche marine Wälder gebildet, wenigstens finden wir einzelne Bänke der an Fischen und Sauriern reichen Oelschiefer vollständig mit ihren Ueberresten erfüllt. Auch im Jura und in der Kreide zeigen sich Seepflanzen hin und wieder sehr verbreitet und zwar fallen darunter gewisse Steinalgen (Zoophycus) durch beträchtliche Größe besonders in die Augen.

Zur Steinkohlen-Bildung ist es im mesolithischen Zeitalter nur selten und niemals in sehr großartigem Maßstabe gekommen. Schon früher (S. 274) wurden die wenig brauchbaren, schwäbischen Lettenkohlen der Trias erwähnt. Zur selben Zeit entstanden in den nördlichen Ausläufern der Alpen zwischen Gmunden und Wien Steinkohlenflötze von geringer Verbreitung, aber guter Qualität. Aus dem unteren Lias stammen die Kohlen bei Gresten, Großau u. a. Orten in Oberösterreich, von Steierdorf und Fünfkirchen im Banat, welche an Güte mit den ächten Steinkohlen aus der paläolithischen Periode wetteifern.

Aus der Jurazeit sind nur einige schwache, unbauwürdige Flötze bei Brora in Großbritannien und aus Bornholm und Schonen zu erwähnen; dagegen liefert die norddeutsche Wälder-Stufe zwischen Hannover und Minden eine feste, zur Verkoakung geeignete Steinkohle in sehr bedeutenden Quantitäten. Der nord-europäischen Kreide fehlten Steinkohlenbildungen von nennenswerther Bedeutung und auch in den Alpen sind nur die Pechkohlenflötze der sogenannten Gosauschichten bei Wiener-Neustadt, sowie die etwas jüngeren in der Umgebung von Marseille namhaft zu machen. Die Entdeckung ansehnlicher Kohlenflötze in Grönland und Spitzbergen, welche man den schwedischen Expeditionen verdankt, verdienen darum ein ganz hervorragendes Interesse, weil sie uns über die Flora und das Klima während der jüngeren Kreidezeit unerwartete Aufschlüsse gewährte.

Am östlichen Abhang des nordamerikanischen Felsengebirges schließt das mesolithische Zeitalter mit einer weitverbreiteten, an Braunkohlen reichen Süßwasserbildung ab. Dort tritt die obere Kreideformation als Kohlenspenderin auf und bietet den holzarmen Staaten Nebraska, Dakotah, Nevada u. s. w. eine Garantie für ihr künftiges Aufblühen.

Nach den Berichten, welche neuerdings aus China zu uns gelangen, scheint auch dort ein Theil der vorhandenen Steinkohlen mesolithischen Ablagerungen anzugehören.

In der Natur ist Alles mit Allem verbunden.
(Lessing.)

b. Die Meeresthiere.

Da sich das Thierleben im mittleren Zeitalter noch immer auf den Ocean concentrirt, so gebührt den Meeresbewohnern vor ihren Zeitgenossen auf dem Festland der Vorzug.

Wir beginnen mit dem Kleinsten und Unvollkommensten. Schon wiederholt wurde auf die kalkbildende Thätigkeit der Coccolithen und Foraminiferen aufmerksam gemacht (S. 40). In einer Periode, wo reine Meereskalke das vorherrschende Gestein bilden, ließ sich die Anwesenheit derartiger Ueberreste mit großer Wahrscheinlichkeit voraus sagen. Foraminiferen wurden in der That auch während des letzten Jahrzehntes mit Hülfe des Mikroskops unter geeigneten Vorsichtsmaßregeln sogar in solchen Gesteinen nachgewiesen, in denen scheinbar jede organische Form durch metamorphischen Einfluß zerstört ist. Schon Ehrenberg hatte die Zusammensetzung der weißen Schreibkreide aus Milliarden von winzigen Schälchen entdeckt: daß aber auch die harten Marmorkalke der Alpen aus solchen Elementen bestehen: diese

Kenntniß verdankt man erst den sorgsamen Untersuchungen der Neuzeit.

Es bedarf übrigens kaum der Erwähnung, daß diese Geschöpfe den Kalk nicht zu erzeugen im Stande sind, sondern denselben chemisch gelöst im Meerwasser vorfinden und ihn nur in fester, organisirter Form consolidiren. Nur in diesem Sinne kann man gewisse Gesteine als Erzeugnisse mikroskopischer Organismen bezeichnen.

Auch die Foraminiferen haben ihre Wandlungen durchgemacht. Jede Periode besitzt ihre eigenthümlichen Gattungen und Arten. Wenn der Tiefseeschlamm des atlantischen Oceans heutzutage Millionen von Globigerinen-Schälchen enthält, so suchen wir in der Trias vergeblich nach solchen Formen; dafür gibt es aber dort einen alpinen Kalkstein, der sich fast ganz aus ½ bis 1 Zoll langen Cylindern der Gattung Dactylopora aufbaut. Im Jura herrschen winzige, stabförmige, gekrümmte oder spiral eingerollte Röhren mit glasig poröser Schale vor (Nodosaria, Dentalina, Cristellaria), während die weiße Schreibkreide, die Schratten- und Seewerkalke der Alpen hauptsächlich spiral gerollte (Rotalia, Nonionina), zweizeilig gekammerte (Textilaria) und kugelige Schälchen (Globigerina) liefern. So zeigt sich selbst unter diesen winzigen Baumeistern unserer Gebirge ewiger Wechsel.

Seeschwämme.

Für eine zweite Classe des Protistenreichs, die Seeschwämme oder Spongien scheinen Jura und Kreide besonders günstige Existenzbedingungen geboten zu haben. Durch den gewöhnlichen Badeschwamm sind diese, früher dem Pflanzenreiche zugetheilten Geschöpfe Jedermann hinreichend bekannt. Der löcherige, aus feinen, filzig verwachsenen Hornfasern zusammengesetzte Körper, mit dem wir uns täglich waschen, ist nur ein skeletartiges Gebilde, das sich noch am besten mit dem inneren Kalkgerüste der Korallen vergleichen läßt. Dasselbe wird im lebenden Zustand von einer Gallertmasse (Protoplasma) durchdrungen und überzogen, die ohne besondere Organe alle Verrichtungen der Ernährung, Athmung und Fortpflanzung erfüllt. Gewöhnlich prangen die Spongien im brennendsten Roth, Gelb oder Blau und bedecken, da sie fast immer gesellig leben, mit ihren höchst mannigfaltigen Gestalten weite Flächen an steinigen Seeküsten.

Merkwürdig ist die Verwendung der zahlreichen Löcher und Kanäle in dem faserigen Gewebe. Manche derselben sind mit Wimperzellen bekleidet und führen dem Schwamm durch unaufhörliche Schwingungen einen continuirlichen Strom Wassers zu, der in heftigen Güssen aus anderen Löchern wieder ausgestoßen wird.

Die heutigen Hornschwämme würden sich wegen der vergänglichen Beschaffenheit ihres Gewebes nicht sonderlich zur Versteinerung eignen. Ihre Vorfahren aus der mesolithischen Periode besaßen aber ein viel festeres, aus kalkigen Fasern bestehendes Skelet, das selbst nach dem Absterben des Thieres dem Anprall der Wellen Widerstand zu leisten vermochte.

Wer je über die Spongitenkalke des weißen Jura gewandert, hat sich gewiß an den vielgestaltigen Formen der zahllos herumliegenden Kalkschwämme erfreut. In größter Menge sieht man Becher- oder Cylinderförmige Scyphien. Bei diesen bildet das von vielen rundlichen Löchern durchbohrte und von äußerst feinen Kanälchen durchzogene Kalkskelet eine dicke Wand um einen weiten centralen Hohlraum. Die ursprünglichen Kalkfasern wandeln sich manchmal während des Fossilisationsprozesses in Kieselerde um: dann läßt sich durch verdünnte Salzsäure die in alle Oeffnungen eingedrungene Kalkmasse auslaugen und das Skelet erscheint in so untadeliger Frische und Reinheit, als ob es eben dem Meere entnommen worden wäre. Auf solche Weise ist die Fig. 85 abgebildete Scyphia paradoxa präparirt.

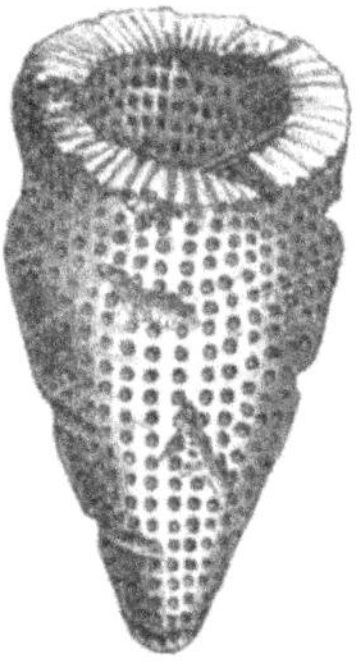

Fig. 85. Scyphia paradoxa
aus dem weißen Jura von Engelhardsberg in Franken.

Neben den cylindrischen Scyphien findet man tellerartig ausgebreitete, kurz gestielte Cnemidien- und Tragos-Arten, zuweilen mit einem Durchmesser von

1—1½ Fuß. Bei den ersteren strahlen vom vertieften Centrum zahlreiche, verzweigte, rissige Kanäle aus.

Auch zusammengesetzte, verästelte Colonien, ganze Gruppen von Cylindern, knollige Kugeln und breite, am Boden hinkriechende Lappen liegen in Menge umher.

Fig. 86. Siphonia ficus aus der mittleren Kreide von Blackdown.

In der Kreide werden die Formen noch viel mannigfaltiger und zierlicher. Man kennt Gattungen, deren Gestalt genau einem Pokale gleicht; andere erinnern an Feigen (Fig. 86), sind jedoch mit einer oder vielen Verticalröhren der Länge nach durchzogen und durch einen an der Basis wurzelartig verzweigten Stiel am Boden festgewachsen. Durch besondere Schönheit zeichnen sich die schirmähnlichen, gestielten Coeloptychien (Fig. 87) aus den obersten Kreideschichten Norddeutschlands aus.

Mit den lebenden Spongien dürfen die fossilen Steinschwämme nicht zusammengeworfen werden. Sie bilden eine selbständige Familie, folgen zwar in der äußeren Formgestaltung denselben Gesetzen wie die Horn- und

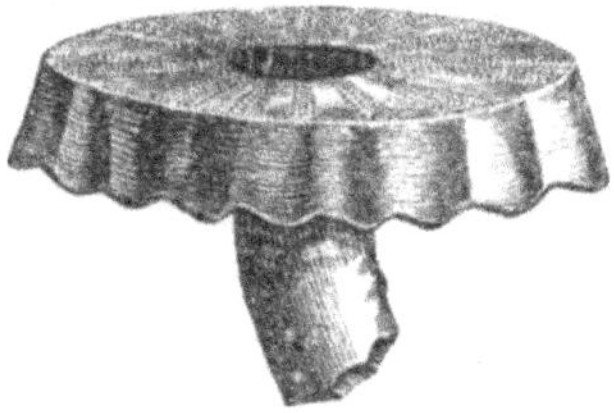

Fig. 87. Coeloptychium agaricoides aus der weißen Kreide von Braunschweig.

Kieselschwämme der Neuzeit, erlöschen aber bereits am Ende des mittleren Weltalters.

Korallen und sonstige Strahlthiere.

Für die warme Temperatur der Urmeere liefert das Vorkommen von Korallenriffen den besten Anhaltspunkt. Schon aus diesem Grunde dürfen die ungemein mächtigen Korallengesteine des mesolithischen Zeitalters nicht mit Stillschweigen übergangen werden.

Im schweizerischen Jura hat Osw. Heer nicht allein die Verbreitung der ehemaligen Korallenriffe kartographisch dargestellt, sondern sogar noch ihre ursprüngliche Form zu ermitteln gesucht. So glaubt er z. B. bei Solothurn ein kleines, ganz regelmäßiges Atoll, bei Delsberg ein zweites von größerem Umfang und südlich von Basel ein Wallriff nachweisen zu können.

Fig. 88. Ideale Landschaft aus der Jurazeit.

Die Korallen-Gattungen im mittleren Zeitalter sind größtentheils sechszählig (vgl. S. 157) und schließen sich schon enge an die lebenden an. Kein Merkmal von hervorragender Bedeutung im inneren Bauplan, kein namhafter Unterschied in der Größe oder äußeren Gestalt erregen besonders Interesse. Weichen auch die Einzelformen in gewissen Merkmalen von den jetzt lebenden ab, so besitzt doch ihre ganze Tracht und die Art ihres Vorkommens so wenig Eigenartiges, daß der Totalcharakter der alten Korallenbauten gewiß mit denen unserer tropischen Meere im Einklang stand. Statt der Beschreibung einiger durch Häufigkeit hervorragender Gattungen wurde auf nebenstehender Landschaft (Fig. 88) der Versuch gemacht, die Lebewelt an und über einem jurassischen Korallenriff darzustellen.*)

*) Unser Bild zeigt uns ein Stück des mit Korallen-Inseln bedeckten Archipels der jüngeren Jurazeit. Im Hintergrund sieht man mehrere mit Zapfenpalmen bewachsene Atolle. Auf der rechten Seite im Vordergrunde steht auf der äußersten Spitze einer schmalen Korallen-Insel eine stattliche Gruppe von Sagopalmen aus der Gattung Pterophyllum; andere hochstämmige Cycadeen mit ausgebreiteten Kronen sieht man im Hintergrund. Mit diesen besitzen die kurzen, mit langen Wedeln geschmückten Sträuche weiter vorn wenig Aehnlichkeit, obwohl sie ein und derselben Gattung angehören. Die schlankgewachsenen Nadelhölzer am rechten Rande (Thuites) schließen sich in ihrer Tracht den heutigen Araucarien an.

Im Wasser selbst tummelt sich eine mannigfaltige Bevölkerung umher. Rechts bildet der Boden ein förmliches Korallen-

Von den Korallen des älteren Zeitalters unterscheiden sich die mesolithischen Formen vornehmlich durch folgende Merkmale:

Die Sternleisten der Kelche sind in der Regel sechszählig geordnet; die früher ziemlich allgemein vorhandenen Querböden sind selten geworden; das ganze Kalkgerüst ist minder derb, die Sternlamellen sind dünner, löcherig und bestehen manchmal sogar nur aus lose zusammengefügten, einem Fachwerk gleichenden Kalkbälkchen. Dafür entwickelt sich das die einzelnen Kelche verbindende kalkige Zwischengewebe stärker und die Fortpflanzung erfolgt ebenso oft durch Selbsttheilung wie durch Knospung.

In der Trias enthält nur das alpine Gebiet Korallenriffe, im Jura verbreiten sie sich über ganz Europa,

---

feld, in dem mächtige Gruppen von Stylinen und Astraeen vorherrschen. Die kurzen, dickbäuchigen Fische im Vordergrund gehören zur Gattung Gyrodus. Gerade in der Mitte schwimmt ein großer dünnleibiger Aspidorhynchus, bemerkenswerth wegen seines verlängerten Oberkiefers; etwas weiter oben links zeigt sich ein Lepidotus mit seinem schmelzglänzenden Schuppenkleid. Leicht kenntlich sind die herumliegenden Ammonshörner, sowie die schlanken Belemniten mit ihren 10 Fangarmen. Links im Vordergrund ist eine Felsgruppe dicht besetzt mit Steinschwämmen, Seelilien (Apiocrinus), Korallen und Muscheln. Auf der Wasserfläche selbst schwimmt ein mächtiger Ichthyosaurus, in der Luft schwebt der Urvogel (Arachaeopteryx) und ein kleiner Flugsaurier (Pterodactylus), der gerade die Palmengruppe am Ufer verläßt.

um in der Kreide allmälig wieder ihren Rückzug nach der Mittelmeer-Region anzutreten.

Eine sehr auffällige Umgestaltung und Annäherung an die jetzige Schöpfung lassen die Seelilien (vgl. S. 172) erkennen. Die Knospenstrahler und Cystideen sind bereits erloschen und nur noch die Armlilien vertreten. Aber auch unter diesen beschränken sich die einst so zahlreichen getäfelten Formen auf eine einzige ungestielte Gattung (Marsupites); alle übrigen gehören zu den gegliederten Seelilien, bei welchen die dicken Kelchtäfelchen nicht einfach aneinander gereiht, sondern durch vertiefte Gelenkflächen mit einander verbunden sind. Außerdem wird die getäfelte Kelchdecke durch eine lederartige Haut ersetzt.

Im Muschelkalk liegen die prächtigen Kronen des Encrinus liliiformis (Fig. 90). Auf langem, aus drehrunden Gliedern bestehendem Stiel erhebt sich der niedrige Kelch, dessen oberste Täfelchenreihe fünf, mit zarten, gegliederten Fühlerchen besetzte Doppelarme trägt, welche sich sternförmig ausbreiten und wieder zu einer stumpfen Pyramide zusammenfalten ließen. In diesem Zustand mahnen sie an den Anblick einer eben im Aufbrechen begriffenen Lilie.

Unter dem Schutze der oberjurassischen Spongiten- und Korallen-Felder entwickelten sich besonders gern die zierlichen Nelkencriniten (Eugeniacrinus, Fig. 89). Das sind kurzgestielte mit derben Wurzelstock festgewachsene Krönchen, deren Kelch fast genau die Form einer Gewürznelke wiederholt. Fünf gebogene, unten breite, oben zugespitzte Tafeln bilden das Deckengewölbe und

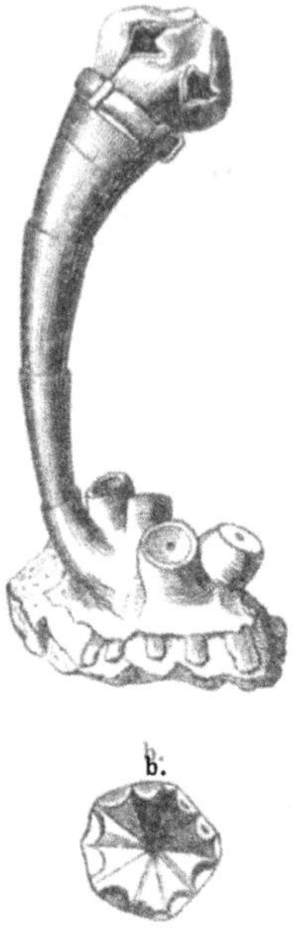

Fig. 89. Eugeniacrinus caryophyllatus aus dem weißen Jura von Streitberg in Franken.
b. Kelch von oben gesehen. (natürl. Größe.)

lassen zwischen sich rhombische Oeffnungen frei, die vermuthlich zum Austritt der Arme bestimmt waren.

Weder Encrinus noch Eugeniacrinus besitzen in der Jetztwelt einen nahestehenden Verwandten. Wohl aber haben die Tiefseeforschungen der Neuzeit sowohl im Eismeer, als an den Küsten von Florida eine winzige, höchst zierliche Armlilie ans Tageslicht gebracht, die geradezu als zwerghafter verkümmerter Nachkomme der stattlichen Apiocriniten aus den Jurameeren betrachtet werden kann.

Die ohne Arme zwei bis drei Zoll langen Kronen des Apiocrinus (Fig. 91) besitzen birnförmige Gestalt und bestehen aus massiven, durch vertiefte Gelenkflächen in einander gefügten Tafeln. Der Centralraum für die Weichtheile hat nur geringen Umfang; der Stiel ist rund, am unteren Ende knollig verdickt; seine Glieder werden von einem centralen Kanal durchbohrt und sind auf den Gelenkflächen mit strahligen Eindrücken verziert. Die größten unter den jurassischen Apiocriniten konnten mit Armen, Kelch, Stiel und Wurzeln eine Länge von 3—4 Fuß erreichen. In der Kreide- und Tertiär-Formation werden sie immer kleiner und nähern sich auch in anderen

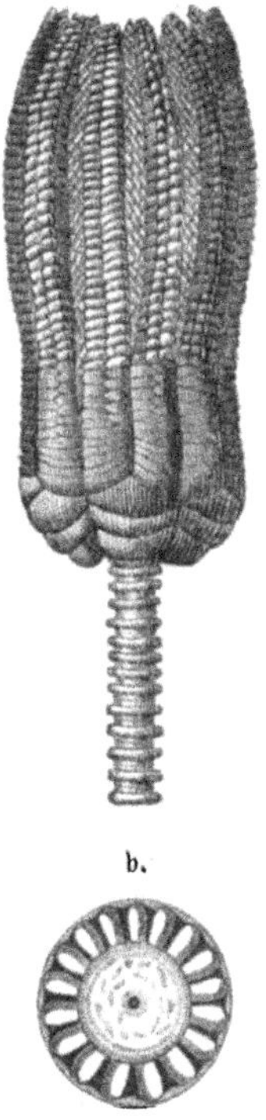

Fig. 90. Encrinus liliiformis aus dem Muschelkalk von Erkerode bei Braunschweig. (1/2 natürl. Größe). b. Stielglied (natürl. Größe).

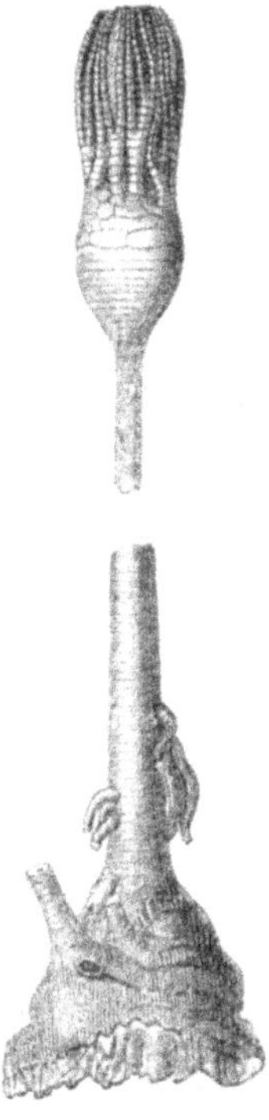

Fig. 91. Apiocrinus Roissyanus aus dem Korallenkalk von Tonnere (Yonne). (1/3 natürl. Größe.)

Merkmalen dem mit Stiel und Wurzel kaum fingerlangen lebenden Rhizocrinus.

Neben den bereits genannten erloschenen Formen finden sich auch herrlich erhaltene Exemplare der langarmigen, noch heute existirenden Gattung Pentacrinus. Im englischen und schwäbischen Liasschiefer liegen zuweilen ganze Familien begraben. Ihre dünnen, aber ungemein langen Stiele sind dann in der Regel mit einander verschlungen und stacken vermuthlich nur lose im Schlamm, wenigstens findet man niemals verdickte Wurzeln wie bei den Apiocriniten. Im Gegentheil das unterste Ende scheint sich zu verjüngen. Nach oben nehmen die mehr oder weniger deutlich fünfeckigen Stiele langsam an Stärke zu, tragen an ihrem Ende die mächtige, verästelte Krone (Fig. 92), unter deren Last sie sich krümmen. Charakteristisch ist die fünfblätterige Verzierung auf den Gelenkflächen der Stielglieder, nach welcher die Gattung ihren Namen erhalten hat.*)

Der Kelch selbst besteht nur aus wenigen kleinen aber dicken Täfelchen; auf ihm befestigen sich fünf gewaltige, weit ausgebreitete, tausendfältig verästelte und bis in die dünnsten haarförmigen Spitzen gegliederte Arme. Quenstedt hat sich die Mühe gegeben, an einer schwäbischen Krone die Zahl der Kalktäfelchen auszurechnen und nicht weniger als 5 Millionen herausbekommen! „Alle diese Kalkglieder werden von einem Nahrungskanal durchbohrt, welcher Leben bis in die äußersten Spitzen strömt. Der ganze wunderbare Bau hat das einzige Ziel, Strömungen im Wasser zu erzeugen, um Nahrung zum centralen, zwischen den Wurzeln der schlangenartigen Arme versteckten Munde zu führen. Mund und Magen umgeben von einer vielgegliederten, kalkgestützten Schwielenhaut, lagerten sie im Schlamme des Urmeeres, und gehalten durch ungemessene, aber innig

*) πέντα, fünf, κρῖνον, Lilie.

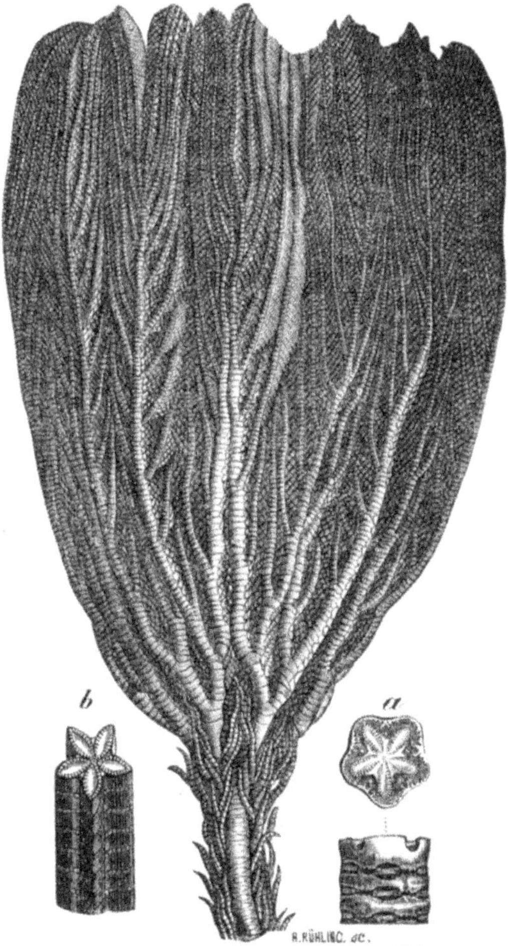

Fig. 92. *Pentacrinus subangularis* aus dem Liasschiefer von Boll in Württemberg.

a. Stielglieder derselben Art, b. Stielglieder von *P. basaltiformis*.

in einander verschlungene Stiele blieb wahrscheinlich die Wiege auch ihr Grab. Denn solche Massen konnten sich nicht leicht bewegen.“ (Quenstedt.)

Auch die Pentacriniten werden nach Ablauf der Jurazeit kleiner und wenig häufig. Einige wenige ziemlich schmächtige Arten leben noch heute in großer Meerestiefe an den Küsten von Südeuropa und den Antillen, scheinen aber, wie aus ihrer außerordentlichen Seltenheit hervorgeht, im Aussterben begriffen zu sein.

Ließ sich schon bei den Crinoideen eine Fortentwickelung im Sinne der Annäherung an die Jetztzeit erkennen, so tritt dieselbe Erscheinung in noch auffallenderem Grade bei den Seeigeln hervor. Diese Geschöpfe machen im mittleren Zeitalter einen nicht unwesentlichen Bestandtheil der Meeresfauna aus und fanden an steinigen Ufern oder Korallenriffen besonders günstige Standorte. Zeichneten sich die paläolithischen Formen (vgl. S. 187) durch eine ungewöhnlich große Anzahl von Tafelreihen aus, so bestehen von der Trias an alle Seeigel nur aus 20 Reihen, von denen je 10 mit Porengängen versehene als Ambulacral-, je 10 undurchbohrte als Zwischen-Felder bezeichnet werden.

In der Trias gibt es nur wenige Arten aus der noch jetzt lebenden Sippe Cidaris (Fig. 93), die in der Jura- und Kreideformation bereits den Höhepunkt ihrer Entwicklung erreichte. Ihre runden, getäfelten Schalen sind mit großen Warzen besetzt, welche dicken, keulenförmigen Stacheln als Gelenkflächen dienen. Den fossilen Exemplaren fehlt diese Bewaffnung meistens — Körper und Stacheln liegen getrennt, die letzteren zerstreut im

Gestein.*) Während des Lebens benützen die Seeigel ihre Stacheln theils als Schutz-, theils als Bewegungs-Organe, indem sie dieselben am Boden aufstemmen und nun den Körper mittelst der ausgestreckten Saugschläuche langsam fortschleppen.

a.

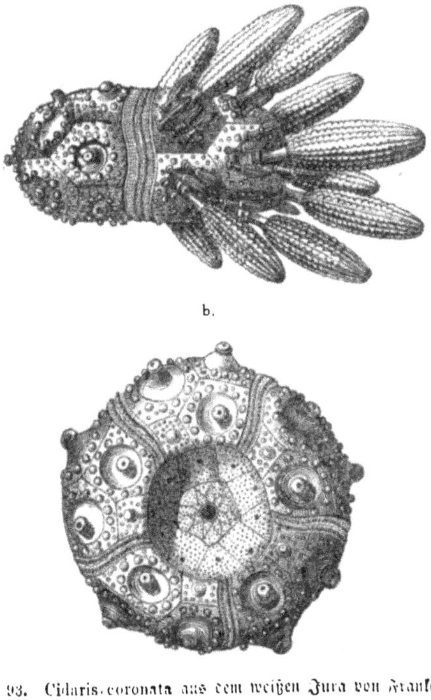

Fig. 93. Cidaris coronata aus dem weißen Jura von Franken.
a. Köper, theilweise noch mit Stacheln besetzt, von der Seite (restaurirt).
b. Korper von oben.

*) Die Stacheln sind unter dem Namen Judensteine bekannt.

Sonderlich schnellfüßig sind die Seeigel nicht; dafür besitzen sie aber die Fähigkeit, sich auf der oberen und unteren Seite gleichgut fortzubewegen oder sogar unter Umständen sich auf der Seite wie ein Wagenrad fortzurollen. Manche scheinen zeitlebens sich nur im Kreise herumzuwälzen, indem sie gleichzeitig mittelst ihrer scharfen Zähne tiefe Gruben in Sand oder sogar in harten Stein einbohren.

An dem Fig. 93[b] abgebildeten Stück aus dem weißen Jura sieht man die Oberseite des Körpers. Der After liegt in der Mitte des Scheitelschildes und hat seine ursprüngliche Bedeckung durch bewegliche Täfelchen noch erhalten. Gerade gegenüber liegt auf der flachen Unterseite der mit 5 kräftigen, zugespitzten Kiefern ausgestattete Mund.

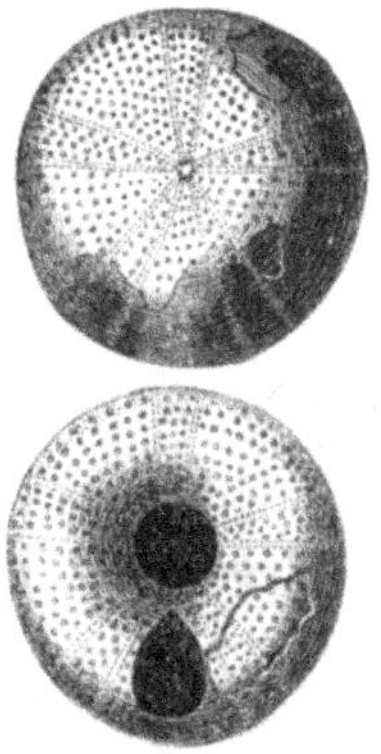

Fig. 94. Holectypus orificatus aus dem weißen Jura von Franken.

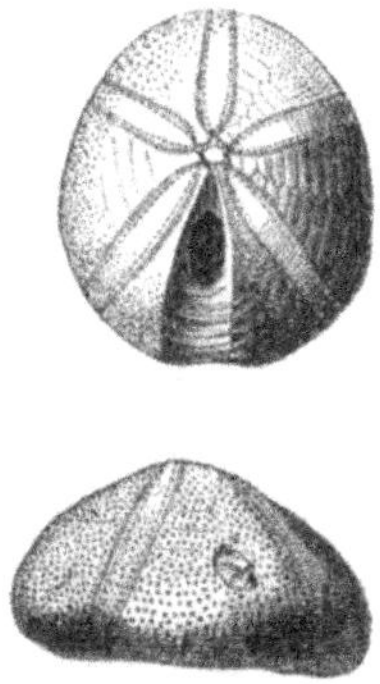

Fig. 95. Echinobrissus clunicularis aus dem braunen Jura der schwäbischen Alb.

Nicht so regelmäßig sind die in Fig. 94 und 95 dargestellten Seeigel gebaut. Bei diesen ist der After aus dem

Scheitel gerückt. Er kann überhaupt jeden beliebigen Punkt zwischen Scheitel und Mund in der Mittellinie des hinteren unpaaren Zwischenfeldes einnehmen, doch bleibt seine Lage innerhalb ein und derselben Gattung stets constant. Sobald der After das Scheitelschild verläßt, hört die regelmäßige, strahlige Form auf und man unterscheidet nun an den Körpern Vorn, Hinten, Rechts und Links.

Als Beispiele von jurassischen Seeigeln mit excentrischem After sind die Gattungen Holectypus (Fig. 94) und Echinobrissus (Fig. 95) abgebildet. Beim letzteren liegt der After auf der Oberseite, unmittelbar hinter dem Scheitel, beim ersteren auf der Unterseite, hinter dem Mund. Bei allen unregelmäßigen Seeigeln sind die Warzen und Stacheln bedeutend kleiner als bei den Cidariten.

In der Kreideformation finden sich regelmäßige Seeigel zwar noch in sehr großer Zahl; aber die Formen mit excentrischem After nehmen mehr und mehr zu und da bei diesen häufig auch der Mund in die vordere Hälfte der Unterseite vorrückt, so wird die radiale Gestalt fast gänzlich aufgehoben und statt ihrer eine einfache Symmetrie hergestellt.

In diese Abtheilung gehört Ananchytes ovata (Fig. 96). Man trifft ihn in der Schreibkreide von Norddeutschland, England und Frankreich ungemein häufig. Nicht selten ist das Innere mit Feuerstein ausgefüllt, die Schale selbst aufgelöst, so daß der Ausguß alle Poren und vertieften Nähte des Gehäuses in erhabener Zeichnung wiedergibt.

Die Seeigel der jetzigen Meere stimmen theilweise generisch mit denen der Jura- und Kreide-Zeit überein; aber neben den alten Gattungen haben sich zahlreiche neue

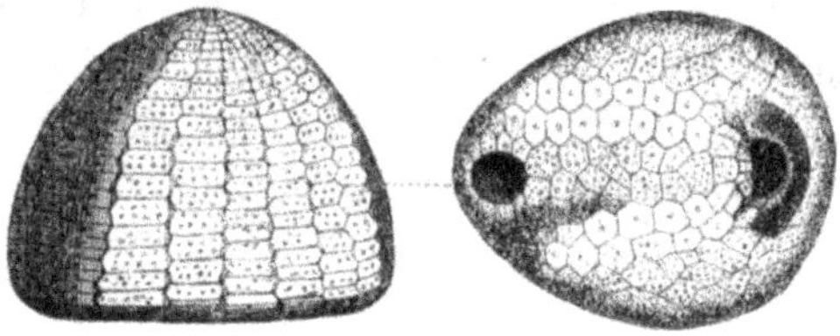

Fig. 96. Ananchytes ovata aus der weißen Kreide von Lüneburg.

entwickelt, während die ersteren überall, wenn sie überhaupt noch existiren, eine bedeutende Abnahme an Arten erlitten. Im Ganzen stehen jetzt die regelmäßigen Cidariten den mehr differenzirten und darum höher organisirten Formen mit excentrischem Mund und After an Zahl und Manigfaltigkeit weit hintan.

Die Weichthiere.

Das bunte Heer der Weichthiere entzieht sich wegen seiner ungeheuren Menge einer eingehenderen Betrachtung. Eine Vertiefung in die Beschreibung von Einzelformen könnte aus den schon früher (S. 190) angeführten Gründen auch kein besonderes Interesse erregen. Wenn aber trotzdem der Geologe gerade den Conchylien seine Hauptaufmerksamkeit zuwendet, wenn ein bedeutender Theil der paläontologischen Literatur sich vorzugsweise mit ihnen beschäftigt, so liegt darin ein Zugeständniß für den praktischen Werth der leicht unterscheidbaren und meist wohlerhaltenen Mollusken-Schalen zur Erkennung der Erdschichten. Die

Conchylien wurden in der That die ersten Führer durch die Formationen der Urzeit und noch heute bestimmt der Geologe seine Horizonte am besten nach gewissen weitverbreiteten und charakteristischen „Leitmuscheln".

Sämmtliche Klassen des Weichthiertypus stellen im mittleren Zeitalter zahlreiche Vertreter. Bei den Brachiopoden (vgl. S. 192) läßt sich allerdings bereits eine Abnahme der Formen, nicht aber der Individuen erkennen. Die einst so verbreiteten Familien der Strophomeniden, Productiden und Spiriferiden, sowie viele andere Gattungen haben ihre Blüthenperiode längst hinter sich und sind entweder ganz verschwunden oder doch nur noch sparsam vertreten.

97. 99. 100.

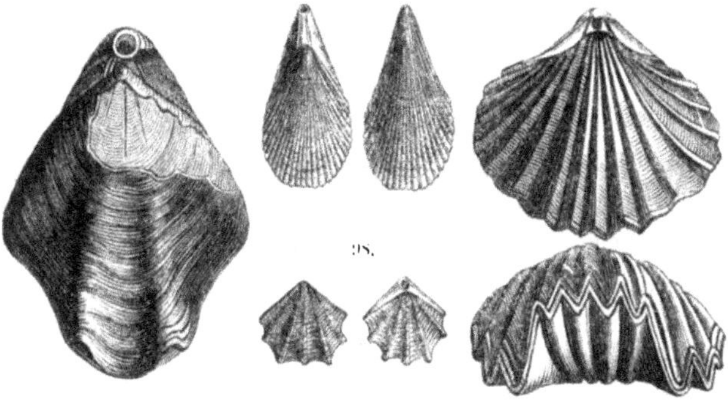

Fig. 97. Terebratula Phillipsii aus dem braunen Jura. 98. Megerlea pectunculus aus dem weißen Jura. 99. Terebratulina neocomiensis aus der unteren Kreide. 100. Rhynchonella quadriplicata aus dem braunen Jura.

Dafür erfüllen in Trias, Jura und Kreide die Terebrateln (Fig. 97) und Rhynchonellen (Fig. 100) zu Tausenden die Erdschichten. Diesen gesellen sich außerdem andere Gattungen von mannigfaltiger Form (Terebratulina, Megerlea, Retzia u. s. w.) in geringer Anzahl bei.

Aus der Masse von Muscheln und Schnecken greifen wir nur einige charakteristische Formen heraus, welche als sogenannte „Leitmuscheln" von den Geologen besonders geschätzt werden.

Die meisten Muscheln (Blätterkiemener) [S. 193] bewohnen das Meer, nur wenige Gattungen, wie unsere gewöhnlichen, zu Farbenschälchen benützten Flußmuscheln halten sich auch in süßen Gewässern auf. Es sind äußerst harmlose, schwerfällige, langsam fortrutschende Thiere, denen ihre zweiklappige Kalkschale als Schutz und ein paar kräftige Muskeln als einzige Waffe dienen. Gewöhnlich befindet sich vor und hinter den Wirbeln, in der Nähe des Schloßrandes, je eine Muskel; bei den Austern und ihren Verwandten genügt jedoch ein einziger, centraler Muskel, um die Schalen krampfhaft zusammen zu pressen und jeden gewaltsamen Oeffnungsversuch zu hindern. Liebhaber von frischen Austern wissen recht wohl, daß einer geschlossenen Schale schwer beizukommen ist; wollen sie dieselbe nicht gewaltsam zerbrechen, so warten sie ab, bis das Thier unvorsichtig seine Klappen öffnet und den fleischigen Fuß hervorstreckt; dann fahren sie mit dem Messer dazwischen, schneiden den Muskel durch und bemächtigen sich nun, ohne Widerstand zu finden, des gelähmten Thieres. Man sollte bei so kopflosen Geschöpfen, wie es die Muscheln sind, keine Sinnesorgane vermuthen; aber schon die Geschwindigkeit, mit welcher die Auster bei herannahender Gefahr ihre Klappen schließt, belehrt uns eines Besseren. Die Organe sind in der That vorhanden, nur liegen sie an Stellen, wo man sie am wenigsten gesucht hat. So befinden sich am fleischigen Fuß mehrere mit Steinchen erfüllte Gehörbläschen und am äußeren Mantelrand sieht man bei vielen Muscheln wohl entwickelte, zuweilen lebhaft gefärbte Augen in großer Anzahl vertheilt.

Im mittleren Zeitalter herrschen die Muscheln mit *einem Muskel* entschieden vor, während jetzt die *Zweimuskler* das Uebergewicht behaupten.

Fig. 101. Myophoria vulgaris aus dem Muschelkalk von Bayreuth.

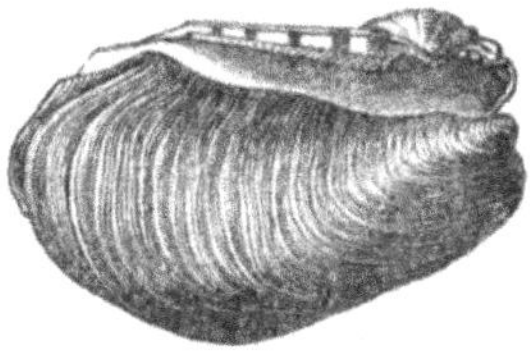

Fig. 102. Gervillia socialis aus dem Muschelkalk von Bayreuth.

Bemerkenswerth ist die gesellige Lebensweise vieler Muscheln. Bei den Austern gestattet diese Eigenschaft bekanntlich die Züchtung in untermeerischen Gärten. Man friedigt auf passendem Boden den *Park* mit Pfählen oder Mauern ein, bringt Austernbrut in Reisigbündeln hinein und läßt dieselbe festwachsen. In wenig Jahren ist die Colonie durch rasche Vermehrung so sehr vergrößert, daß nun mit der Ausbeutung begonnen werden kann. Auch die *Miesmuscheln* (Mytilus edulis) sieht man in der Regel in enormer Zahl beisammen. Die felsigen Ufer des Stürfjords in Norwegen z. B. werden von einem schwarzen, etwa 5 Fuß breiten Riesenkranz umsäumt, der aus

Millionen dieser Muscheln zusammengesetzt ist. In Norwegen bedarf man keiner künstlichen Brutstätten für die Miesmuschel; in Frankreich schlägt man, da sie ein wenn auch wenig schmackhaftes Gericht liefert, lange Pfahlreihen in den seichten Küstenboden, an welche sich dann die Muscheln freiwillig in Massen ansiedeln.

Die geselligen Gattungen finden sich natürlich auch fossil in größter Menge und liefern vorzugsweise die Leitmuscheln. Als solche gelten im Muschelkalk die langgestreckten, etwas gebogenen Schalen der Gervillia socialis (Fig. 102), die in der Räthischen Stufe durch die charakteristische und nahestehende Avicula contorta (Fig. 103) ersetzt wird. Bemerkenswerth ist die weite Verbreitung der flachen, radial gerippten Monotis salinaria (Fig. 104). Ihre Schalen setzen im rothen Keupermarmor am Kälberstein bei Berchtesgaden, sowie

Fig. 103. Avicula contorta aus der Rhätischen Stufe von Oberbayern.

Fig. 104. Monotis salinaria aus dem Keuperkalk von Berchtesgaden.

an vielen Orten des österreichischen Salzkammergutes ganze Schichten zusammen und wurden in gleicher Menge am Himmalajah, in Neu-Seeland und Neu-Caledonien entdeckt.

Auf die Trias beschränkt ist die dreieckige **Myophoria** (Fig. 101), von welcher zahlreiche glatte, radial- und quer-gerippte Arten bekannt sind. Die Myophorien sind unzweifelhaft die Vorläufer der in den beiden folgenden Formationen ungemein häufigen Trigonien (Fig. 105), welche einige seltene Nachkommen auf die heutigen australischen Meere überliefert haben. Bei dieser Gattung sind die beiden Schalen durch sehr starke gekerbte Zähne fest mit einander verbunden.

Fig. 105.
Trigonia costata aus dem braunen Jura von Schwaben.

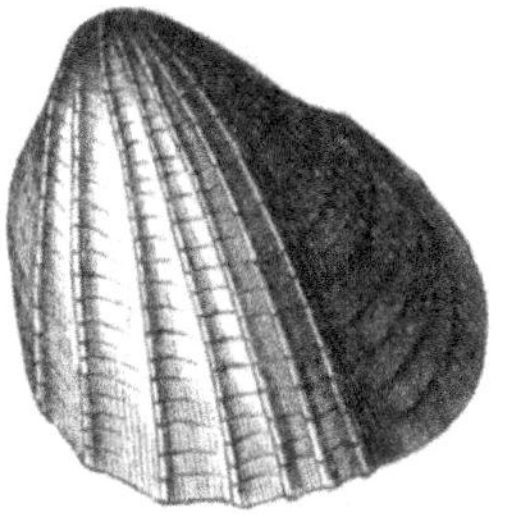

Fig. 106.
Pholadomya deltoidea aus dem braunen Jura von England.

Auch die Pholadomyen (Fig. 105) gehören heutzutage zu den seltensten Muscheln und stehen offenbar auf dem Aussterbeetat. Zur Jura- und Kreide-Zeit dagegen gelangten ihre dünnen, meist radial gerippten Schalen massenhaft in die Erdschichten. Die gesellig lebenden Kammmuscheln (Pecten, Fig. 107) sind leicht kenntlich an ihren flachen, zu beiden Seiten des Schloßrandes mit flügelartigen Ohren versehenen Schalen, deren Oberfläche in der verschiedensten Weise verziert und gefärbt ist. Schon in der Silurformation kennt man

Pectenarten, aber in großer Menge treten sie erst von der Triasformation an auf.

Ganz besonders reichlich ist im mittleren Zeitalter die Familie der Austern vertreten. Wie heute, so bildeten sich auch ehemals ausgedehnte Austernbänke und finden sich nun Schale an Schale gedrängt in gewissen Schichten begraben. Ganz erstaunlich massenhaft zeigt sich im untern Lias eine ungewöhnlich stark gekrümmte, runzlige Form (Gryphaea arcuata, Fig. 108), von welcher

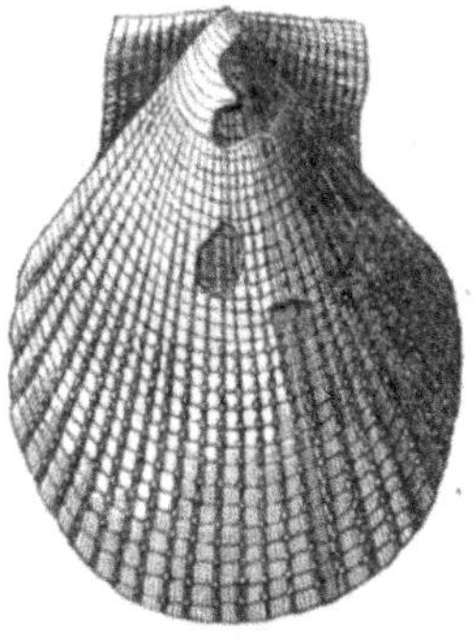

Fig. 107. Pecten subtextorius aus dem weißen Jura von Schwaben.

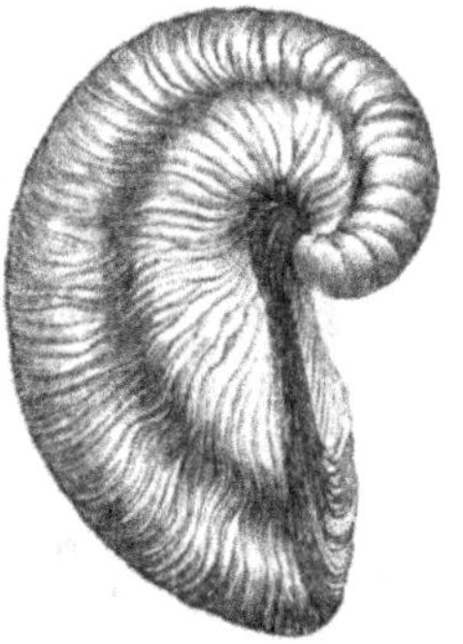

Fig. 108. Gryphaea arcuata aus dem Lias von Schwaben.

in der Gegend von Gmünd nach Quenstedt's Berechnung auf einem einzigen Morgen Landes etwa 30 Millionen Stück in einer nur 6 Fuß dicken Schicht liegen mögen. Die jurassischen und cretacischen Austerarten zählen nach Hunderten und besitzen unregelmäßig geformte, bald glatte, bald gerippte, bald blättrige Schalen. Auch unter diesen gibt es Arten von solcher Häufigkeit, daß man z. B. in der libyschen Wüste tagelang nur über Austernschalen hinweg schreitet.

Als Leitmuscheln für die Kreideformation sind die Gattungen Spondylus (Fig. 109) und Inoceramus (Fig. 110) abgebildet. Beide gehören zu den Einmusklern. Bei Spondylus trägt die Schale Stacheln oder lange Blätter und ist im lebenden Zustand mit prachtvollen

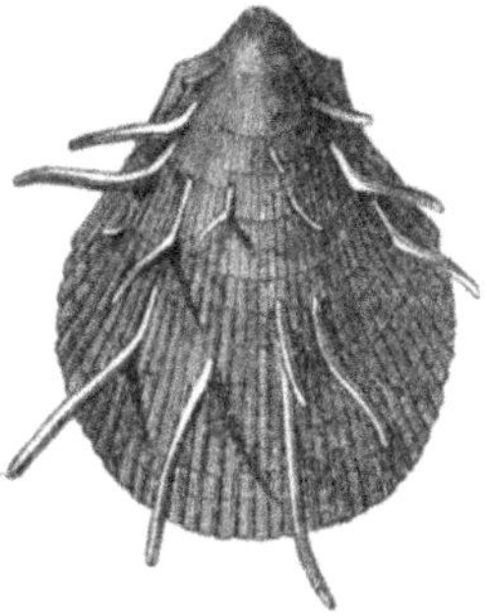

Fig. 109. Spondylus spinosus aus der weißen Kreide.

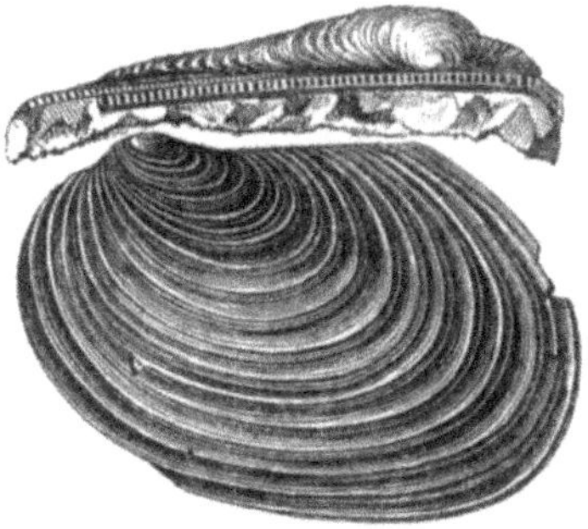

Fig. 110. Inoceramus Cripsi aus der jüngeren Alpenkreide von Gosau.

Farben geschmückt. Inoceramus besitzt eine faserige Schale und einen geradlinigen, mit vielen Grübchen versehenen Schloßrand.

Mit den zweischaligen Muscheln können die Schnecken bezüglich ihrer geologischen Wichtigkeit kaum verglichen werden, obwohl auch unter diesen einzelne gesellig lebende Gattungen und Arten existiren. Man nennt die Schnecken in der Wissenschaft Gastropoden*), weil sie, auf dem Bauche kriechend und ihr Gehäuse auf dem Rücken

*) γαστήρ, Bauch; πούς, Fuß.

tragend, sich langsam fortschleppen. Gerade die häufigsten unter den mesolithischen Gattungen, wie Nerinea (Fig. 111), Alaria (Fig. 112), Actaeonella (Fig. 113) u. s. w. fehlen den jetzigen Meeren, andere, wie Pleuroto-

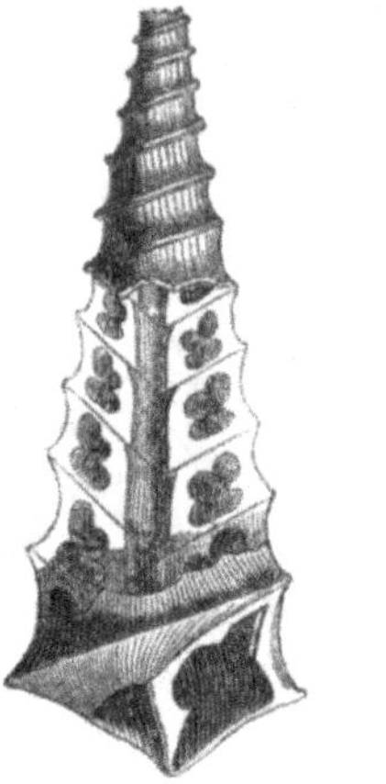

Fig. 111. Nerinea dilatata aus dem Coralrag.

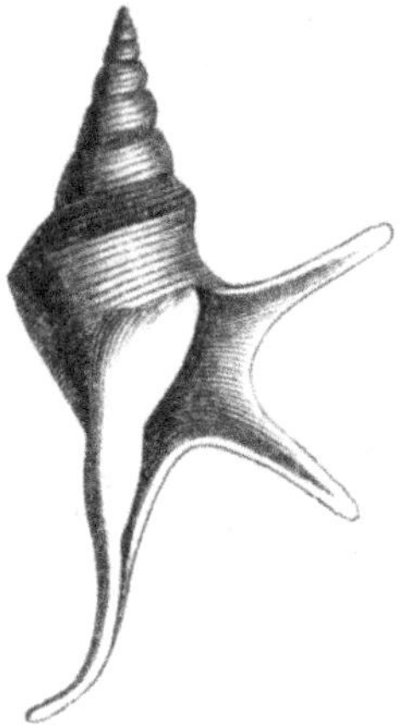

Fig. 112. Alaria myurus aus dem braunen Jura.

Fig. 113. Actaeonella voluta aus der Alpenkreide.

Fig. 114. Pleurotomaria bitorquata aus dem mittleren Lias.

maria (Fig. 114) sind gegenwärtig auf wenige seltene Species reducirt. Im Allgemeinen läßt sich innerhalb der drei mesolithischen Formationen nachweisen, wie allmälig die noch jetzt lebenden Formen auf Kosten der älteren an Umfang und Verbreitung gewinnen. Eine bemerkenswerthe Eigenthümlichkeit der älteren Gastropoden-Gattungen besteht darin, daß sie sich meist schwer in das System der lebenden Conchylien einfügen lassen. Sie vereinigen nämlich häufig Merkmale von verschiedenen verwandten Gattungen der Jetztzeit und wenn sich darum z. B. eine fossile Kreiselschnecke sofort als ein Vertreter der Familie der Turbiden erkennen läßt, so ist es nahezu unmöglich, dieselbe mit einem der zahlreichen in neuerer Zeit aufgestellten Gattungen und Untergattungen der Conchyliologen zu vereinigen. Der Versuch scheitert fast immer, weil die älteren Formen als Sammeltypen Eigenschaften an sich tragen, die gegenwärtig niemals mit einander vorkommen, sondern auf verschiedene Gattungen vertheilt sind.

An geologischer Wichtigkeit werden die Cephalopoden (vgl. S. 200) von keiner anderen Thierklasse übertroffen. Vierkiemener und Zweikiemener überbieten einander an Häufigkeit und Formenreichthum.

An Stelle der paläolithischen, nur noch durch zwei Gattungen repräsentirten Nautiliden sind die vielgestaltigen Ammonshörner oder Ammoniten getreten. Gleichen diese Schalen auch in vieler Beziehung den Perlbootschnecken, so ist doch Alles an ihnen zierlicher und feiner. Eine sehr dünnschalige, gekammerte, mit Luft erfüllte Röhre, windet sich in einer Ebene spiral auf. Die Umgänge (es sind deren gewöhnlich vier bis sechs) umfassen sich mehr oder weniger vollständig oder liegen lose über einander, so daß völlig eingerollte, eng oder weit genabelte Gehäuse entstehen können. Im Innern sind kalkige Scheidewände, wie bei den Nautilen, vorhanden, aber ihre Anheftung an die Innenwand der Röhre verläuft niemals in einer einfachen Linie, sondern bildet krause, mehr oder weniger tief zerschlitzte Ränder mit vorspringenden Sätteln und zurücklaufenden Buchten (Loben). Wenn nach dem Tode des Thieres durch eindringenden Schlamm oder chemische Infiltrationen das ganze Gehäuse sammt allen Kammern ausgefüllt und darauf die dünne Schale zerstört wird, so erscheinen auf der Oberfläche der Steinkerne seltsam verästelte Nath- oder Sutur-Linien, welche der Laie für Moosabdrücke oder sonstige pflanzliche Gebilde anzusehen pflegt.

Das Thier wohnte auch bei den Ammonshörnern nur in der äußersten und größten, wenigstens die Hälfte der letzten Windung einnehmenden Kammer. Es mag wohl dem Nautilus geglichen haben, doch können darüber nur Vermuthungen aufgestellt werden, da bis jetzt nicht einmal ein roher Abdruck über die Umrisse der Weichtheile Aufschluß geliefert hat.

Abgesehen von der allgemeinen Form und der Oberflächenverzierung unterscheiden sich die Ammonitenschalen durch folgende drei Hauptmerkmale von den Perlbotschnecken: 1) Die Mündung des dünnen Gehäuses läßt niemals einen Ausschnitt auf der gewölbten Außenseite (dem Schalenrücken) erkennen, wohl aber ist diese häufig weit vorgezogen und zu einem gerundeten Lappen oder scharfen Stiel verlängert; dazu kommen bei manchen Familien noch ohrförmige Seitenfortsätze, deren Größe und Form sich je nach den Arten verändert. 2) Der Siphonalstrang, welcher sich bei den Nautiliden an sehr verschiedenen Stellen der Medianebene befinden kann, ist bei den Ammoniten in eine dünne kalkige Röhre eingeschlossen und liegt unveränderlich in der Mitte der gewölbten Außenseite, dicht unter der Schale. 3) Der wesentlichste Unterschied beruht in den oben beschriebenen stark zerschlitzten Suturlinien.

Entfernen sich die ächten Ammonshörner durch die erwähnten Merkmale sehr bedeutend von den Nautilusschalen, so fehlt es doch zwischen beiden nicht an verbindenden Mittelgliedern. Schon die paläolithischen Goniatiten (vgl. S. 209) müssen als Seitensprossen des Nautilustypus betrachtet werden, an welche die ältesten Ammonitenformen anknüpfen. Man findet im Muschelkalk ganze Bänke erfüllt mit Steinkernen von Ceratites*) nodosus (Fig. 115), bei welchen an den Suturlinien

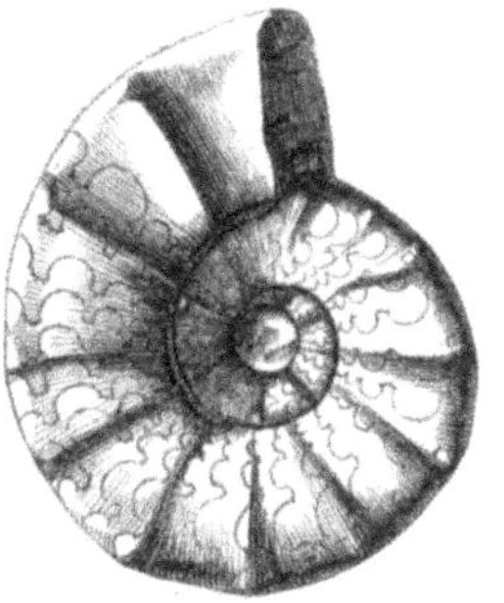

Fig. 115. Ceratites nodosus aus dem Muschelkalk.

Fig. 116. Ammonites cymbiformis aus dem Alpen-Keuper.

*) κέρας, Horn.

nur die Loben fein gezackt erscheinen, während die vorspringenden Sättel noch ihren einfachen Verlauf bewahrt haben. In der nordeuropäischen Trias gibt es nur Ceratiten mit solchen einfachen Suturlinien. In den Alpen dagegen entwickeln sich neben ihnen bereits zahlreiche ächte Ammoniten mit zerschlitzten Loben und Sätteln (Fig. 116), sowie außerdem mehrere Gattungen mit ceratitenartigen Suturen, die sich entweder schraubenförmig aufwinden, oder eine offene Spirale, oder gar eine einfache stabförmige Röhre bilden — kurz mehrere jener Modificationen wiederholen, die wir im älteren Zeitalter bei den Nautiliden kennen gelernt haben.

Bei den ächten Ammoniten, die im nördlichen Europa erst mit dem Lias beginnen, zeigt sich die größte Mannigfaltigkeit in der Zahl und Ausbildung der Loben und Sättel, doch sind sie stets mehr oder weniger tief zerschlitzt, und zwar scheint die Complication der Suturlinien mit der zeitlichen Entwickelung der Formen ziemlich gleichen Schritt zu halten. Untersucht man nämlich die verschiedenen Arten einer Ammonitengruppe von übereinstimmendem Totalhabitus, so sind in der Regel die Suturlinien bei den Formen aus jüngeren Schichten stärker zerschlitzt, als bei den älteren. Diese Thatsache verdient besondere Beachtung, weil sie nicht selten in der Entwickelung des einzelnen Individuums dieselbe Erscheinung beobachten läßt. Man sieht bei jugendlichen Stücken oder an den innersten Windungen ausgewachsener Exemplare eine nur schwach gezähnelte oder sogar ganz einfach wellig gebogene Suturlinie, die erst mit zunehmender Größe die der betreffenden Art zukommende Complication erreicht. Hier kann man sagen, daß das einzelne Individuum wenigstens in dieser Hinsicht die Entwickelungsgeschichte der ganzen Gruppe durchläuft und in seinen verschiedenen Altersstufen verschiedene systematische Formen zur Anschauung bringt.

Es soll an diesem Ort keineswegs der Versuch gemacht werden, eine Uebersicht auch nur der wichtigsten Ammoniten zu geben, von denen bereits über 2000 Arten beschrieben sind und noch viele unbenannt in den Sammlungen liegen. Nur einige der gemeinsten Arten mögen als Beispiel aus der Masse herausgegriffen werden.

Schon frühzeitig hat man sich genöthigt gesehen, die Ammoniten nach dem allgemeinen Bau der Schale, der Oberflächenverzierung und dem Verlauf der Suturlinien in Familien zu zerlegen. In neuester Zeit wurde bei derartigen Classificationsversuchen außer den bereits angeführten Merkmalen noch auf die Länge der Wohnkammer, auf die Ausbildung der Mündöffnung und auf das Vorhandensein und die Beschaffenheit der sogenannten Aptychen Gewicht gelegt. Diese Aptychen sind kalkige oder hornige meist paarige Schalen von röhriger Structur, welche sich häufig in der Wohnkammer der Ammoniten, und zwar gerade an einer Stelle finden, wo das weibliche Nautilusthier große, zu den Geschlechtsorganen gehörige Drüsen besitzt. Man vermuthet deßhalb, daß die Aptychen, deren Beschaffenheit bei den verschiedenen Ammonitenarten sehr erheblich wechselt, kalkige Deckel jener „Nidamentaldrüsen" darstellen.

*) Von α privativum und πτύσσειν zusammenklappen. Schalen, die sich nicht zusammenklappen lassen.

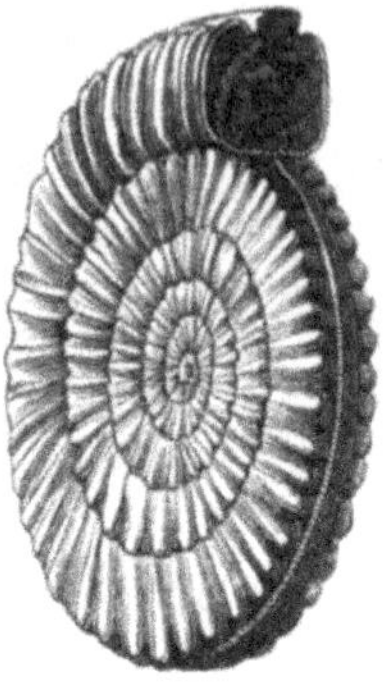

Fig. 117. Ammonites spiratissimus aus dem unteren Lias.

Fig. 118. Ammonites circumspinosus mit Aptychus aus dem weißen Jura.

Unsere Abbildungen zeigen uns in Fig. 118 einen jurassischen Ammoniten mit dickem, schildförmigem Aptychus. Die zerschlitzte Saturlinie ist auf der Oberfläche des Steinkerns sichtbar. Der daneben stehende Ammonit (Fig. 117) stammt aus dem untern Lias und gehört in die Gruppe der **Widderhörner** (Arietites), welche sich durch einen von zwei Furchen umgebenen Kiel auf dem Schalenrücken auszeichnen. Sie sind auf den Lias beschränkt, erreichen zuweilen kolossale Dimensionen und werden im badischen Breisgau als Wahrzeichen in die Giebel der Bauernhäuser eingemauert.

Während sich die Windungen bei den Arieten nur lose auf einander legen, gibt uns der in Fig. 119 abgebildete Ammonit das Beispiel eines enggenabelten Gehäuses, bei welchem jede Windung die vorhergehende vollständig seitlich umfaßt. Die Suturlinie dieses Ammoniten sowie seiner Verwandten zeichnet sich durch blattähnliche Zerschlitzung aus.

Als Probe einer im weißen Jura ungemein verbreiteten Ammonitengruppe ist in Fig. 120 ein vollständiges, noch mit Mundsaum versehenes Exemplar von Ammonites polyplocus dargestellt.

Fig. 119. Ammonites Kochi aus tithonischem Kalkstein.

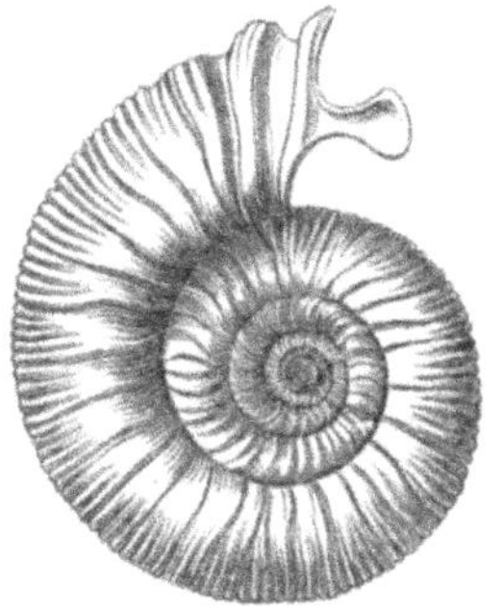

Fig. 120. Ammonites polyplocus aus dem weißen Jura.

Im Jura und in der unteren Kreide liegt die Blütheperiode der Ammoniten. Da finden sie sich, von der Größe eines Westenknopfes bis zu der eines Wagenrades schwankend, in solchem Uebermaß von verschiedenen und doch wieder nahe verwandten Formen, daß man einem fast unentwirrbaren Chaos von Arten gegenüber steht. Es lassen sich zuweilen gewisse Ammoniten durch mehrere auf einander folgende Schichten und sogar Stufen ohne merkliche Veränderungen verfolgen; weit öfter aber zeigen sie in jedem neuen geologischen Horizont feine Differenzen, die sich in aufsteigender Linie so sehr anhäufen, daß die Endglieder ein und derselben Formenreihe sehr abweichende

Merkmale besitzen können. Die Herren **Waagen**, **Neumayr** und **Mojsisovics** haben in ausführlichen, mit vielen bildlichen Darstellungen ausgestatteten Abhandlungen den Nachweis geliefert, daß gewisse langlebige Ammoniten-Formen (wie die Gruppen des **A. subradiatus A. heterophyllus tornatus** u. s. w.) sich bei hinlänglichem Material in eine ganze Anzahl innig verbundener, aber durch kleine Abweichungen unterscheidbarer, zeitlich getrennter Arten zerlegen lassen. Für die Anhänger der Descendenztheorie liefern solche Ammonitenreihen höchst willkommene Belege.

Wenn die paläolithischen Nautilen und die triasischen Ceratiten ihre sogenannten Nebenformen mit aufgelöster, Stab-, Hacken- oder Schrauben-ähnlicher Spirale besitzen, so sind sie auch bei den Ammoniten in reichem Maße vorhanden. Dieselben beginnen bereits im mittleren Jura und erreichen ihren Höhepunkt in der unteren Kreide.

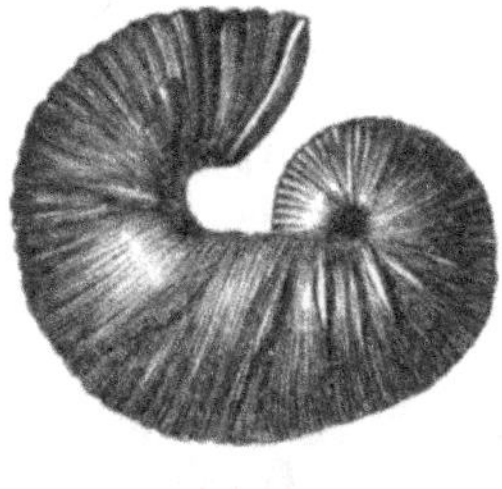

Fig. 121. Scaphites aequalis aus der mittleren Kreide.

Der Reigen wird durch die Gattungen **Scaphites***) und **Ancyloceras****) eröffnet. Bei der ersteren (Fig. 121) behalten die inneren Windungen noch die Gestalt eines regelmäßigen Ammoniten, aber die Wohnkammer verlängert sich zu einem am Ende umgebogenen Stiel. Das ganze Gehäuse läßt sich mit einem Kahn vergleichen.

*) Von σκάφη, Kahn.

**) ἀγκύλος, krumm; κέρας, Horn.

Bei Ancyloceras (Fig. 122) ergreift das Bestreben, sich loszulösen, auch die inneren Umgänge, und bei Hamites*) verlieren die letzteren sogar ihre spirale Richtung, so daß das Gehäuse einem Haken ähnelt.

Von Hamites zu dem einfach gekrümmten, nicht mehr umgeknickten Toxoceras**) ist nur ein kleiner Schritt, und dieser nähert uns der geraden, stabförmigen Röhre des Baculites.***)

Die Gattung Turrilites†) (Fig. 123) endlich windet ihre Schale in einer Schraubenspirale auf.

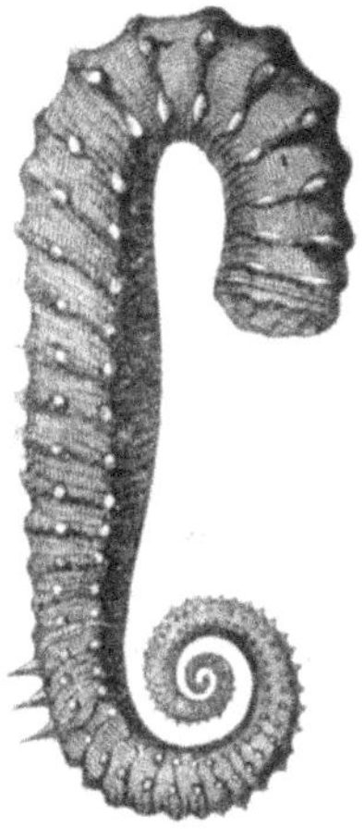

Fig. 122. Ancyloceras Matheronianus aus der unteren Kreide.

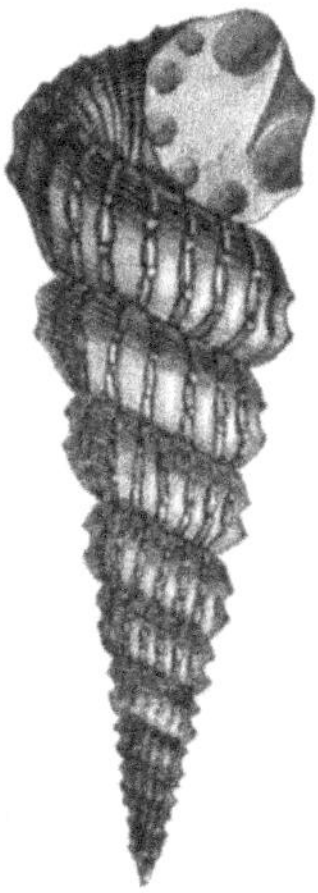

Fig. 123. Turrilites catenatus aus dem Gault.

*) hamus, der Haken.

) τόξον, Bogen. — *) baculus, Stab.

†) turris, Thurm.

So hätten wir denn bei den Nautilen, Ceratiten und Ammoniten drei zu verschiedenen Perioden sich wiederholende Parallelreihen von Seitenausläufern eines spiral eingerollten Normaltypus, welche in den drei Familien nahezu denselben Weg einschlagen. Sie stellen sich immer erst ein, wenn der betreffende Normaltypus seinen Höhenpunkt überschritten hat und bereits im Niedergang begriffen ist. Man hat in diesen Nebenformen das Anzeichen einer eintretenden Degeneration erkennen wollen, man hat gemeint, es sei eine Schwäche über das ganze Geschlecht gekommen, in Folge deren die ursprüngliche Gestalt nicht mehr in ihrer Reinheit bewahrt werden konnte — allein wer vermöchte den Beweis zu führen, daß die aufgerollten, Schrauben-, Bogen- oder Stabförmigen Röhren minder vollkommen und den äußeren Verhältnissen weniger angepaßt seien, als die einfach spiralen? Wer in der ganzen organischen Schöpfung nur ein Resultat des Kampfes ums Dasein erblickt, müßte in den Nebenformen der drei Vierkiemener-Familien eher höher entwickelte als degenerirte Formen erkennen, denn so oft sie auf dem Schauplatz erscheinen, wird der ursprüngliche, einfache Typus eingeschränkt und geht rasch seinem Verfall entgegen. Nur eine einzige, und zwar gerade die einfachste Form, die Perlbootschnecke (Nautilus), besteht siegreich den Kampf sowohl mit den ältesten, als auch mit allen später entstehenden Verwandten.

Die ganze historische Entwickelung der Vierkiemener bleibt vorerst noch ein großes Räthsel. Warum — fragen wir — sind die meisten Nautiliden, alle Clymenien und Goniatiten im paläolithischen Zeitalter, die Ceratiten in der Trias und die Ammoniten in der oberen Kreide erloschen? Wenn Burmeister meint, daß die Cephalopoden ein weites, von Küsten und Inseln wenig unterbrochenes Meer als Tummelplatz verlangten und daß am Ende der Kreidezeit eine ungünstige Veränderung in der Vertheilung von Wasser und Land das Erlöschen der Ammoniten veranlaßte, so genügt ein Blick auf unsere Kärtchen der Jura- und Kreide-Meere zur Widerlegung dieser Erklärung. Wäre sie richtig, so müßten die europäischen Meere jetzt viel eher zur Beherbergung von Cephalopoden geeignet sein, als zur Kreidezeit, wo dieselben weit mehr den Anblick eines von Inseln und Halbinseln bedeckten Archipels darboten. Ständen uns die Thiere der ausgestorbenen Gattungen zur Verfügung, so würden wir vermuthlich weniger im Dunkeln herumtasten. Die Schalen allein lassen lediglich Veränderungen in der äußeren Form und in der größeren Complication der Suturlinien erkennen, von denen die letzteren wahrscheinlich dazu dienten, dem dünnschaligen Gehäuse mehr Festigkeit zu ertheilen. Wenn wir heute überhaupt eine Erklärung für das Aufblühen und den allmäligen Verfall der Ammoniten-Familie zu geben versuchen wollen, so erscheint uns ihr Untergang in Folge von Altersschwäche am wahrscheinlichsten. Die Paläontologie liefert uns nämlich vielfache Belege für die Erscheinung, daß gewisse Formengruppen auftauchen, emporblühen, dann wieder abnehmen und schließlich erlöschen, ohne daß sich eine bestimmte Veranlassung dafür nachweisen ließe. Wenn wir nun finden, daß verschiedene Altersstufen eines Individuums häufig zeitlich aufeinander folgenden Formen des Systemes entsprechen, so liegt die

124.

125.

126.

127.

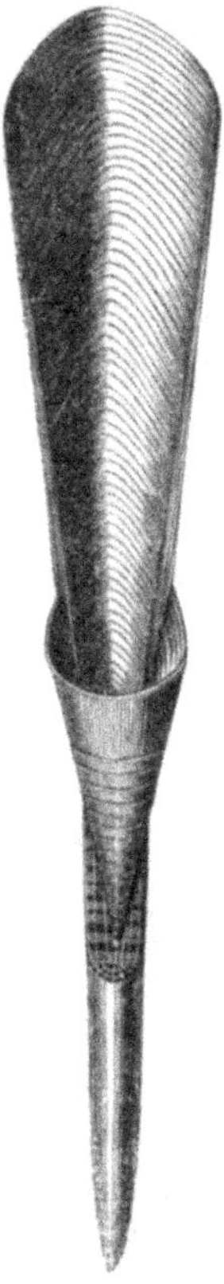

Fig. 124. Belemnites Bruguierianus aus dem unteren Lias von Charmouth in England. Abdruck des ganzen Thieres. Am Kopfe sind noch die Häkchen der Arme erhalten, bei x liegt der Tintenbeutel. 125. Belemnites incurvatus aus dem oberen Lias. 126. Belemnitella mucronata aus der weißen Schreibkreide. 127. Belemnit mit gekammertem Kegel und verlängertem, blattartigem Rückenschulp (restaurirt).

Vermuthung nahe, daß auch die Gattungen, Familien und Ordnungen eine ähnliche Entwickelung, eine bestimmte Lebensdauer besitzen, wie das Individuum.

Bessere Anhaltspunkte zur Beurtheilung der Organisation und Lebensweise stehen uns bei den Belemniten*), den treuen Genossen der Ammoniten, zur Verfügung. Hier besitzen wir nicht allein in den heutigen Meeren noch nahe Verwandte, sondern die fossilen Thiere selbst haben im weichen Liasschlamm von England Abdrücke ihres Umrisses hinterlassen. Dadurch weiß man mit Sicherheit, daß die cylindrisch-kegelförmigen Donnerkeile oder Teufelsfinger (Fig. 125. 126) zu den Tintenfischen oder Sepien gehören (vgl. S. 201). An der Stelle, wo bei den Sepien auf dem Rücken das untere Ende der vom Mantel umhüllten Schale liegt, beginnt beim Belemniten ein fester, aus strahligem Kalkspath bestehender cylindrischer Körper, der sich nach hinten verjüngt und in eine Spitze zuläuft. Wie ein Stachel ragte derselbe am Hintertheil des Thieres vor und leistete vermuthlich bei der stoßweisen Fortbewegung den Dienst eines Kieles. Am oberen, dicken Ende ist der Teufelsfinger gerade abgestutzt und enthält eine trichterförmige Grube, die zur Aufnahme eines gekammerten Kegels bestimmt ist. Dieser Kegel ist am besten mit einem kurzen, rasch sich erweiternden Orthocerasgehäuse (vgl. S. 206) vergleichbar; wie jenes ist er von einer dünnen Schale umhüllt und die parallelen Kammern von einem randständigen Sipho durchbohrt. An einigen trefflich erhaltenen

*) βέλεμνον, Geschoß.

Stücken hat man beobachtet, daß der gekammerte Kegel auf der Rückseite in ein papierdünnes, breites und langes Blatt verläuft, das genau die Stelle des Sepienschulps vertritt und auch eine ähnliche Form und Streifung besitzt. Nicht mit Unrecht hat man gesagt, daß die zusammengesetzte Belemnitenschale die Eigenschaften der Nautilidengehäuse mit denen der Sepienschulpe verbinde.

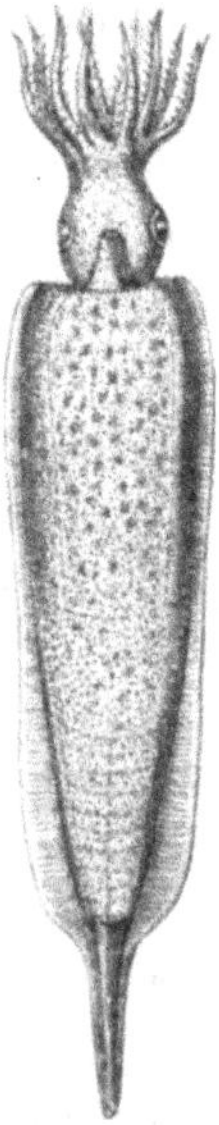

Fig. 128. Belemnitenthier, restaurirt.

Das Belemnitenthier selbst (Fig. 128) besaß, wie die Sepien, einen Tintenbeutel, zehn mit Häkchen besetzte Arme und unterschied sich von den ächten Tintenfischen wahrscheinlich nur durch schlankere Gestalt und demnach vielleicht auch durch größere Behendigkeit. Mit der Spitze nach vorn gerichtet durcheilten sie in ruckweiser Fortbewegung in großen Schaaren die Gewässer der Urmeere.

Man kennt über 250 Arten aus Lias-, Jura- und Kreide-Schichten, die freilich nur nach der Form und Verzierung der cylindrischen Kalkkegel unterschieden werden. Im Durchschnitt dürften die Belemnitenthiere so ziemlich die Dimensionen der heutigen Tintenfische besessen haben, doch gibt es immerhin im braunen Jura Kegel von 1½ bis 2 Fuß Länge, die Riesenthieren von mindestens Manneslänge angehört haben mußten. Solche Scheusale scheinen aber auch noch heutzutage vorzukommen. Wenn schon die gewöhnlichen Tintenfische, die auf einem italieni schen Fischmarkt selten zu fehlen pflegen, etwas unbeschreiblich Unangenehmes und Widerliches haben, wie begreiflich ist es da, daß die Riesenkraken oder Polypen in der Volksphantasie zu fabelhaften Geschöpfen ausgemalt wurden! Die boshaften Thiere mit ihren wilden, hellleuchtenden Augen sind im höchsten Grade gefräßig und blutgierig; sie morden nicht blos, um ihren Hunger zu stillen, sondern zu ihrem Vergnügen. Werden Menschen von Tintenfischen ergriffen, so reicht, wie erzählt wird, kaum die Kraft eines starken Mannes aus, um sich aus der Umklammerung zu befreien; es bleibe meist nichts übrig, als die Arme abzuschneiden und dann die Saugnäpfe einzeln abzulösen. Wunderbare Sagen von Riesenkraken, die ganze Schiffe mit Mann und Maus in den Abgrund zogen, sind noch heute unter den Seeleuten gang und gäbe; ja, Plinius, Aelian und noch im vorigen Jahrhundert der Bischof von Bergen, Pontoppidan, erzählen von Kraken, die mehr als einen Morgen groß und förmlich mit Bäumen bewachsen seien. Pontoppidan meinte, ein ganzes Regiment könne auf ihrem Rücken exerciren. Solche Märchen hat sich der fromme Mann, wie seine leichtgläubigen Vorgänger aus dem Alterthum, von Matrosen und alten Weibern aufbinden lassen, aber ganz grundlos sind sie dennoch nicht. Es liegen zuverlässige Nachrichten über Tintenfische von 10 bis 15 Fuß Länge und einem Gewicht von mehreren Centnern vor. Ein derartiges Thier soll im Jahre 1861 bei Teneriffa gefangen worden sein, ein anderes landete 1790 am Strand von Island.

Im Museum von Kopenhagen sieht man die hornigen

Kiefer, den Schulp und das Stück eines Fangarmes von einem riesigen Tintenfisch, welcher im Jahre 1855 von einem dänischen Kapitän im atlantischen Ocean aufgefischt worden war. Der Fangarm hat beinahe die Dicke eines menschlichen Schenkels und ist mit kurzgestielten Saugnäpfen besetzt, die wie kleine Schröpfköpfe aussehen. Nach dem Bericht des Kapitäns und nach den vorhandenen Resten zu schließen, besaß das Thier eine Länge von mindestens 12 Fuß und eine Stärke, welche in der That selbst einem wohl gerüsteten Feinde gefährlich werden konnte. Es ist sehr wahrscheinlich, daß sich die unter den dänischen Schiffern verbreiteten Sagen vom „Siömunken" (Seemönch), welcher zuweilen im Kattegatt und Sund erscheinen soll, auf derartige Riesenkraken beziehen.

Von nicht geringerer Größe dürften die Eigenthümer der Riesenschulpe gewesen sein, welche im lithographischen Schiefer Bayerns zuweilen gefunden werden. Aechte Tintenfische gehören im Jura überhaupt nicht zu den seltensten Vorkommnissen und sind manchmal noch so gut erhalten, daß mehrere Arten mit ihrer eigenen aufgeweichten fossilen Sepia gezeichnet werden konnten.

Von den mesolithischen marinen Gliederthieren (Krebse und Würmer) ist wenig Interessantes zu berichten; dagegen finden wir bei den

Wirbelthieren

wichtige Organisationsverhältnisse, und zwar die überraschendsten bei den Abtheilungen, welche im mittleren

Zeitalter entweder zum ersten Mal erscheinen oder doch erst eine kurze Geschichte hinter sich haben.

Noch am beständigsten halten sich die Fische. Sie haben schon in der Steinkohlen- und Dyas-Formation eine Entwickelung eingeschlagen, welche sich noch lange Zeit verfolgen. Die wunderlichen Panzerfische der Devonzeit hatten bereits damals den ächten Ganoiden (vgl. S. 216) mit kleineren, schmelzbedeckten Glanzschuppen Platz gemacht, und diese letzteren behaupten denn auch in überwiegender Weise im mittleren Zeitalter das Feld.

Ist es gestattet, aus ganz fragmentarischen Ueberresten Schlüsse zu ziehen, so haben die sonderbaren amphicerken Schmelzschupper der Devonformation, von denen schon früher (Fig. 57) eine Abbildung gegeben wurde, Nachkommen auf die Trias überliefert. Es finden sich nämlich hier ziemlich häufig große, schwarzgefärbte Zähne mit gefalteter Oberfläche, von denen nur ein einziger auf jeder Kieferhälfte steht. Diese Ceratoduszähne (Fig. 131) stimmen in allen wesentlichen Merkmalen mit dem Gebiß gewißer devonischer Ganoiden (Dipterus, Ctenodus) überein. Dieselben gehören einer Gruppe an, für welche man nach der eigenthümlichen Form ihrer in der Mitte beschuppten Brustflossen die Bezeichnung „Quastenflosser" (Crossopterygier) gewählt hat. Bis vor zwei Jahren hielt man den triasischen Ceratodus für den letzten Sprößling dieser Familie; da wurde in Flüssen der australischen Provinz Queensland ein stattlicher, vier Fuß langer Fisch entdeckt, dessen Zähne so vollkommen den fossilen gleichen, daß die Zoologen kein Bedenken trugen, diese Reliquie aus einer früheren geologischen Periode der

Gattung Ceratodus beizuzählen. Die äußeren Merkmale des australischen Ceratodus erinnern, wie unsere Abbildung (Fig. 129) zeigt, auffallend an die paläolithischen Quastenflosser. Sonderbarer Weise besitzt aber unser lebender Repräsentant außer den Kiemen noch eine wohlausgebildete Lunge, welche die Stelle der Schwimmblase bei den ge-

129.

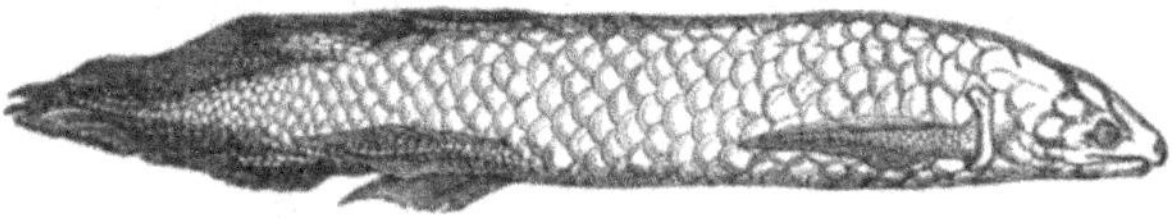

130.

131.

Fig. 129. Lebender Ceratodus aus Queensland in Australien. 130. Unterkiefer desselben. 131. Unterkiefer von Ceratodus Kaupi aus dem Lettenkohlensandstein von Stuttgart.

wöhnlichen Fischen vertritt. Dadurch ist es ihm möglich, das Wasser zu verlassen, um am Ufer umherzustreifen und seinen Magen mit Gras und Blättern zu füllen.

Außer dem Ceratodus gibt es heutzutage noch zwei weitere Lungenfische, von denen der eine (Lepidosiren) in Brasilien, der andere (Protopterus) in Afrika lebt. Beide besitzen die Fähigkeit, lange Zeit ohne Wasser zu existiren; ja, bei beiden sind die paarigen Flossen zu fadenartigen Anhängen verkümmert, so daß sie gar nicht mehr das typische Aussehen der Fische besitzen. Man hatte bisher die „Doppelathmer" (Dipnoi) als eine besondere, isolirte Ordnung betrachtet und sie zwischen die Klassen der Fische und Reptilien gestellt; durch den Ceratodus werden dieselben aber enge mit den Ganoiden des paläolithischen Zeitalters verbunden.

Bei den zahlreichen Ganoiden der Trias- und Juraformation kommen nicht allein in der Beschaffenheit der Schuppen die mannigfaltigsten Variationen vor, sondern auch in der Körpergestaltung zeigt sich ein größerer Formen-

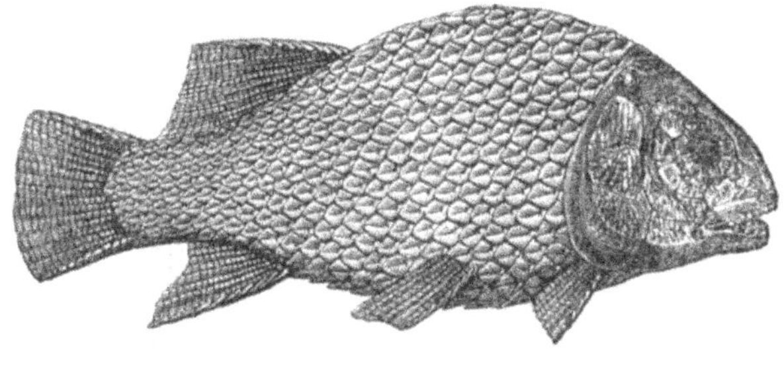

Fig 132. Lepidotus maximus (restaurirt) aus dem lithographischen Schiefer von Solenhofen.

reichthum, als in der früheren Periode. Man kennt kurze dickbäuchige Fische, deren Schuppenfell durch erhabene Reife geschmückt ist: ferner karpfenähnliche Formen, die sich durch dicke, glänzende Rhombenschuppen und Pflasterzähne im Rachen auszeichnen. Zu diesen gehört der gewaltige, fast zwei Meter lange Lepidotus maximus (Fig. 132) aus den lithographischen Schiefer von Solenhofen in Bayern, in welchem die Ganoiden überhaupt den Höhepunkt ihrer Dimensionsverhältnisse erreichten. Von sehr sonderbarem Aussehen ist auch **Aspidorhynchus** mit schnabelförmig verlängertem Oberkiefer.

Eine beachtenswerthe Umänderung tritt in der Bildung der Schwanzflosse ein. Es verliert sich nach und nach die heterocerke, einen embryonalen Zustand andeutende Gestalt. Auch im inneren Skelet erkennt man eine fortschreitende Verknöcherung der Wirbelsäule bei den verschiedenen Gattungen. Zuerst wird der knorpelige Rückenstrang von knöchernen Halbbogen, dann von einem dünnen geschlossenen Knochenring umhüllt, und schließlich füllt sich auch dieser mit Knochensubstanz, so daß damit die normale Skeletbildung unserer heutigen Knochenfische so ziemlich erreicht ist.

Im obersten Jura, wo die Ganoiden auf dem Höhepunkt ihrer Entwickelung stehen, zweigt sich eine Familie mit dünnen, abgerundeten Schmelzschuppen und völlig verknöchertem Skelet vom Hauptstamm ab. Diese unansehnlichen Fische aus den Gattungen Leptolepis, Thrissops, Aethalion u. s. w., welche wohl die Rolle unserer heutigen Häringe und Weißfische gespielt haben mögen und deren Abdrücke meistens auch in großer Zahl vereinigt auf den Schichtflächen liegen, werden von dem berühmten Ichthyologen **Agassiz** noch zu den Ganoiden gerechnet; die meisten späteren Autoren dagegen betrachten sie als die ältesten Repräsentanten der ächten Knochenfische.

Es bestätigt nur unsere bereits in anderen Thierklassen gemachten Erfahrungen, daß die Ganoiden, nachdem sie den bei ihrem Bauplan überhaupt möglichen Höhepunkt von Vollkommenheit erreicht hatten, an Formenreichthum und Häufigkeit abnehmen und schon in der oberen Kreideformation in beiden Beziehungen von den mit jugendlicher Kraft aufstrebenden Knochenfischen überflügelt werden. Wenn neben den Ganoiden während des ganzen mittleren Zeitalters auch Haie und Knorpelfische vorkommen, und zwar in Gattungen und Arten, welche sich weder durch besondere Größe, noch sonstige auffällige Eigenschaften auszeichnen, so liefern uns dieselben abermals ein Beispiel von sehr langsamer Entwickelung, aber um so größerer Langlebigkeit. Es scheint uns die Paläontologie überhaupt zu lehren, daß mit langsamerer Gestaltungskraft fast immer auch eine gewisse Garantie für eine dauernde Existenz verbunden ist.

Ganz anders zeigt sich die Entwickelung bei den Amphibien und Reptilien. Hier haben wir rasche Umprägung, aber auch eben so rasches Vergehen der Formen. Beide Klassen stützen sich auf eine verhältnißmäßig kurze historische Vergangenheit; ihre Ahnen reichen nur bis in die Steinkohlenzeit zurück. Es liegt jedoch in denselben, und zwar besonders in den Reptilien, eine solche Fülle von formbildender Kraft, daß sie im raschen Laufe schon während des zweiten Zeitalters auf den Höhepunkt ihrer Entwickelung gelangen und den späteren Perioden nur noch die Ausbildung einzelner, durch lange Lebensdauer ausgezeichneter Zweige übrig lassen. Die Bedeutung der Reptilien für die mesolithische Periode erhellt am besten aus der Thatsache, daß ihr die Hälfte aller bekannten Ordnungen ausschließlich angehört.

Bei der großen Ausdehnung und dem Inselreichthum

der urweltlichen Meere dürfen wir uns nicht wundern, daß Strand und See bewohnende Reptilien weit reichlicher vorhanden waren, als heutzutage, wo die Crocodilier noch allein diesen Typus repräsentiren.

In der deutschen Trias finden sich bereits Ueberreste von drei höchst merkwürdigen Meersaurierfamilien. Am räthselhaftesten sind darunter die Placodonten*), von denen im Muschelkalk zwar mehrere Schädel und Unterkiefer, aber niemals vollständige Skelete gefunden worden sind. Man befindet sich über den Körperbau dieser Thiere vollständig im Unklaren und kennt nicht einen einzigen Knochen, den man mit genügender Sicherheit der Gattung Placodus zuschreiben dürfte.

Die Schädel erreichen ungefähr 3/4 Fuß in der Länge. Durch den abgeplatteten Scheitel mit den großen Schläfenöffnungen, durch die weit vorn gelegenen Augenhöhlen und durch das schräg abfallende Gesicht erhalten sie einige Aehnlichkeit mit Säugethierköpfen, an welche auch die Lage der Nasenlöcher erinnert. Zahl und Anordnung der Schädelknochen, eine rundliche Oeffnung im Scheitelbein und vor Allem der einfache Hinterhauptsgelenkkopf setzen übrigens die Reptiliennatur außer Zweifel. Auf Gaumen und Oberkiefer stehen rundliche Mahlzähne von ansehnlicher Größe und pflasterartiger oder bohnenförmiger Gestalt, am vorderen Ende der Schnauze stumpfe, kegelförmige Fangzähne. Alle Zähne sind von schwarzem, glänzendem Schmelz bedeckt. Das Gebiß erinnert so sehr an gewisse noch jetzt lebende Seefische aus der Familie der Sparoiden,

*) πλάξ, Platte; ὀδούς, Zahn.

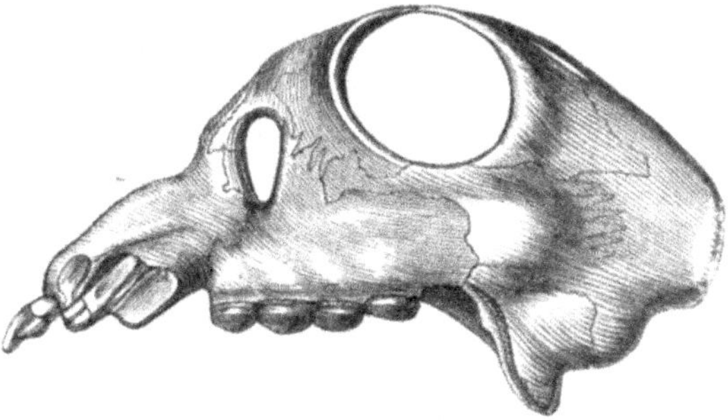

Fig. 133. Placodus hypsiceps aus dem Muschelkalk von Bayreuth.
(Schädel von der Seite gesehen.)

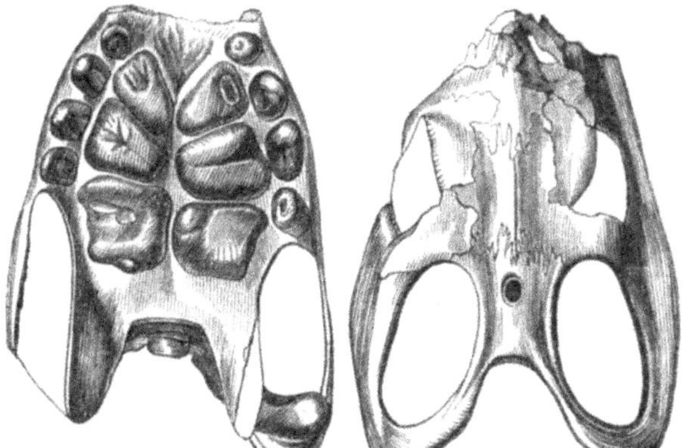

Fig. 134. Placodus gigas aus dem Muschelkalk von Bayreuth.
(Schädel von unten und oben gesehen. Die Schnauze ist abgebrochen.)

daß Agassiz die ersten, von Graf Münster entdeckten Placodus-Reste den Fischen zuzählte. Unter den Reptilien läßt sich das Gebiß einer einzigen, in Australien vorkommenden Eidechsengattung (Cyclodus) vergleichen.

Als Repräsentant einer zweiten, höchst abenteuerlichen Meersaurierfamilie aus der Triaszeit mag der Bastardsaurier (Nothosaurus) Erwähnung finden. Auch von diesem hat der Muschelkalk die besten Ueberreste, bestehend in mehreren Schädeln, vielen vereinzelten Knochen und einem fast vollständigen Skelet, geliefert. Der schmale, langgestreckte, zusammengedrückte Kopf von ungefähr 1 Fuß Länge zeichnet sich durch ungewöhnlich große Schläfengruben aus. Etwas vor der Mitte liegen die Augen und in geringer Entfernung davon die beiden, wie bei den Eidechsen getrennten Nasenlöcher. Die scharf zugespitzten conischen Zähne verwachsen jedoch keineswegs mit den Kieferknochen, sondern stecken, wie bei den Crocodilen, in besonderen Zahngruben. An diesen halb eidechsen-, halb crocodil-artigen Kopf lenkt sich ein langgestreckter, aus mindestens zwanzig Wirbeln bestehender Hals ein; ihm folgt ein kurzer, gedrungener Rumpf mit kräftigem Brustgürtel und Becken, woran sich vier Ruderfüße von mäßiger Länge anheften. Ein kurzer Schwanz beschließt das Skelet des seltsamen, nackthäutigen Thieres, daß sich wohl mit einem gerupften Schwan vergleichen ließe, wenn nicht seine Körperlänge mindestens 8—10 Fuß betrüge. Der Nothosaurus stand übrigens nicht als Einziger seiner Art in der Triasformation da; er war vielmehr von einer ganzen Schaar ähnlicher Genossen umgeben, die durch mannigfache, bald breite, bald abgestutzte, bald zusammengedrückte

Entwickelung der Schnauze ganz verschiedenartige Physiognomie erhielten. Leider kennt man von den meisten triasischen Meersauriern nur spärliche Ueberreste — eben genug, um ihre Existenz zu erweisen und unsere Neugierde zu erregen.

Im versteinerungsreichen Schwabenlande, wo neben den eigentlichen Fachgelehrten zahlreiche Liebhaber auch die versteckteſten und unscheinbarsten Fossilreste aufzuspüren wissen, hat der Keuper in nächster Umgebung von Stuttgart Fragmente eines Crocodiliers von ansehnlicher Größe geliefert. Ist man auch noch nicht im Besitze von sämmtlichen Skelettheilen des Belodon oder Nicrosaurus*),

Fig. 135. Restaurirtes Bild des Belodon aus dem Keuper von Stuttgart.

wie er auch genannt wurde, so genügt doch das im Stuttgarter Museum angehäufte Material zur Restauration dieses erloschenen Thieres. Der tadellos erhaltene Kopf

*) Belodon, von βέλος, Pfeil, und ὀδούς, Zahn; Nicrosaurus, der Neckarsaurier.

nebst Unterkiefer mißt 2½ Fuß in der Länge. Seine hintere Hälfte unterscheidet sich wenig vom gewöhnlichen Gangescrocodil (Gavial); auch die Schnauze ist beträchtlich verlängert und wie beim Gavial mit zugespitzten Zähnen bewaffnet, zeichnet sich aber durch größere Höhe, seitliche Compression und eine sehr auffallende nasenartige Krümmung aus.

Passen alle bisher genannten Merkmale recht gut auf die Crocodilier, so macht uns die Lage der Nasenlöcher wieder völlig irre; man hätte dieselben, gehörte der Belodon zu den Crocodilen, am vorderen Ende der Schnauze in Gestalt einer gemeinsamen großen Oeffnung zu suchen, aber statt dessen liegen sie, vollständig getrennt, weit zurück an der Basis der Schnauze, genau an der Stelle, wo wir sie bei den Eidechsen zu sehen gewohnt sind. Auch im Skeletbau zeigt sich eine Vermischung von Crocodil- und Eidechsen-Charakteren, so daß man den Belodon füglich als Stammform verschiedener Gattungen oder Familien ansehen kann, welche sich erst im Verlaufe der geologischen Formationen geschieden oder gleichsam abgeklärt haben. Beim Belodon, dessen Länge auf etwa 22 Fuß geschätzt wird, sowie bei seinem viel kleineren Zeitgenossen Dyoplax ist der Körper wenigstens theilweise mit Knochenschildern gepanzert und überhaupt der Crocodiltypus überwiegend.

In der Juraformation erscheint derselbe schon in weit größerer Annäherung an die lebenden Formen. Die Familie der Teleosaurier*) liefert uns in der That Geschöpfe, in denen wir sofort die Vorläufer des heutigen

*) τέλεος, vollkommen; σαῦρος, Eidechse.

schmalschnauzigen Ganges-Crocodils (Gavial) erkennen: so sehr stimmt das ganze Aussehen beider überein. Eine sorgsame Untersuchung freilich ergibt mehrfache bemerkenswerthe anatomische Verschiedenheiten. Es fehlen nämlich dem Teleosaurus-Schädel bei aller Aehnlichkeit mit dem Gavial doch nicht die verwandschaftlichen Anklänge an den Eidechsenkopf. So besitzen die ältesten Arten auffallend große Schläfengruben und kleine, rundum knöchern begrenzte Augenhöhlen; bei den jüngeren Arten aus dem braunen Jura von Caen in Calvados werden die Schläfengruben etwas kleiner, die Augenhöhler größer, und je weiter wir in der Schichtenreihe aufsteigen, desto mehr nähern sich diese Verhältnisse den Gavialen der Jetztzeit. Beim Teleosaurus liegen die vereinigten Nasenlöcher ganz am vorderen Ende der langen, mit spitzen Zähnen besetzten Schnauze. Der Rumpf ist mit rauhen Knochenplatten geschützt, und zwar zählt man auf der Oberseite zwei aus vielen viereckigen Schildern zusammengesetzte Längsreihen, während den Bauch ein breites, aus mehreren Reihen von kleinen Platten gebildetes Pflaster bedeckt. Unter den lebenden Crocodiliern haben nur die in allen sonstigen Merkmalen ziemlich fernestehenden amerikanischen Alligatore einen Bauchpanzer: den Gavialen fehlt eine derartige Bedeckung des Unterleibes. Zu diesen Differenzen kommt noch die Beschaffenheit der beiderseits abgeplatteten oder sogar nach Art der Fischwirbel vorn und hinten ausgehöhlten Wirbelkörper, sowie die auffallend starke Entwickelung der Hinterfüße beim Teleosaurus hinzu. Ausgewachsene Skelete messen von der Schnauze bis zur Schwanzspitze etwa 20 Fuß, stehen somit den jetzigen

Crocodilen an Größe gleich. Die Teleosaurier führten höchst wahrscheinlich eine amphibische Lebensweise. Ihr ganzer Körperbau, namentlich ihre Füße sind zum Schwimmen und Gehen eingerichtet; sicherlich waren sie aber im Wasser weit behender und geschickter, als am Ufer, wo sie auf ihren kurzen Beinen nur langsam fortkriechen konnten und wo der schwer nachschleppende Schwanz ihre Bewegungen hemmen mußte.

Wie sich die Teleosaurier an die oben beschriebenen triasischen Stammformen anschließen, so besitzen auch die Bastardsaurier des Muschelkalks in den Jura- und Kreidebildungen Verwandte von ähnlicher Organisation. Im englischen Lias liegen vollständige Skelete des monströsen, 10—15 Fuß langen **Plesiosaurus***) (Fig. 136) oder **Schlangensauriers** in wundervoller Erhaltung begraben. Fragmentarische Reste derselben oder sehr nahestehender Gattungen haben sich in verschiedenen Stufen des Jura und der Kreide gefunden, und wenn sich die Angaben **Haast's** bestätigen sollten, so wäre Neuseeland der einzige Ort, wo ächte Meersaurier die mesolithische Periode überlebten und bis in die Tertiärformation herauf reichen. Ein wunderliches Gemisch von Merkmalen fesselt unsere Aufmerksamkeit bei der Betrachtung des Plesiosaurus. Vor Allem fällt die ungeheure Entwickelung des Halses auf, der je nach den Arten aus 20—40 Wirbeln besteht. Bedenken wir, daß die Giraffe nur 7 und der Schwan, das langhalsigste Thier der Jetztzeit, nur 23 Halswirbel besitzen, so tritt die Bedeutung der genannten Zahlen erst

*) πλήσιος, ähnlich (nämlich den Schlangen.)

ins rechte Licht. Da, wo sich der schlangenartige Hals an den Rumpf anheftet, ist er von ansehnlicher Dicke und wird sogar durch kurze, beilförmige Rippchen verstärkt, gegen vorn wird er immer schlanker und trägt ein Köpfchen, dessen geringe Größe in keinem Verhältniß zu den anderen Körpertheilen steht. Dieser kleine Kopf erinnert noch an Nothosaurus, aber in der kürzeren, gedrungeneren Form und den weit hinten gelegenen getrennten Nasenlöchern tritt der Eidechsencharakter deutlicher hervor, obwohl andererseits die Beschaffenheit der Gesichtsknochen und die Einfügung der starken, kegelförmigen Zähne in besondere Gruben auch Beziehungen zu den Crocodilen bekunden. Wäre der Rumpf des Plesiosaurus von den übrigen Körpertheilen getrennt gefunden worden, so hätte man vermuthlich aus der ganz unerhört massigen Anlage der Brustknochen, die einen förmlichen Panzer bilden, auf eine Verwandschaft mit den Schildkröten geschlossen. Auch das Becken ist entsprechend stark entwickelt, die Rippen sind entweder am Brustgürtel angewachsen oder durch besondere auf der Bauchseite gelegenen Bauchrippen verbunden. Es stellt somit der ganze gedrungene Rumpf einen ringsum geschlossenen Korb dar. Der kurze Schwanz konnte beim Schwimmen und Tauchen recht wohl als Steuer dienen. Für die vier gleichen, schmalen und langgestreckten Extremitäten kennt man unter den heutigen Reptilien nichts Aehnliches. Hände und Füße waren fünffingerig und wie der ganze Körper von einer nackten Haut umgeben. Sie gleichen in ihrem Bau den Extremitäten der Delphine und Wale, und können eher Flossen als Füße genannt werden.

Fig. 137. Skelet von Ichthyosaurus aus dem Lias.

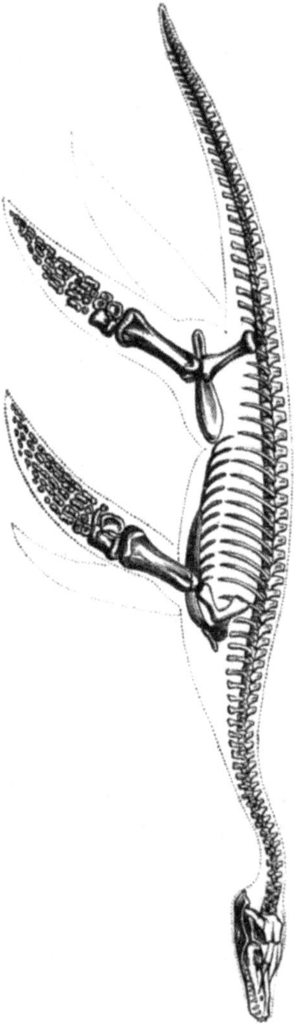

Fig. 138. Skelet vom Plesiosaurus aus dem unteren Lias von England.

Der Plesiosaurus fand allein im Meer sein richtiges Lebenselement. War es ihm vielleicht auch möglich, zeitweilig das Ufer zu besuchen, so konnte er doch nur im Wasser seine ganze Geschicklichkeit entfalten. Sein starker beweglicher Hals und sein kräftiges Gebiß mußten ihn übrigens zu einem gefährlichen Gegner selbst derjenigen Thiere machen, die ihm an Behendigkeit überlegen waren. Es ist seltsam, wie auf den Plesiosaurus die Merkmale der verschiedensten Wasserbewohner zusammengetragen erscheinen, gleichsam als ob die Natur in ihm den Prototypen eines schwimmenden Wirbelthieres von höherer Organisation hätte erzeugen wollen. Seine Schädelmerkmale müssen wir heute in zwei scharf getrennten Ordnungen suchen, seinen langen Hals haben die Wasservögel geerbt, seine Flossen die Meersäugethiere angenommen und seinen Brustkorb die Schildkröten in eigenthümlicher Weise weiter entwickelt.

Vom häufigsten Meersauriertypus des zweiten Zeitalters, vom Ichthyosaurus*) (Fig. 137) oder Fischsaurier, hat die Trias nur zweifelhafte Spuren geliefert. Aus dem deutschen Lias dagegen kannte man schon seit mehr als 100 Jahren kurze, doppelt ausgehöhlte Wirbel, die so lange Haifischen zugeschrieben wurden, bis endlich ein im Jahre 1812 an der Küste von Dorsetshire aufgefundenes Skelet die Reptiliennatur bewies. Ein junges Mädchen, Miß Mary Anning aus Lyme Regis, sammelte Jahre lang, zuweilen mit Lebensgefahr, an dem unterwaschenen, aus mergeligem Lias bestehenden Ufer ein sehr reiches

*) ἰχθύς, Fisch; σαῦρος, Eidechse.

osteologisches Material, das später die Grundlage zu mehreren trefflichen anatomischen Abhandlungen bot. Auch in Deuschland haben sich bei Banz in Franken und namentlich bei Boll in Württemberg im oberen Liasschiefer solche Fundgruben für Meersaurier erschlossen, daß vollständige Ichthyosaurus-Skelete fast nach Belieben der Arbeiter zu Tage gefördert werden können. Dieselben liegen in gewissen Schichten in großer Menge neben einander, sind vom Schiefer dicht umhüllt und gleichen in Leinwand eingewickelten Mumien. Die intelligenten Steinbrecher wissen sofort nach den rohen Umrissen den Werth ihres Skeletes abzuschätzen, sie verkaufen es im rohen Zustand und überlassen die mühselige Arbeit des Reinigens Ausmeißelns und Präparirens den Liebhabern, welche oft genug den schwäbischen Sauriermarkt besuchen.

Von der äußeren Körpergestalt dieses räuberischen Sauriers kann man sich eine Vorstellung machen, wenn man unsere Abbildung des Skeletes (Fig. 137) mit einem Delphin vergleicht. Der Kopf insbesondere mit seiner langen, geraden und zugespitzten Schnauze ähnelt weit mehr einem Delphin, als irgend einem Reptil. Die dünnen, langgestreckten Kiefer wären gewiß bei jedem Anprall oder sogar bei jedem heftigen Zusammenklappen des Rachens der Gefahr des Zerbrechens ausgesetzt, wenn sie nicht aus mehreren kunstvoll zusammengefügten Stücken beständen und dadurch einen höheren Grad von Elasticität und Widerstandsfähigkeit besäßen. Der Rachen ist auf den Kiefern mit derben, spitzen Zähnen bewaffnet, die nicht in besonderen Gruben, sondern in einer gemeinsamen Rinne stehen, in welcher sie vom Zahnfleisch aufrecht erhalten werden. Eine ähnliche Befestigung der Zähne kennt man sonst nur im Unterkiefer bei zwei jetzt lebenden Walfisch-Arten (Physeter und Cachelot).

Am Schädel nimmt die Gehirnhöhle nur einen kleinen Raum ein, dagegen zeichnen sich die Augen durch ungewöhnliche Größe und merkwürdigen Bau aus. Die kreisrunden Augenhöhlen befinden sich am höchsten Theil des Schädels, der Augapfel selbst war mit einem Kranz von Knochenplatten umgeben, welche in der Mitte eine runde Pupillenöffnung frei lassen. Knöcherne Augenringe finden sich bei Raubvögeln, bei manchen Eidechsen und Schildkröten, doch stets nur bei Thieren mit sehr ausgebildetem Sehvermögen; sie sind bei denselben aber nicht in einzelne Platten zerlegt und überhaupt anders entwickelt. Unmittelbar vor den Augenhöhlen liegen die kleinen Nasenlöcher. Wie bei den Fischen war der Kopf des Ichthyosaurus unmittelbar mit dem Rumpfe verbunden, daher ist auch kein Hals unterscheidbar. Die Wirbelsäule bestand aus beiläufig 150 Wirbeln, deren Körpertheile vorn und hinten trichterförmig ausgehöhlt sind; da sich die Bogenstücke mit dem oberen Dornfortsatz nur lose an den Wirbelkörper anheften, so findet man die letzteren gewöhnlich isolirt. Man hat sie häufig mit Dambretsteinen verglichen. Die Ränder der Gelenkflächen von zwei benachbarten Wirbelkörpern berühren sich und schließen somit einen ziemlich großen, mit gallertartiger Substanz gefüllten Raum ein, wodurch die Beweglichkeit der Wirbelsäule beim Schwimmen in außerordentlichem Grade begünstigt wurde. Eine ganz ähnliche Einrichtung ist für die Fische charakteristisch.

Der kräftige Brustgürtel, welcher eine bemerkenswerthe

Aehnlichkeit mit dem des australischen Schnabelthieres besitzt, erleichterte das Auf- und Niedertauchen und verlieh den vorderen Gliedmaßen genügenden Halt. Der umfangreiche Bauch wurde von zahlreichen Rippen umschlossen, die sich aber nicht an das Brustbein anheften, sondern mittelst besonderer dünner Bauchrippen verbunden werden. Hinter dem Becken folgt ein enorm langer, aus 80 und mehr Wirbeln bestehender Schwanz. Da fast alle Skelete ungefähr am dreißigsten Schwanzwirbel eine Knickung und eine kleine Veränderung an den folgenden Wirbeln erkennen lassen, so hat man vermuthet, daß die Ichthyosauren nach Art der Haifische mit einer langen, senkrechten Schwanzflosse versehen waren, die dem Körper als Steuerruder dienen konnte. Den Extremitäten fiel die Aufgabe zu, den fischartigen Körper mit möglichster Geschwindigkeit fortzubewegen, und darum sehen wir sie als höchst vollkommene Ruderflossen ausgebildet. Die eigentlichen Arm- und Fuß-Knochen sind zu kurzen, plattgedrückten Stücken reducirt; die Hände und Füße selbst aus fünf bis sieben, den Fingern entsprechenden Längsreihen von vieleckigen, flachen Knochenplatten zusammengesetzt, deren Gesammtzahl hin und wieder bis gegen 100 beträgt. Diese ganze steife Flosse war, wie man an einem Abdruck aus dem Lias von Barrow in England sehen kann, von einer dicken Schwimmhaut umgeben, auf welcher sich deutliche Eindrücke von knorpeligen Strahlen erkennen lassen. Stimmt die ganze Form dieser Ruderfüße mit den Flossen der Wale überein, so nähert sie sich doch durch die enorme Anzahl der polygonen Fingerglieder, sowie durch den Umstand, daß die Zahl der Zehen häufig mehr als fünf beträgt, in nicht geringerem Grade den Fischen.

Vom Hautschildern oder Schuppen ist selbst unter den günstigsten Erhaltungsbedingungen niemals eine Spur entdeckt worden; man darf daher annehmen, daß der Ichthyosaurus eine nackte Haut besaß.

Ueber eine bemerkenswerthe Beschaffenheit des Dickdarms beim Ichthyosaurus geben uns die versteinerten Excremente oder Koprolithen (vgl. S. 284) Auskunft. Dieselben zeigen stets mehr oder weniger deutliche Spiralfurchen und können ihre Form nur durch eine an der Innenwand des Darms spiralig gewundene Falte erhalten haben, wie sie sich heutzutage beim Haifisch und beim Stör findet. Auch über die Nahrung der Meersaurier unterrichten uns diese Kothhäufchen. Sie enthalten in Menge halb verdaute Sepienreste, Fischschuppen, Gräten und sonstige Einschlüsse, die angeschliffen und polirt eine so hübsche Zeichnung bilden, daß man in England die Ichthyosaurus-Excremente zur Herstellung kleiner Schalen und Schmucksachen verwendet. Man hat übrigens in Schwaben auch Skelete mit leidlich erhaltenem Mageninhalt gefunden; ja, es sind dort sogar verunglückte Weibchen ausgegraben worden, die wohlausgebildete, mit der Schnauze nach hinten gerichtete Junge in der Beckengegend tragen. Diese Funde besitzen ein besonderes Interesse, weil sie es wahrscheinlich machen, daß unsere Meersaurier nicht wie die meisten Amphibien und Reptilien Eier legten, sondern lebendige Junge gebaren.

Die zahlreichen Arten, welche sich auf Lias, Jura und Kreide vertheilen, schwanken bedeutend in ihren Größenverhältnissen. Es gibt kleine Arten von höchstens 10 Fuß Länge und 40 Fuß messende Riesenformen.

deren Dimensionen unseren Meer=Säugethieren nahe kommen.

Man hat mit Recht den Ichthyosaurus von jeher als Muster eines vorweltlichen Sammeltypus erklärt. Er war ein Reptil in Fischgestalt. Durch seine ganze Körperform, flossenartige Füße und beweglichen Fischwirbel war er trefflich für das Element geeignet, in dem er sich zu bewegen hatte. Nicht ohne Grund hat man in dem Delphin=ähnlichen Kopf, in den Walfisch=ähnlichen Ruderfüßen und in dem an das Schnabelthier erinnernden Brustgürtel das Resultat einer Anpassung an das äußere Medium erkennen wollen, denn wir finden eine vollkommen correspondirende Erscheinung bei den viel später erscheinenden Meersäugethieren. Das allgemeine Ansehen des Körpers blieb sich in den Hauptzügen gleich, nur der Träger dieses äußeren Gewandes hat sich verändert: im mittleren Zeitalter war er, wie aus der Anordnung der Schädelknochen, aus dem einfachen Hinterhauptsgelenkkopf, aus den crocodilartigen Zähnen und allen sonstigen anatomischen Merkmalen hervorgeht, ein Reptil, in der Tertiär= und Jetztzeit ein Säugethier.

Die Fischsaurier sind in der jüngeren Kreidezeit bereits verschwunden und durch einen anderen Typus von nicht geringerem Interesse ersetzt. Wäre es überhaupt angezeigt, den fabelhaften Begriff der Seeschlange mit irgend einem Geschöpf in Verbindung zu bringen, so würde der Maassaurier (Mosasaurus) nebst seinen Verwandten wegen ihrer enormen Länge diese Bezeichnung am ersten verdienen. Der Mosasaurus aus dem oberen Kreidetuff von Maestricht (vgl. S. 299) hatte seiner Zeit großes Aufsehen unter den Gelehrten gemacht, obwohl lediglich der ziemlich beschädigte Kopf und vereinzelte Rumpftheile vorlagen, aus denen man sich nur ein unvollkommenes Bild des ganzen Thieres restauriren konnte. Eine ganze Geschichte knüpft sich an diesen berühmten, in Europa bis jetzt einzig gebliebenen Fund. Der Entdecker des Schädels, der Garnisonschirurg Hofmann sollte sich seines mit nicht geringen Opfern erkauften Besitzes nur kurze Zeit erfreuen. Er wurde durch Richterspruch einem neidischen Geistlichen, dem Eigenthümer des Steinbruchs, zuerkannt und von diesem während der Belagerung Maestrichts durch die Franzosen (1795) in der Festung verborgen. Die Republikaner waren aber wohlunterrichtet und wußten durch einen ausgesetzten Preis von 600 Flaschen Wein den Schlupfwinkel zu entdecken. Der Canonicus Godin wurde später entschädigt, der Schädel aber kam nach Paris und befindet sich jetzt im Jardin des Plantes.

Neuerdings wurden in der oberen Kreide von Nord-Amerika, und zwar in den Staaten von New-Jersey, Alabama und Kansas, weit vollständigere Ueberreste von Mosasaurus und anderen nahestehenden Gattungen gefunden.

Jeder Zoologe wird bei Anblick der nachstehenden Abbildungen des Kopfes von Clidastes (Fig. 138) erkennen, daß der ganze hintere Theil des Schädels genau wie bei den Schlangen gebaut ist. Auch die spitzen Zähne stehen nach Art der Riesenschlangen nicht allein auf den Kiefern, sondern auch auf den Flügel- und Gaumen-Beinen. Noch auffallender treten die Schlangenmerkmale am Unterkiefer hervor: die beiden Aeste sind nämlich vorn nicht fest mit einander verwachsen, sondern völlig getrennt, und waren bei Lebzeiten des Thieres offenbar nur durch sehnige Bänder verbunden; hinten sind sie an einem freistehenden, beweglichen Knochen des Schädels (Quadratbein) eingelenkt. Ganz so ist der Rachen bei den Schlangen beschaffen, dessen staunenswerthe Ausdehnungsfähigkeit lediglich auf

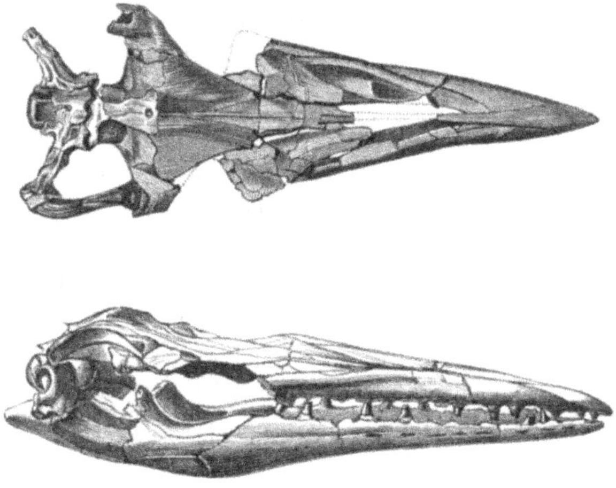

Fig. 138. Schädel von Clidastes propython aus der oberen Kreide von Alabama in Nord-Amerika.

dieser Einrichtung beruht. Den fossilen Seeschlangenköpfen fehlten aber mancherlei typische Eidechsenmerkmale nicht; ja, der erfahrene Cuvier stellte den Mosasaurus im System geradezu zwischen die Warneidechsen und Leguane. Wir müssen uns nun an den gewaltigen, 3—4 Fuß langen Schädel einen gestreckten Körper mit riesig langem Schwanz, kurze, mit Schwimmhaut versehene Vorderfüße denken (Hinterfüße fehlen), um das Bild dieser wunderbaren Geschöpfe in unserer Phantasie hervorzuzaubern. Nach Cope waren sie die längsten überhaupt bekannten Wasserreptilien, ihre Wirbelsäule bestand aus mehr als 100 Wirbeln und ihre Länge von der Schnauze bis zur Schwanzspitze betrug bei einzelnen Arten 50—70 Fuß.

Noch ließe sich die Reihe der Meersaurier durch mancherlei Formen vervollständigen, aber schon wurde länger bei diesen Geschöpfen verweilt, als es eigentlich der Raum dieser Blätter gestattet.

Zum Schluß soll daher nur noch erwähnt werden, daß auch Schildkröten mit allen typischen Merkmalen bereits im oberen Jura vorkommen. Vom Standpunkt der Abstammungstheorie muß das frühzeitige Erscheinen dieser Thiere einigermaßen überraschen, denn sie lassen sich nach jener Anschauungsweise nur als ein außerordentlich differenzirter, kaum einer weiteren Ausbildung fähiger Zweig des Reptilienstammes auffassen; sie haben sich gewissermassen in eine Sackgasse verannt, aus der es keine Umkehr gibt. Es liegen übrigens aus der Trias höchst merkwürdige Reptilienreste vor, die man mit einiger Wahrscheinlichkeit als Vorläufer und Stammformen der Schildkröten betrachten kann. Am Cap der guten Hoffnung gibt es mehrere ausgestorbene Formen, deren Schädelbau in vieler Hinsicht an die Schildkröten erinnert. Der charakteristische Rücken- und Bauchpanzer allerdings war bei den Anomodontiern noch nicht entwickelt. Eine Gattung ist vollständig zahnlos, bei anderen beschränkt sich das Gebiß auf je einen gewaltigen Eckzahn in jedem Oberkiefer.

Vom Skelet dieser sonderbaren Thiere sind nur wenige Theile bekannt.

Land- und Süßwasser-Thiere.

Sämmtliche erhaltungsfähige Klassen von Land- und Süßwasser-Bewohnern waren im mittleren Zeitalter bereits vertreten, doch bieten darunter nur die Wirbelthiere ein specielleres Interesse. Wer z. B. unter den Insekten besonders große, eigenthümlich organisirte und schöne Thiere erwartet, wird sich beim Anblick der unansehnlichen Abdrücke aus dem Lias der Schambelen im Aargau oder aus dem lithographischen Schiefer in Bayern sehr enttäuscht finden. Es steht außer Zweifel, daß die älteren Insekten in keiner der genannten Beziehungen mit den jetzigen Tropenbewohnern verglichen werden können: eine Erscheinung, die Oswald Heer dem Mangel an Laubhölzern zuzuschreiben geneigt ist.

Anders verhält es sich bei den Wirbelthieren. Waren schon im Meer Reptilien die hervorragendsten Geschöpfe, so stand ihre Herrschaft auf dem Festland unangefochten fest, namentlich wenn wir ihnen nach älterem Sprachgebrauch die neuerdings als besondere Klasse abgezweigten Amphibien (Frösche und Salamander) zurechnen. Zu den letzteren gehören nach der Meinung der meisten Paläontologen die Panzerlurche oder Froschsaurier (Labyrinthodonten), deren Vorläufer wir bereits in den Glanzköpfen der Steinkohlenzeit kennen gelernt haben. Durch ihre riesige Größe freilich — der Schädel allein kann $2^1/_2$ Fuß in der Länge und 2 Fuß in der Breite erreichen — unterscheiden sich die Panzerlurche sehr auffällig von allen jetzt lebenden Amphibien, und auch die gewaltigen Fangzähne, die knöchernen Hautschilder auf Kopf und Brust erinnern eher an Crocodile, als an Frösche oder Salamander. Richard Owen nennt sie geradezu zurückgebliebene Crocodile. Der breite, platte Schädel des **Mastodonsaurus***) (Fig. 139) und seiner Verwandten nähert sich in seiner ganzen Gestalt am meisten einem Froschkopf. Läßt man sich jedoch nicht vom ersten Eindruck bestimmen und betrachtet den Schädel etwas genauer, so fällt zunächst die rauhe, mit vertieften Eindrücken versehene Beschaffenheit der Schädelknochen auf, die überdies in höchst eigenthümlicher Weise angeordnet sind. Im Scheitelbein befindet sich eine runde Oeffnung, die sonst nur bei Eidechsen beobachtet wird. In den getrennten, ganz in der Nähe des vorderen Schnauzenrandes gelegenen Nasenlöchern, ferner in der Form der inneren Schädelknochen (Gaumenbein, Flügelbein und Keilbein), endlich in dem Vorhandensein von zwei Gelenkköpfen am Hinterhaupt tritt die Froschnatur wieder bestimmter hervor. Die Zähne dagegen lassen sich noch am besten mit denen der Crocodile vergleichen. Allerdings stehen sie nicht allein auf den Kieferknochen, sondern auch auf Flügel- und Gaumen-Beinen in zwei parallelen Reihen. In der inneren ragen einige als gewaltige Hauer hervor. Schneidet man einen solchen Zahn quer durch und legt ein dünnes Splitterchen davon unter

*) μαστός, Zitze; ὀδούς, Zahn, wegen der eigenthümlichen zitzenförmigen Gestalt der Fangzähne.

das Mikroskop, so zeigen sich zahllose labyrinthisch vom Centrum gegen die Peripherie verlaufende Linien, welche eine überaus merkwürdige, wellig gebogene Struktur der

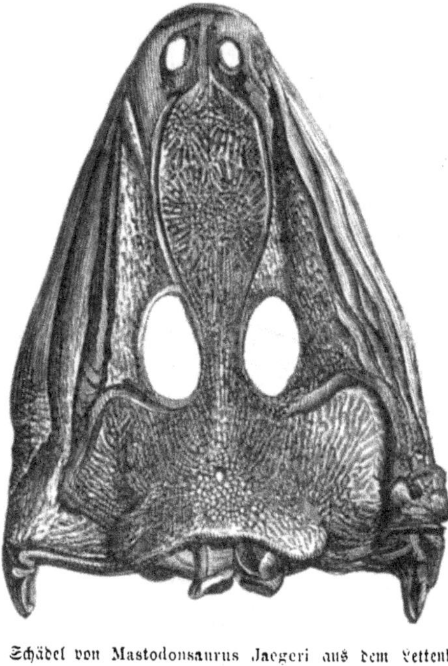

Fig. 139. Schädel von Mastodonsaurus Jaegeri aus dem Lettenkohlensandstein von Württemberg.

Zahnsubstanz verrathen (Fig. 140). Nach diesem charakteristischen Merkmal hat man die Froschsaurier der Trias auch Labyrinthodonten*) genannt.

---

*) λαβύρινθος, Labyrinth; ὀδούς Zahn.

Vom Rumpf kam bis jetzt nur einmal ein größeres, zusammenhängendes Skeletfragment vor. Dasselbe befand sich in einem behauenen und bereits eingemauerten Quader, wurde aber noch rechtzeitig entdeckt und für die Stuttgarter Naturaliensammlung gerettet. Man weiß durch diesen Fund, daß die Labyrinthodonten einen den Glanzköpfen der Steinkohlenformation (S. 220) ganz ähnlichen, aus

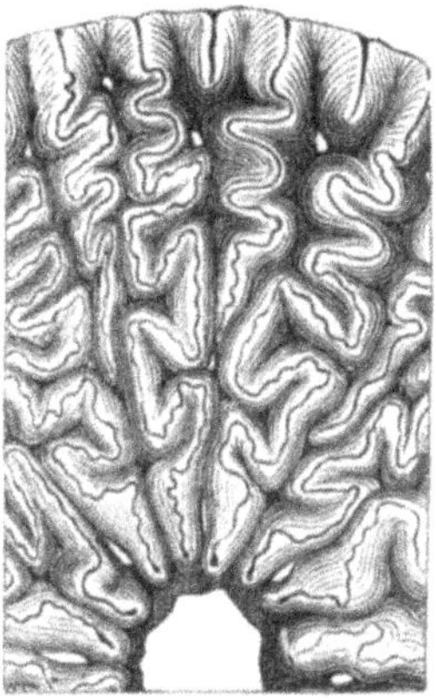

Fig. 140. Vergrößerte Ansicht eines Stückes vom Querschnitt des Fangzahnes von Mastodonsaurus.

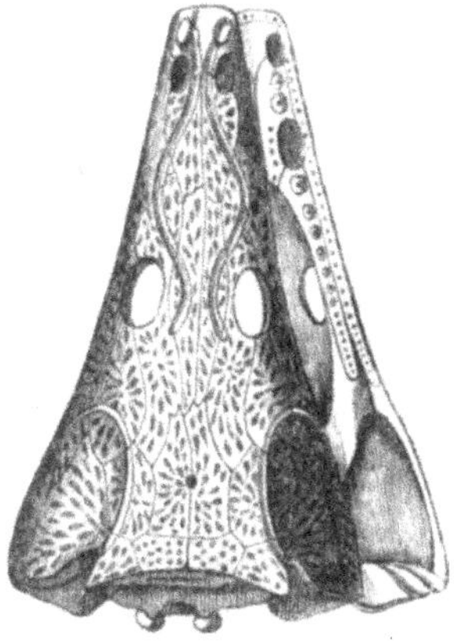

Fig. 141. Trematosaurus Brauni aus dem Keupersandstein von Bernburg.

mehreren großen Hautschildern bestehenden Kehlbrustpanzer besaßen. Der übrige Körper war höchst wahrscheinlich mit nackter Haut bedeckt. Die zum Gehen eingerichteten kurzen Füße bieten nichts Auffallendes, dagegen sind die Rippen weit stärker entwickelt, als bei den heute lebenden Amphibien.

Bei tieferem Eindringen in den Bauplan wäre noch manche Eigenthümlichkeit hervorzuheben, aber das bereits Gesagte beweist hinlänglich, daß diese Thiere weder als ächte Frösche oder Salamander, noch als Eidechsen oder Crocodile betrachtet werden dürfen. Dadurch, daß sie fast eben so gut als Amphibien wie als Reptilien aufgefaßt werden können, daß sie gewissermassen beides zugleich sind, erscheint es wahrscheinlich, daß die beiden Klassen ursprünglich überhaupt noch nicht scharf getrennt waren und daß sich erst später die Repräsentanten der einen wie der anderen die ihnen zukommenden ausschließlichen Merkmale angeeignet haben.

Die geologische Lebensdauer der Labyrinthodonten war auf einen kurzen Zeitraum beschränkt. Sämmtliche Gattungen (eine etwas zweifelhafte aus der nordamerikanischen Steinkohlenformation ausgenommen), unter denen die größte (**Mastodonsaurus**), vielleicht eine Länge von 8 Fuß erreicht haben mag, während es der zierlichere **Trematosaurus***) (Fig. 141) höchstens auf die halbe Größe brachte, finden sich in den drei Stufen der Trias, und zwar am häufigsten im Keuper. Württemberg hat auch von diesen Thieren die vollkommensten Ueberreste geliefert. Höchst wahrscheinlich rühren die großen, fünffingerigen Fußspuren im Sandstein von Hildburghausen und anderen Orten (vgl. S. 272) von Labyrinthodonten her.

Als im Jahre 1832 Sir **Gideon Mantell** einen Steinbruch bei Tilgate Forest in der Grafschaft

---

*) τρῆμα, Loch; σαῦρος, Eidechse (wegen des Loches im Scheitelbein).

Sussex besuchte und an der Straße eine Anzahl Gesteinsblöcke mit Knochenfragmenten bemerkte, ahnte er nicht, daß sich aus diesen unscheinbaren Trümmern das Bild eines höchst merkwürdigen Landsaurier-Typus von riesiger Größe herstellen lassen würde. Spätere Funde aus den Ablagerungen der sogenannten Wälderstufe vervollständigten den ersten, und Mantell war bald im Stande, zwei Gattungen (Iguanodon und Hylaeosaurus) zu beschreiben, für welche Richard Owen nachträglich, da sie von allen bisher bekannten Reptilien wesentlich differirten, die Ordnung der Dinosaurier*) gründete. Seitdem wurden sowohl in Europa als auch in Nord-Amerika in allen mesolithischen Ablagerungen zahlreiche Dinosaurier-Reste entdeckt, die sich auf nahezu zwanzig Gattungen vertheilen. Freilich nur von einer einzigen kennt man das vollständige Skelet, und dies ist gerade die winzigste unter allen (Compsognathus). Alle übrigen sind nur fragmentarisch in den Sammlungen vertreten.

Bei der außerordentlichen Verschiedenheit der einzelnen Gattungen lassen sich nur wenige gemeinsame Merkmale hervorheben. So zeichnet sich z. B. der gewaltige Iguanodon**) aus der Kreide durch einen 30 Fuß langen und etwa 12 bis 15 Fuß hohen massigen Körper aus. Die enorm dicken Extremitätenknochen enthalten weite Markhöhlen und erinnern in ihrer Form an die Füße der

---

*) δεινός, schrecklich; σαῦρος, Eidechse.

**) Wegen der Aehnlichkeit seiner Zähne mit denen der jetzigen Eidechsengattung Iguana.

stärksten Dickhäuter unter unseren jetzigen Landsäugethieren: die langen Krallen allerdings hat man mit denen der Schildkröten verglichen. Da die Hinterfüße bei den meisten Dinosauriern weit stärker und länger als die Vorderfüße waren, so ist es wahrscheinlich, daß diese plumpen Geschöpfe in der Weise des Känguruhs auf denselben ruhten. Nach dem Grade und der Art, wie sich die spatelförmigen, zweischneidigen, beiderseits tief gezackten Zähne beim Iguanodon abkauen, gehörte dieses riesenhafte Thier zu den Pflanzenfressern. Auch sein Begleiter, der Hylaeosaurus*), dessen Rücken ein hoher Kamm von spitzen Hautstacheln zierte, scheint seinem unbeholfenen Bau nach eher die Lebensweise eines Faulthieres, als die eines Raubthieres geführt zu haben. Solche dürfte es unter den Dinosauriern freilich auch gegeben haben. Es deuten wenigstens die scharf zugespitzten, seitlich fein gezackten Zähne des jurassischen Megalosaurus**) und des gewaltigen Zanclodon***) aus dem schwäbischen Keuper eher auf Fleisch-, als auf Pflanzen-Nahrung. Vom letzteren befindet sich im Stuttgarter Museum ein beinahe vollständiges Skelet, dem jedoch leider der Schädel fehlt. Von den Dimensionen dieses Sauriers geben die Verhältnisse einzelner Theile eine Vorstellung. So messen die Krallen des fünfzehigen Hinterfußes einen halben Schuh in der Länge und der ganze Fuß bedeckte beim Auftreten eine Fläche von drei Quadratschuh.

*) ὕλη, Wald; σαῦρος, Eidechse.

**) μέγας, groß.

***) ζάγκλον, Sichel; ὀδούς, Zahn.

Neben solchen Giganten fehlte es auch nicht an kleinen, zierlichen Formen. Das Münchener Museum z. B. besitzt ein beinahe vollständiges, wenig mehr als ein Fuß langes Skelet der Gattung Compsognathus*) (Fig. 142). Dieser kleine Dinosaurier aus dem lithographischen Schiefer besaß einen ächten Reptilienkopf, der aber mit dem langen gebogenen Hals fast einen rechten Winkel bildete. Der

Fig. 142. Compsognathus longipes aus dem lithographischen Schiefer von Kelheim in Bayern.

Rumpf endigte in einen ungemein starken Schwanz, von welchem am Münchener Skelet noch 15 Wirbel erhalten sind: vielleicht eben so viele mochten sich noch weiter anschließen, denn der letzte erhaltene zeigt keine nennenswerthe Verschmälerung. Die vorderen Gliedmaßen werden von den hinteren mindestens ums doppelte an Länge übertroffen:

*) κομψός, zierlich; γνάθος, Kiefer.

eine Organisation, mit welcher nur eine hüpfende Sprungbewegung vereinbar ist. Die Hinterfüße waren mit vier ungleich langen, mit Krallen bewaffneten Zehen versehen. Eine überraschende Aehnlichkeit mit dem Vogelfuß hat Gegenbaur auch in der Reduction der hinteren Fußwurzelknöchelchen nachgewiesen, und ebenso läßt sich das Becken fast besser mit dem der Vögel als mit dem der Reptilien vergleichen.

Schon H. v. Meyer und Richard Owen hatten auf die Verbindung von Eidechsen-, Crocodil- und Säugethier-Merkmalen bei den Dinosauriern hingewiesen. Der Schädel ist im Allgemeinen nach dem Eidechsentypus gebildet; auch die seitliche Befestigung der Zähne an die nach außen erhöhte Kieferwand würde mit den Eidechsen übereinstimmen, wenn nicht überdies für jeden Zahn, wie bei den Crocodilen, eine besondere Grube vorhanden wäre. Mit den Crocodilen haben manche Gattungen auch eine theilweise Bedeckung des Körpers durch Hautschilder gemein. An Säugethiere erinnern zunächst die mit Markhöhlen versehenen Röhrenknochen, die plumpen Zehenglieder, sodann das aus vier bis sechs verwachsenen Wirbeln zusammengesetzte Heiligenbein. In neuester Zeit hat namentlich Huxley den Beweis geliefert, daß man diesem Rezept noch eine erkleckliche Dosis von Vogelmerkmalen beifügen muß, um den Dinosauriertypus fertig zu bringen. Beim Compsognathus fällt die Vogelverwandtschaft deutlich genug in die Augen, aber wer möchte wohl den schwerfälligsten unter allen Reptilien eine Reihe von gemeinsamen Merkmalen mit den leichtbeschwingten Bewohnern der Lüfte zutrauen? Dennoch läßt sich nach den Untersuchungen Huxley's nicht mehr zweifeln, daß nicht allein der Compsognathus, sondern sogar die plumpsten Dinosaurier im Bau ihres Beckens und ihrer hinteren Gliedmaßen eine entschiedene Annäherung an den Vogeltypus verrathen.

Vielleicht ist es passend, bei dieser Gelegenheit an die Beziehungen des Ichthyosaurus zu den Delphinen zu erinnern, um den Gegensatz zwischen innerem Bauplan und äußerer Erscheinung noch an einem zweiten Beispiel hervorzuheben. Dort hatten übereinstimmende Gewohnheiten den peripherischen Organen bei völlig verschiedenem Grundplan eine gewisse Gleichartigkeit aufgedrückt; hier bei den Dinosauriern und Vögeln, wo in der Lebensweise die schärfsten Contraste bestehen, bildete sich die äußere Gestalt nach so auseinander gehenden Richtungen aus, daß nur noch der Anatom die innere Verwandtschaft an gewissen charakteristischen Zügen zu ermitteln vermag.

Auch die berühmten Flugsaurier der Jura- und Kreide-Formation liefern ein belehrendes Beispiel für die Unabhängigkeit der inneren Organisation von der durch Lebensgewohnheiten und Existenzbedingungen beeinflußten äußeren Tracht. Mit einem ausgebildeten Flugvermögen sind nothwendig verbunden eine kräftige Entwickelung der vorderen Gliedmaßen, ein großes Brustbein, ein starkes Schlüsselbein und eine gewisse Leichtigkeit des Skeletes, die am besten durch hohle, luftgefüllte Knochen bewerkstelligt wird. Alles das findet sich bei den Vögeln wie bei den Flugsauriern, ohne daß deßhalb eines der genannten Merkmale für die Klasse der Vögel oder Reptilien unerläßliches Erforderniß wäre, denn bei den Einen wie bei den

Anderen können einzelne oder alle genannten Eigenschaften, unbeschadet ihrer sonstigen typischen Merkmale, gelegentlich vermißt werden.

Wir dürfen in der That, wie paradox es auch klingen mag, behaupten, daß der schwerfällige Dinosaurier mit dem Vogel mindestens ebensoviel, wenn nicht mehr innere Verwandtschaft besitzt, als der flüchtig die Lüfte durchsegelnde Flugsaurier.

Betrachten wir das Skelet eines Pterodactylus*) (Fig. 143, S. 403) etwas genauer, so stellt sich die Reptiliennatur aufs bestimmteste heraus. Schon der Schädel mit seinem verlängerten Schnabel entscheidet, trotz aller äußeren Aehnlichkeit mit dem eines Wasservogels, durch das Vorhandensein kräftiger, in Alveolen stehender Zähne die zoologische Stellung.**) Der lange Hals bildet zwar wie beim Vogel, einen rechten Winkel zum Schädel, allein in ganz anderer Weise gestaltet sich das Flugorgan. Von Federn ist nicht die Rede; der Pterodactylus flog mittelst einer nackten, fein gefältelten Flughaut***), die sich an den ungemein verlängerten und starken kleinen Finger anheftete und wahrscheinlich von da bis an die Wurzel der kurzen Hinterfüße reichte. Dieses Flugorgan kann aber auch nicht mit dem der Fledermäuse verglichen werden, denn dort spannt sich die Flughaut zwischen vier

*) πτερόν, Flügel; δάκτυλος, Finger.

**) Am abgebildeten Skelet, dessen Original im Haarlemer Museum liegt, sind die Zähne nicht erhalten.

***) Die Flughaut ist neuerdings an einem Rhamphorhynchus Skelet aus dem Eichstädter lithographischen Schiefer in vortrefflicher Erhaltung entdeckt worden.

gleichmäßig verlängerten Fingern aus. Daß der Bauch von besonderen feinen Rippen geschützt war, ist für die Reptiliennatur ebenso maßgebend, wie die Beschaffenheit des Hinterfußes, dessen vier bis an die Wurzel getrennte

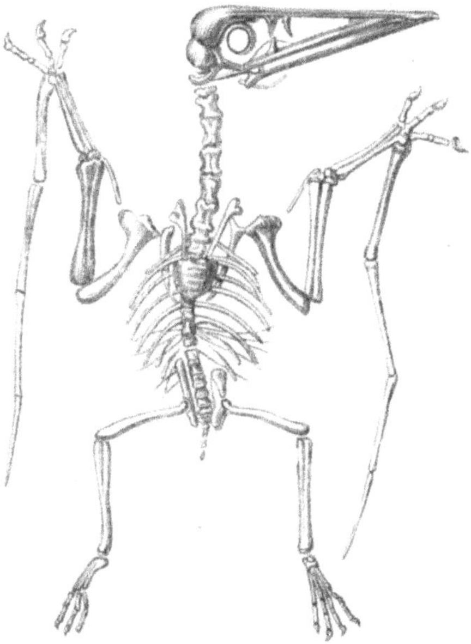

Fig. 145. Pterodactylus spectabilis aus dem lithographischen Schiefer von Kelheim in Bayern.

Zehen aus einer ungleichen Anzahl von Gliedern bestehen. Zu alledem kommt dann noch ein frei hervorragender Schwanz, der beim Pterodactylus kurz und dünn, beim Rhamphorhynchus*) stark und lang ist und

*) ῥάμφος, Schnabel; ῥύγχος, Schnauze.

überdies von einer steifen Scheide verknöcherter Sehnen umhüllt wird. Er mochte diese Beschaffenheit wohl haben, um das Thier mit einem kräftigen Schwung vom Boden abzustoßen.

Keinenfalls darf man die Flugsaurier unseren modernen Reptilien beigesellen, denn sie besitzen mit den jetzt lebenden Dragonen, deren Flattern mittelst verlängerter Rippen ermöglicht wird, nur entfernte Aehnlichkeit. Sie bilden vielmehr eine erloschene Ordnung, deren Lebensdauer auf zwei Formationen beschränkt zu sein scheinen. Im lithographischen Schiefer Bayerns hat man die meisten und vollständigsten Skelete aufgefunden. Wie abenteuerlich diese geflügelten Geschöpfe der Vorzeit auch ausgesehen haben mögen, so dürfen wir unsere Phantasie doch nicht mit Schreckbildern von gewaltigen Drachen erfüllen. Verderbenbringend konnten die nackthäutigen Flugsaurier, deren Größe sich zwischen der einer Lerche und eines Adlers bewegte, überhaupt nur Insekten oder sonstigen kleinen Land- und Meer-Bewohnern werden, neben denen ihre Skelete stets begraben liegen.

Lange Zeit glaubte man in den Flugsauriern den Ersatz für die Klasse der Vögel während des mittleren Zeitalters suchen zu müssen, bis endlich im Jahre 1861 ein kostbarer Fund im lithographischen Schiefer von Solenhofen dieser Meinung ein Ende machte. Es handelte sich hier um das Skelet eines mit reichem Federschmuck versehenen Thieres von der Größe eines Huhns, dem leider Kopf, Hals und Brustbein fehlten, während die übrigen Theile, namentlich das Gefieder, noch trefflich erhalten waren. Das seltene Stück kam um eine hohe

Fig. 141 Archaeopteryx lithographicus aus dem lithographischen Schiefer von Solenhofen in Bayern.
(Links ist der Hinterfuß, rechts der Vorderfuß besonders dargestellt.)

Summe in Besitz des britischen Museums und wurde von R. Owen unter dem Namen Archaeopteryx*) (Fig. 144) beschrieben.

Bis zum hinteren Ende des Beckens ist das befiederte Thier, soviel von ihm bekannt, ein ächter Vogel, obwohl

Fig. 145. Restaurirte Abbildung des Urvogels (Archaeopteryx) aus dem lithographischen Schiefer.

die Vorderfüße immerhin einige Anklänge an die Reptilien erkennen lassen. Von da an beginnt aber ein 7½ Zoll

*) Von ἀρχαῖος, alt; πτέρυξ, Vogel. Die restaurirte Abbildung (Fig. 145) wurde mit unwesentlichen Abänderungen nach R. Owen copirt. Der Kopf ist nach einem bei Solenhofen gefundenen Schädelfragment ergänzt, das man übrigens wahrscheinlich mit Unrecht dem Archaeopteryx zuschrieb.

langer Schwanz, der zu beiden Seiten eine Fahne mit je 20 stattlichen Federn trägt. Wie unerhört eine solche Schwanzentwickelung auf den ersten Anblick erscheinen mag, so dürfen wir doch nicht vergessen, daß auch unsere jetzigen Vögel im Embryonalzustande einen aus mehreren freistehenden Wirbeln zusammengesetzten Schwanz besitzen, der erst bei fortschreitender Entwickelung des Individuums zum kurzen Steißbein verwächst. Jedenfalls steht aber der Achaeopteryx den Reptilien unendlich viel näher, als alle bisher bekannten Vögel, und füllt einen guten Theil der Kluft aus, welche zwischen beiden Klassen besteht.

Eine ganz neue Erscheinung in der mesolithischen Fauna bilden die Säugethiere. Für sie gibt es in den älteren Formationen keine Vorläufer, mit denen wir sie in einen genetischen Zusammenhang zu bringen vermöchten. Alle sicher bestimmbaren Formen gehören in die Ordnung der Beutelthiere, und zwar sind es, soweit sich aus dem vorliegenden, nicht sehr reichhaltigen Material beurtheilen läßt, in jeder Hinsicht scharf charakterisirte Marsupialier, die den übrigen Ordnungen der Säugethiere nicht näher stehen, als ihre jetzt lebenden Nachkommen in Australien. Schon im Jahre 1812 wurden im braunen Jura von Stonesfield in England zwei kleine Unterkiefer gefunden, die sechs Jahre später Cuvier bei Gelegenheit eines Besuches in Oxford als von Säugethieren aus der Verwandschaft der amerikanischen Beutelratte (Didelphis) herrührend erklärte. Lange Zeit galten dieselben für die ältesten Säugethierreste. So wenig wollte übrigens dieser Fund mit den damaligen Erfahrungen harmoniren, daß Cuvier's Bestimmung von verschiedener Seite Anfechtung erfuhr und sogar gewiegte Kenner, wie Agassiz und Blainville, die Kieferchen Fischen oder Reptilien zuschreiben wollten. Bei derartigen Widersprüchen von Autoritäten hat es vielleicht einiges Interesse, die Gründe auseinanderzusetzen, warum die erwähnten Reste — sie wurden später Amphitherium*) (Fig. 146) genannt —

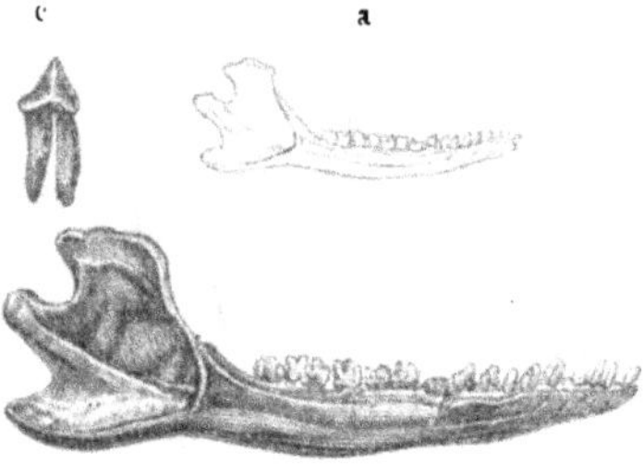

Fig. 146. Amphitherium Prevosti aus dem braunen Jura von Stonesfield.

Fig. 147. Unterkieferast von Myrmecobius fasciatus aus Australien.

zu den Säugethieren und nicht zu den Reptilien oder Fischen gehören. Für diese Frage ist in erster Linie die Beschaffenheit der Kieferknochen entscheidend. Bei den Säugethieren bildet jede Unterkieferhälfte einen einzigen, ungetheilten Knochen; bei allen anderen Wirbelthieren

*) ἀμφί, ringsum; θηρίον, Thier (wegen der vermeintlichen Verwandtschaft mit Säugethieren und Reptilien).

dagegen besteht sie aus mehreren, durch mehr oder weniger deutlich sichtbare Nähte innig verbundenen Stücken. Ferner ist die Gelenkfläche, mit welcher sich der Unterkiefer am Schädel einfügt, bei Säugethieren gewölbt, bei Reptilien und Fischen vertieft. Unmittelbar davor befindet sich bei den Säugethieren ein wohlentwickelter Kronfortsatz (Fig. 147c), der den Reptilien fehlt. Endlich besitzen die Backzähne der Säugethiere mindestens zwei Wurzeln; bei den Reptilien sind sie einwurzelig.

In allen erwähnten Punkten verhalten sich die Unterkiefer von Amphitherium wie die der Säugethiere. Ihre zoologische Stellung ist somit der Klasse nach entschieden. Etwas schwieriger ist der Nachweis, daß dieselben zu den Beutelthieren gehören. Hätte man ganze Skelete, so würden die gabeligen, zum Stützen der Hauttasche bestimmten Supplementknochen am Becken sofort alle Bedenken heben, allein von den meisten Gattungen existiren in der Regel nur Unterkiefer oder sogar nur einzelne Zähnchen. Doch auch an diesen gibt es Merkmale von untrüglicher Sicherheit. So zeigt sich der untere hintere Eckfortsatz des Unterkiefers (Fig. 147a) bei allen Beutelthieren stets etwas nach innen gedreht, die Zähne sind weit zahlreicher als bei allen anderen überhaupt in Frage kommenden Ordnungen, und überdies von sehr charakteristischer Form. Ueberzeugender als es durch noch so ausführliche Beschreibung dargelegt werden könnte, springt die Verwandtschaft des jurassischen Amphitherium mit Myrmecobius, einem kleinen neuholländischen Insektenfresser aus der Ordnung der Beutelthiere, in die Augen, wenn man beide Unterkiefer (Fig. 146 u. 147) neben einander stellt.

Die Erfahrungen der vergleichenden Anatomie haben nun zu dem wichtigen Satze geführt, daß mit einer Aehnlichkeit einzelner Theile auch eine Aehnlichkeit der ganzen Organisation verbunden ist. Wir werden darum nicht irren, wenn wir im Myrmecobius (Fig. 148) ein treues Abbild der ausgestorbenen jurassischen Säugethiere erkennen.

Fig. 148. Myrmecobius fasciatus aus Australien.

Den Stonesfielder Resten haben sich später andere aus den viel älteren Bonebed Schichten der Rhätischen Stufe beigesellt. Es waren vereinzelte in Württemberg und England aufgefundene Backzähne und ein kleiner Unterkiefer aus gleichalterigen Schichten von Nord-Carolina.

Eine unerwartete Vermehrung lieferten die jüngsten Jura-Ablagerungen von Purbeck in Dorsetshire. Nachdem man im Jahre 1854 in einer 5 Zoll dicken Süßwasserschicht, welche verschiedene Reptilien, Insekten und Süßwasser-Muscheln enthielt, Reste eines kleinen Säugethieres aufgefunden hatte, wurde dieselbe von Herrn Beckles lediglich im Interesse der Wissenschaft mit bedeutenden Kosten ausgebeutet. Der Erfolg war günstig. Es kamen zahlreiche Unterkiefer, einige Oberkiefer von mehreren neuen Gattungen und sogar ein Schädelfragment zum Vorschein. Sonderbarer Weise waren auch hier, wie an allen anderen Fundorten, sonstige Skelettheile äußerst selten und schlecht erhalten.

Fig. 149. Amblotherium soricinum. Rechter Unterkieferast in natürlicher Größe; darunter derselbe vergrößert aus den oberjurassischen Süßwasserschichten von Purbeck.

Mit Ausnahme einer einzigen Gattung schließen sich alle Säugethier-Formen aus Purbeck enge an Myrmecobius und andere Insekten oder Fleisch fressende Beutelthiere aus Australien an (vgl. Fig. 149). Nur Plagiaulax*) (Fig. 150) zeichnet sich durch die geringe Zahl seiner Backzähne, sowie durch seine gewaltigen Schneidezähne in bemerkenswerther Weise aus. Nach der Ansicht Richard Owen's bildet Plagiaulax einen höchst eigenthümlichen, in der Jetztzeit nicht mehr vorhandenen Typus eines marsupialen Fleischfressers.

Im Ganzen sind bis jetzt siebenzehn Gattungen mesolithischer Säugethiere beschrieben, von denen fünfzehn mit

*) πλάγιος, schief; αὖλαξ, Furche; wegen der schiefen Furchen auf der Krone der Backzähne.

hinlänglicher Sicherheit als Beutelthiere erkannt wurden: von zweien ist die zoologische Stellung noch unbestimmt. Sie sind alle von zwerghafter Größe, kaum stärker als Mäuse, Ratten oder höchstens Eichhörnchen, doch keine Pflanzenfresser, sondern offenbar auf Insekten- und Fleisch-Nahrung angewiesen.

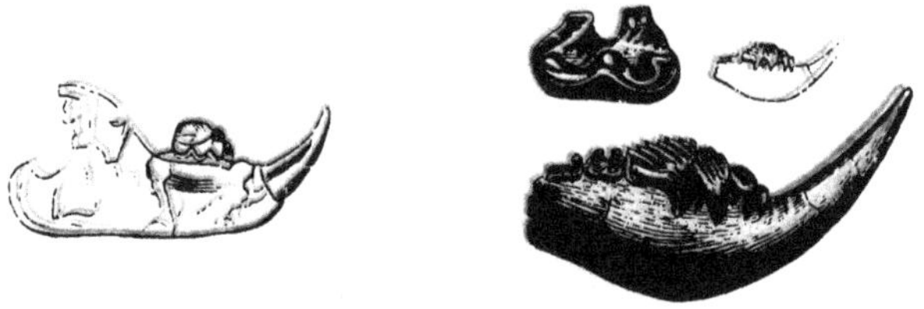

Fig. 150. Plagiaulax Becclesi aus oberjurassischem Süßwasserkalk von Purbeck. (Die unschattirten Abbildungen in natürlicher Größe.)

Höchst überraschend erscheint ihre außerordentliche Verwandtschaft mit gewissen australischen Beutelthieren: eine Verwandtschaft, die manchmal nahezu an generische Identität streift. Nichtsdestoweniger zeigt sich auch bei ihnen eine geringere, auf mindere Vollkommenheit hindeutende Differenzirung. So belehrt uns Owen, daß allerdings das Gebiß des Amphitherium und des Myrmecobius so ziemlich aus gleich vielen und auch gleichartigen Elementen besteht; aber bei der lebenden Form sind die vorderen Backzähne viel bestimmter von den hinteren unterscheidbar, die Eckzähne ragen weiter über die Zahnreihe hervor und die Schneidezähne sind unter sich und dem Eckzahn minder ähnlich, als bei dem jurassischen Amphitherium. Eine ähnliche unvollständigere Differenzirung läßt sich auch bei den übrigen Gattungen nachweisen. Unsere heutigen Beutelthiere verhalten sich überdies zu den jurassischen Zwergen nicht nur wie Riesen, sie zeigen auch eine unendlich größere Mannigfaltigkeit der Organisation. Während jene, mit Ausnahme von Plagiaulax und zwei ganz unsicheren Gattungen, zu den Insektenfressern zählen, zeigt uns die Ordnung der Beutelthiere heutzutage im Känguruh, Wombat, in der Beutelratte, im Beutelwolf u. s. w. Repräsentanten, die nach Lebensweise, Zahnbau und sonstigen Merkmalen den Wiederkäuern, Nagern, Raubthieren u. s. w. entsprechen. Im Einzelnen wie im Ganzen sind somit die jurassischen Beutelthiere viel einförmiger und minder differenzirt, als ihre heutigen Verwandten.

Der berühmte Paläontologe R. Owen schließt seine treffliche Monographie der mesolithischen Säugethiere mit folgenden Worten: „Mein Glauben an das Gesetz des Fortschrittes vom Allgemeinen zum Besonderen, vom Niedrigen zum Höheren hat sich bestärkt. Dasselbe wird durch die Aufeinanderfolge der Säugethiere von der Trias an aufwärts ebenso beleuchtet, wie durch die der übrigen Klassen von der ersten Dämmerung des Lebens (Eozoon) bis zur gegenwärtigen Periode.“

Rückblick.

Mit der zunehmenden Ausdehnung des Festlandes, mit der größeren Differenzirung der Lebensbedingungen im Meer, mit der bestimmteren Abgrenzung der geographischen Bezirke im mittleren Zeitalter macht sich auch eine größere Mannigfaltigkeit der organischen Lebewelt geltend. Pflanzen und Thiere haben fast in allen Klassen Zuwachs erhalten: neben den paläolithischen Kryptogamen ist ein reicher Flor von Nadelhölzern, Cycadeen, Palmen und zuletzt von Laubhölzern entstanden. Zahllose neue Protistengattungen aus den Klassen der Rhizopoden und Spongien bevölkern den Ocean: unter den Strahlthieren haben die Crinoideen zwar ihre hervorragende Bedeutung eingebüßt und die Korallen nicht sehr beträchtlich zugenommen, dafür entfalten aber die Seeigel eine staunenswerthe Fruchtbarkeit an Formen. Bei den Mollusken gehen die Brachiopoden zurück, aber in höherem Grade gewinnen die Cephalopoden an Umfang; Muscheln und Schnecken lassen gleichfalls eine namhafte Vermehrung erkennen. Während im paläolithischen Zeitalter die Trilobiten fast allein den Kerbthierstamm repräsentirten, treten jetzt sämmtliche Klassen desselben in ganzen Reihen vor unsere Augen. Im Vordergrund des ganzen Bildes gruppiren sich wunderbare Amphibien und Reptilien-Gestalten, denen sich vereinzelte Vögel und Säugethiere wie Herolde der herannahenden Zukunft beigesellen.

Wir dürfen fast behaupten, daß die mesolithische Schöpfung schon mit dem ganzen Farben- und Formenreichthum der Gegenwart geschmückt ist, aber sie kommt uns, wie Burmeister treffend bemerkt, vor „wie eine Versuchsgestalt, deren Zweckmäßigkeit sich erst bewähren soll und verloren geht, wenn sie sich als unfähig zeigt für gewisse spätere Umbildungen der Organisation, welche die veränderten Zustände der Erdoberfläche mit sich bringen."

Es übertrifft das Bild der mesolithischen Schöpfung jenes des vorhergegangenen Zeitalters nicht allein durch Mannigfaltigkeit, sondern auch durch einen höheren Grad der Vervollkommnung im Ganzen, wie in den einzelnen Theilen. Schon der Umstand, daß im Pflanzenreich zuerst Cycadeen und Palmen und dann der höchstentwickelte Typus der dikotyledonischen Laubhölzer, im Thierreich die drei obersten Klassen der Wirbelthiere: Reptilien, Vögel und Säugethiere als gänzlich oder doch nahezu gänzlich neue Elemente den früher vorhandenen beitreten, verleiht der ganzen Gesellschaft einen vornehmeren Charakter. Aber auch innerhalb der einzelnen Klassen und Ordnungen haben beinahe überall Formen von vollkommener Organisation die früheren unentwickelteren verdrängt.

Die periodischen Substitutionen, nach welchen zu verschiedenen Zeiten Pflanzen- und Thier-Gruppen von höchst differentem Grundplan an die Stelle früher vorhandener treten konnten, wenn sie nur in physiologischen Merkmalen und in den für die äußeren Existenzbedingungen maßgebenden Organen eine gewisse Uebereinstimmung besaßen, verdienen die volle Aufmerksamkeit des Naturforschers.

Es ist gewiß kein Zufall, daß die Herrschaft im Ocean nach dem Aussterben der paläolithischen Panzerfische im mittleren Zeitalter an die Meersaurier überging und daß sie von diesen in der Gegenwart an Säugethiere abgetreten wurde, die in ihrer äußeren Tracht und ihrer Lebensweise mancherlei Uebereinstimmung mit einigen jener Reptilien besitzen. Als eine ähnliche Erscheinung müssen wir das Verhältniß zwischen den Flugeidechsen der Urzeit und den Vögeln der Gegenwart auffassen, und ebenso liefert uns der Mangel an größeren Landsäugethieren eine Art von Erklärung für die erstaunlich mannigfaltige Entwickelung und das numerische Uebergewicht der Reptilien. Schließlich mag noch das successive Aufblühen der Ceratiten und Ammoniten als Beleg für die Thatsache hervorgehoben werden, wie in der ganzen Natur das Bestreben obwaltet, alle Stellen in ihrem Haushalt nach und nach mit immer vollkommenerem Personal zu besetzen.

Als die bezeichnendsten Charakterformen des mittleren Zeitalters pflegt man die Cycadeen, Ammoniten, Belemniten und Reptilien anzuführen. Nicht minder charakteristisch ist aber auch das Vorwiegen der sogenannten Collectiv- oder Sammel-Typen. Es wurde in den vorhergehenden Abschnitten an so zahlreichen Beispielen gezeigt, wie sich Merkmale, die heutzutage auf verschiedene, scharf getrennte Familien vertheilt sind, häufig in einer einzigen Form vereinigt finden, daß eine abermalige Wiederholung überflüssig erscheint. Auch embryonale Typen lassen sich noch in ziemlich reichlicher Menge nachweisen, wenn auch die ganze Schöpfung nicht mehr den jugendlich unreifen Eindruck der früheren Periode macht.

Was übrigens die mesolithische Lebewelt von der gegenwärtigen unterscheidet, ist nicht so sehr das Vorhandensein oder Fehlen bestimmter Pflanzen- und Thier-Klassen, als vielmehr die Verschiedenheit in der numerischen und formalen Ausbildung gewisser Gruppen. Unseren jetzigen Meeren fehlen die beiden Ordnungen der Cephalopoden keineswegs, aber sie spielen eine äußerst bescheidene Rolle im Vergleich mit den mannigfaltigen und theilweise riesigen Ammoniten und Belemniten der Vorwelt. Unsere Festländer und Inseln beherbergen vielleicht ebensoviele Amphibien- und Reptilien-Arten, wie irgend ein Abschnitt des mittleren Zeitalters, aber sie vertheilen sich auf weniger Ordnungen und sind von viel einförmigerem Charakter. Schließlich liegt auch in den Größenverhältnissen eine beachtenswerthe Differenz. Nicht als ob die Vorwelt im Allgemeinen größere Geschöpfe erzeugt hätte, als die Gegenwart — nein! es gab niemals größere Pflanzen und Thiere, als wir sie auch heute noch sehen, aber wenn uns der Anblick der Riesensaurier, Riesenfrösche, Riesen-Ammoniten u. s. w. einen Ausruf der Verwunderung entlockt, so liegt der Grund unseres Staunens hauptsächlich darin, daß jene Giganten der Vorwelt solchen Familien angehören, die unserer heutigen thierischen Umgebung entweder fehlen oder in denen wir jetzt nur Individuen von mäßiger Größe zu sehen gewohnt sind.

Eine beachtenswerthe Eigenthümlichkeit der mesolithischen Schöpfung hat man in den vielfachen Anklängen an die heutige Lebewelt Australiens gefunden. Unter den Pflanzen wären in dieser Hinsicht gewisse Farne, die Proteaceen und die Araucarien zu nennen; unter den

Mollusken finden sich die in Jura und Kreide massenhaft vertretenen Trigonien noch lebend an den Küsten von Neuholland, und auch die Perlbootschnecke besitzt ihre jetzige Heimath im indisch-australischen Ocean. Den-Port-Jakson's-Hai (Cestracion) und den Ceratodus aus den Flüssen von Queensland können wir als directe Abkömmlinge von mesolithischen oder noch älteren Urformen betrachten. Das einzige in Neuseeland einheimische Reptil (Hatteria) schließt sich eng an gewisse Saurier der Trias (Rhynchosaurus) an, und ebenso besitzen die rhätischen und jurassischen Säugethiere in eminentem Grade ein australisches Gepräge.

Ist nun Angesichts dieser Thatsachen die Hypothese nicht berechtigt, daß einstens im mesolithischen Zeitalter Australien mit der alten Welt in Verbindung stand und mit ihr dieselbe oder doch eine sehr ähnliche Flora und Fauna theilte, daß aber in späterer Zeit jener Zusammenhang gelöst wurde und daß Australien, ausgeschlossen von dem Kampfe ums Dasein unter den Geschöpfen der übrigen, größeren Continente und unberührt von den dadurch hervorgerufenen Veränderungen, seine ursprünglichen Formen bewahrte und dieselben gewissermaßen als lebendige Versteinerungen der Gegenwart überlieferte?

Und jene Stunde kam der bessern Zeit,
Veredelter die Schöpfung zu entfalten
In neuen Keimen drängte es und trieb
Und regte sich Entstehen und Gestalten.
(v. Kobell.)

VII.

Viertes oder känolithisches*) Zeitalter.

1. Allgemeiner Charakter und Gliederung.

Je näher die Erdschichte der Gegenwart rückt, desto mehr verliert sie ihren universalen Charakter. Alles sucht sich zu individualisiren. Die ehemaligen Meere zersplittern sich meistens in mehrere zusammenhangslose Becken. Die kleineren davon werden ausgesüßt, in Sümpfe und später in Festland verwandelt. Ablagerungen von weiter, räumlicher Erstreckung werden immer seltener; jedes größere Stück Erde erhält seine besondere Entwicklung, besondere landschaftliche, klimatische und biologische Verhältnisse. Daß die Schwierigkeiten, Gleichzeitiges wieder zu erkennen und Ungleichzeitiges richtig zu scheiden, außerordentlich wachsen,

* καινός neu, λίθος Stein.

wenn die Absätze in getrennten Gebieten entstehen, haben uns schon die mesolithischen Formationen gezeigt. Dort findet man indeß in der Regel die ganze Schichtenfolge über einander liegend und der Hauptsache nach aus marinen Gebilden zusammengesetzt: hier folgen nur selten alle Formationen auf einander, sondern öfters zeigt sich bald nur die älteste, bald nur die mittlere, bald nur die jüngste vertreten, während alle übrigen fehlen. Dies beweist nicht nur eine weit vorgeschrittene Mannigfaltigkeit in der damaligen Oberflächengestaltung der Erde, sondern auch eine Beschränkung der Bewegungen in der Erdkruste auf Regionen von mäßigem Umfang. Durch eine derartige Zerstückelung der Absätze verliert ein sehr wesentliches Hilfsmittel für die Altersbestimmung, nämlich die Lagerung, beträchtlich an Werth. Einen erschwerenden Umstand finden wir ferner in dem oftmaligen Wechsel von Süßwasser- und Meeres-Bildungen, welcher in den verschiedenen Gebieten durchaus nicht gleichzeitig oder in derselben Reihenfolge stattgefunden hat. Oft genug beobachtet man, daß die Schichten eines Gebietes von marinen Thieren und Pflanzen überfüllt sind, während gleichzeitig im benachbarten nur Süßwasser- oder Land-Bewohner begraben wurden. Wird durch alle diese Umstände das Studium der Ablagerungen des vierten Zeitalters erschwert, so gewinnt es doch auch durch die große Mannigfaltigkeit an Reiz. Zudem läßt sich das Bild der damaligen Lebewelt weit vollständiger und richtiger wiederherstellen, als in älteren Perioden, wo uns fast nur marine Absätze zur Verfügung stehen. Wenn übrigens alle Mittel, die man in der Geologie zur Altersbestimmung anruft, ihren Dienst versagen, so bleibt im känolithischen Zeitalter noch immer ein letzter Ausweg übrig, der unter allen Umständen zum Ziele führt: das ist die Ermittelung des größeren oder geringeren Verwandtschaftsgrades irgend einer fossilen Flora oder Fauna mit der gegenwärtigen. Denn erfahrungsgemäß kleiden sich Pflanzen und Thiere, je weiter wir in der Erdgeschichte der Jetztzeit nahe kommen, immer mehr in die Tracht der heutigen Formen.

Im jüngeren Zeitalter, wo wenigstens in den niederen Thierklassen bereits die heutigen Gattungen überwiegen, lassen sich die Verwandtschaftsabstufungen mit großer Genauigkeit bezeichnen. Wenn man z. B. bei Uddevalla in Schweden in ansehnlicher Höhe über dem jetzigen Spiegel der Nordsee Ablagerungen mit Meermuscheln findet, die fast Art für Art mit denen aus dem arktischen Meere übereinstimmen, wenn wir ferner am Monte Pellegrino bei Palermo Kalksteine mit Seeconchylien untersuchen und darin lediglich noch heute im Mittelmeer lebende Formen erkennen, sind wir zur Annahme berechtigt, daß beide ein sehr jugendliches Alter besitzen und höchst wahrscheinlich gleichzeitig oder doch nahezu gleichzeitig entstanden sind, obwohl vielleicht nicht eine einzige Art beiden Fundorten gemeinsam ist. Vergleicht man damit die Conchylien aus gewissen Meeressanden bei Paris, so trifft man darunter keine einzige noch lebende Art aus den benachbarten europäischen Meeren an. Sämmtliche Muscheln und Schnecken besitzen ein fremdartigen Aussehen, erinnern etwas an Formen, die heute in tropischen Gewässern existiren, sind aber fast ohne Ausnahme erloschen. Den Pariser Meeressanden werden wir, ohne uns um ihre Lagerung zu bekümmern, schon wegen der geringen Aehnlichkeit ihrer Conchylien mit denen der benachbarten Meere ein höheres Alter zuerkennen, als den oben genannten Bildungen von Uddevalla und Palermo. Wenn wir nun bei Wien oder Bordeaux ähnliche Meeressande finden, deren Molluskenreste geringere Aehnlichkeit mit den jetzt lebenden besitzen, als die von Palermo, aber größere als die von Paris, so werden wir dieselben bei der Altersbestimmung zwischen beide stellen. Dies ist die Methode, deren sich die Geologen zur chronologischen Eintheilung isolirter Ablagerungen des vierten Zeitalters bedienen. Als Gradmesser der Verwandtschaft mit der Jetztzeit verwendet man am besten die Mollusken und Säugethiere; die ersteren wegen ihrer Häufigkeit, allgemeinen Verbreitung und günstigen Erhaltung, die letzteren wegen ihrer raschen Veränderlichkeit innerhalb kurzer Zeiträume.

Abgesehen von den ganz oberflächlichen sogenannten Alluvial-Bildungen der Gegenwart, ergeben sich auf dieser Grundlage zwei Hauptabtheilungen, von denen man die ältere Tertiär-, die jüngere Quartär- oder Diluvial-Formation nennt, im Gegensatz zu den Secundär-Gebilden, worunter früher sämmtliche geschichtete Ablagerungen von der Steinkohlen-Formation an bis zur Kreide verstanden wurden. In der Tertiär-Formation gehören alle Säugethierreste ausgestorbenen Arten und meist auch erloschenen Gattungen an; die Mollusken stimmen großentheils zwar der Gattung nach mit den lebenden überein, allein die Arten sind entweder insgesammt oder doch zum Theil ausgestorben. Zwischen den Schnecken und Muscheln der Diluvial-Formation und denen der Gegenwart gibt es keine generischen und kaum noch specifische Unterschiede, während bei den Säugethieren die erloschenen und noch existirenden Arten so ziemlich das Gleichgewicht halten.

Schrittweise erfolgt die Veränderung sowohl in der organischen Lebewelt, als auch in den physikalischen Verhältnissen der Erdoberfläche, indem sie mehr und mehr die heutigen Zustände anbahnen. Je nach dem Annäherungsgrade haben die Geologen die Tertiärablagerungen in zwei Hauptgruppen und diese wieder in zahlreiche Unterabtheilungen zerlegt.

Die ältere Gruppe trug früher den poetischen Namen Eocän*) weil in ihr bereits die Morgenröthe der Neuzeit aufgeht. Später hat man die obersten Schichten als Oligocän**) abgetrennt, den Namen Eocän auf die untere, wichtigere Abtheilung beschränkt und beiden zusammen den Namen Eogen oder Paläogen beigelegt. Hier gehören sämmtliche Säugethiere ausgestorbenen Gattungen an, und auch unter den Mollusken oder sonstigen niederen Thieren gibt es, obwohl sie in ihrem ganzen Habitus schon sehr ihren heutigen Verwandten gleichen und größtentheils auch generisch mit ihnen übereinstimmen, höchstens 1—3% lebender Arten.

Die jüngere Gruppe der Tertiärformation heißt Neogen***), weil in ihr nicht allein viele unserer heutigen Säugethiergeschlechter, allerdings mit ausgestorbenen Arten

*) Von ἠώς, Morgenröthe, und καινός, neu.

**) Von ὀλίγος, wenig, καινός, neu.

***) Von νεογενής, neuerzeugt.

erscheinen, sondern weil auch unter den Mollusken und sonstigen niederen Thieren die Zahl der recenten Formen beträchtlich wächst. Man unterscheidet eine ältere Miocän-*) und eine jüngere Pliocän-**) Stufe. Lyell, der Begründer dieser Stufen, hatte angenommen, daß im Miocän die Zahl der lebenden Conchylienarten zwischen 17 und 35 Proc. schwanke und im Pliocän bis auf 60 und 80 Proc. steige. Wenn auch diese Zahlen nach den neueren Untersuchungen, wenigstens für das Miocän, etwas zu hoch gegriffen erscheinen, so drücken sie doch immerhin das ungefähre Verhältniß der damaligen Faunen zur Gegenwart aus.

Die Gesteine des vierten oder jüngeren Zeitalters bekunden in der Regel schon durch geringe Härte und lockeres Gefüge ihr jugendliches Alter. Lose Sand- und Kies-Ablagerungen, weiche Sandsteine oder Conglomerate (d. h. durch Bindemittel verkittete Gerölle), Thon, Mergel, Kalksteine von geringer Festigkeit und Braunkohlen sind die Gebilde, denen wir am häufigsten begegnen. Auch die Fossilreste zeichnen sich durch günstigere Erhaltung und geringeren Grad der Veränderung von denen der älteren Erdperioden aus. Man findet Zähne und Knochen in fast frischem Zustande, nur ihrer organischen Bestandtheile beraubt, und Conchylienschalen so unversehrt und wenig versteinert, daß sie kaum von den gebleichten Gehäusen am Meeresstrande zu unterscheiden sind.

Es hat einen besonderen Reiz, die Art und Weise

*) Von *μείων*, weniger, *καινός*, neu.

**) Von *πλείων*, mehr, *καινός*, neu.

zu beobachten, wie sich der Annäherungsproceß an die heutige Schöpfung vollzieht, darum sollen auch, abweichend vom bisher eingeschlagenen Wege, die verschiedenen Abtheilungen des vierten Zeitalters in der Reihenfolge ihres Alters gesondert betrachtet werden.

Alles, was entsteht sucht sich Raum und will Dauer;
Deßwegen verdrängt es ein anderes vom Platz und verkürzt seine Dauer.
(**Göthe.**)

a. Die Tertiärformation.

I. Die ältere oder eogene Tertiärzeit.

(Eocän und Oligocän.)

Das große anglo-gallische Becken, dessen Umrisse schon in der Triaszeit vorgezeichnet waren, verlor auch während der Tertiärformation ununterbrochen an Umfang und hinterließ nach seiner schließlichen Austrocknung eine liebliche, hügelreiche und fruchtbare Ebene zurück, in welcher die zwei großen Weltstädte Paris und London erbaut sind. Ursprünglich bildete die Ebene einen zusammenhängenden Landstrich, der erst während der Diluvialzeit durch den Einbruch des Canales zerstückelt wurde. Die meisten Sedimente in der Nachbarschaft dieser Hauptstädte gehören der Eocänformation an. Die großen Steinbrüche von Issy, Vaugirard, Neuilly und Meudon zeigen noch heute das unverkennbare Bild eines von zahllosen Geschöpfen bevölkerten Meeresboden. Wer sich die Mühe gibt, einen jener gewaltigen Grobkalkquader genauer anzusehen, die in feuchtem Zustande, wie sie aus dem Steinbruch kommen, noch mit Säge und Messer gestaltet werden können, wird in gewissen Bänken fast lediglich eine Anhäufung von Foraminiferen, Moosthierchen, Muscheln und Schnecken erkennen. Noch unveränderter haben sich die Absätze des einstigen Eocänmeeres in den lockeren Sanden der Wüste von Senlis erhalten. Es hat hier nicht einmal eine Erhärtung stattgefunden, die Sandkörner liegen noch da, wie sie von den Fluthen zusammengeschwemmt wurden, und zwischen ihnen findet man die gebleichten Schalen der damaligen Meeresconchylien.

An den fossilreichen Gesteinen des Pariser und Londoner Beckens erkennen wir nicht allein die einstige Ausdehnung des nordeuropäischen Eocän-Meeres, sie gestatten uns auch einen Einblick in die geologischen Ereignisse der damaligen Zeit. Jede Hebung oder Senkung des Bodens, jeder stärkere Zufluß von süßem Wasser kann aus der Beschaffenheit der Sedimente und Versteinerungen mit Leichtigkeit nachgewiesen werden. Selten machen sich übrigens gleiche Ursachen mit gleichen Wirkungen auf größere Entfernungen geltend. So ist z. B. vom Pariser Grobkalk oder Meeressand in der Gegend von London nichts mehr zu sehen; beide sind dort durch bläulich schwarzen, plastischen Thon vertreten.

Es würde zu weit führen, alle im anglo-gallischen Becken aufeinanderfolgenden Meeres- und Süßwasser-Schichten zu beschreiben. Entfernte Punkte, wie London, Brüssel und Paris, würden vollständig verschiedene Durchschnittsprofile ergeben. Als Beispiel mag nur die Schichtenreihe in nächster Umgebung von Paris Erwähnung finden weil gerade diese Gegend seit den classischen Arbeiten von Cuvier und Brongniart als typisches Eocänland gilt. Dort ruht als tiefstes Glied der Tertiärformation ein fetter, plastischer Thon unmittelbar auf der oberen Kreide. Obwohl Fossilreste nicht häufig darin vorkommen, so verdankt man der blühenden Thonwaaren-Industrie und den Ziegelbrennereien, welche sich dieses Gebildes bedienen, mancherlei interessante Funde von Landpflanzen, Meeres- und Süßwasser-Conchylien und Wirbelthieren. Der plastische Thon rührt nach C. Prevost von einem großen Strome her, der an seiner Mündung ins Eocänmeer ein ausgedehntes Schlammdelta absetzte. Es folgt dann eine wenig mächtige Schicht von unterem Meeressand, der in der Gegend von Soissons und Rheims zu einer wichtigen Ablagerung anschwillt und mehrere hundert trefflich erhaltener Conchylienarten enthält. Darüber liegt der schon erwähnte Grobkalk in mächtiger Entwickelung und in allen Unterabtheilungen erfüllt mit marinen Versteinerungen. Vereinzelte, offenbar eingeschwemmte Landthiere und Süßwasserschnecken beweisen, daß der Grobkalk in nicht großer Entfernung vom Ufer zum Absatz gelangte. In der Nachbarschaft des Triumphbogens und der Elyseeischen Felder wird der Grobkalk von schneeweißem oder buntgefärbtem Quarzsand bedeckt. Dieser mittlere Meeressand bildet die Wüste von Senlis, ist an einzelnen Stellen überreich an Meermuscheln und erhärtet im Walde von Beauchamp zu einem weißen Sandstein. Der lichte, mergelige „Süßwasserkalk von St. Ouen", welcher sich über einen ansehnlichen Theil des Pariser Beckens verbreitet und öfters durch einen löcherigen, kieselreichen Kalkstein ersetzt wird, kündigt eine Umgestaltung in den Oberflächenverhältnissen an. Fast die

Hälfte des ehemaligen Meeresbecken wurde für immer von den Salzfluthen verlassen, wahrscheinlich durch einströmende Flüsse ausgesüßt, und bildet nunmehr einen großen Süßwassersumpf, der nach und nach auf das Centrum des Beckens, wo heute Paris liegt, zusammenschrumpfte. In dieser Centralregion entstand wohl unter Mitwirkung von starken Schwefelwasserstoffquellen in bedeutender Mächtigkeit der berühmte körnige Süßwassergyps von Montmartre, Pantin, Romainville u. s. w., der nach oben von bunten, brakischen Mergeln bedeckt wird. Aus den umfangreichen Gypsbrüchen bei Paris wurden zahlreiche Skelete von Landsäugethieren, Vögeln, Reptilien, einige Süßwassermuscheln und mehrere Palmenwedel ausgegraben. Cuvier hat in seinen berühmten Untersuchungen über die fossilen Knochen nahezu 50 Vierfüßler- und etwa 10 Vögel-Arten aus dem Pariser Gyps beschrieben.

Mit dem Gyps schließen die eigentlichen Eocänbildungen ab. Es trat nun in dem südlich und westlich von Paris gelegenen Theile des Beckens eine Senkung des Bodens ein, derselbe wurde abermals vom Meere überfluthet und von buntgefärbtem oder weißem oberen Meeressand erfüllt. Wie bei Beauchamp die mittleren eocänen Meeressande zu festem Kieselsandstein erhärten, so zeigt sich auch der obere, oligocäne Sand im Walde von Fontainebleau als hartes Gestein mit pittoresken, landschaftlichen Formen. Das oligocäne Meer hatte nur kurzen Bestand. Es wurde zum größten Theil abermals, und zwar jetzt definitiv ausgesüßt. Eine weitverbreitete Decke von Landschneckenkalk und porösem, zur Fabrikation von Mühlsteinen verwendbarem Hornstein (meulière de Montmorency) macht den Schluß der vielgliederigen Tertiärgebilde im eigentlichen Pariser Becken.

Ein ganz anderes Aussehen erlangt die Eocänformation im alpinen Mittelmeergebiet. Dort liegen die Schichten fast niemals horizontal über einander und bestehen nur selten aus lockerem Material: sie sind fast ausschließlich marinen Ursprungs, nur ausnahmsweise von Süßwasser-Zwischenlagen unterbrochen; ihre Mächtigkeit berechnet sich nicht, wie im Pariser Becken auf vier- bis fünfhundert sondern auf mehrere tausend Fuß. Erweisen sich die Tertiärbildungen des nördlichen Europas im Großen und Ganzen als „aufgeschüttetes“, auf Flachländer beschränktes Material, so tragen in Süd-Europa wenigstens die Eocänbildungen noch ganz den großartigen Gebirgscharakter der älteren Formationen. Ihre aufgerichteten, gewundenen und geknickten Schichten ragen auf dem Gipfel der Diablerets im Wallis und des Mont Perdu in den Pyrenäen bis in eine Höhe von 10000 Fuß über den Meeresspiegel hervor, ja, im Himalajah steigen sie gar bis in die Höhe von 16000 Fuß empor.

Ein treffliches Leitfossil für die Eocänbildungen namentlich von alpinem Charakter besitzen wir in den Nummuliten*) (Fig. 151), nach denen dieselben auch benannt werden. Dies sind linsen- oder scheibenförmige Körper von der Größe eines Stecknadelkopfes bis zu der eines Pfennigs, zuweilen sogar bis zu der eines Thalers. Ihre Oberfläche ist glatt oder es strahlen von dem verdickten

*) Von nummus, die Münze.

Centrum feine Linien nach der Peripherie aus. Sprengt man einen Nummuliten durch einen Hammerschlag auf seine scharfen Ränder in der Richtung der Medianebene aus einander, so erblickt man auf den Bruchflächen eine Menge spiraliger Windungen, die durch Querwände in kleine Kam-

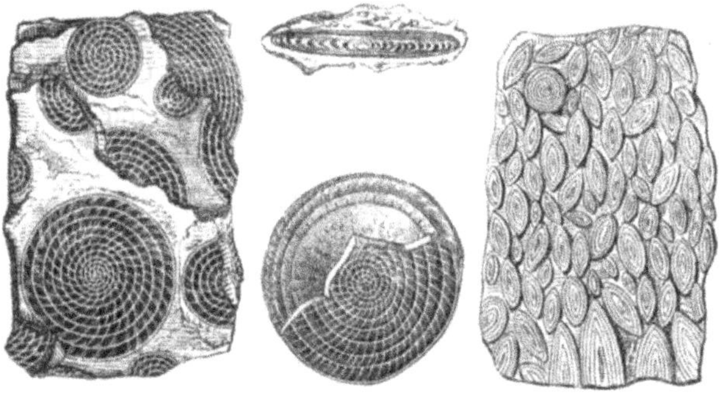

Fig. 151. Verschiedene Nummuliten in natürlicher Größe.

mern abgetheilt sind. Schlägt man ihn quer durch, so liegen die Kammern entweder in einer Reihe über einander oder es kommen in einander geschachtelte Ellipsen zum Vorschein. Im letzteren Falle umhüllen sich die Spiralumgänge vollständig, wie die Windungen der gekammerten Nautilusgehäuse. Gibt es in den heutigen Meeren auch keine Nummuliten mehr, so kennt man doch Schälchen mit ganz ähnlichem innerem Bau, deren Kammern mit gallertartiger Sarkode ausgefüllt sind. Die Nummuliten gehören danach zu den Foraminiferen (Rhizopoden) [S. 41], verhalten sich aber wie Riesen gegenüber den winzigen, meist mikroskopischen Formen der Gegenwart.

Nicht leicht würde man in den harten, aus Millionen von Nummuliten zusammengesetzten Kalksteinen der Pyrenäen, Alpen, Karpathen und Aegypten das zeitliche Aequivalent der lockeren Sedimente des Pariser Beckens vermuthen, wenn nicht zahlreiche identische Meeres-Conchylien die gleichzeitige Entstehung verriethen. Das Nummulitengebirge wurde, wie aus den Versteinerungen mit großer Wahrscheinlichkeit hervorgeht, in einem tiefen Ocean abgesetzt, dessen Ausdehnung nicht nur die Mittelmeerländer mit Einschluß der Alpen und Karpathen umfaßte, sondern sich auch noch über Kleinasien bis in den Himalajah und von da nach China und in den Sunda-Inseln verfolgen läßt. In einem solchen, den halben Erdkreis bedeckenden Meere konnten Flüsse höchstens Delta's und Aestuarien erzeugen, nicht aber größere Theile gänzlich aussüßen. Daraus erklärt sich auch die Seltenheit von Süßwassergebilden im Gebiete der Nummulitenformation. Während somit das anglo-gallische Becken wegen seiner größeren Mannigfaltigkeit ein besonderes Interesse bietet, dürfen wir die einförmigen, aber viel weiter verbreiteten Nummulitenbildungen als Typus des eocänen Meeres betrachten.

Die letzteren werden in Europa in der Regel von sehr mächtigen, ebenfalls marinen dunkelgefärbten Schiefern, Mergeln und Sandsteinen begleitet und bedeckt. Man bezeichnet diese ganze Gruppe mit dem schweizerischen Provinzialnamen „Flysch". Derselbe ist meist äußerst arm an Versteinerungen: Meeralgen pflegen fast als einzige Spuren organischen Lebens aufzutreten, und nur ausnahmsweise enthält derselbe auch andere Fossilreste. Als solche Punkte sind die berühmten Glarner Fischschiefer und ähnliche Gesteine in den bayerischen Alpen und den Karpathen zu erwähnen. Der Flysch dürfte im Alter dem Pariser Gyps ungefähr gleichstehen.

Seitdem man die Nummulitenbildungen als einen Theil der Tertiärformation erkannt hat, ist auch nachgewiesen, daß einige der großartigsten Veränderungen in den orographischen Verhältnissen von Europa, Nord-Afrika und Asien erst nach jener Zeit erfolgt sind. Die Nummulitenablagerungen dringen tief in die Bergketten der Alpen, Pyrenäen, Apenninen, Karpathen und des Himalajah ein. Gipfel, die heute von ewigem Schnee bedeckt sind, waren damals vom Eocänmeer überfluthet und ansehnliche, jetzt hochgelegene Theile jener Gebirgszüge noch unter Wasser. In welch' endlose Ferne dehnen sich aber die geologischen Zeiträume, wie unfaßbar für den Geist wird das Erdenalter, wenn die sicherlich nur allmälig erfolgte Erhebung der Alpen und des Himalajah den jüngsten geologischen Perioden angehört, hinter denen noch in unendlich langer Reihe alle früheren Formationen liegen!

Ist es auch nicht möglich, die einstigen Grenzen der Tertiärmeere ganz scharf festzustellen, so dürfte doch das Kärtchen (Taf. IV) ein in den Hauptzügen richtiges Bild von der Ausdehnung des Eocänmeeres in Mittel-Europa etwa zur Zeit der Grobkalkbildung geben. Man sieht daraus, daß Deutschland mit Ausnahme der Voralpenländer gänzlich in's Festlandgebiet fiel, auch die Nordschweiz ragte über den Wasserspiegel hervor. In England und Frankreich finden wir das anglogallische Becken, verglichen mit seiner Ausdehnung zur Kreidezeit, bedeutend verengt; auch die nördlichen Ränder

Zu Zittel, Aus der Urzeit. S. 432.

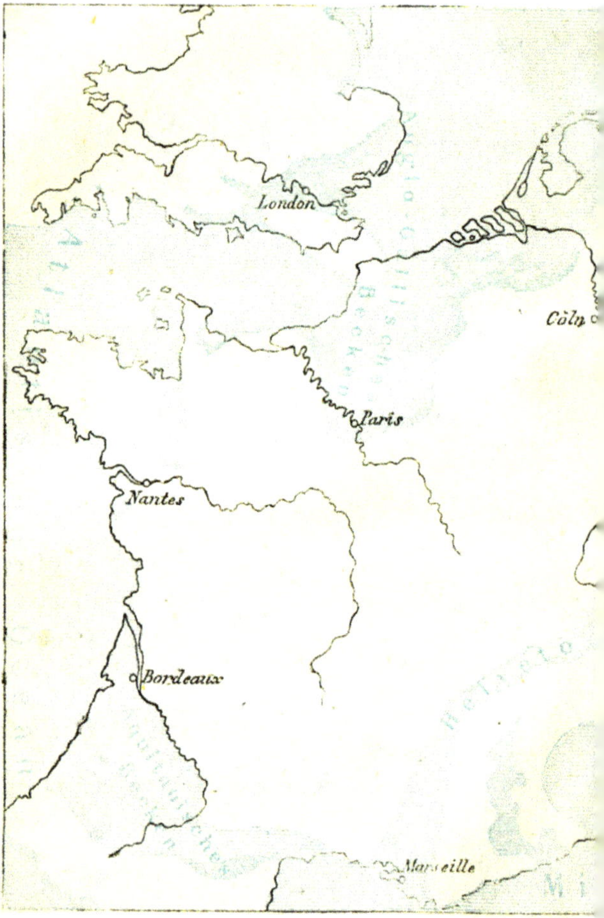

Karte von

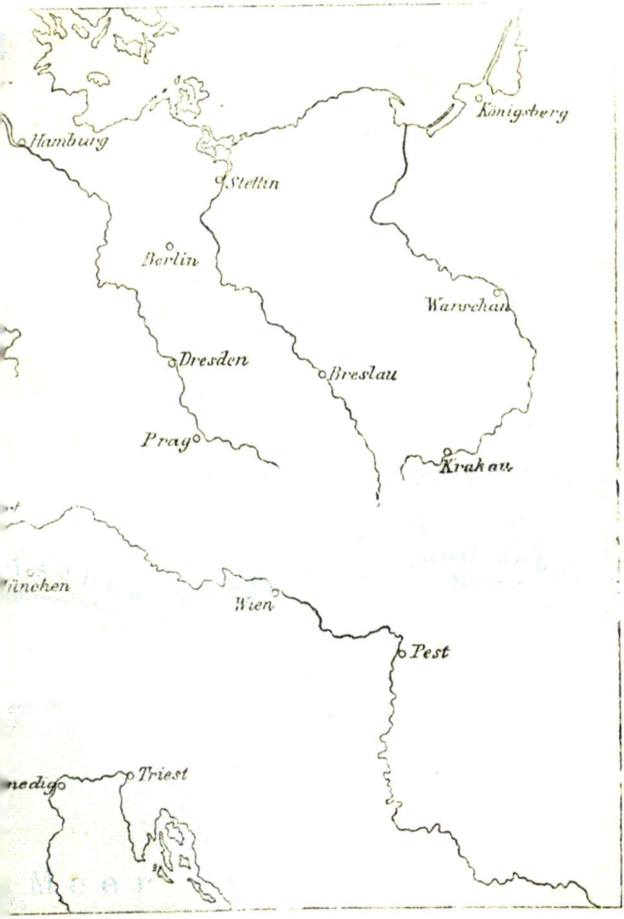

ur Eocänzeit.

des aquitanischen Beckens und des Mittelmeeres sind weiter nach Süden gerückt.

Zur Oligocänzeit war die Wasser- und Land-Vertheilung in Mittel-Eunopa eine total verschiedene. Das frühere Festland der norddeutschen Ebene wurde bis zum Harz und Thüringer Wald vom Meer überfluthet und ebenso das ganze Rheinthal in ziemlich weitem Umkreis unter Wasser gesetzt: dafür tauchte fast ganz England und ein großer Theil des Pariser Beckens aus dem Meere empor. In jener Zeit entstanden die Conchylien-reichen Meeressande und Thone von Magdeburg, Braunschweig, Kassel, Osnabrück u. s. w., sowie ein großer Theil der norddeutschen Braunkohlen. Damals gab es in Samlanden und in einem Theil der jetzigen Ostsee eine Niederung, wo mächtige Nadelhölzer üppig gediehen. Von ihnen troff Bernstein auf den Boden herab; Gewässer führten später Sand und Schlamm herbei, welche den Bernstein in den Moder der gestürzten Stämme einhüllten. Von der Vegetation ist wenig übrig geblieben, wahrscheinlich weil moorbildender Sumpf fehlte; dagegen sind mehrere Hundert verschiedene zufällig in den Bernstein gerathene Insekten in wunderbarer Schönheit überliefert und geben uns Kunde von der üppigen Vegetation, welche sie einstens ernährt hatte. In bräunlichem Thon und Sandstein, nicht aber in Braunkohlen, findet sich der nordische Bernstein; an seichten Stellen wäscht ihn das Meer aus, er schwimmt im Salzwasser und kann mit Netzen gefischt werden. Neuerdings sucht man ihn übrigens auch auf seiner ursprünglichen Lagerstätte auf und gewinnt ihn mittelst bergmännischer Arbeit.

Die uralte Thalspalte des Rheines zwischen Basel und Mainz ist während der Kreideperiode Festland gewesen. Auch aus dem Anfang der Tertiärzeit kennen wir keine Ablagerungen mit Ueberresten der damaligen Bewohner. Erst um die Zeit, als sich am Süd- und Ostrande des Pariser Beckens, nach dem Absatz des Grobkalks stellenweise wieder Festland und Süßwasserseen bildeten, erfolgten auch Niederschläge aus ähnlichen Seen im oberen Rheinthal. Von der oberen Saône über den Jura und das Elsaß bis nahe an Heidelberg stößt man vielerorts auf kleine Lager heller Kalksteine, angefüllt mit Land- und Sumpf-Schnecken, deren nächste Verwandte heute im tropischen Asien, zum kleineren Theil im tropischen Amerika oder in den Mittelmeer-Ländern leben. Lange blieb das Oberreinthal in diesem Zustand, wenn sich auch die Bevölkerung der Süßwasserseen und ihrer Umgebung allmälig veränderte, wie sich aus dem Vergleich der Fossilreste z. B. des älteren Kalksteines von Buxweiler mit denen des Süßwasserkalks von Kleinkems in Baden und Brunnstadt in Elsaß ergibt. Die älteren eocänen Säugethiere, wie Lophiodon (vgl. S. 433), werden durch Formen von oligocänem Gepräge (Anthracotherium und Palaeotherium) ersetzt und auch in den Conchylien und in der Flora macht sich eine mäßige Umgestaltung bemerklich. Etwas später — so erzählt uns Sandberger, der gelehrte Monograph des Mainzer Beckens — sinkt das Rheingebiet von Delsberg bis Bingen und Kreuznach immer tiefer, von Südwesten her bricht das Meer in die so entstandene Niederung ein, und breitet sich längs Schwarzwald, Odenwald, Vogesen und Haardt bis zum Rande des Hundsrücks, Taunus und

Spessarts unter völliger Umgestaltung des bisherigen Reliefs aus. Noch sind überall die Ufer dieses oligocänen Binnenmeeres, des „Mainzer Beckens", deutlich erkennbar. Bänke von massigen Austern, bedeckt mit mancherlei schmarotzenden Muscheln, Korallen und Meereicheln, angetriebene Knochen einer Seekuh (Halitherium), unzählige Haifischzähne, in der Pfalz für Vogelzungen gehalten, bezeichnen die Grenzen des Meeres bei Delsberg und Lörrach, wie bei Landau, Kreuznach und Geisenheim. Bei Lahr und Heppenheim weisen Wellenfurchen, oft stundenlang im Gesteine fortsetzend, auf die Nachbarschaft des Ufers hin. Ein so reiches organisches Leben sich aber auch in diesem Meere entwickelt hat (die Zahl der bis jetzt bekannten Arten aus den verschiedenen Abtheilungen des Thierreiches beläuft sich auf etwa 350), so ist es doch nicht mehr mit dem zu vergleichen, welches man in dem tropischen Eocän-Meere beobachtete. Die Zahl der Formen, welche sich an solche der heutigen Meere anschließen, ist stark in Zunahme begriffen, riffbauende Steinkorallen fehlen ganz.

Die Bedeckung eines Theils des Gebietes durch Meer war nur von kurzer Dauer. Ebenso allmälig, wie sich der Boden gesenkt hatte, hob er sich wieder und durchlief alle Stadien eines stark gesalzenen Brackwassersees bis zu dem eines Süßwassersumpfes. Die thierischen Reste der verschiedenen Schichten geben darüber klare Aufschlüsse. Nachdem die Mehrzahl der eigentlichen Meeresbewohner verschwunden sind, sterben auch die etwas zäheren Austern, Venusmuscheln und Cerithien aus, so daß in den oberen Schichten nur noch kleine Miesmuscheln an ihre salzliebenden Vorfahren erinnern. Myriaden von kleinen Schnecken (Hydrobia oder Litorinella) erfüllen einen Süßwasserkalk, welcher zwischen Mainz und Frankfurt vorzugsweise entwickelt ist und bei Weissenau zahlreiche Säugethierreste umschließt, die mit jenen der neogenen Ablagerungen von Ulm, Georgensgmünd und Günzburg in Bayern, von Südfrankreich u. s. w. übereinstimmen und bereits der jüngeren Tertiärzeit angehören.

Von der Austrocknung des jungtertiären Rheinthalsees bis zur Herstellung des jetzigen Zustandes gab es noch mancherlei Ereignisse, deren Verlauf sich theilweise aus den Absätzen herauslesen läßt, wenn auch nicht mit der Genauigkeit, wie während der oben geschilderten Periode. Nachdem die Wasserbedeckung am Ende der Tertiärzeit fast vollständig verschwunden war, brausten in der Diluvialzeit zu verschiedenen Malen mächtige Fluthen durch das Thal und hinterließen Absätze, von denen in einem späteren Kapitel ausführlicher die Rede sein wird.

Auch am nördlichen Alpenrand gibt es zwischen Lech und Inn oligocäne Süßwasserbildungen, die am Hohenpeissenberg, bei Penzberg und Miesbach in Bayern eine schöne Pechkohle nebst zahlreichen Versteinerungen führen, welche in ihrem Totalcharakter wohl mit denen des Mainzer Beckens ziemlich gut übereinstimmen, aber doch wieder ein sehr eigenartiges, etwas südlicheres Gepräge erkennen lassen. Der Schichtenzug erstreckt sich wohl nach Westen und Osten weit in die Schweiz und Oesterreich hinein, aber die Kohlen und größtentheils auch die Versteinerungen verschwinden.

Die Geologie belehrt uns, daß deutscher Particularismus und französische Centralisation nicht nur im Charakter der Bewohner, sondern auch in der ganzen Configuration dieser Länder begründet sind. In Frankreich existirte seit den ältesten Zeiten ein weites, mehr als die Hälfte des ganzen Landes umfassendes Becken, dessen Centrum fast genau durch die Lage der Hauptstadt bezeichnet wird. Mit diesem Pariser Meer standen noch zur mittleren Jurazeit die Seebecken, welche das Central-Plateau der Auvergne umgaben, in Verbindung und wurden erst später durch schmale Riegel von geringer Höhe davon getrennt. Deutschland dagegen besitzt nur in der norddeutschen Ebene ein einheitliches geologisches Gebiet. Würtemberg, Bayern und die mitteldeutschen Länder hatten vom zweiten Zeitalter an ihre eigenartige geologische Entwickelung und standen nur zeitweise mit dem Norden in Verbindung.

Bei der Betrachtung der alttertiären Versteinerungen können wir die niederen Thiere ganz außer Acht lassen. Sie würden uns ohne ein eingehendes Detail-Studium nur wenig Belehrung über die Entwickelungsgesetze der organischen Schöpfung gewähren, da sie in den Hauptzügen mit Beginn der Tertiärzeit bereits ihr heutiges Gepräge erlangt haben und nur noch durch Umänderungen von Einzelheiten eine gewisse Fortentwickelung bekunden. Selbst unter den Wirbelthieren können wir die Fische mit Stillschweigen übergehen, denn fast Alles was uns in der Eocänzeit aus dieser Klasse begegnet, läßt sich ohne Mühe unter die noch heute existirenden Ordnungen vertheilen. Da und dort gibt es wohl ausgestorbene Gattungen und Familien, aber ihr Gesammtbau stimmt im Wesentlichem mit den Formen der Gegenwart überein. Auch bei den Amphibien und Reptilien kommen die charakteristischen Sammeltypen der vorigen Periode nur noch in einer einzigen Ordnung, bei den Schildkröten, vor. Statt ihrer begegnen uns Frösche, Schlangen, ächte Eidechsen und Crocodile, und zwar in der Regel unter entschieden tropischen Gestalten. So liefert das anglo gallische Becken mehrere Crocodile und Gaviale, die Schweiz und das Nummulitengebirge von Euböa Skelete von Riesenschlangen. Reste von Land-, Sumpf- und Meer-Schildkröten, von denen die zwei letztgenannten Familien heutzutage vorzüglich in den Tropenländern zu Hause sind, finden sich fast allenthalben in Europa und besonders häufig am Fuß des nordamerikanischen Felsengebirges in Wyoming. Von den 32 eocänen Schildkröten aus Nordamerika gehören nur 10 zu lebenden Gattungen; die übrigen zeichnen sich durch Vermischung fremdartiger Merkmale aus.

Gehören Vogelreste auch immerhin zu den seltenen Funden, so erklärt sich ihr sparsames Vorkommen eher aus ihrer der Fossilisation ungünstigen Lebensweise, als aus wirklichem Mangel an Repräsentanten. In der That läßt sich aus den bereits vorhandenen Ueberresten die Existenz einer erheblichen Anzahl von Arten aus den meisten noch jetzt vorhandenen Ordnungen nachweisen, wenn auch mehrere derselben nur durch einzelne Knochen vertreten sind. Im Allgemeinen finden wir in der Organisation der tertiären Vögel keine auffallende Eigenthümlichkeiten. Eine einzige, erst in neuester Zeit, im Londonthon von Sheppey entdeckte Form (Odontopteryx) macht hiervon eine Ausnahme. Der ziemlich wohl erhaltene Schädel dieses Vogels (Fig. 152) bietet hinsichtlich der Anordnung der einzelnen Knochen keine besonderen Eigenthümlichkeiten. Dagegen tragen die Kieferspitzen knöcherne Fortsätze, wie sie bis jetzt bei keinem lebenden Vogel beob-

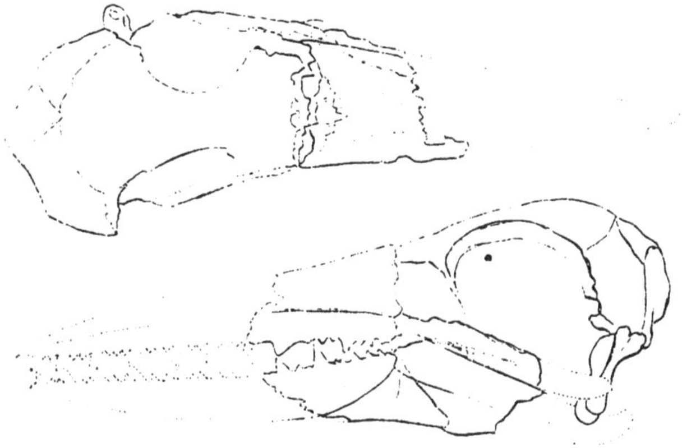

Fig. 152. Odontopteryx toliapicus aus dem Londonthon von Sheppey. Schädel restaurirt nach Owen, von oben und von der Seite.

achtet wurden. Diese Zähne haben entschiedene Knochenstructur; sie bestehen weder aus Zahnsubstanz und Schmelz, wie die Zähne der meisten Fische, Reptilien und Säugethiere, allein sie lassen sich noch weniger vergleichen mit den zahnähnlichen Gebilden der Schnäbel gewisser Raubvögel (Falken, Papageien und Enten), welche lediglich als Fortsätze der Hornscheide zu betrachten sind, denen keine knöcherne vom Kiefer ausgehende Ausfüllung entspricht.

Aehnliche bezahnte Vogelreste wurden neuerdings in Kreideablagerungen Nordamerikas gefunden und auch die Kiefer des Urvogel aus dem lithographischen Schiefer von

Solenhofen (S. 405) waren wahrscheinlich mit feinen, bürstenförmigen Zähnchen besetzt.

In den Säugethieren gipfelt sich vorzugsweise das paläontologische Interesse. Hatten sich dieselben auch schon im früheren Zeitalter hier und dort gezeigt, so gehören doch alle vortertiären Reste einer einzigen, und zwar der am tiefsten organisirten Ordnung an. Mit jener einseitigen Entwickelung der Beutelthiere in der Jurazeit steht die mannigfaltige Entfaltung der Säugethiere in der Eocänzeit in scharfem Gegensatz. Wir finden darin so ziemlich aus allen Ordnungen Vertreter, die uns indeß durch ihre Verschiedenheit von den lebenden Formen höchlich in Erstaunen setzen. Zwar die Ordnungsbestimmung macht uns kaum nennenswerthe Schwierigkeiten, da die Affen, Raubthiere, Hufthiere u. s. w. schon damals einen scharf ausgeprägten Bauplan des Skeletes und Gebisses besaßen: aber schon bei der Familiengruppirung werden wir unsicher, weil uns häufig componirte Formen begegnen, in denen sich sehr heterogene Merkmale vereinigen. Diese Sammeltypen, wie alle übrigen aus Eogenbildungen stammenden Säugethiere gehören ausgestorbenen Gattungen an.

Mit Ausnahme eines Fleisch-fressenden Wals (Zeuglodon) aus Alabama in Nord-Amerika schöpfte man bis vor Kurzem das Material zur Wiederherstellung der eocänen Säugethierfauna lediglich aus europäischen Fundstätten. Auch hier beschränken sich die Ueberreste auf ein kleines Gebiet, da das weit verbreitete Nummulitengebirge bis jetzt erst zwei bis drei Arten geliefert hat. Um so ergiebigere Ausbeute gewähren die verschiedenen Süßwasserschichten im anglo-gallischen Becken und in Central-Frankreich, ferner jener eocäne Festlandsstrich, der heute durch den Verlauf des schweizerischen und deutschen Jura-gebirges bestimmt wird. Auf dem letztgenannten, dem Ufer des einstigen helveto-germanischen Meeres genäherten Schauplatz findet man niemals zusammenhängende Skelete, wie im Pariser Gyps, sondern die zerstreuten Knochen und Zähne finden sich zusammengeschwemmt in Felsspalten und tragen sichtliche Spuren des Transportes durch Wasser an sich. Gewöhnlich liegen sie in eisenschüssigem Lehm oder in Bohnerz, und da in früheren Jahren die jurassischen Eisenerze viel eifriger als jetzt aufgesucht und verhüttet wurden, so gelangte man, namentlich in Oberschwaben (Frohnstetten) und in der Schweiz (Egerkingen) in Besitz einer sehr beträchtlichen Anzahl von Säugethierresten.

Im Ganzen beläuft sich die europäische eocäne Säuge-thierfauna auf mehr als siebenzig verschiedene Arten, denen wir höchst wahrscheinlich noch eine ganze Anzahl kleiner Nager, Insektenfresser, Raubthiere und Fledermäuse zu-rechnen dürfen, deren Ueberreste entweder zerstört oder bis jetzt übersehen wurden.

Bei den Säugethieren beruht die Systematik in erster Linie auf Gebiß und Extremitäten. Eine breite ebene Zahnkrone der Backenzähne läßt sofort den Pflanzenfresser, eine warzige oder höckerige Oberfläche derselben den Omni-voren, spitze oder schneidige Form den Fleischfresser erkennen. Auch die Beschaffenheit der Füße liefert uns untrügliche Andeutungen für die Lebensgewohnheiten des Eigen-thümers. Dem Paläontologen, welchem die Weichtheile ohnehin nicht zur Verfügung stehen, müssen in der Regel einige Zähne oder Fußknochen zur Bestimmung der Gattung, ja manchmal sogar zur Restauration des ganzen Thieres genügen.

In der Eocänzeit fesseln die Hufthiere, und unter diesen wieder die verbreiteten und artenreichen Gattungen Palaeotherium und Anoplotherium das Interesse.

Die Paläotherien*) (Fig. 153) glichen in ihrer Tracht am meisten dem heutigen Tapir und zeichneten sich, wie dieser, durch wohl entwickelte Nasenbeine und weite Nasenhöhlen aus. Beides deutet auf das Vorhandensein eines kurzen, beweglichen Rüssels. Schneide- und Eck-Zähne entsprechen in Größe und Form so ziemlich denen des Tapir, dagegen weichen die Backzähne vollständig davon ab und kommen mehr auf die des Rhinoceros heraus. Auch im Bau der Füße unterscheidet sich Paläotherium dadurch vom Tapir, daß vorn und hinten drei huftragende Zehen vorhanden sind, während man bei diesem am Vorder-

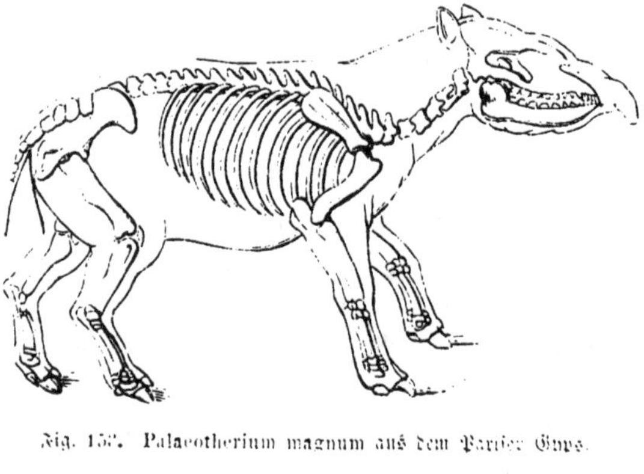

Fig. 153. Palaeotherium magnum aus dem Pariser Gyps.

*) παλαιός, alt, θηρίον, Thier.

fuß vier Zehen zählt. Die Paläotherien waren Pflanzenfresser, deren Größe je nach der Art zwischen der eines Pferdes und eines Hasen schwankte. Andere, dem Tapir noch weit näher verwandte Gattungen (Coryphodon, Lophiodon) begleiteten die Paläotherien in der Eocänformation.

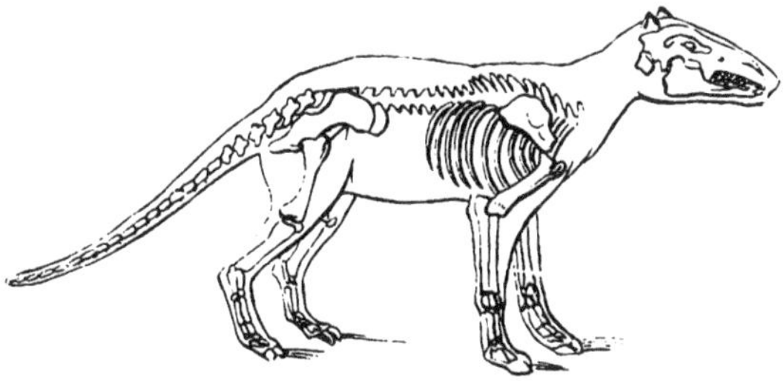

Fig. 154. Anoplotherium commune aus dem Pariser Gyps.

Die merkwürdigste Gestalt unter den Hufthieren ist das Anoplotherium*) (Fig. 154). Betrachtet man den Umriß des Schädels, so frappirt die Aehnlichkeit mit dem Pferde namentlich in der Nasengegend. Das Gebiß zeichnet sich vor dem der meisten anderen Hufthiere dadurch aus, daß es, wie das des Menschen, eine geschlossene, ununterbrochene Reihe bildet. An die Schneide- und Eckzähne schließen sich unmittelbar die Backzähne an, von denen die drei

Fig. 155. Hinterfuß von Anoplotherium commune.

*) ἄνοπλος, unbewehrt, und θηρίον, Thier, weil die Eckzähne nicht erheblich über die Zahnreihe hervorragen.

hinteren denen des Paläotherium zum Verwechseln ähnlich sehen, während die vorderen eher an Schweine oder Wiederkäuer erinnern. Im Ganzen zählt man 22 Zähne in jedem Kiefer. Die Mischung von Dickhäuter-, Wiederkäuer- und Schweins-Merkmalen wiederholt sich auch im übrigen Skeletbau und ist am deutlichsten in der Beschaffenheit der Gliedmaßen ausgesprochen. Die gemeinste, langgeschwänzte Art aus dem Pariser Gyps (Anoplotherium commune, Fig. 154) hat kurze Beine, deren Abschnitte sich ungefähr wie beim Tapir und beim Schwein zu einander verhalten; durch die Entwickelung von nur zwei Zehen und zwei Hufen tritt jedoch die Wiederkäuerverwandtschaft wieder in ihre Rechte. Abgesehen von der Zehenzahl ist jedoch der Anoplotherien-Fuß (Fig. 155) ähnlicher dem eines Dickhäuters, als dem eines Wiederkäuers, namentlich wenn man Fersenbein, Sprungbein, die übrigen Fußwurzelknochen (besonders cuboidenm und scaphoideum) sowie die zwei ziemlich kurzen, vollständig getrennten Mittelfußknochen betrachtet, welche die Stelle des entsprechenden einfachen, nur am unteren Ende gespaltenen Knochens bei den Wiederkäuern vertreten. Bemerkenswerth ist auch der lange, fast bis zum Boden reichende Schwanz, der nach Cuvier's Ansicht das Thier zum Schwimmen und Tauchen vortrefflich befähigte. Die verschiedenen Arten schwanken in ihrer Größe zwischen Esel und Schwein und finden sich nur in Eocänschichten.

Um die Gattung Anoplotherium gruppiren sich zwei charakteristische Familien von Hufthieren mit geschlossener Zahnreihe und im Wesentlichen übereinstimmendem Bauplan. Bei der einen, als deren Typus Xiphodon*) (Fig. 156) gelten kann, sind alle Körpertheile zierlich und schlank. Die Beine verlängern sich beträchtlich, indem sie gleichzeitig an Dicke abnehmen. Die einzelnen Knochen gewinnen außerordentliche Aehnlichkeit mit denen der jetzigen Moschushirsche, gleichzeitig nähert sich die Schädelform in mehrfacher Beziehung den Gazellen, mit denen die Größe des Thieres auch ungefähr übereinstimmte. Wenn die äußere Gestalt des Xiphodons und seiner Verwandten vollständig den Eindruck eines Wiederkäuers macht, so bleiben im Gebiß doch die Dickhäuter-Merkmale bestimmter bewahrt. Es sind oben und unten, wie bei Paläotherium und Ano-

Fig. 156. Xiphodon gracile (restaurirt).

plotherium, je sechs Schneidezähne und je zwei Eckzähne vorhanden, an welche sich Backzähne anschließen, in denen

*) ξίφος, Degen; ὀδούς, Zahn.

die Eigenschaften des Gebisses der Dickhäuter und Wiederkäuer fast zu gleichen Theilen combinirt sind. Bekanntlich fehlen den lebenden Wiederkäuern die oberen Schneidezähne und auch Eckzähne finden sich nur ausnahmsweise vor. In einer zweiten Hufthierfamilie der Eocänzeit neigen sich die Merkmale des Gebisses und der Gliedmaßen mehr den Schweinen zu, aber immerhin bleibt die Blutsverwandtschaft mit den Anoplotherien unverkennbar.

Da nun im Eocän weder die Wiederkäuer noch die schweinsartigen Dickhäuter mit paarigen (zwei, vier) Zehen ihre heutigen scharf begrenzten Merkmale erkennen lassen, die Anoplotherien und eine Anzahl anderer verwandter Gattungen aber die Eigenschaften dieser beiden Gruppen in sich vereinigen, so hat man sie mit Fug und Recht als Vorläufer und Stammformen der beiden erstgenannten Ordnungen bezeichnet.

Im Vergleich zu der großen Menge von pflanzenfressenden Hufthierresten (in den Bohnerzgruben von Frohnstetten hat man Paläotherien-Zähne und Knochen scheffelweise ausgebeutet) treten die übrigen Säugethierordnungen ganz in den Hintergrund. Noch am stärksten (mit ungefähr einem Dutzend Arten) sind die Raubthiere vertreten. Die Gattungen sind durchweg erloschen und schließen sich theils den Hyänen, theils den Zibethkatzen, theils den Bären oder Hunden an, ohne jedoch einer einzigen dieser Gattungen anzugehören, sie vereinigen vielmehr stets Merkmale verschiedener Familien. Von der sogenannten kleinen, aus Nagern, Insektenfressern und Fledermäusen zusammengesetzten Fauna kennt man Ueberreste von vielleicht sechs bis acht Arten, die keine auffallenden Eigenthümlichkeiten zeigen. Als Repräsentant der Beutelthiere verdient eine Art von Opossum aus dem Pariser Gyps Erwähnung. Noch größeres Interesse beansprucht ein Affe aus dem schweizerischen Bohnerz (Caenopithecus), der nach Rütimeyer ein Mittelglied zwischen der ächt afrikanischen Gruppe der Maki's und dem Brüllaffen von Süd-Amerika ist, und somit beweist, daß die Halbaffen der alten Welt von den breitnasigen Affen Süd-Amerika's zur Eocänzeit noch nicht scharf geschieden waren.*)

Fügen wir den bisher erwähnten Formen noch einige Seehund- und Wal-ähnliche Thiere hinzu, so wird das Bild der eocänen Säugethierfauna so ziemlich vervollständigt. Wie weit entfernt sich dasselbe von jenem der einförmigen Beuthelthierfauna der Jurazeit und welchen Contrast bietet es mit dem unserer heutigen thierischen Umgebung in Europa! In Bezug auf Artenzahl stellt sich unsere jetzige Fauna zwar der eocänen ziemlich gleich: denn wenn wir auch annehmen müssen, daß die fossilen Formen nicht alle gleichzeitig gelebt haben, so wird dieser Umstand sicherlich durch die unvollständige geologische Ueberlieferung mehr als aufgewogen. Alle im Haushalt der Natur für Säugethiere bestimmte Plätze waren zur Eocänzeit ganz sicher ebenso vollständig besetzt, wie heutzutage, nur besaßen die Inhaber ein ganz anderes Aussehen. Wenn wir auf beiden Seiten die sogenannte kleine Fauna abrechnen, weil von dieser gewiß nur ein kleiner Bruchtheil fossil erhalten blieb, so rauben wir unserer europäischen Säugethiergesell-

*) In den phosphoritführenden Schichten des Lotdepartement wurden neuerlich ähnliche eocäne Affenreste aufgefunden.

schaft über zwei Drittheile ihrer Mitglieder und es stehen nun den sechszig größeren eocänen Formen allerhöchstens fünfundzwanzig lebende gegenüber. Der Unterschied wird noch schroffer, wenn wir bedenken, daß jene sechzig eocänen Arten nicht weniger als vierzig Hufthiere umschließen, während jetzt Europa nur zehn einheimische und vier bis sechs eingeführte Hufthiere besitzt.

Gehörten die fossilen Formen hauptsächlich zu den Wiederkäuern, so würde nur Central-Afrika mit seinem erstaunlichen Reichthum an Antilopen, Gazellen, Giraffen u. s. w. eine Parallele bieten; allein wir wissen, daß sich dieselben zur einen Hälfte unter die unpaarzehigen Dickhäuter (von denen heute nur noch die Gattungen Tapirus, Rhinoceros, Hyrax und Equus existiren), zur anderen unter die Anoplotheriden vertheilen. Eine so unerhörte Menge von ächten Dickhäutern und Pachydermen-ähnlichen Thieren, als sie zur Eocänzeit in Europa allein existirte, kann heut zutage die ganze Erde nicht aufweisen!

Daß die europäische Säugethierbevölkerung der Jetztzeit nur die allerentferntesten Beziehungen zu ihren ausgestorbenen Vorgängern erkennen läßt, geht aus dem bereits Gesagten zur Genüge hervor. Aber auch mit den anderen zoologischen Provinzen der Erde ist die Verbindung nicht viel inniger. Von den Hufthieren lassen sich die wenigsten unmittelbar mit lebenden Formen in Vergleich bringen, wenn auch die Gattungen Lophiodon und Coryphodon ziemlich nahe Verwandtschaft mit Tapir, und manche Anoplotheriden etwas entferntere mit unseren Moschushirschen zeigen. Man weiß aber, daß sowohl die Gattung Tapirus, wie die Familie der Moschiden auffallend zerrissene Verbreitungsbezirke besitzen, so zwar, daß eine Tapirart auf Süd-Amerika, die andere auf Süd-Asien beschränkt ist, während sich die Moschushirsche auf das südliche Asien und auf West-Afrika vertheilen. Die Hyänen und Viverren (Zibeththiere) haben sich heutzutage Afrika und Süd-Asien zur Heimath gewählt. Die eocäne Beutelratte schließt sich jenen beiden lebenden Gattungen an, welche fern von ihren australischen Verwandten Amerika bewohnen. Die fossilen Affen endlich weisen auf keinen bestimmten Verbreitungsbezirk hin.

Eine Fundstätte von wunderbarer Reichhaltigkeit hat sich in neuester Zeit im Westen von Nord-Amerika eröffnet und unsere Kenntniß der eocänen Wirbelthiere in ganz unerwarteter Weise erweitert. In den Niederungen des vom Yellowstone River und Green River bewässerten Territoriums von Wyoming, bedecken horizontale, bunt gefärbte Thon- und Sandstein-Schichten viele Meilen weit den Boden. An manchen Stellen beweisen eingeschlossene Süßwassermuscheln und Sumpfschnecken ihren Absatz aus einem ehemaligen Landsee, welcher während eines Theiles der Eocänzeit den Ostrand des Felsengebirges bespülte. Durch atmosphärische Einflüße (Regen, Feuchtigkeit, Frost und Hitze) lockern sich die ursprünglich harten Gesteine, aus deren oberstFen Schichten zahlreiche Knochen, Zähne, Muscheln und verkieselte Hölzer herauswittern. Die Knochen sind vollkommen versteinert, ungewöhnlich fest, zuweilen schwarz wie Ebenholz; die Skelete liegen äußerst selten ungestört beisammen; meist sind die Knochen zerstreut, die Kiefer isolirt und die Schädel beschädigt, gequetscht oder in anderer Weise verunstaltet. So häufig scheinen aber die

Wirbelthiere in Wyoming vorzukommen, daß Professor Cope in einem einzigen Sommer über hundert Arten sammeln konnte, worunter 45 Säugethiere, 3 Vögel, 32 Schildkröten und 12 sonstige Reptilien. Noch reicheres Material erlangte Professor Marsh, welcher sich mehrmals an die Spitze besonderer Expeditionen stellte, von denen jede mit reichen Schätzen beladen nach dem Osten zurückkehrte. Die zum Theil gleichzeitig erschienenen Veröffentlichungen von Marsh, Leidy und Cope gestatten noch kein endgiltiges Urtheil über die numerische Zusammensetzung dieser neuentdeckten Eocänfauna, weil mehrfach ein und dieselbe Art von jedem der genannten Autoren einen besonderen Namen erhalten hat, indessen schon wenn man sich entweder an das von Marsh oder an das von Cope veröffentlichte Verzeichniß ihrer Funde hält, so weisen dieselben eine solche Formenfülle auf, wie man sie von keiner einzigen europäischen Localität derselben Periode kennt.

Die Zusammensetzung der eocänen Säugethierfauna in Nordamerika zeigt in mancher Hinsicht eine überraschende Uebereinstimmung mit der europäischen, während sie andererseits, namentlich bei flüchtiger Betrachtung wieder erstaunlich verschieden erscheint. Nicht eine der in Europa bekannten Gattungen kehrt in den amerikanischen Listen wieder: sie enthalten durchaus neue Namen. Aber sieht man näher zu, so findet sich für Palaeotherium in Wyoming eine nahe verwandte Gattung Paleosyops, für Lophiodon und Coryphodon eine tapirähnliche Gattung Hyrachius: die amerikanischen Raubthiere schließen sich enge an die eocänen Formen in Europa (Hyaenodon und Cynodon) an und verschiedene Affen erinnern in ihren wesentlichen Merkmalen an Caenopithecus aus dem schweizerischen

Bohnerz. Von ächten schmalnasigen Affen, von Wiederkäuern, Schweinen, Rhinoceros, Einhufern, Nilpferden hat das amerikanische Eocän ebensowenig Ueberreste geliefert, als die europäischen Fundstätten; dagegen finden sich auch dort mehrere kleine Formen, welche auf der Grenze zwischen den Unpaarhufern und den Wiederkäuern oder Schweinen stehen. Da auch die Nager und Beutelthiere das bekannte eocäne Gepräge erkennen lassen, so würden die Wyoming Funde, wenn sie sich lediglich auf die genannten Ordnungen und Familien vertheilten, wohl eine erfreuliche Vermehrung der eocänen Säugethierfauna, aber keine Thatsache von besonders überraschender Bedeutung liefern. Sie würden im Wesentlichen nur Bekanntes bestätigen und durch neue Beispiele belegen. Alles, was früher von der eocänen Wirbelthierfauna in Europa gesagt wurde, ließe sich im Wesentlichen auch auf die amerikanische übertragen; denn beide sind offenbar Zweige ein und desselben Stammes, dessen gemeinsame Wurzeln höchst wahrscheinlich in die Kreideformation oder noch tiefer herabreichen.

Die Süßwasserschichten von Wyoming enthalten jedoch in großer Häufigkeit Ueberreste einer höchst wunderbaren Gruppe riesiger Säugethiere, von deren Existenz man bis zum Jahre 1870 keine Ahnung hatte. Man hat ganze Skelete von mehreren Gattungen und Arten aufgefunden, welche sich nach Größe und Skeletbau den Elephanten am nächsten anreihen.

Bei der größten Gattung (Loxolophodon* Fig. 158) hat der Schädel eine Länge von 3 Fuß (0,93 m.), er

*) Von Marsh Tinoceras genannt, nicht zu verwechseln mit Dinoceras.

er ist von langgestreckter ziemlich niedriger Form und gewinnt durch 3 seltsam gestaltete Hornpaare ein höchst abenteuerliches Aussehen. Die zwei kürzesten, vordersten Hörner richten sich schräg nach vorn, die Nasenöffnungen überragend: weiter hinten, da wo Oberkiefer- und Nasen-Beine zusammenstoßen, erheben sich zwei mächtige Zapfen, und ein drittes, nicht minder starkes Hörnerpaar steht am hinteren Ende der Scheitelbeine.

Denkt man sich diese gewaltigen Zapfen ähnlich wie bei den Nashörnern mit Hornscheiden überzogen, von denen die hintern sich vielleicht geweihartig vergabelten, so erhält man eine Schädelbildung, die sich mit keinem lebenden oder früher bekannten fossilen Geschöpf. vergleichen läßt. Auf jeder Seite trägt der Oberkiefer einen etwa fußlangen (0,320 m.) gekrümmten Eckzahn und dahinter folgen 6 im Verhältniß zur Schädelgröße kleine, tapirähnliche Backzähne. Schneidezähne fehlen sowohl oben, wie im Unterkiefer. Der Schenkelknochen ist 0,74 m. lang.

Von einer etwas kleineren Gattung Dinoceras kennt man das ganze Skelet. Auch hier ist der trefflich erhaltene Schädel (Fig. 157) von schmaler Gestalt und trägt ebenfalls drei Paar Hörner, aber die vorderen auf den verlängerten Nasenbeinen befindlichen sind viel kleiner, als bei Loxolophodon, die mittleren ragen am längsten empor und die beiden hinteren stehen auf mächtigen Knochenkämmen, welche sich jederseits über die Schläfenregion erheben und die Scheitelregion seitlich begrenzen. Die sonstigen Merkmale des Schädels stimmen so ziemlich mit denen von Loxolophodon überein. Rumpf und Extremitäten sind ganz elephantenähnlich: die Beine etwas gedrungener

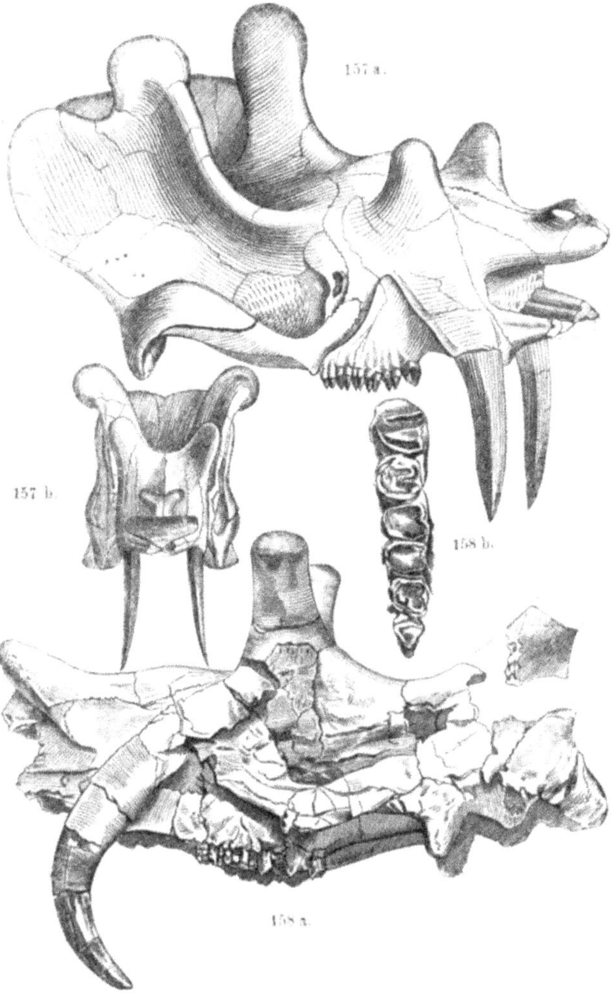

Fig. 157. Dinoceras mirabile. a. Schädel sehr verkleinert von der Seite und b. von vorn.

Fig. 158 a. Schädel von Loxolophodon cornutus von der Seite. 158 b. Backzahnreihe des Oberkiefers.

und kürzer, aber Fuß und Zehenbildung in den Hauptmerkmalen dem Elephanten entsprechend.

Wo sollen nun diese seltsamen Geschöpfe im zoologischen System eingereiht werden? Die Uebereinstimmung ihres Skeletbaues mit dem der Elephanten und dessen Verwandten ist eine so auffällige, daß Cope kein Bedenken trug, sie den Rüsselträgern beizugesellen, denen diese eocänen Riesensäugethiere auch hinsichtlich der Größe wenig nachstehen. Allein Marsh hat gezeigt, daß zwar allerdings den auffälligsten Knochen des Skeletes die Merkmale der Proboscidier anhaften, daß aber einzelne wichtige Theile z. B. die Wurzel des Hinterfußes mehr an die Bildung bei den unpaarzehigen Dickhäutern erinnern und daß namentlich beim Schädel kaum noch Anklänge an den Kopf der Rüsselträger zu erkennen sind. In der That bei der Betrachtung unserer Abbildungen vermißt man die mächtigen Stoßzähne, die hohe mit zelligem Knochengewebe erfüllte Stirnregion, die abgestutzte Beschaffenheit der Nasenbeine, die weite Oeffnung für den Rüssel, die gewaltigen Backzähne, sowie eine Menge anderer für den Kopf der Proboscidier charakteristischen Merkmale. Weit eher ließen sich Tapir oder Rhinoceros in Vergleich bringen. An diese erinnern die schmale, längliche Schädelform, die Beschaffenheit der Nasenbeine, die Hörner auf denselben, die Eckzähne, Backzähne und die langen Schläfengruben. Daneben gibt es jedoch viele ganz ungewöhnliche, nur diesen Thieren eigenthümliche Merkmale, (vor Allem die drei Hörnerpaare), daß auch abgesehen von dem sonstigen Skeletbau eine Vereinigung mit den unpaarzehigen Dickhäutern unstatthaft wäre. Mit Fug und Recht hat darum Marsh für diese neuen eocänen Hufthiere eine besondere Ordnung gegründet, welche zwischen den Proboscidiern und den Dickhäutern (Perissodactylen) steht, und nach beiden Seiten hin durch enge Beziehungen verknüpft ist. So wäre endlich die weite Kluft, welche den Elephanten und seine Verwandten bis dahin von allen übrigen Säugethieren trennte, überbrückt, die Ahnen für Dinotherium, Mastodon und Elephas, deren Erscheinen in den jungtertiären Bildungen bisher ein ungelöstes Räthsel war, sind gefunden und damit ist ein wichtiges Glied in die noch immer lückenhafte Entwicklungsreihe der Säugethiere eingefügt.

Es bedarf keiner weiteren Ausführung, um nachzuweisen, daß vom Standpunkt der Paläontologie, Zoologie, Geologie und auch der Evolutionstheorie die Entdeckung dieser neuen Säugethier-Ordnung als eine der wichtigsten Entdeckungen der Neuzeit betrachtet werden muß.

Im Ganzen ist der alttertiären Säugethierfauna, und zwar sowohl der europäischen, wie der amerikanischen, der Stempel der Universalität aufgedrückt. Wir können sie mit den Bewohnern keiner speciellen thiergeographischen Provinz der Gegenwart vergleichen, ihre verwandten Formen der Jetztzeit sind nicht auf einem einzigen Continent, sondern fast über die ganze Erde hin zerstreut, aber immerhin deuten alle Analogieen auf eine Lebensweise in einem heißen, mit üppigem Pflanzenwuchs ausgestatteten Himmelsstrich. Zum gleichen Ergebniß führt auch die Untersuchung der niederen Thiere. Keinem Conchyliologen würde es einfallen, den prächtigen marinen Muscheln und Schnecken des Pariser Beckens ein ausschließlich indisches, afrikanisches oder australisches Gepräge zuschreiben zu wollen.

aber ebensowenig würde er ihre Beziehungen zu den Formen der heutigen tropischen Meere in Abrede stellen können. Auch für die Land- und Süßwasser-Conchylien der Eocänzeit hat man, nach Sandberger, die analogen Formen heutzutage lediglich in den Tropenländern, und zwar vorzugsweise in Ostasien, Polynesien und Indien zu suchen, es mischen sich denselben indessen auch afrikanische und südamerikanische Typen bei. Wäre es noch nöthig, weitere Beweise für das warme Klima der älteren Tertiärzeit anzuführen, so würde schon das häufige Vorkommen von Korallenriffen im Nummulitenmeer jeden Zweifel beseitigen.

Die große Zahl von pflanzenfressenden Säugethieren läßt sich nur durch das Vorhandensein einer sehr üppigen Vegetation erklären. Die Eocänflora übertrifft in der That die des früheren Zeitalters bei weitem an Mannigfaltigkeit. Ihre Physiognomie wird nicht mehr, wie in der Trias- und Jura-Zeit, von zwei bis drei Formengruppen bestimmt, sondern es erscheinen bereits alle wichtigeren Ordnungen der heutigen Pflanzenwelt, und zwar in besonderer Häufigkeit diejenigen, welche gegenwärtig die tropischen Breiten bewohnen. Zur Restauration der Eocänflora hat neben dem anglo-gallischen Becken besonders der Monte Bolca bei Verona beträchtliche Beiträge geliefert. Man vermißt in der Tertiärzeit die ehemals so häufigen Sagobäume; die Nadelhölzer, wenn sie auch noch ziemlich zahlreich in der Form von Cypressen, Pinien und Wachholder auftreten, spielen keine dominirende Rolle mehr, und die Farnkräuter sind geradezu selten geworden. Verschiedene Palmen, Pandanen mit kegelförmigen, kantigen Steinfrüch ten, Seerosen und Wassernüsse schließen sich enge an lebende Formen aus den heißen Zonen an. Auch in dem enormen Zuwachs aus der Klasse der Laubhölzer und dikotyledonischen Krautgewächse überwiegen die tropischen Gestalten. Mit immergrünen Feigen, Eichen, Lorbeer, Myrthen und Sandelbäumen mischen sich steifblättrige Proteaceen vom afrikanischem oder australischem Habitus. Diesen gesellen sich eine Menge von niedrigen Sträuchern (Zizyphus, Aralia) und Schlinggewächsen bei, welche an den Bäumen wohl ebenso emporrankten, wie ihre Verwandten in den tropischen Urwäldern der Jetztzeit. Ich würde der Geduld und den botanischen Kenntnissen meiner freundlichen Leser zuviel zumuthen, wenn ich noch weiter in der Beschreibung der bunt zusammengesetzten Flora der Eocänzeit eingehen wollte. Nur das möge zum Schluß noch bemerkt werden, daß gerade in dem höchst mannigfaltigen Artengemisch an den eocänen Fundorten eine Stütze für die tropische Natur jener Flora liegt, denn durch Mangel an geselligen, dominirenden Gewächsen unterscheidet sich vornämlich der wechselvolle tropische Urwald von den einförmigeren, aber charaktervolleren Hainen der gemäßigten Zonen.

> Höheres Leben muß von Geringerem
> Durch Aufopferung und Zerstörung werden.
> (Herder.)

II. Die jüngere oder neogene Tertiärzeit.

(Miocän und Pliocän.)

In der langen als Neogenzeit bezeichneten Frist macht sich in Europa das Bestreben, die früheren geographischen

Zu Zittel, Aus der Urzeit. S. 459.

Karte von Mitt

Taf. V.

eänzeit.

Grenzen zu durchbrechen, immer entschiedener geltend: alte Meergründe, wie das anglo-gallische Becken, das norddeutsche Flachland und die helveto-germanische Ebene, tauchen bis auf kleine Abschnitte aus dem Wasserspiegel empor, das Festland gewinnt beinahe nach allen Seiten an Umfang. Es bedarf nur eines Blickes auf eine geologische Karte, um sich von den bedeutenden Oberflächenveränderungen während dieser Periode eine Vorstellung zu machen. Zur leichteren Uebersicht ist anbei ein Kärtchen (Taf. V) beigefügt, das die muthmaßliche Vertheilung von Festland und Meer etwa in der Mitte der Neogenzeit (Miocän) veranschaulichen soll. Es muß hierbei allerdings berücksichtigt werden, daß die Karte nur eine einzige Phase aus einer langen Entwicklungsreihe herausgreift, während welcher sich die Umgestaltungen ganz allmälig und schrittweise vollzogen. Ein Bild von Europa zur Zeit der ältesten Miocänstufe würde dem der Eocänzeit noch sehr nahe kommen, während in der jüngsten Pliocänstufe auf dem europäischen Continent schon fast die heutigen Zustände hergestellt waren und das Tertiärmeer nur noch die Poebene, die Flachländer zu beiden Seiten der Appenninen und ein kleines Stück von Belgien, Holland und England bedeckte.

Blicken wir auf unser Kärtchen, so finden wir zwischen dem nordeuropäischen und Mittelmeer-Gebiet ein ausgedehntes Festland. Das anglo-gallische Becken ist verschwunden, dafür zeigen sich in Belgien, Holland, Schleswig-Holstein und Dänemark vereinzelte Absätze, die auf eine größere Ausbreitung der heutigen Nordsee hinweisen. Mit dem atlantischen Ocean standen die

„Faluns"*) der Touraine und der Bretagne (Nantes, Dinan, Rennes) in Verbindung. Sie bestehen aus einem mit abgerollten oder zerbrochenem Muscheln und Korallen erfüllten Sand oder Mergel und bilden unter Anderem den Boden der im letztem Kriege vielgenannten sumpfigen Sologne südlich von Orleans. Unter den Conchylien der Faluns mögen sich nach Lyell etwa 25 Proc. recenter Arten befinden. Das alte aquitanische Becken war noch immer vom Meer überfluthet und hinterließ an den Ufern der Garonne und des Adour ansehnliche Sand- und Thon-Ablagerung mit trefflich erhaltenen, wenig veränderten Versteinerungen. Seine Fluthen bespülten im Osten und Norden den Rand des Centralplateau's, im Süden den Fuß der Pyrenäen; der schmale südöstliche Theil des Beckens stellte wie in früheren Perioden noch immer die Verbindung zwischen dem Atlantischen Ocean und dem Mittelmeere her. Das letztere bedeckte damals noch den größten Theil von Languedoc und der Provence, sandte einen schmalen Arm durch das Rhone- und Isère-Thal bis in die Schweiz, wo zwischen Alpen und Jura das helveto-germanische Molassemeer beginnt, dessen nordöstliche Fortsetzung die oberschwäbische und bayerische Hochebene unter Wasser setzte.

Am ganzen Alpenrand bilden weiche, mergelige Sandsteine von grauer Farbe das herrschende Gestein. Sie setzen der Verwitterung nur geringen Widerstand entgegen

*) Faluns, Provinzialbezeichnung der französischen Landleute für muschelreichen Sand und Mergel, den man in der Touraine zur Düngung des Bodens verwendet.

und gehen zuweilen in lockere Sandmassen über. Deßhalb hat man sie im Waadtland „la molasse“ genannt, und dieser Name wurde später auf alle miocänen Bildungen im helveto-germanischen Becken übertragen.

Die Molasse dringt weder in der Schweiz, noch in Oesterreich in die inneren Gebirgsthäler der Alpen ein. Sie umsäumt vielmehr ihren Nordabhang mit einer lieblichen, bewaldeten Hügelzone von sanften, welligen Formen. An Mächtigkeit übertrifft sie alle europäischen Neogenbildungen. Wenn man diese übrigens da und dort auf mehr als 2000 Fuß angegeben findet, so versteht es sich eigentlich von selbst, daß hier nicht von einer einzigen Ablagerung, sondern nur von einem ganzen Complex verschiedener Schichten die Rede sein kann. Die Molasse zerfällt in der That auch in mehrere Stufen, von denen die untersten im Alter den norddeutschen und französischen Oligocänschichten gleichstehen, aber ebenso innig mit den darüber liegenden Neogenbildungen verknüpft sind, wie jene nordischen mit den eocänen. Im Alpengebiet ließe sich das Oligocän natürlicher als Unter-Miocän klassificiren, während dasselbe in Nord-Europa zweckmäßiger dem Eocän beigesellt wird. Scharfe Grenzen findet man in der Tertiärzeit überhaupt nur da, wo sich die verschiedenen Stufen in räumlich getrennten Gegenden entwickelten.

Neben dem charakteristischen grauen Sandstein gibt es im Molasseland noch mancherlei andere Gesteinsarten. Da ist vor Allem die „Nagelflue“, jenes erhärtete, aus Rollsteinen bestehende, den Rigibesuchern so wohlbekannte Conglomerat zu erwähnen. Auch Thon, Mergel und

Braunkohlen finden sich reichlich, wie überhaupt Süßwasser und Meeres-Gebilde häufig mit einander wechselten und gar oft ganz gleichartige Gesteine hinterließen. Man unterscheidet daher auch lediglich nach den organischen Einschlüssen Süßwasser- und Meeres-Molasse oder Nagelflue. Es verdient bemerkt zu werden, daß die Sedimente in der Nachbarschaft der Alpen bedeutend mächtiger sind, als die am nördlichen Ufer längs des Juragebirges und bayerischen Waldes. Dort findet man außer Molasse oder weichem Sand und Mergel vorzüglich aus zertrümmerten Conchylien und Sandkörnern zusammengesetzten Muschelsandstein und lose Nagelflue, deren Gerölle aus dem benachbarten Juraland stammen. Auffallenderweise fehlen dem Molasse-Gebirge marine Kalksteine von dichter Struktur vollständig. Schon aus diesem Umstande, noch mehr aber aus der grobkörnigen Beschaffenheit der meisten Sedimente und dem beständigen Wechsel von Meeres- und Süßwasser-Gebilden läßt sich folgern, daß es in dem schmalen, subalpinen Neogenmeer stürmisch genug zuging. Für Foraminiferen, Korallen und andere klares, scharfgesalzenes Wasser liebende Bewohner gab es darin keine ruhige Stätte, wohl aber fanden zahllose Muscheln und Schnecken äußerst zusagende Lebensbedingungen.

Es mögen mancherlei Umstände zusammengewirkt haben, um jene enormen Massen von Sediment am Fuße der Alpen aufzuthürmen. Vielleicht haben Strömungen von Außen her in das schmale, langgestreckte Seebecken Material zugeführt und gleichzeitig die gegen die Küsten anprallenden Wogen dasselbe vermehrt: aber auch ohne Zuhilfenahme außergewöhnlicher Kräfte dürfen wir die da malige Oberflächengestalt als eine der Sedimentbildung besonders günstige bezeichnen. Die Alpen erhoben sich nämlich zur Neogenzeit bereits als schmales Inselland von ansehnlicher Höhe aus dem Ocean hervor und gaben nicht allein ihre vermuthlich steil abfallenden Ufer der Brandung preis, sondern lieferten auch ein vorzügliches Objekt für die zerstörende Thätigkeit des atmosphärischen Wassers. Da überdies alle gelockerten Gesteinstheilchen auch aus den entlegensten Höhen der Centralkette nur einen Weg von wenigen Meilen und dazu einen stark geneigten bis zum Meeresufer zurückzulegen hatten, so konnten sich am Fuße der Alpen bei entsprechender Tiefe des Meeres weit rascher mächtige Sedimentabsätze bilden, als am Nordrand, wo das flache Juraland nur träge Gewässer dem Ocean zuschickte.

Es ist eine anziehende Aufgabe für den Geologen, die allmählige Aussüßung und Austrocknung des Molassemeeres im Detail zu verfolgen. Sie wurde veranlaßt durch eine jener mächtigen Hebungen des Bodens, denen die Gebirgsländer so häufig als Schauplatz dienen mußten. Dieser Hebung verdankte der schweizerische und der südwestliche Theil des deutschen Juragebirges der Hauptsache nach seine heutige Gestaltung und auch die Alpen, namentlich in ihrer westlichen Hälfte, machten einen abermaligen erfolgreichen Versuch, ihre stolzen Zinnen weiter in die Lüfte zu strecken. So steigen denn die marinen Molassegebilde in der Schweiz und in Südfrankreich mehrere tausend Fuß am Gebirgsrand der Alpen empor und auch im Jura der Schweiz gehen die miocänen Meeresabsätze mit Austern, Kammuscheln und Seeigeln (Scutellen) bei

Chaux de Fonds und la Verrières bis auf 1000 Meter Höhe herauf und dieselben Schichten liegen im badischen Seekreis und in der Gegend von Ulm noch auf dem südlichen Theil des Hochplateaus der schwäbischen Alb. Miocän und Pliocän werden im Gebiete des helveto-germanischen Beckens durch diese Hebung haarscharf geschieden. Der ehemalige miocäne Meeresboden wird zum größten Theil trocken gelegt und nur an wenig Stellen durch neue Anhäufungen von Geröll, Sand und Schlamm bedeckt. Aber diese letzteren Absätze sind stets durch süße Gewässer veranlaßt — nach der Miocänzeit gibt es in der Schweiz und in Süddeutschland keine marine Ablagerungen mehr — sie erfolgten in Landseen von beschränkter Ausdehnung und hinterließen z. B. in der Nähe des Bodensees bei Oeningen jene durch Reichthum an Landpflanzen, Insekten, Conchylien und Wirbelthiere berühmten Süßwasserkalke, von denen man in Zürich und Karlsruhe so glänzende Sammlungen aufbewahrt. Man würde übrigens einen großen Irrthum begehen, wenn man alle Süßwasserablagerungen des Molasse-Gebietes der Pliocänzeit zurechnen wollte; weitaus die größere Zahl derselben gehört der Miocänzeit an. Denn niemals bedeckten die Fluthen des Molasse-Meeres gleichzeitig das ganze helveto-germanische Gebiet, stets gab es einzelne höher gelegene Theile, wo sich Aestuarien oder Süßwasserseen bilden konnten oder starke Zuflüße vom Festland süßten gewisse Meeresbuchten aus. Es ist manchmal überaus schwierig den Beweis zu liefern, daß gewisse Süßwasserabsätze gleichzeitig mit benachbarten Meeresgebilden zur Ablagerung gelangten, aber in vielen Fällen ist es gelungen, und so sind wir denn auch in der Lage aus den Fossilresten der marinen Molasse und aus den Versteinerungen der mannigfaltigen Bildungen der süßen Gewässer (Süßwasser-Molasse der Ostschweiz und Oberschwaben. Braunkohlen von Käpfnach, Elgg, Utzwyl, Regensburg, Amberg; Süßwasserkalk von Ulm, Steinheim, Georgensgmünd, Mergel und Sand von Günzburg u. s. w.) ein Bild der miocänen Lebewelt des Molasse-Gebietes herzustellen, wie dies nur in wenig anderen Fällen möglich ist. Auch die Oberflächengestaltung desselben ist uns den Hauptzügen nach bekannt, so zwar, daß sich nicht nur die Ufer des Meeres, die größeren Seen und Sümpfe, sondern sogar einzelne Flußthäler nachweisen lassen und nach den bisherigen Erfahrungen darf man mit großer Zuversicht einer Zeit entgegensehen, wo man den Lauf aller wichtigeren Flüsse, die Ausdehnung der damaligen Seen und Sümpfe wird ermitteln und kartographisch darstellen können.

Werfen wir jetzt wieder einen Blick auf unser kleines Kärtchen der Miocänzeit, so sieht man, wie das Molassemeer zwischen Linz und St. Pölten durch die Annäherung des böhmischen Urgebirges an die Alpenkette zu einem engen Kanal zusammengedrängt wird. Er ergießt sich bei Krems ins „Wiener Becken", dessen nördlicher Theil die ganze Ebene zwischen dem mährischen Grenzgebirge und den Karpathen einnimmt und von da durch eine Meerenge mit dem großen osteuropäischen Neogenmeer in Galizien, Podolien, Volhynien u. s. w. in Verbindung steht. Ein kleinerer, südlicher Arm des Wiener Beckens fällt genau in die Fortsetzung der Alpenkette, die hier plötzlich verschwindet und nur durch eine Hügelreihe jenseits der

Leitha ihre unterirdische Anwesenheit verräth. Auch im Wiener Becken unterscheidet man zuerst eine untere marine, aus Sand, plastischem Thon (Tegel) und Kalkstein zusammengesetzte Stufe, in welcher zahllose Versteinerungen, namentlich Conchylien von prächtiger Erhaltung vorkommen. Darüber folgen weiche, sandige Kalke von brakischem Ursprung, stellenweis ganz erfüllt von Schnecken und Muscheln aus den Gattungen **Cerithium, Tapes** und **Mactra**. Diese Cerithienschichten (auch sarmatische Stufe genannt) erscheinen in der Umgebung von Wien zum ersten Mal, lassen sich aber nach Osten über Ungarn und Galizien bis zum schwarzen und kaspischen Meer verfolgen. Den Schluß machen thonige oder sandige Süßwasserbildungen mit eigenthümlichen Süßwassermuscheln (Congerien), welche das Material zu der großartigen Ziegelindustrie Wiens liefern, ferner Sand- und Kies-Ablagerungen (Belvedere Schotter), mit Säugethierresten. Die beiden letztgenannten Schachte gehören zum Pliocän, in der sarmatischen Stufe vermischen sich miocäne und pliocäne Typen miteinander.

Man kann das Wiener Becken gewissermaßen als Vorhalle zu jenem großen osteuropäischen Neogen-Meer bezeichnen, das nicht nur die ungarische Ebene, sondern auch Galizien, die Walachei, Bulgarien, Süd-Rußland und einen Theil von Klein-Asien bedeckte: ein Ocean, von welchem das schwarze und kaspische Meer und der Aralsee als getrennte Ueberreste bis auf den heutigen Tag erhalten blieben. Zu diesen osteuropäischen Neogengebilden gehören auch die ungeheuer mächtigen Salzlagerstätten von Galizien und Siebenbürgen. Die berühmten Salzgruben von Wieliczka sollen schon im 13. Jahrhundert unter König Boleslaw dem Schamhaften in Betriebe gestanden haben. Das gewaltige Lager wird durch mehr als ein Dutzend Schächte angefahren, und von diesen gehen in verschiedener Höhe (Stockwerken) horizontale Querstollen nach allen Richtungen auf eine Länge von ungefähr 10,000 Fuß aus einander. Häufig wurden die Strecken, wenn sie Lagen ganz reinen Krystallsalzes trafen, zu Hallen von 3—400 Fuß Höhe und 150—250 Fuß Breite erweitert. In einzelnen der unterirdischen Kammern sind Werkstätten, Ställe für Pferde, in denen sogar die Freßtröge aus Steinsalz bestehen, Magazine u. s. w. gebaut, andere wurden zu Kapellen und Tanzsälen eingerichtet, so daß sich unter Wieliczka eine zweite unterirdische Stadt befindet. Der Salzstock wird von wohlgeschichtetem grauem Thon, in dem mehrere Versteinerungen des Wiener Beckens vorkommen, umhüllt und durchzogen. Das Salz selbst enthält gleichfalls Fossilreste, namentlich Foraminiferen, kleine Krebschen und einige Meermuscheln.

In Süd-Europa überfluthete das adriatische Meer zur Miocän- und Pliocänzeit die ganze Poebene bis über Turin hinauf, brach sich im Norden am Rand der Alpen, im Süden und Westen an den Apenninen. Auch das Mittelmeer dehnte sich damals über Toskana, die Campagna und das neapolitanische Tiefland aus, so daß von der italienischen Halbinsel nur das Skelet vorgezeichnet war, um welches sich erst später die lieblichen Formen anlegten. Es gibt kaum ein lehrreicheres Beispiel für die allmälige Annäherung der tertiären Schöpfung an die gegenwärtige, als die auf einander folgenden marinen

Conchylienfaunen in den italienischen Neogenbildungen, die wegen ihrer Lage den Namen Subapenninen-Gebilde erhalten haben. An den Gebirgsabhängen, wo die Tertiärschichten aus der später gebildeten diluvialen und alluvialen Bodenbedeckung hervorragen, zeigt sich über dem Eocän die ganze Serie der Neogenschichten aufgeschlossen. Die tieferen Lagen enthalten genau dieselben Versteinerungen, wie die marinen Absätze des Molassemeeres und des Wiener Beckens, aber während das nordalpine Miocänmeer der Versumpfung oder Austrocknung unterlag, verharrten das adriatische und tyrrhenische Meer noch lange Zeit in ihren eroberten Provinzen und hinterließen nach ihrem endlichen Rückzug jene obersten marinen Neogenbildungen, welche Lyell als Pliocän bezeichnet hat. Hier liegt nun eine Fauna begraben, deren Arten etwa zu zwei Drittheilen noch heute in den Nachbarmeeren existiren. Je tiefer wir in der Schichtenreihe nach unten eindringen, desto zahlreicher werden die erloschenen Arten. Es mischt sich überdies den ächt mediterranen Typen eine kleine Anzahl fremdartiger bei, deren Ursprung auf die westafrikanische Küste hinweist.

Der Charakter der neogenen marinen Bevölkerung läßt sich überhaupt, wo wir sie auch studiren mögen, als ein vorwiegend südeuropäischer bezeichnen, im Gegensatz zu der eocänen, die ein universales tropisches Gepräge trägt. Selbst in England, wo marine Miocänablagerungen ganz fehlen, während das Pliocän in der Grafschaft Suffolk eine ansehnliche Verbreitung besitzt, enthalten die älteren Schichten des sogenannten Crags Meermuscheln und Mooskorallen (Bryozoen), welche auf ein wärmeres Wasser als das der heutigen Nordsee hindeuten. Ueber dem unteren (weißen oder Korallen) Crag folgt sodann eine 10 Fuß mächtige Sandschichte von rother oder rostbrauner Farbe — der obere oder rothe Crag — mit etwa 200 Conchylien-Arten, von denen ungefähr 60% noch heute leben. Diese ganze Fauna weist mit Bestimmtheit darauf hin, daß nach Absatz des unteren Crags eine allmälige Temperaturerniedrigung begonnen hatte, welche sich in der Beschaffenheit der Versteinerungen der obersten Tertiärschichten (Norwich-Crag) noch entschiedener bemerklich macht. In den lockeren Sand-, Lehm und Kiesschichten des Norwicher Crages liegen über 100 Meerconchylien (darunter 89% lebende Arten), von denen viele bereits ein entschieden arktisches Gepräge tragen.

Bedenkt man, daß das Ende der Tertiärformation mit dem Austrocknen fast aller neogenen Meere zusammenfällt, und verfolgt man das successive Austrocknen des langgestreckten Molassemeeres, den allmäligen Rückzug des Atlantischen Oceans im westlichen Frankreich, der Nordsee in den Niederlanden, Schleswig-Holstein und England, des Mittelmeeres und der Adria in Italien u. s. w., so liegt die Frage nahe, ob dieser außergewöhnliche Zuwachs an Festland lediglich durch Hebung des Bodens erzielt wurde oder ob nicht noch andere Kräfte bei dieser fundamentalen Umgestaltung Europa's mitgewirkt haben. Solche Einflüsse vermuthet man in den zahlreichen Eruptionen von Trachyt und Basalt, die während der Tertiärformation in großartigem Maßstabe stattfanden. An vielen Orten, wie z. B. in der Eifel, in der Auvergne und auf den Canarischen Inseln haben die Basalt- und Trachyt-Berge den charakteristischen Bau von erloschenen Feuerbergen noch treu bewahrt; anderwärts dagegen, wie im Siebengebirge, in Hessen, in der Rhön, in Ungarn und in den Südalpen fehlen zwar die wesentlichen äußerlichen Merkmale von Vulkanen, doch gestattet uns die Beschaffenheit der Gesteine einen sicheren Schluß auf ihren eruptiven Ursprung. Soweit sich nun aus der Lagerung und dem organischen Inhalt der geschichteten Gesteine erkennen läßt, welche jene Eruptivgebilde begleiten, erfolgte ein sehr namhafter Theil aller Basalt- und Trachyt-Ausbrüche während der jüngeren Tertiärzeit. Die Hypothese, welche denselben einen gewissen Einfluß auf die Bodengestaltung Europa's zuschreibt, erscheint demnach nicht unbegründet.

Für die Kenntniß der neogenen Schöpfung fließen die geologischen Quellen fast überreich. Festland und Meer haben an tausend Orten die Reste ihrer Bewohner der Erde überliefert, so daß es nur des geistigen Forscherblickes bedarf, um die Schalen, Knochen und sonstigen thierischen Ueberreste mit ihren fleischigen vergänglichen Theilen zu bekleiden und aus zerstreuten Stämmen, Aesten und Blättern laubgeschmückte Bäume zusammenzusetzen.

In die Pflanzenwelt lassen wir uns durch Oswald Heer einführen, dessen scharfsinnige Untersuchungen zum Besten gehören, was in der Paläontologie der Vegetabilien geleistet wurde. Er zeigt uns in seinem großen Werk über die fossilen Tertiärpflanzen der Schweiz, daß Europa in der Neogenzeit und namentlich im Miocän eine weit reichere und mannigfaltigere Flora besaß, als jetzt. Während es in Deutschland und der Schweiz heute etwa 360 Holzgewächse gibt, die ungefähr 11 Proc. der ganzen Vegetation ausmachen, stehen denselben allein in der schweizerischen Molasse 533 Holzarten aus 64 verschiedenen Familien gegenüber. Haben diese fossilen Formen nun auch nicht alle gleichzeitig gelebt, so finden sich doch einzelne reiche Localitäten (wie Oeningen), wo die bis jetzt bekannten Bäume und Sträucher bereits die Gesammtzahl der in ganz Deutschland und der Schweiz vorkommenden um ein Beträchtliches übersteigen. Es war also damals das Festland mit einer sehr reichen Waldvegetation bedeckt. Auch von den viel vergänglicheren Krautarten sind etwas mehr als 200 Arten überliefert; vielleicht eben so viele oder mehr mögen durch den Fossilisationsproceß zerstört worden sein. So liegen z. B. von Labkräutern, Vergißmeinnicht, Nesseln, Klee und Disteln keine Ueberreste vor, obwohl deren Existenz durch gewisse fossile Insektenarten aus Gattungen, die heutzutage an diese Pflanzen gebunden sind, fast mit Gewißheit erwiesen ist. Würde man für die Neogenzeit das heutige Verhältniß zwischen Holzgewächsen und Krautpflanzen annehmen, so würde die damalige Flora die gegenwärtige durch doppelte Artenzahl übertreffen.

Es ist schwierig, aus einer derartigen Formenfülle das physiognomisch Wichtige herauszugreifen; immerhin lassen sich aber einige Familien wegen ihrer weiten Verbreitung oder großen Artenzahl als besonders wichtig hervorheben. Die Blüthenpflanzen erregen vorzugsweise unser Interesse, denn die Gefäßkryptogamen und Nadelhölzer nehmen, wenn sie auch relativ noch größere Bedeutung, als in der jetzigen Flora besitzen, keine hervorragende Stelle mehr ein.

Palmen, Pandanen, Liliengewächse, Gräser, Cyperaceen, überhaupt Monokotyledonen stellen das ansehnliche Contingent von 119 Arten. Zu den Dikotyledonen mögen etwa 500 Arten gehören. Unter den letzteren verdienen Amberbäume, deren lebende Verwandte in Nord-Amerika, Indien und China zu Hause sind, Platanen, Weiden, immergrüne Eichen, Pappeln, Ulmen, Lorbeer-, Zimmt- und Nuß-Bäume wegen ihrer Häufigkeit hervorgehoben zu werden. Auch Proteaceen sind noch vertreten. Von Magnolien, Myrthen und Linden kennt man nur wenige, aber charakteristische Arten, dagegen spielten damals die Ahornbäume eine noch wichtigere Rolle, als jetzt sogar in Nord-Amerika. Noch ließen sich zahlreiche Namen den bereits erwähnten beifügen, doch ich schließe mit der fossilen Weintraube (Vitis teutonica), „deren edles Naß damals ungenützt den Boden der Wetterau befeuchtete," eine Aufzählung, deren Bedeutung ohnehin erst durch einen Vergleich mit der jetzigen Vegetation ins rechte Licht gestellt wird*).

Nachdem wir gesehen haben, daß die neogenen Conchylien bereits europäische Trachten besitzen, überrascht es uns einigermaßen, wenn uns Professor Heer erzählt, daß die der Molasseflora ähnlichsten Pflanzen jetzt theilweise in fernen Ländern gedeihen. Es finden sich z. B. von den jungtertiären Pflanzen nahestehenden Arten gegenwärtig

*) In nebenstehender, von Herrn Landschaftsmaler A. Waagen entworfenen idealen Landschaft der Neogenzeit sind einige der hervorragendsten Pflanzenformen dargestellt.

Fig. 159. Die Vegetation in Mittel-Europa zur Neogenzeit.

83 in den nördlichen, 103 in den südlichen Vereinigten Staaten, 40 im tropischen Amerika, 6 in Chile, 137 im gemäßigten und südlichen Europa, 85 im warmen und äquatorialen Asien, 25 auf den atlantischen Inseln, 26 in Afrika und 21 in Neuholland. Demnach haben zur Miocänzeit Pflanzentypen Europa bewohnt, die heutzutage über alle Welttheile zerstreut sind, aber am reichlichsten in einem Gürtel gefunden werden, welcher zwischen den Isothermen von 15 und 25° C. liegt. In dieser Zone wäre Nord-Amerika wieder als dasjenige Land zu bezeichnen, dessen Vegetation am meisten der des mitteltertiären Europa's entspricht.

Wir haben bis jetzt die neogene Flora in ihrer Gesammtheit betrachtet; aber wir müssen berücksichtigen, daß dieselbe während der langen Dauer der Miocän- und Pliocän-Stufen bedeutende Veränderungen erfuhr. Jede Schichtengruppe besitzt einige eigenthümliche Arten und wenn auch eine Reihe gemeinsamer Formen sämmtliche Stufen verbindet, so gibt sich doch zwischen der ältesten und jüngsten eine sehr erhebliche Verschiedenheit kund.

Im Allgemeinen bilden immergrüne Bäume und Sträucher etwa zwei Drittheile der Gesammtzahl; doch treten in den pliocänen Schichten Holzgewächse mit fallendem Laub mehr in den Vordergrund und drängen die immergrünen nahezu auf die Hälfte zurück. Palmen, Pandanen, Feigen und Akazien werden spärlicher, je weiter wir in der Schichtenreihe aufsteigen, dafür nehmen Ahorn und Pappeln in entsprechendem Verhältniß zu. Die australischen und tropischen Typen verschwinden allmälig ganz vom Schauplatz und werden durch mediterrane oder amerikanische ersetzt. Aus allen bis jetzt bekannten Thatsachen geht hervor, daß in der Neogen-Flora nicht allein eine allmälige Annäherung an die Jetztzeit stattfindet, sondern daß dieselbe auch die Wirkungen einer Temperatur-Abnahme sehr bestimmt erkennen läßt. Heer hat mit vorzugsweiser Benutzung der Pflanzen und Insekten die klimatischen Verhältnisse der Tertiärzeit an verschiedenen Orten zu ermitteln gesucht und gelangte zu folgendem interessanten Ergebniß.

Die mittlere Temperatur betrug nach Heer

	zur unteren Miocänzeit	zur oberen Miocänzeit.
in Ober-Italien	22° C.	20° C.
in der Schweiz	20½° C.	18½° C.
bei Danzig	16° C.	.
in Schlesien	.	15° C.
in Nord-Island	9° C.	

Aus diesen Zeilen erhellt: 1) daß die mittlere Temperatur in Europa bei Beginn der jüngeren Tertiärzeit um 9° C. wärmer war als heutzutage, 2) daß dieselbe in der oberen Stufe abnimmt und 3) daß schon damals die Vertheilung der Wärme in ähnlicher Weise wie heutzutage nach Zonen geregelt war.

Zu ähnlichen Resultaten führt auch die Untersuchung der marinen Thiere, namentlich der Mollusken. Je näher eine Ablagerung im Alter der Jetztzeit steht, desto enger schließen sich ihre Arten den lebenden an und zwar in der Regel am meisten denen im gleichen oder benachbarten thiergeographischen Bezirk. Die zonenweise Vertheilung der Organismen tritt auf's deutlichste zu Tage, wenn wir

z. B. die Conchylien des Molasse-Meeres, des Wiener Beckens und besonders der Subapenninenbildung und des Crags mit denen im heutigen Mittelmeer und der Nordsee vergleichen oder wenn wir uns von der Aehnlichkeit der südrussischen Tertiärmuscheln mit denen im schwarzen Meer überzeugen.

Wenn ich, dem bisherigen Plane dieses Büchleins folgend aus jedem Stadium der Schöpfungsgeschichte nur die bezeichnendsten Gestalten herausgreife und auf eine Detailschilderung der Nebenfiguren verzichte, so können auch in der Neogenzeit alle wirbellosen Thiere füglich übergangen werden. Ebenso gibt es unter den Fischen und Vögeln kaum Typen von hervorragendem Interesse, da diese beiden Klassen in jener Zeit schon so ziemlich auf ihrer jetzigen Höhe standen. Von Amphibien ververdienen dagegen einige ächte Frösche und Kröten theils wegen ihrer ansehnlichen Größe, theils wegen ihrer eigenthümlichen Gestalt Beachtung, insbesondere darf der berühmte Riesensalamander von Oeningen (**Andrias Scheuchzeri**) nicht übergangen werden. Wir müssen unsern Blick nach Japan wenden, um in dem drei Fuß langen **Megalobatrachus maximus** das noch jetzt lebende Ebenbild unseres gewaltigen Molches zu finden, dessen Skelet der naive Scheuchzer als „ein recht seltenes Denkmal jenes verfluchten Menschengeschlechts der ersten Welt" ausführlich beschrieben hat.

Das Füllhorn, welches zur Neogenzeit die Erde mit einem reichen, farbenprächtigen Pflanzenkleid geschmückt hatte, goß auch Ströme von Leben über die Thierwelt des Festlandes aus. Auf einem immensen, die ganze nördliche

Hemisphäre umfassenden Schauplatz liegen die Ueberreste einer Säugethierfauna begraben, die sowohl auf den Wohnsitzen ihrer Vorfahren, als auch in ferngelegenen Welttheilen eine günstige Heimath fand. Ein loses Band nur verkettet die Landthiere der eocänen und neogenen Säugethierfaunen und gerade in Europa, wo am ehesten Verbindungs=Glieder zu erwarten wären, fehlt nicht allein jeder specifische Zusammenhang, sondern auch in den Gattungen ist eine totale Umwandlung eingetreten. Dennoch können bei tieferer Einsicht eigenthümliche verwandtschaftliche Beziehungen nicht verkannt werden, deren Erforschung einen hervorragenden Einfluß auf die Ausbildung unserer Ansichten über die Entwicklungs-Gesetze der Schöpfung ausgeübt hat.

Sehen wir uns nach den Fundorten neogener Säugethiere um, so finden wir dieselben nicht auf das enge Gebiet des anglo=gallischen Beckens, der Auvergne oder des jurassischen Festlandes beschränkt, sondern wir können als solche sämmtliche Ufer des früher geschilderten Neogen Meere und alle entweder in austrocknenden Seebecken oder in Landseen und Braunkohlensümpfen entstandene Ablagerungen in Mittel und Süd=Europa aufzählen. So besitzt Deutschland in den Sanden von Eppelsheim bei Worms, im Süßwasserkalk von Weißenau bei Mainz, Georgensgmünd, Günzburg, Dinkelscherben u. a. O. in Bayern, in der Umgegend von Ulm und bei Oeningen in Baden; Frankreich bei Sansans im Gers-Departement, im Rhonethal, am Mont Lébéron und in der Nachbarschaft von Montpellier; Oesterreich im Wiener Becken und in der Braunkohle von Eibiswald in Steyermark; Italien im Po- und Arno-Thal und vor Allem Griechenland in dem berühmten Knochenlehm von Pikermi bei Athen Grabstätten fossiler Säugethiere von bewunderungswürdigem Reichthum.

In Asien enthalten die Sivalik-Hügel am Fuße des Himalajah die Reliquien einer ausgestorbenen Wirbelthierfauna, die in Mannigfaltigkeit Alles übertrifft, was heute die üppigsten Schauplätze der Tropenländer dem menschlichen Auge zu bieten vermögen. Auch Nord-Amerika besitzt in den unbewohnten Prärieen des fernen Westens im ehemaligen Nebraska-Territorium zwei reiche Fundstellen, von denen später noch besonders die Rede sein wird.

Beginnen wir bei der Prüfung der neogenen Säugethierwelt mit dem in Europa aufgefundenen Material, so ruht das numerische Uebergewicht noch immer bei den pflanzenfressenden Hufthieren. Wenn das mit der Formen-Gruppirung während der Eocänzeit noch im Einklang steht, so bemerkt man doch innerhalb der Familien und Gattungen eine beträchtliche Verschiebung. Die ächten Dickhäuter erlitten zwar der Zahl nach keine Verminderung, allein sie haben sich in scharf geschiedene Familien gespalten. An die Stelle der alttertiären Gattungen Lophiodon und Coryphodon sind mehrere Arten aus der Gattung Tapir getreten; daneben taucht zum ersten Mal die Gattung Rhinoceros mit 5—6 Arten auf, welche im Bau der Backzähne und der Extremitäten noch ganz entschieden an Palaeotherium erinnern, während sie die Eckzähne verloren, die Schneidezähne beträchtlich modificirt und das Nasenbein zuweilen so ansehnlich vergrößert haben, daß ein oder zwei mächtige Hörner darauf Platz finden. Daß übrigens gerade die ältesten Arten kleiner sind, als die aus jüngeren Schichten oder aus der Gegenwart, daß dieselben außerdem ein schwach entwickeltes hornloses Nasenbein besitzen, sowie in ihrer Schädelform noch am meisten an Paläotherium erinnern, verdient als Fingerzeig auf ihre Abstammung alle Beachtung. Die heutigen Rhinoceros-Arten leben meist vereinzelt oder nur in Truppen von 5—6 Individuen vereinigt; ihre fossilen Vorfahren scheinen, wie aus ihren zahlreichen Ueberresten hervorgeht, die Geselligkeit mehr gesucht zu haben und machten jedenfalls ein hervorragendes Element in der damaligen Landbevölkerung aus.

Man hat das Rhinoceros als Abkömmling der Paläotherien oder doch wenigstens von Paläotherien ähnlichen Thieren bezeichnet. Es gibt außerdem unter den neogenen Dickhäutern noch einen anderen Ausläufer jenes eocänen Sammeltypus, als dessen Endsproß unser Pferd betrachtet wird. Der älteste untermiocäne Vertreter der Pferde (die Gattung Anchitherium*)) war freilich noch nicht das edel gebaute, schnellfüßige Thier der Gegenwart. Wir müssen uns vielmehr das Paläotherium (vgl. S. 442) schlanker, minder plump und hochbeiniger vorstellen, um ein annäherndes Bild des Anchitheriums zu erhalten. Im Zahnbau stimmt dasselbe noch sehr mit dem Paläotherium überein, daß Cuvier keine Veranlassung zu einer generischen Scheidung finden konnte. Als freilich später die Extremitätsknochen bekannt wurden, zeigte sich, daß von den drei

*) ἄγχι, nahe (dem Pferd- und dem Paläotherium); θηρίον, Thier.

Mittelfußknochen die beiden seitlichen außerordentlich an Stärke eingebüßt hatten und nur ganz schwache, nicht einmal bis zum Boden reichende Seitenzehen besaßen, woraus sich schließen läßt, daß das Thier die Last seines Körpers auf einer einzigen Zehe trug.

In den jüngeren Neogenschichten ist das Anchitherium bereits verschwunden, dafür aber eine andere verwandte Form, das Hippotherium*) oder Hipparion

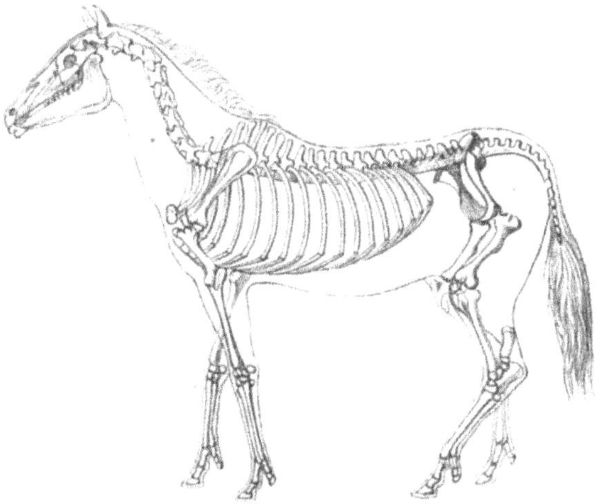

Fig. 160. Hipparion gracile aus Pikermi bei Athen, (restaurirt nach einem im Münchener Museum aufgestellten Skelet).

(Fig. 160) auf dem Schauplatze erschienen. Bei diesem hat der Körper bereits die schlanke zierliche Gestalt und die Größe eines Zebra angenommen und auch das Gebiß trägt schon

*) ἵππος, Pferd; ϑηρίον, Thier.

vollständig den Typus des Pferdes. Anders die Füße. Das Hipparion läuft zwar auf einem einzigen Huf, aber die seitlichen Mittelfußglieder, die sich beim Pferde nur noch als kurze griffelähnliche Stummeln erkennen lassen, tragen Zehenglieder und kleine Schuhe, die allerdings den Boden nicht berühren und daher als Bewegungsorgane völlig nutzlos sind. Diese verkümmerten Seitenzehen gehören zu den rudimentären Organen, für welche erst die Abstammungs-Theorie eine genügende Erklärung geboten hat. Merkwürdigerweise besitzt das Pferd entschiedene Neigung den Hipparionfuß zu wiederholen. Seit den zwei Jahrzenten, in denen man überhaupt auf derartige Abnormitäten besser achtet, wurden bereits mehrere Fälle nachgewiesen, wo sich die sogenannten Griffelbeine bis zur untern Gelenkfläche verlängerten und wie beim Hipparion Afterzehen ansetzten.

Im nebenstehenden Holzschnitte (Fig. 161) ist die Beschaffenheit des vorletzten oberen Backzahns und der Hinterfüße bei Palaeotherium, Anchitherium, Hipparion und Equus (Pferd) dargestellt.

Den Zoologen haben die fossilen Pferde die Lehre ertheilt, bei Aufstellung systematischer Abtheilungen stets die ausgestorbenen Formen zu berücksichtigen, denn wenn heutzutage das Pferd wegen seiner mächtig entwickelten Mittelzehe allerdings eine vollständig isolirte Stellung einnimmt und darum, so lange man sich um vorweltliche Thiere Nichts kümmerte, mit Recht als Repräsentant einer besonderen Ordnung gelten konnte, so verwischen die Gattungen Hipparion und Anchitherium die Grenze gegen die ächten Dickhäuter so vollständig, daß die Ordnung der

Einhufer gegenwärtig als gänzlich unhaltbar aus den neueren zoologischen Handbüchern verschwunden ist. Aechte Pferdearten erscheinen in Europa erst im jüngsten Pliocän, haben aber in Indien noch gleichzeitig mit Hipparion zusammengelebt.

Für die Rüsselthiere, den gewaltigsten Dickhäutertypus, ließen sich aus der Eocänzeit bis vor Kurzem noch

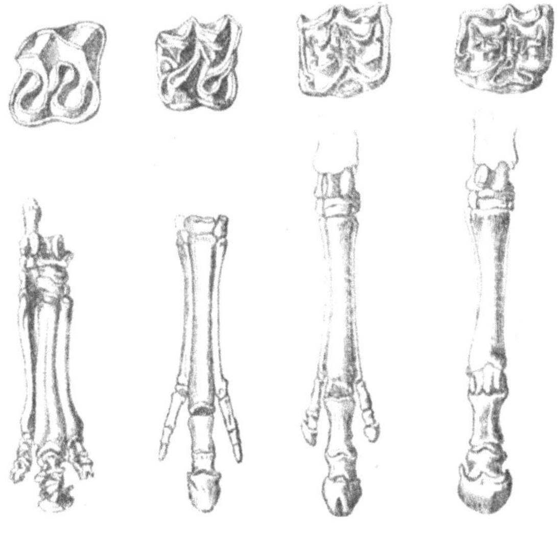

Fig. 161. Oberer Backzahn und Hinterfuß a. von Palaeotherium, b. von Anchitherium, c. von Hipparion und d. vom Pferd.

kein Vorläufer namhaft machen. Jetzt hat man endlich in den merkwürdigen Dinoceraten (vgl. S. 451) ihre muthmaßlichen Ahnen entdeckt. Die drei bis jetzt bekannten an Größe und Stärke ebenbürtigen Gattungen Mastodon, Dinotherium und Elephas stellen sich in Europa in der Reihenfolge, wie ihre Namen angeführt sind, in Asien aber so ziemlich gleichzeitig ein und verbreiteten sich damals über die ganze bewohnbare nördliche Hemisphäre.

Das Mastodon*) hatte fast alle äußeren Eigenschaften des Elephanten: seine Größe, seine plumpen, fünfzehigen Füße, seinen Rüssel, seinen Knochenbau, seine Lebensweise; nur die Backzähne (Fig. 162) waren schmäler und kleiner und durch breite, mit zitzenförmigen Erhöhungen versehene Querhügel ausgezeichnet. Sie standen überdies, in der Zahl zwischen 2 und 4 schwankend, hinter einander im Kiefer, während beim Elephant nie mehr als zwei, gewöhnlich sogar nur ein einziger Backzahn in jeder Kieferhälfte functionirt. Auffallender Weise erfolgt der Zahnwechsel bei Elephant und Mastodon in der Art, daß jeder Backzahn durch seinen nachdrängenden Ersatzzahn in der Richtung von hinten nach vorn aus dem Kiefer geschoben und gleichzeitig durch den Gebrauch ganz abgekaut wird. Die Elfenbeinstoßzähne (Schneidezähne) im Oberkiefer waren wie beim Elephant beschaffen, einige Arten besaßen noch überdieß zwei kürzere Stoßzähne im Unterkiefer. Mastodonreste gehören sowohl in Nord-Europa, wie im Molasse-Gebiet und jenseits der Alpen zu den

Fig. 162. Backzahn von Mastodon.

*) μαστός, Zitze; ὀδούς, Zahn.

häufigeren Funden. Man unterscheidet bereits 6 europäische, 3 indische und einige amerikanische Tertiärarten, von denen einige in nahezu vollständigen Skeleten vorhanden sind.

Der Elephant hat seinen Einzug in Europa erst kurz vor Abschluß der Tertiärzeit gehalten. Diesseits der Alpen kennt man ihn aus Tertiärbildungen nicht, aber in Italien, namentlich im oberen Arnothal liegen die Gebeine einer erloschenen Art in erstaunlicher Menge begraben.

Mit dem Mastodon theilt auch der dritte und größte Rüsselträger, das gewaltige Dinotherium*) die weite Verbreitung, scheint aber weit seltener gewesen zu sein,

Fig. 163. Dinotherium giganteum (restaurirt.)

wenigstens ist der prachtvolle Schädel aus dem Sand von Eppelsheim bei Worms bis jetzt noch Unicum geblieben, während allerdings einzelne Zähne an vielen Orten vorkommen. Dem Dinotherium (Fig. 163) fehlte jenes charakteristische zellige Knochengewebe der Stirn, das dem

*) δεινός, schrecklich; θηρίον, Thier.

Elephanten einen so großen Gesichtswinkel und ein so intelligentes Aussehen verleiht. Die viereckigen, mit 2—3 Querjochen versehenen Backzähne unterscheiden sich von denen des Tapir fast nur durch ihre bedeutende Größe. Sie wurden von Cuvier, der anfangs nur Zähne kannte, auch einem riesigen Tapir zugeschrieben. In jeder Kieferhälfte finden sich bei ausgewachsenen Thieren fünf Backenzähne: also noch mehr als beim Mastodon. Das merkwürdigste am Dinotherium sind jedoch zwei große, hackenförmig nach unten gekrümmte Elfenbeinstoßzähne, die sich nicht wie beim Elephanten im Oberkiefer befinden, sondern an das abwärts gebogene vordere Ende des Unterkiefers ansetzen, wodurch das Thier eine gewisse Aehnlichkeit mit dem Wallroß erhält. Aus der großen Nasenhöhle kann man mit Sicherheit auf das Vorhandensein eines Rüssels schließen, dagegen läßt der Schädel so viele Abweichungen von dem der Elephanten und Mastodonten erkennen, daß man sich bis in die neueste Zeit im Zweifel befand, ob das Dinotherium den pflanzenfressenden Meersäugethieren (Wallroß, Seekuh u. s. w.) oder den Rüsselträgern zuzugesellen sei. Mehrere neuerdings bei Abtsdorf in Böhmen, bei Pikermi und im tertiären Sand von Dasing bei Augsburg aufgefundene Skeletknochen haben die Frage zu Gunsten der letzteren entschieden. Das Dinotherium übertraf alle jetzt lebenden Landsäugethiere an Größe.

Schon in der Eocänzeit ließen sich in der großen Abtheilung der Anoplotherien (vgl. S. 443) zwei Gruppen unterscheiden, von denen die eine mehr nach den heutigen Schweinen, die andere mehr nach den Wiederkäuern hinneigte. Aechte Anoplotheriden mit geschlossener

Zahnreihe kennt man aus Neogenschichten noch ziemlich häufig in Nord-Amerika, in Europa dagegen scheint nur eine einzige seltene Gattung (Diplobune) aus der Eocänzeit überliefert zu sein. Die Trennung zwischen Schweinen (Omnivoren) und Wiederkäuern hat sich in aller Schärfe vollzogen und obwohl die neogenen Gattungen noch theilweise von den heutigen abweichen, so finden wir doch bereits alle wesentlichen Typen ausgebildet.

Unter diesen Hufthieren mit paarigen Zehen verdienen besonders die Wiederkäuer wegen ihrer damaligen geographischen Verbreitung Beachtung. In Deutschland, in der Schweiz, im mittleren Frankreich und in allen nördlicher gelegenen Theilen Europas fehlen die Hornträger, d. h. diejenigen Wiederkäuer, deren knöcherne, nicht abwerfbare Stirnzapfen wie beim Ochsen oder beim Schaf von einer Hornscheide umgeben sind. Ihre Stelle wird ausgefüllt durch geweihtragende Hirsche vom Typus des molukkischen Muntjak und durch zahlreiche kleine, zierlich gebaute Formen mit starken Eckzähnen, die sich den heutigen Zwerg- oder Moschushirschen aus Süd-Asien und West-Afrika auffallend nähern. Die Hornträger erscheinen zur Neogenzeit vereinzelt in Ungarn, in der Auvergne, am Rande des Mittelmeeres und in ungeheurer Menge im jungtertiären rothen Knochenlehm von Pikermi bei Athen.

Dort finden sich neben Kameel, und Giraffe nicht weniger als neun Antilopen und Gazellen, während nur zwei Moschusthiere und kein einziger ächter Hirsch unter den Tausenden ausgegrabener Knochen erkannt werden konnten. Hirsche und Antilopen scheinen sich also schon damals ebenso gemieden zu haben, wie heutzutage: jene halten sich bekanntlich streng an das Gebiet der Wälder, diese überschreiten den Rand der Steppen nicht. Haben die tertiären Wiederkäuer, wie wir aus ihrer Verbreitung entnehmen können, denselben Instinkten gefolgt, wie ihre Nachkommen, so dürfen wir annehmen, daß dem üppig bewaldeten Central-Europa in den Mittelmeerländern große Steppengebiete gegenüber standen. Dieser Umstand dürfte wohl auch den Schlüssel für die engere Begrenzung der Verbreitungsbezirke bei den Wiederkäuern liefern.

Für unsere Betrachtung bietet die sogenannte kleine Fauna der Nager, Insektenfresser u. s. w. kaum Interesse. Auch bei den Walen, Seehunden und sonstigen Meersäugethieren können wir uns füglich auf die Bemerkung beschränken, daß sie schon damals in verschiedenen Repräsentanten vorhanden waren. Als Curiosität mögen zwei große Faulthiere von südafrikanischem Typus Erwähnung finden, da ihre Anwesenheit den fremdartigen Charakter der damaligen Thierwelt erhöht. Bei den Raubthieren bilden Hyänen und Zibetkatzen noch immer den Grundstock, der erst gegen Ende der Tertiärzeit durch Bären, Hunde und Katzen vermehrt wird. Unter den letzteren zeichnet sich der löwenähnliche Machairodus*) oder Drepanodon durch seine riesenhafte Größe und durch seine 5 Zoll langen dolchförmigen Eckzähne aus. Mehrere Arten dieses fürchterlichsten aller Raubthiere vertheilen sich über

*) μάχαιρα, die Klinge eines Dolches; ὀδούς, Zahn. In Ratzels Vorgeschichte des europäischen Menschen (Naturkräfte Bd. XI) ist der Schädel eines tertiären Machairodus aus Versehen als Höhlenlöwe abgebildet.

Europa, Asien und Nordamerika. Die Blüthezeit der Raubthiere fällt übrigens erst in die Diluvialformation.

Fig. 164. Schädel von Machairodus cultridens aus miocänem Süßwasserkalk der Auvergne.

Seitdem die Abstammungslehre durch Darwin's mächtige Anregung in weiten Kreisen Eingang gefunden hat, wird die Entdeckung fossiler Affen mit gespannter Aufmerksamkeit verfolgt. Unter ihnen müßten sich ja, wenn überhaupt die Lehre von der Umprägung der Arten wissenschaftliche Berechtigung besitzt, die Urahnen des Menschengeschlechtes finden! Obwohl es nun in der Tertiärzeit trotz des apodiktischen Ausspruchs Cuvier's: „es gibt keine fossilen Affen“ nicht an ausgestorbenen Vertretern der Vierhänder fehlt, so mag doch zur Beruhigung ängstlicher Gemüther sofort bemerkt werden, daß der fossile Affe, aus dem wir das Menschengeschlecht unmittelbar herzuleiten hätten, erst noch zu finden wäre.

Schon aus Eocänschichten wurden sehr merkwürdige Affengattungen (Caenopithecus) aus dem Bohnerz der Schweiz, aus Südfrankreich und Nordamerika namhaft gemacht. Diesen folgen in europäischen Neogenablagerungen vier weitere Sippen, die nicht nur alle Eigenschaften der schmalnasigen Gruppe der alten Welt an sich tragen, sondern sich auch zum Theil in ihrer Organisation unmittelbar den drei menschenähnlichsten Affen der Jetztzeit, dem Gorilla, Orang und Chimpanse zur Seite stellen.

Am verbreitetsten findet sich eine fossile langgeschwänzte Art von Semnopithecus (Schlankaffe), eine Gattung, die noch heutzutage in Indien, Cochinchina und Ceylon zu Hause ist. Man hat zu Pikermi viele Schädel und mehrere Skelete dieses Affen ausgegraben. Sein Kopf stimmt ganz mit dem indischen Hullmann überein, während sich im Skeletbau fast eben so viele Anklänge an den abyssinischen Stummelaffen (Colobus) erkennen lassen. Andere Semnopithecus-Arten wurden später bei Montpellier und den Sivalik-Hügeln in Ostindien entdeckt.

Auf nahe Verwandtschaft mit den Schlankaffen scheint auch ein Unterkieferfragment aus Pliocänschichten von England hinzuweisen, das unter dem Namen Macacus pliocaenus von R. Owen in die Literatur eingeführt wurde. In neuester Zeit kamen in dem oberen Arnothal noch zwei Macacus-ähnliche Affen und am Monte Bamboli in den Maremmen ein Unterkiefer aus der Gattung Oreopithecus zum Vorschein.

Ein weit größeres Interesse als diese immerhin tief stehenden Meerkatzen bieten die leider spärlichen Ueberreste von zwei menschenähnlichen Affen aus den Gattungen Hylobates und Dryopithecus. Vom ersten kennt man ein Unterkieferfragment aus Sansans im Gers-Departement und mehrere noch im Knochen steckende Oberkieferzähne aus der Braunkohle von Elgg in der Schweiz. So dürftig dieses Material auch scheinen mag, so genügt es doch vollständig, um die Anwesenheit einer dem indischen Gibbon überaus nahestehenden Form zu beweisen. Die lebenden Vettern unseres miocänen Affen zeichnen sich übrigens weder durch Intelligenz, noch durch Liebenswürdigkeit aus. Sie erreichen eine Größe zwischen 3—4 Fuß, sind ungeschwänzt und haben ungemein lange Arme. Trotzdem fehlt es ihnen sowohl beim Klettern wie beim Springen an besonderer Gewandtheit, weßhalb sie mit Leichtigkeit gefangen werden können, wenn es nur gelingt, ihre Wachsamkeit zu täuschen.

Im Dryopithecus*) (Fig. 165) hat uns die Neogenzeit Reste eines sehr merkwürdigen ausgestorbenen menschenähnlichen Affen hinterlassen. Man besitzt davon bis jetzt nur einen Unterkiefer und ein Oberarmfragment aus St. Gaudens in der Haute-Garonne und etwa ein Dutzend Backenzähne aus dem schwäbischen neogenen Bohnerz. Möglicherweise gehört auch ein Oberschenkel aus Eppelsheim bei Worms hierher. Nach Lartet steht der Dryopithecus in der Größe zwischen Orang und Chimpanse, das Kinn fällt steiler ab, als bei irgend einem

*) δρύος Wald.

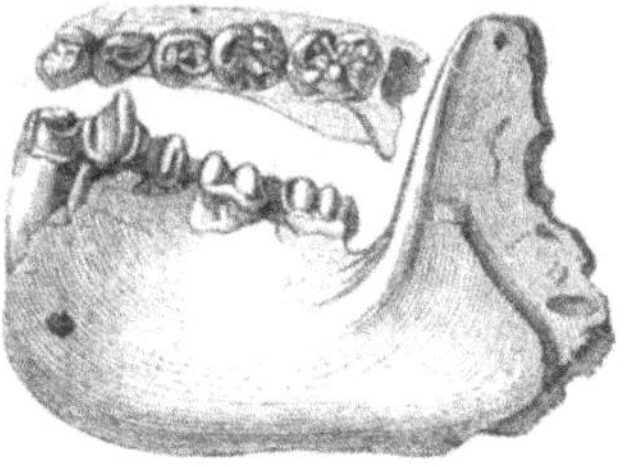

Fig. 165. Dryopithecus Fontani von St. Gaudens (Haute Garonne). a Unterkiefer. b. Zahnreihe. 1/2 natürlicher Größe.

anderen Affen, wodurch die Physiognomie einen intelligenten Ausdruck erhalten mußte. Auch die Zähne besitzen in ihrer Form so viel Menschenähnliches, daß die schwäbischen Funde sogar von gewiegten Kennern lange dem Menschen zugeschrieben wurden. In den vorderen Backzähnen freilich macht sich die Verwandtschaft mit dem Gibbon sehr bemerkbar, so daß wir vorläufig nicht mit Sicherheit behaupten können, daß der fossile Dryopithecus dem Menschen näher stand, als einer der lebenden Affen.

Nach dieser Betrachtung der europäischen Landbewohner lohnt es sich wenigstens einen flüchtigen Blick auf die schon öfters genannte reiche Fundstätte an den Sivalik Hügeln in Ostindien zu werfen. Wir finden dort eine im Wesentlichen sehr ähnlich zusammengesetzte Säugethierfauna, die jedenfalls jenes Maß von Verschiedenheit nicht überschreitet, das zum Voraus bei so großer Entfernung und vermuthlich abweichenden äußeren Existenzbedingungen erwartet werden durfte. Die hervorragendsten europäischen Formen, wie Machairodus, Hyaena, Mastodon, Elephas, Dinotherium, Rhinoceros, Hipparion, Semnopithecus u. s. w. finden sich auch bei Sivalik reichlich vertreten. Es besaßen somit diese Gattungen Verbreitungsbezirke von einer

Ausdehnung, wie sie heutzutage bei Landsäugethieren nur noch selten beobachtet wird. Die ganze sivalische Fauna enthält überhaupt nur eine einzige Gattung — das vierhörnige Sivatherium*) (Fig. 166) welche in Europa

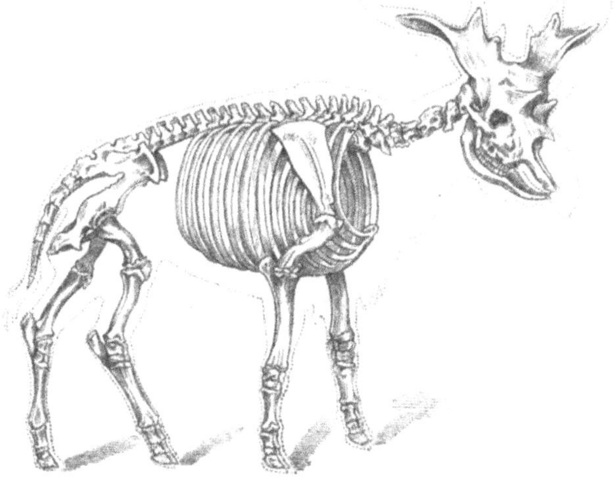

Fig. 166. Skelet von Sivatherium (restaurirt).

weder in Tertiär- noch in Diluvial-Ablagerungen nachgewiesen werden konnte. Andererseits scheinen aber mehrere Arten aus verschiedenen Gattungen Asien und Europa

*) Dieser merkwürdige Wiederkäuer stand in der Größe zwischen Kameel und Giraffe, doch war das Skelet etwas gedrungener und stärker als bei beiden; sein auffälliges Merkmal bestand in 4 Stirnzapfen, von denen die beiden hinteren mächtig groß und fast wie beim Elenthier schaufelartig ausgebreitet waren.

gemeinschaftlich anzugehören, so daß an eine Absperrung der beiden Provinzen gar nicht zu denken ist. Für die Herkunft einiger wichtiger Mitglieder der späteren europäischen Diluvialfauna, wie z. B. der Elephanten, Flußpferde, Ochsen und ächten Pferde ist es bedeutungsvoll, daß diese Gattungen zur Tertiärzeit in Ostindien bereits in ziemlich starker Artentwickelung neben Dinotherium, Mastodon und Hipparion existirten.

Ganz eigenthümliche Verhältnisse bietet uns Nord-Amerika. Dort gibt es am östlichen Rande des Felsengebirges im neuen Staate Dakota eine wüste, regenarme, fast vegetationslose Ebene. Im Sommer sind die Flußbetten ausgetrocknet, zur Regenzeit aber von schmutzigen Strömen erfüllt. In den „Mauvaises terres“ haben sie sich tiefe Schluchten in den mergeligen Boden eingerissen. Mauerartig fallen die senkrechten Wände der Thäler ab; einzelne Partieen leisteten der zerstörenden Thätigkeit der Gewässer Widerstand und ragen nun als phantastisch geformte Säulen, Pyramiden oder ruinenartige Felsen aus der Ebene hervor. Gewisse Schichten des ziemlich harten, kalkigen Süßwassermergels sind erfüllt mit Säugethierresten, und diese lagen, als die ersten Reisenden die Gegenden besuchten, in solcher Menge in der Nachbarschaft des White Rivers herausgewittert auf dem Boden herum, daß mehrere Expeditionen ausgesendet wurden, um diese kostbaren Reste zu sammeln. Die White River-Fauna enthält ein höchst merkwürdiges Gemisch von Säugethieren, die theils ein eocänes, theils ein neogenes Gepräge besitzen. Es liegt uns in ihr offenbar ein in Europa fehlendes Bindeglied zwischen den beiden ersten tertiären Säugethierfaunen vor. Auf der einen Seite sehen wir eocäne Gattungen, wie Hyaenodon, Hyopotamus, Lophiodon und Elotherium, auf der anderen Rhinoceros, Amphiterium und drei Raubthiergattungen (Machairodus, Pseudaelurus und Amphicyon), die in Europa erst im Miocän erscheinen. In Amerika lebten beide Gruppen zu gleicher Zeit und im gleichen Verbreitungsbezirk vereinigt. Nicht weniger als neunzehn Geschlechter tragen einen specifisch amerikanischen Charakter und sind auf die neue Welt beschränkt; zwölf davon gehören zu den Hufthieren, so daß also auch hier das Uebergewicht ganz entschieden dieser Ordnung zufällt. Durch den Mangel an Rüsselträgern und die mäßige durchschnittliche Größe der einzelnen Arten würden sich die White River-Fauna eher mit der eocänen, als mit der miocänen Säugethierbevölkerung Europa's vergleichen lassen, aber bei genauerer Betrachtung finden wir darunter eine Menge Verbindungsglieder zwischen den eocänen Anoplotherien und den neogenen Wiederkäuern und Schweinen. Es verdient übrigens hervorgehoben zu werden, daß in den „Mauvaises terres“ bis jetzt weder ein echter Geweih- oder Horn-tragender Wiederkäuer, noch ein Schwein von recentem Typus bekannt geworden ist. Besonderes Interesse erregen mehrere Gattungen, welche sich zwischen die Kameele der alten und die Lama's der neuen Welt einschieben. Auch die Kluft zwischen dem Zahnbau des Urpferdes (Anchitherium) und dem jüngeren Hipparion wird durch mehrere ausgestorbene Gattungen vollständig überbrückt. Der Reichthum an fossilen pferdeähnlichen Thieren, unter denen einzelne nicht größer als ein Hund wurden, ist überhaupt eine hervorstechende Eigenthümlichkeit der miocänen Fauna von White River.

Angesichts dieser Thatsachen gewinnt die Vermuthung Raum, daß am Rande des Felsengebirges die europäische eocäne Säugethierwelt ihre letzte Zufluchtsstätte fand, daß sie sich dort umgestaltete, um in späterer Zeit zurückkehrend die nördliche Hemisphäre von Neuem zu bevölkern.

Für diese Annahme wirft auch die Beschaffenheit einer zweiten, kaum weniger reichhaltigen, aber entschieden weit jüngeren Säugethierfauna von Niobrara in Nebraska ihr Gewicht in die Wagschale. Dieselbe trägt in höherem Grade ein europäisches Gepräge. Wir finden in ihr Hunde, Hirsche, eine Antilope, Nashorn, Mastodon, Elephant, Hipparion, Biber und Stachelschwein, wie in Europa, nebst einer Anzahl specifisch amerikanischer Typen. Trotz ihrer europäischen Anklänge stehen die Säugethiere von Niobrara, wenn sie auch anderen Gattungen angehören, in so inniger Verbindung mit jenen von White River, daß sie der beste Kenner fossiler Säugethiere in Amerika, Jos. Leidy, geradezu Abkömmlinge der älteren Fauna nennt. Es liefert uns somit Amerika einen fast unanfechtbaren Beweis für den genetischen Zusammenhang der eocänen und neogenen Säugethiere, den wir bereits in Europa aus der Zerlegung der älteren Sammeltypen in verschiedene Ausläufer mit großer Wahrscheinlichkeit annehmen durften.

Als Gesammtheit betrachtet, können wir die Säugethierfauna der jüngeren Tertiärzeit weder für ärmer, noch für reichhaltiger, als die unserer heutigen Tropenländer erklären; wir können aber auch eben so wenig ihren genetischen Verband mit unserer jetzigen thierischen Umgebung längnen. Nahezu die Hälfte aller unserer heutigen Gattungen waren schon in damaliger Zeit mit allen generischen Merkmalen ihrer Nachkommen ausgestattet, ja, unsere heutigen Rüsselträger und Dickhäuter sind ohne Ausnahme, die Schweine, Wiederkäuer, Raubthiere, Nager und Affen wenigstens theilweise unmittelbar aus der Neogenzeit überliefert. Trotz dieser Beziehungen würde es schwer halten, den Charakter der neogenen Säugethierwelt mit einem geographischen Beiwort zu bezeichnen, denn wenn auch Europa, Indien und Amerika schon in der jüngeren Tertiärzeit ihre localen Formen in größerer oder kleinerer Zahl besaßen, so sind dieselben doch wieder mit so vielen anderen von universaler Verbreitung vermischt, daß die Localfärbung aus dem Grundton des Gesammtbildes nur schwach hervorleuchtet. Die Nachkommen der neogenen Säugethiere haben sich heutzutage zwar mit Vorliebe nach den warmen Klimaten zurückgezogen, allein wir dürfen sie nicht etwa nur in Afrika oder nur in Asien suchen, sondern sie sind über die ganze nördliche Hemisphäre zerstreut. Ich sage mit Bedacht über die n ö r d l i c h e Hemisphäre, denn obwohl sich eine oder die andere Form (Tapir) nach Süd-Amerika und Süd-Afrika verlaufen hat, so fehlen unserer Tertiärfauna doch alle specifischen Typen der südlichen Hemisphäre, als deren bekannteste die Beutelthiere (mit Ausnahme von Didelphis), die Halbaffen, fast alle Faulthiere und Gürtelthiere und die flügellosen Vögel zu nennen wären. Unsere jetzigen Säugethiere in Europa, Asien und Nord-Amerika sind, wie ihre Ahnen, im strengsten Sinne autochthon; sie sind Kinder der nördlichen Halbkugel und sicherlich nicht aus dem Süden zu uns herübergewandert;

ja sie haben sich von ihren Antipoden früher noch strenger geschieden, als jetzt, und sich mit denselben, wie wir später sehen werden, erst während der Diluvialzeit vermischt.

Noch trägt sich die Kunde vernichtender Fluth
In der Völker heiligen Sagen.
(v. Kobell.)

b. Die Diluvialformation.

I. Zusammensetzung und Entstehung der Diluvial-Gebilde.

Wäre die Erde in dem Zustande verblieben, den sie nach dem Rückzug der tertiären Meere und nach dem Austrocknen der darauf folgenden Süßwasserseen erhalten hatte, so würden die Umgebungen unserer heutigen europäischen Hauptstädte größtentheils als vollständig ebene Flachländer erscheinen. Ein steriler Sandboden würde die Ausdehnung der früheren Meere bezeichnen, statt fruchtbarer, welliger Ebenen hätten wir weite Sandsteppen, aus denen nur die einstigen mit Schlamm erfüllten Süßwasserseen als grüne Oasen hervorragten. Die Flüsse hätten sich ihr Bett in die weichen Tertiärgesteine eingegraben und würden überall in ihren Erosionsthälern eine Fülle von organischen Ueberresten zu Tage fördern.

Der flüchtigste Augenschein unserer Bodengestaltung zeigt uns nichts von alledem. Im einstigen anglo-gallischen Becken, im Gebiete des ehemaligen Molassemeeres, in der Umgebung von Wien, in der norddeutschen Ebene, im Flachlande des Po u. s. w. finden wir nur ausnahmsweise unmittelbar unter der Ackerkrume Tertiärgebilde erschlossen.

Dieselben sind vielmehr fast allenthalben von einer Decke lockerer Gesteine (Kies, Sand, Lehm) überschüttet, deren Vertheilung und Mächtigkeit für die Physiognomie unserer Flachländer den Ausschlag gibt. Wenn sich die Beschaffenheit dieser Gebilde zuweilen kaum oder gar nicht von dem Material unterscheidet, welches heute unsere Gewässer mit sich führen und gelegentlich zum Absatz bringen, so kann doch nur in den allerseltensten Fällen der Gedanke nahe treten, daß Flüsse oder Seen in ihrem gegenwärtigen Bestande an der Entstehung jener Schuttgebilde Theil genommen haben. Es wäre in der That undenkbar, der Donau und ihren Nebenflüssen die enormen Anhäufungen von Kies und Sand zuschreiben zu wollen, welche die ganze schwäbisch-bayerische Ebene bedecken. Ebenso wenig wären Hochwasser des Rheins, der Seine oder des Po im Stande, ihre Alluvionen meilenweit zu zerstreuen und auf Anhöhen zu führen, die sich oft mehrere hundert Fuß über die Sohle ihres Bettes erheben. Es muß also zwischen der Tertiärzeit und der Gegenwart eine Periode gegeben haben, in welcher jene lockeren, oberflächlichen Gesteine durch Fluthen gebildet wurden, deren Wirksamkeit nur unter Annahme einer anderen Oberflächengestaltung gedacht werden kann. Die Ablagerungen aus diesem Uebergangsstadium zwischen Tertiärzeit und Jetztzeit faßt man unter der Bezeichnung „Diluvium oder Quartärformation“ zusammen. So einfach sich theoretisch der Begriff dieser Formation definiren läßt, so schwierig wird in der Praxis die Abgrenzung nach beiden Richtungen, da sich einerseits der Schluß der Tertiärzeit nur dann mit Sicherheit feststellen läßt, wenn entweder eine Unterbrechung oder auffällige

Veränderung in der Sedimentbildung oder eine erhebliche Umgestaltung in den organischen Ueberresten zu bemerken ist und andererseits die Herstellung der gegenwärtigen Erdbeschaffenheit nicht ruckweise, sondern so allmälig stattfand, daß die Diluvialgebilde an sehr vielen Orten in ununterbrochenem Zusammenhang mit den jetzigen Alluvionen stehen. Eine weitere Schwierigkeit liegt darin, daß weder der Schluß der Tertiärformation noch des Diluviums überall zur selben Zeit erfolgen mußte, sondern daß z. B. Nord-Europa noch von großen Fluthen heimgesucht werden konnte, während vielleicht gleichzeitig in den Mittelmeer-Ländern bereits die heutigen Oberflächenverhältnisse und klimatischen Gesetze herrschten.

Man hat früher das Erscheinen des Menschen für eine zuverlässige Grenzmarke zwischen Diluvium und Gegenwart gehalten, man hat zur Urzeit alles das gerechnet, was vor dem Menschen vor sich ging und existirte, zur Jetztzeit das, was sich seit seinem Auftreten ereignete und entstand. Die Jetztzeit, das „Heutzutage" der Geologen, umfaßt, wie man sieht, zwar eine Reihe von Jahrtausenden, aber für die geologische Zeitrechnung ist es doch nur ein kurzer Augenblick. Seitdem man jedoch menschliche Ueberreste in Gesellschaft ausgestorbener Säugethierarten, und zwar in Ablagerungen, aufgefunden hat, deren Entstehung mit der jetzigen Oberflächengestaltung der Erde unverträglich ist, hat auch dieses Kriterium seinen Werth eingebüßt und die Grenze von Sonst und Jetzt ist verschwommener als je geworden. Man rechnet nunmehr, wie schon oben angedeutet, alle diejenigen oberflächlichen, posttertiären Gebilde zum Diluvium, welche entstanden sind, ehe die heutigen topographischen oder klimatischen Verhältnisse in den betreffenden Gegenden hergestellt waren.

Bei der weitgehenden Differenzirung der verschiedenen Erdtheile während der Diluvialzeit kommt man mit allgemeinen Betrachtungen nicht zum Ziele. Jedes Land hat seine eigene Geschichte und beansprucht besondere Berücksichtigung. Fassen wir zunächst nur das mittlere Europa ins Auge, so finden wir als das weit verbreitetste Material lockeren Kies, Sand und Lehm. Alle drei sind mehr oder weniger deutlich geschichtet, meist durch Süßwasserfluthen erzeugt, nur selten marinen Ursprungs. Der gewöhnliche Diluvialkies unterscheidet sich von der tertiären Nagelflue nur durch geringere Erhärtung und ist, wie Jedermann weiß, aus abgerundeten Geröllen zusammengesetzt, deren Größe durchschnittlich zwischen der einer Nuß und einer Faust schwankt. Dieselben stammen entweder aus den Gebirgen der nächsten oder auch der ferneren Umgebung. Unter Löß versteht man einen gelblichen, undeutlich geschichteten Kalkschlamm, dessen Mächtigkeit im oberen Rheinthal zuweilen 200 Fuß beträgt. Er ist getrocknet zwischen den Fingern zerreiblich, naß knetbar und zur Fabrikation von Ziegeln trefflich geeignet, namentlich wenn man ihm etwas Thon zusetzt.

Neben diesem geschichteten Diluvium, dem auch noch vereinzelte Braunkohlenlager und ältere Torfmoore zuzuzählen wären, gibt es ungeschichtete Schuttmassen von höchst eigenthümlicher Zusammensetzung und Verbreitung. Dieselben bestehen aus Haufen von Sand und Schlamm, in welchen scharfkantige, nicht selten mit eingeritzten Linien oder Streifen versehene Steine und große Felsblöcke ganz regellos durch einander liegen. Das ungeschichtete Schuttdiluvium breitet sich nur ausnahmsweise gleichförmig über weitere Flächen aus, meist bildet es hervorragende Hügelzüge, die sich entweder wie langgestreckte oder halbmondförmige Wälle aus der Ebene erheben oder auch in paralleler Richtung Thalgehängen folgen. Solche Schuttwälle finden sich besonders häufig in der Nordschweiz, und zwar in ansehnlicher Entfernung von den Alpen, wie z. B. in der Nachbarschaft des Züricher See's, bei Bern, in den Cantonen Thurgau, St. Gallen, Aarau und Solothurn. Man hat sie aber auch in sehr ausgezeichneter Weise nördlich vom Bodensee in Oberschwaben, in der oberbayerischen Hochebene, in der Nachbarschaft der Vogesen, am Südrand der Alpen (in der Poebene), an vielen Orten in Schottland und namentlich in Skandinavien nachgewiesen. Zum ungeschichteten Diluvium rechnet man auch die bekannten erratischen Findlingsblöcke (Irrblöcke), von denen die größeren wegen des Mangels einer bedeckenden Vegetation der Aufmerksamkeit weit weniger entgehen, als die oft sehr verhüllten Schuttwälle oder der ungeschichtete Blocklehm.

Ein gewaltiger, die Ostküste von Schottland und England eben berührender, von da über Holland, die ganze norddeutsche Ebene und die russischen Ostseeprovinzen sich fortziehender und im Petschoraland östlich vom weißen Meer endigender Bogen bezeichnet ungefähr die südliche Grenze des Irrblockgebietes, auf welchem außerdem kleinere scharfkantige Gesteinsbrocken regellos umhergestreut liegen. Meist sind es krystallinische Gebirgsarten (Gneiß, Granit, Gabbro), metamorphische Schiefer, seltener auch silurische und andere versteinerungsführende Kalksteine, die sammt und sonders, wie sich mit voller Sicherheit ermitteln läßt, aus Skandinavien oder Finnland stammen, von wo sie also durch irgend welche Kräfte nach dem Continent oder Großbritannien geschafft wurden.

Auch in der Nordschweiz und in der Donauebene sind alpine Irrblöcke weit verbreitet. Sie finden sich jedoch nicht so allgemein zerstreut, wie in der norddeutschen Ebene, sondern fehlen öfters gerade den tiefer gelegenen Ebenen, während sie sich an gewissen Gebirgsabhängen um so reichlicher anhäufen. So ist z. B. die den Alpen zugewendete Seite des schweizerischen Jura besonders begünstigt. Die Irrblöcke halten sich dort in ansehnlicher Höhe und steigen am höchsten Punkt bis zu 4000 Fuß über die Ebene hinan. Sie bilden sowohl in ihrer horizontalen, als auch in ihrer vertikalen Verbreitung eine Bogenlinie, die im Westen bei Gex, im Osten zwischen Solothurn und Aargau die Thalsohle erreicht. Ganz ähnliche Erscheinungen wiederholen sich in der Ostschweiz, allein wenn die Findlingsblöcke am Jura durchwegs aus dem von der Rhone durchströmten Theil der Alpen stammen, so rühren die im Aargau, St. Gallen, Thurgau und Oberschwaben aus den Quellgebieten der Reuß, Linth und des Rheines her.

Es ist noch niemals ernstlich bezweifelt worden, daß das geschichtete Diluvium durch Wasserfluthen und zwar in der Regel durch süße Gewässer entstanden sei. Schichtung und organische Einschlüsse sprechen zu beredt für eine derartige Bildung. Mit den Schuttwällen und Irrblöcken dagegen stehen wir vor einem Räthsel, das den Geologen unendlich viel zu schaffen machte. Wie sind diese Gesteinsmassen an ihre heutige Lagerstätte gelangt? Von welchen

Kräften wurden die riesigen, zuweilen haushohen Findlinge, deren Gewicht nicht selten 50—100,000 Centner beträgt, fortbewegt? Der Gedanke an eine ungeheure, Alles überschwemmende Diluvialfluth, auf welche ja auch Tradition und heilige Schrift hinweisen, lag am nächsten, und ihr schrieben in der That anfänglich selbst hervorragende Forscher, wie Leopold v. Buch, Saussure u. A. die gesammten Diluvialablagerungen zu. Diese Hypothese mußte jedoch bei näherer Betrachtung als unhaltbar aufgegeben werden, denn schon die ungeschichtete Beschaffenheit, die locale Anhäufung in langgezogene Hügelreihen, noch mehr aber die scharfkantige, keine Spur von Abrollung zeigende Gestalt der Gesteinstrümmer, deren Heimath gewöhnlich viele Meilen weit von ihrem jetzigen Fundort entfernt ist, schließen jeden Gedanken an Wassertransport aus. Bei den Irrblöcken kann schon wegen ihres ungeheuren Gewichtes eine Fortbewegung durch Wasser gar nicht in Frage kommen. Will man nicht ganz außerordentliche Kräfte zu Hilfe nehmen, so bleibt nur das Eis als Vehikel für so enorme Gesteinsmassen übrig. Wir können uns jeden Augenblick von der Fähigkeit des Eises, schwere Gegenstände fortzuschaffen, überzeugen, wenn wir die langsam abwärts wandernden Riesenblöcke auf dem Rücken der Gletscher oder im Polarmeer die schwimmenden Eisberge beobachten, welche sich alljährlich von der grönländischen Küste loslösen und zuweilen mit Felsblöcken oder Gesteinsschutt belastet nach Süden treiben, bis sie endlich abschmelzen und, vom rücklaufenden Golfstrom geführt, an der Küste von Neufundland stranden. Dort bedecken zahllose, aus den arktischen Ländern herrührende Findlinge den Boden, es bilden sich ungeschichtete Schutthaufen längs des Ufers und auch der Meeresgrund ist weithin mit Gesteinsblöcken und Schutt übersäet. Man nimmt vielfach an, daß die Irrblöcke und Schuttwälle in dem oben beschriebenen nordischen Gebiet durch Treibeis aus Skandinavien und Finnland nach Rußland, Norddeutschland, Holland und Großbritannien geschafft wurden, zu einer Zeit, wo jene Flachländer von Wasser bedeckt waren und wo sich in Finnland, Schweden und Norwegen Gletscher und Schneefelder bis zur Meeresküste erstreckten.

Für die Irrblöcke und Schuttwälle im subalpinen Gebiete versagt die Treibeis-Hypothese ihren Dienst. Wäre das schweizerische Hügelland zwischen Alpen und Jura nebst der angrenzenden oberschwäbischen Ebene zur Diluvialzeit ein großer See gewesen und hätten Eisberge Gesteinsblöcke aus den Alpen fortgeführt, so müßten dieselben insgesammt nahezu in gleicher Höhe am gegenüberliegenden Ufer abgesetzt sein, was keineswegs der Fall ist. Wir sehen überdies, daß sich in manchen Thälern die gleichartigen Blöcke consequent auf einer Seite halten, während die andere mit Gesteinen von verschiedener Herkunft umsäumt ist. Auch diese Erscheinung ließe sich mit einer Herbeischaffung durch Treibeis nicht erklären.

Es war eine glänzende Idee, als Charpentier vor dreißig Jahren, angeregt — wie er sagt — durch ein Gespräch mit einem Walliser Gemsjäger, die Irrblöcke und das ungeschichtete subalpine Diluvium für das Produkt ehemaliger Riesengletscher erklärte. Er und Andere lieferten darauf den Nachweis, daß sich einstens gewaltige Eismassen von den Alpen bis zum Jura erstreckten und daß dieselben zeitweilig einen großen Theil der Nordschweiz, der schwäbisch-bayerischen Hochebene und Ober-Oesterreichs verhüllten. Durch die scharfsinnigen Beobachtungen von Männern wie Agassiz, Desor, Venetz, C. Vogt, Forbes u. A. weiß man jetzt, daß die Gletscher keine starren Eismassen sind, deren Vorrücken oder Zurückweichen lediglich von Sonnenwärme oder atmosphärischem Niederschlag abhängig sind, sondern daß dieselben als langsam, aber unaufhaltsam fortfließende Eisströme betrachtet werden müssen. Seitdem man sich ferner überzeugt hat, daß die Gletscher bei ihrer Wanderung aus der Firnregion nach den tiefer gelegenen Thälern herabfallenden Schutt oder Felsblöcke auf ihrer Oberfläche so lange forttragen, bis sie ihre Last entweder in die wallförmigen Seitenmoränen oder schließlich in die bogenförmigen Endmoränen abwerfen können, finden alle Eigenthümlichkeiten des ungeschichteten subalpinen Diluviums eine höchst einfache, naturgemäße Erklärung.

Unsere oben beschriebenen Schuttwälle lassen sich theilweise ohne Schwierigkeiten als Seiten- oder End-Moränen ehemaliger Gletscher deuten und stimmen in der Anordnung und Beschaffenheit ihres Materials vollständig mit den Moränen der heutigen Gletscher überein. Unsere Findlinge entsprechen den gewaltigen Steinbrocken, die wir jederzeit entweder auf der Oberfläche der Gletscher liegen oder in den Moränen bereits ausgestoßen sehen.

Noch gibt es eine Erscheinung, die in überzeugender Weise der Gletschertheorie das Wort redet. In heißen Jahren, wo die abschmelzende Kraft der Sonne die langsame Fortbewegung überwindet und den Gletscher zurückdrängt, sieht man den Boden und die Seiten seines verlassenen Bettes geglättet und mit zahllosen parallelen eingeritzten Streifen versehen. Diese polirende und ritzende Thätigkeit des Gletschers rührt davon her, daß entweder durch die Lücke, welche die Seitenwände des Gletschers stets von den Thalgehängen trennt oder durch Spalten des Gletschers selbst Gesteinstrümmer auf den Gletschergrund gelangen und hier vom Eise fortgeschoben oder fortgerollt werden. Alle diese zwischen dem Felsgrund und dem Gletscher eingeschlossenen Trümmer werden in verschiedener Weise umgeformt, zermalmt, geritzt und theilweise zu ganz feinem Schlamm zerrieben. So entsteht unter dem Gletscher eine ungeschichtete aus Blöcken, Sand und Lehm zusammengesetzte Trümmerschicht, welche man **Grundmoräne** genannt hat; das Material einer Grundmoräne ist leicht kenntlich durch Mangel an Schichtung, und vorzüglich durch die zahlreichen geritzten Gesteinstrümmer und Geschiebe. Während nun die größeren Stücke dieser Grundmoräne durch die gewaltige Reibung abgeschliffen werden, beseitigen sie zugleich alle Rauhigkeiten des Bodens. Feiner Quarzsand oder Gesteinssplitterchen von bedeutender Härte hinterlassen dagegen bei ihrer Fortbewegung jene vertieften, eingeritzten Linien, gewissermaßen die Radspuren des Gletschers. Es liegt auf der Hand, daß für die Anwesenheit ehemaliger Gletscher das Vorhandensein abgeschliffener Felsen mit den beschriebenen Kritzen den sichersten Beweis liefert und daß man aus der Richtung der letzteren auch den Lauf des einstigen Eisstromes bestimmen kann. Man hat nun in der That, trotz des verwischenden Einflusses der Atmosphärilien, solche abgeschliffene und zerkratzte Felsen weit herab in Alpenthälern gefunden, die jetzt keine Gletscher mehr zeigen. Von weitem gesehen, erinnern diese charakteristisch aussehenden, abgerundeten Felsen an den Anblick einer Schafheerde, daher der Name „roches moutonnées“ (Rundhöcker), welcher ihnen von Saussure gegeben wurde und den sie seitdem behalten haben. Auch im Jura werden Rundhöcker und Gletscherschliffe vielfach beobachtet. Sie kamen oberhalb der Stadt Neuchâtel beim Eisenbahnbau nach Abräumen des Schuttes in wundervoller Frische zum Vorschein, und in den berühmten Steinbrüchen von Solothurn sieht man die Oberfläche des harten Jurakalkes glänzend polirt, die darin befindlichen Versteinerungen wie mit dem Messer durchschnitten und die Spiegelfläche mit zahlreichen eingeritzten Linien versehen.

Man kann noch jetzt den ehemaligen Verlauf der größeren Diluvial-Gletscher in der Schweiz mit ziemlicher Genauigkeit nachweisen. Oberhalb Chamounix z. B. sieht man bis zu 300 Meter über dem Eismeer alle Felsen abgerundet und geritzt: ein Beweis, daß der Gletscher ehemals bis in jene Höhe reichte, daß also seine Eismasse um 300 Meter dicker war, als heutzutage. Die rechte Seitenmoräne des alten Gletschers läßt sich weit hinab im Arvethal verfolgen. Sie enthält eine große Menge von Protoginblöcken, die entschieden vom Montblanc stammen, während der dem Moränendamm zunächst gelegene Brevent aus Gneiß besteht. Weiter unten im Arvethal begegnen dem Wanderer an vielen Stellen gewaltige Blockhalden, verschiedene Moränen ehemaliger Seitenarme des Hauptgletschers, Rundhöcker und hoch über der Thalsohle geglättete und mit Glacialstreifen versehene Felswände. In der Schlucht von Montées läßt sich deutlich erkennen, wie die zusammengepreßte Eismasse 758 Meter über die Thalsohle emporgestiegen war und dort Gesteinsblöcke und polirte Felsen hinterlassen hatte. Auch auf dem linken Arveufer kann man die Moränenreste viele Kilometer weit bis nach Sallenches verfolgen. Von da zog sich der Gletscher dem Arvethal entlang, füllte die ganze zwischen Bonneville und dem Mont Salève gelegene Ebene aus und schob seine äußerste Moräne bis an den Mont Sion südlich von Genf vor, wo diese mit zwei anderen Riesengletschern zusammen stieß, von denen der eine aus dem Thale der Isère, der andere aus dem Rhonethal herabkam.

„Der Rhonegletscher entsprang in allen den Seitenthälern, welche in die beiden parallelen Ketten des Wallis einschneiden und woselbst sich die höchsten Berge der Schweiz befinden. Dieser Gletscher erfüllte das Wallis und dehnte sich in der zwischen den Alpen und dem Jura liegenden Ebene von Fort l'Ecluse bei der Perte du Rhone bis in die Umgegend von Aarau aus. Er war der Hauptgletscher der Schweiz; er hat jene zahllosen Blöcke, welche den Jura bis zur Höhe von 1010 Meter über dem Meere bedecken, verführt. Die übrigen Gletscher waren nur schwache Zuflüsse des Rhonegletschers, unfähig ihn von seiner Richtung abzulenken. So erkennt man, wenn der Arvegletscher des Montblancs ihm auf dem Kamme des Salèves oder an den Abhängen der Voirons begegnet, an der Vertheilung der Moränen, daß der Rhonegletscher seinen Marsch fortsetzt, während der der Arve plötzlich stille steht. So drängt ein reißender Strom das kleine Bächlein zurück, welches ihm den Tribut seiner Welle zuträgt.

Die übrigen secundären Gletscher nahmen die Hauptthäler der Schweiz ein. Dergleichen waren der Aargletscher, dessen letzte Moränen die Hügel in der Umgegend von Bern krönen: der Reußgletscher, welcher die Ufer des Vierwaldstädtersees mit den den Spitzen des St. Gotthard entrissenen Blöcken bedeckt hat. Der Linthgletscher hielt am Ende des Zürichersees inne und die Stadt ist auf der Endmoräne desselben gebaut. Der Rheingletscher endlich nahm das ganze Becken des Bodensees ein und dehnte sich weit über Oberschwaben aus, wo man erst in der neuesten Zeit seine Moränen, welche durch spätere Fluthen vielfach zerrissen und verwaschen sind, nachgewiesen hat." (Martins.)

In Oberbayern breiteten sich gewaltige Gletscher aus, deren Firnregion aus der Centralkette der tyroler Alpen, namentlich am heutigen Oetzthalstock gespeist wurden, und dessen Arme theils durch das Innthal, theils über Lermoos, Garmisch und Murnau, theils über den Achensee und Tegernsee, theils über andere Joche und Thäler die bayerische Hochebene erreichten. Alter Moränenschutt liegt im Innthalgebiete und namentlich auch auf den Pässen, welche der Gletscher übersteigen mußte, um in die Kalkalpen und das Vorland zu gelangen, bis in eine Höhe von 1400 Meter. Bei Häring unfern Kufstein im Innthal, bei Schäftlarn südlich von München kann man die schönsten Gletscherschliffe auf dem ehemaligen Gletscherboden beobachten, in den regellos geschichteten, mit geritzten Geröllen erfüllten Lehm-, Sand- und Kies-Ablagerungen zwischen dem Ammersee, Starnbergersee und Chiemsee erkennt man die Grundmoränen des alten Gletschers und südlich von München lassen sich die bogenförmigen Endmoränen von Oberschwaben an bis nach der österreichischen Grenze nachweisen. Das ganze Gebiet ist mit erratischen Blöcken krystallinischer Gesteine aus den tyroler Central-Alpen überschüttet.

Auch aus anderen Ländern kamen bald Nachrichten von unzweifelhaften Spuren ehemaliger Gletscher: so aus Ober-Italien, den Pyrenäen, dem Schwarzwald, den Vogesen, aus Schottland und Irland. Sehr verbreitet sind ferner Gletscherspuren im südlichen Norwegen, Schweden und Finnland, wo geglättete und gestreifte Felsen bis 5000 Fuß über dem jetzigen Meeresspiegel beobachtet wurden. Das ganze südliche und mittlere Schweden, deßgleichen Finnland sind heute mit Rundhöckern übersäet. Alle hervorragenden Felsen im Innern des Landes, die Granit- und Gneißhügel am Mälarsee und der Ostseeküste sind abgeschliffen, gerundet und mit Gletscherritzen bedeckt. Unmittelbar über dem anstehenden Gestein beobachtet man in diesen Ländern überall Grundmoränenschutt in der Form eines ungeschichtet blauen Lehms mit vielen darin eingebetteten geritzten Gesteinsstücken. Es muß also eine Zeit gegeben haben, wo Skandinavien und Finnland, ähnlich wie heutzutage Grönland, von einem riesigen Gletscher bedeckt waren, dessen Firngebiet in den hohen norwegischen Gebirgen lag. Die Richtung nach welcher sich die einzelnen Theile dieses Riesengletschers ausdehnten, läßt sich aus der Richtung der Gletscherschliffe noch jetzt ermitteln und so weiß man, daß in Finnland die Eisströme von NW nach SO flossen, während sie in Schweden im Allgemeinen eine nordsüdliche Richtung einschlugen, allerdings mit Abweichungen nach SO und SW. Dieser skandinavisch finnische

Diluvial-Gletscher erstreckte sich nach der Ansicht des schwedischen Geologen Torell nicht nur, wie bisher angenommen wurde, bis an den Meeresspiegel, sondern er erfüllte den bottnischen Meerbusen und die Ostsee, ja er erstreckte sich über die ganze norddeutsche Ebene, bis an das Riesengebirge, den Thüringer Wald und Harz, soweit eben die Verbreitung der erratischen Gesteine reicht. Nur wenn man das nordeuropäische, erratische Diluvium als Ueberrest einer Grundmoräne auffaßt, läßt sich — wie Torell meint — die merkwürdige Erscheinung erklären, daß in gewissen Bezirken Norddeutschlands und Hollands (z. B. Sadewitz und Gröningen) nur Geschiebe von einigen wenigen sicher bestimmbaren Orten in Finnland oder Schweden in großen Massen beisammen liegen. Wäre der Schutt auf Eisbergen herübergeführt worden, so müßte das Material mehr vermischt sein. Torell hat an verschiedenen Orten Norddeutschlands, unter anderen auch bei Rüdersdorf unfern Berlin polirte Felsen mit Gletscherschliffen beobachtet und ist der Meinung, daß die deutsche Reichshauptstadt auf einer ehemaligen Gletschermoräne stehe. Auch in der Beschaffenheit des in Norddeutschland verbreiteten Lehms glaubt Torell alle Merkmale des schwedischen Grundmoränenschuttes wieder zu erkennen. Die großen Findlingsblöcke freilich konnten auf diese Weise nicht von Skandinavien und Finnland nach dem Continent gelangen. Entweder mußten sie beim Abschmelzen des Eises liegen geblieben sein oder sie wurden, nachdem der nordische Gletscher schon weit zurückgewichen und das hinterlassene Gebiet von Wasser durchgewühlt und überfluthet worden war, durch Eisberge nach dem Süden befördert worden sein.

Wenn nun, wie aus den angeführten Thatsachen hervorgeht, nach Absatz der Tertiärgebilde ansehnliche Theile von Europa, die sich heute eines gemäßigten Klima's erfreuen, unter einer Decke von ewigem Schnee und Eis erstarrt dalagen, wenn es also wirklich eine diluviale Gletscher- oder Eis-Zeit gegeben hat, so läßt sich dieselbe nur unter Annahme einer außerordentlichen Temperaturerniedrigung erklären.

Und Jahrtausende vergingen dem Geschlecht der Mastodonten,
Aber eines Tages wurd' es dunkel an dem Horizonte,
Und aus einer grauen Wolke fielen Flocken, kalte Flocken,
Elephant und Mammuth standen voll Erstaunen und erschraken —
Stampften auf den Schnee, den Gegner, mit den Füßen, mit den plumpen,
Doch vergebens, er erstarrt und ward Eis in harten Klumpen.

(H. **Lingg**.)

II. Die Eiszeit.

Die Annahme einer Eiszeit erscheint auf den ersten Blick mehr als gewagt, da uns aus allen früheren Formationen und noch vom Ende der Tertiärzeit untrügliche Beweise eines viel wärmeren Klima's, als des gegenwärtig in Europa herrschenden, vorliegen. Hat aber wirklich eine so enorme Abkühlung stattgefunden, wie sie durch die Eiszeit-Hypothese verlangt wird, so müßen wir ihre Spuren sicherlich der organischen Lebewelt aufgedrückt sehen, und diese letztere verdient daher auch in erster Linie befragt zu werden. Sollte die Beschaffenheit der in Diluvialschichten begrabenen organischen Reste in der That auf eine niedrige Temperatur hinweisen, so wäre weiter zu untersuchen: 1) ob die Eiszeit plötzlich und unmittelbar nach Abschluß der Tertiärformation eingetreten sei; 2) ob sie während der ganzen Diluvialformation geherrscht oder 3) ob sie nur einen näher bestimmbaren Abschnitt derselben gebildet habe.

Wir werden versuchen, die angeregten Fragen durch die folgenden Betrachtungen zu beantworten.

Zunächst ist es von Interesse zu wissen, ob die ältesten bekannten Diluvialschichten bereits Gletscherspuren erkennen lassen und ob die Natur ihrer Versteinerungen auf ein sehr kaltes Klima hinweist. Leider sind die Punkte, wo wir unmittelbar über den jüngsten Tertiärbildungen in ununterbrochener Reihenfolge sämmtliche Schichten des Diluviums erschlossen finden, sehr dünn gesäet. Meist liegt zwischen beiden Formationen eine durch Sedimentlosigkeit charakterisirte Festlandsperiode.

An der Küste von Norfolk indessen gibt es, wie schon früher erwähnt (S. 469), marine, mit dem Namen „Norwich Crag" bezeichnete, muschelreiche Schichten, deren oberste Lagen 89 Proc. lebender Conchylien-Arten enthalten und deßhalb der jüngsten Tertiärgruppe zugerechnet werden. Ueber diesem obersten Crag folgt nun bei Cromer eine Lettenschicht mit verkohlten Baumstrünken und dünnen Lignitstreifen, welche sich 40 Meilen weit an der Küste von Norfolk hinzieht. In diesem verschütteten Urwald kommen Ueberreste von zwei ausgestorbenen Elephanten (Elephas antiquus und meridionalis), von zwei Rhinoceros-Arten (Rh. Mercki und megarhinus), einem Flußpferd, mehreren Hirschen und anderen Säugethieren vor, die sich anderwärts entweder in den jüngsten Tertiärschichten, oder auch schon im ächten Diluvium finden. Unter den Pflanzen finden sich Fichten, gemeine Bergföhren, Eichen und Haselnuß am häufigsten. Zur nämlichen Zeit wurden bei St. Prest und St. Martial in Frankreich Sande abgesetzt, welche außer einem Theil der genannten Säugethiere auch noch mehrere Raubthiere, darunter Machairodus, sowie die ältesten ächten Bären und Hunde enthalten. Die nämlichen Pflanzen wie bei Cromer, nebst den meisten ihrer Begleiter wurden von Heer auch bei Utznach, Dürnten und anderen Orten der Nordschweiz zwischen schiefrigen Braunkohlen nachgewiesen, die in horizontaler Lagerung über der steil aufgerichteten Molasse liegen. In dieser jungen Braunkohle finden sich außerdem unsere heutige Lärche, der Eibenbaum, die Weißbirke, der Berg-Ahorn, mehrere Arten von Schilf, Binsen, Menyanthes sowie verschiedene Moose, die insgesammt noch heute in der Nordschweiz wachsen. Unter den Thierresten verdienen ein Backzahn von Elephas antiquus, sowie Reste einer Rhinoceros-Art (Rh. Mercki oder megarhinus) besondere Beachtung, weil sie die Uebereinstimmung mit dem Lignitlager von Cromer beweisen. Die Insekten und Conchylien gehören durchaus noch lebenden mitteleuropäischen Arten an — kurz die ganze Zusammensetzung der fossilen Flora und Fauna bei Cromer, Utznach, Dürnten u. s. w. deutet auf ein gemäßigtes Klima hin, das dem heutzutage in Mitteleuropa herrschenden wohl ziemlich gleich gewesen sein mag.

Erst über den Braunkohlen von Cromer folgen Geröll- und Sand-Massen mit scharfkantigen, geritzten Gesteinsbrocken, Irrblöcken und sonstigen Anzeichen von Gletscherthätigkeit. Bei Utznach und Dürnten kommen dagegen sowohl unter als über der Papierkohle mit den erwähnten Resten erratische Blöcke vor, ein Beweis, daß die Gletscherthätigkeit schon vor Ablagerung jener Kohlen begonnen hatte. Es liegen also genügende Anhaltspunkte für die Annahme vor, daß es vor Beginn und sogar noch während der Eiszeit eine Periode gab, in welcher verschiedene aus der Tertiärformation überlieferte Säugethiere neben einer Flora von entschieden mitteleuropäischem Charakter in der Schweiz, Deutschland und England existirten. Nach einer mündlichen Mittheilung von Professor Desor scheint das Vorrücken der Gletscher sogar schon während der Pliocänzeit begonnen zu haben, also unter klimatischen Verhältnissen, die sicherlich nicht strenger waren, als die gegenwärtigen. Dieser um die Entzifferung der Glacialerscheinungen so hochverdiente Forscher beobachtete im Frühjahre 1874 mit Professor Schimper bei Bernati unfern Camerlate am Comersee eine Gletschermoräne, worin man trefflich erhaltene marine Pliocän-Muscheln und Schnecken in Menge auflesen konnte. Der Gletscher scheint also damals seine Endmoräne bis ins Pliocänmeer vorgestoßen zu haben.

Wenn wir die schon früher geschilderten geschichteten und ungeschichteten Diluvialgebilde als Produkte von Gletschern und Treibeis betrachten wollen oder als Anschwemmungen, erzeugt von den aus schmelzenden Eismassen herrührenden Fluthen, so müssen ihre Fossilreste nothwendigerweise auch einem strengen Klima entsprechen.

Prüfen wir darum diese Reste etwas genauer!

Kies, sowie stürmisch zusammengetriebener Sand sind der Fossilisation wenig günstig, daher liegen namentlich über die Flora nur dürftige Urkunden vor. Als wichtigste Fundstätte nennt Heer einen Kalktuff von Cannstadt bei Stuttgart. Dieser hat bis jetzt neunundzwanzig Pflanzenarten geliefert, von welchen drei (eine Eiche, eine Pappel und ein Nußbaum) erloschen sind; die übrigen, worunter Rothtanne, Weißbirke, Haselnuß, Berg-Ahorn, Espe, Hainbuche, Ulme, Weide, Cornelkirsche u. s. w., leben mit Ausnahme vom Buchsbaum noch heute in Würtemberg. Diese Flora läßt somit weder ein wärmeres, noch ein kälteres Klima als heutzutage vermuthen; überhaupt hat man, abgesehen von einigen Moosen, bis jetzt in Diluvialbildungen als Seltenheit nur zwei Pflanzen (Arve und Zwergbirke) gefunden, die als Beleg für eine niedere Temperatur angeführt werden könnten.

Bestimmtere Resultate gewährt die Untersuchung der Thierreste. Bei Uddewalla in Schweden, in der Gegend von Christiania und an verschiedenen anderen Orten in Norwegen kennt man in ansehnlicher, zuweilen 200 Fuß übersteigender Höhe über dem jetzigen Meeresspiegel alte Strandlinien mit Muschelbänken, in welchen sich außer zahlreichen, noch jetzt im benachbarten Meer vorkommenden Conchylien und Balanen (sog. Meereicheln), verschiedene ausschließlich arktische Formen finden. In Großbritannien, im östlichen Schottland und England gibt es gleichfalls geschichtete Sand-, Lehm- und Kies-Ablagerungen mit eingestreuten kantigen, wahrscheinlich durch Eisberge herbeigeschafften Blöcken und in diesen finden sich nicht selten Meeresconchylien von nordischem Gepräge (Pecten Islandicus, Astarte borealis, Trophon clathratum, Scalaria Grönlandica, Fusus Islandicus, Leda oblonga etc.). Auch die Süßwasser-Absätze des Continentes, namentlich der Löß, enthalten häufig Landschnecken, von denen mehrere Arten jetzt vorzugsweise hohe Gebirge bewohnen.

Bei der großen Seltenheit fossiler Diluvialpflanzen geben die zahlreichen Säugethierreste den sichersten Maßstab für die Beurtheilung der ehemaligen klimatischen Verhältnisse. Da übrigens Gletschermoränen und Anschwemmungen von Treibeis wenig zur Erhaltung von Fossilresten geeignet sind, so dürfen wir über deren Mangel im ungeschichteten Diluvium uns nicht wundern. Um so reichlicher finden wir sie im Löß und im geschichteten Kies oder Sand, sowie in Höhlen, die ehemals Raubthieren als Aufenthalt gedient haben und in denen die Gebeine ihrer Bewohner nebst denen ihrer Beute begraben liegen.

In Mittel- und Nord-Europa existirte allenthalben im Wesentlichen ein und dieselbe diluviale Säugethierfauna, wenn auch einzelne Arten diesem oder jenem Lande eigenthümlich sein mögen. Ob nun diese thierische Landbevölkerung in ihrer Gesammtheit bereits während der Eiszeit in den von Gletschern befreiten Tiefländern gelebt hat oder erst beim Beginn einer milderen Temperatur ihren Einzug hielt, läßt sich bei der großen Seltenheit von Wirbelthierresten im ungeschichteten Diluvium nicht mehr beweisen. Eine ununterbrochene Bewohnbarkeit Europa's selbst während der Gletscherzeit dürfte indeß daraus hervorgehen, daß mehrere Säugethierarten aus den präglacialen Braunkohlen von Norfolk und Frankreich in das postglaciale, geschichtete Diluvium übergegangen sind. Gewiß haben viele der im Folgenden aufgezählten Arten den Schluß der Eiszeit noch miterlebt.

Die diluviale Säugethierfauna besteht aus 50—55

Arten, worunter ein Drittel Raubthiere. Auf dem Continent kann kein anderer Vierfüßler an Häufigkeit mit dem Höhlenbären (Ursus spelaeus) wetteifern dessen Ueberreste in erstaunlicher Menge in den Höhlen von Franken, Schwaben, Mähren, Belgien, Südfrankreich, Italien, Süd-Rußland u. a. O. liegen, aber auch dem geschichteten Diluvium nicht fremd bleiben. Professor Fraas zählte in seiner Ausbeute des Hohlensteins nicht weniger als 110 Schädel, 275 Unterkiefer, nebst einer enormen Masse von Knochen auf, die von mindesten 400 Individuen herrührten. Und alles das fand sich auf einem Raum von wenigen Quadratmetern!

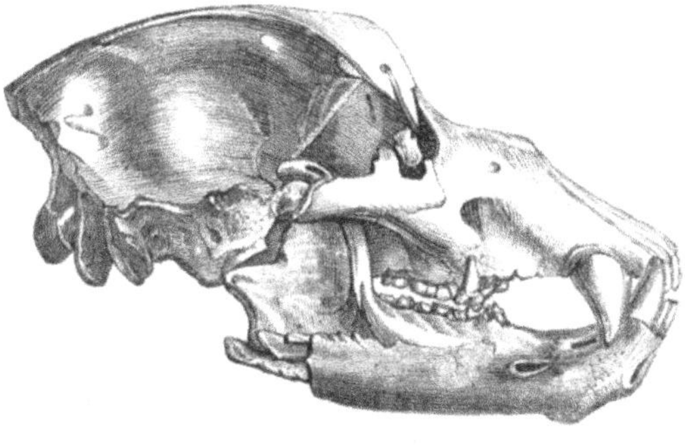

Fig. 167. Schädel von Ursus spelaeus. (Höhlenbär.)

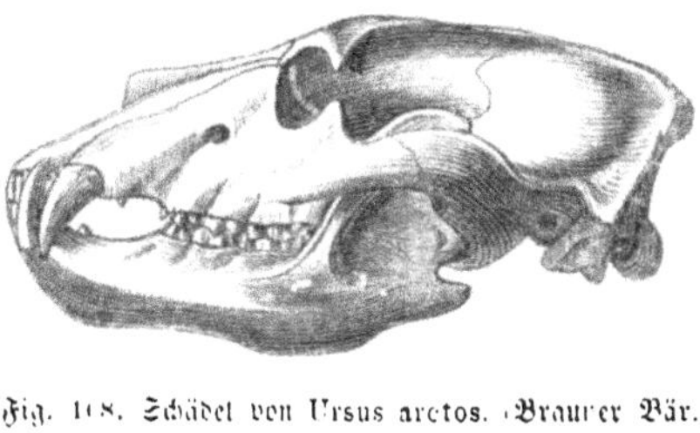

Fig. 168. Schädel von Ursus arctos. (Brauner Bär.)

Von den lebenden Bärenarten unterscheidet sich unser Höhlenbewohner durch seine verhältnißmäßig hohe, schräg abfallende Stirn, durch seine gewaltige, den Eisbär und Grizzly noch überragende Größe, sowie durch verschiedene Differenzen im Gebiß und im Skeletbau. Daß der Höhlenbär Fleischnahrung den Vorzug gab, beweisen die abgenagten und mit Zahneindrücken versehenen Knochen vom Pferd, vom Ochsen und anderen Wiederkäuern, die in ziemlich reichlicher Menge in seinen Höhlen gefunden werden.

Vom gewöhnlichen braunen Bär (U. arctos) und einer anderen dem Grizzly nahestehenden Art (U. priscus) vielleicht dessen Vorfahren hat man ebenfalls vereinzelte Reste in Knochenhöhlen ausgegraben. Unter den kleineren Raubthieren kommen Vielfraß (Gulo), Hermelin, Marder, Iltis, Dachs und Fischotter vor. Der Haushund fehlt der Diluvialzeit noch, dagegen sind Wolf und Fuchs bereits vorhanden und außer ihnen fanden sich in der Knochenbreccien von Cagliari in Sardinien Reste einer kleinen Hundeform (Canis [Cuon] alpinus Pallas), welche noch heute in Asien von den Sunda-Inseln bis zum Altai verbreitet ist.

Eine fremdartige Erscheinung bildet die Höhlenhyäne, deren Gebeine in England und Frankreich ganze Höhlen erfüllen. An solchen Orten scheint dieselbe den Höhlenbären nicht neben sich geduldet zu haben, während sie ihrerseits in den deutschen Bärenhöhlen nur vereinzelt erscheint. Man hat die Höhlenhyäne (Hyaena spelaea) zwar als besondere Art unterschieden, doch steht sie der afrikanischen gefleckten Hyäne außerordentlich nahe. Ihre ungemein hohe Scheitelleiste, an welcher sich die Muskeln anhefteten, deutet auf große Kraft des Kiefers. Die stumpfconischen, dicken Zähne waren gleich gut zum Zerreißen von Fleisch, wie zum Zermalmen von Knochen geeignet.

Seit Entdeckung des Höhlenlöwen (**Felis spelaea**) in zahlreichen Knochenhöhlen des mittleren und nördlichen Europa haben die Sagen über die von Herkules im Peloponnes und am Parnass erlegten Löwen, sowie die Andeutungen im Nibelungenlied eine bestimmtere Grundlage erhalten; auch kann Herodot's Glaubwürdigkeit kaum noch angezweifelt werden, wenn er von Löwen erzählt, welche in Macedonien den Proviantzügen der Perser beschwerlich fielen. Neuerdings hat Boyd Dawkins die specifische Uebereinstimmung des Höhlenlöwens mit dem noch jetzt lebenden nachzuweisen versucht. Er erscheint immer nur vereinzelt, woraus man schließen wollte, daß derselbe, wie heute der Königstiger, aus seiner südlicher gelegenen Heimath weite Raubzüge nach den kälteren Regionen unternahm und daselbst nur als vorübergehender Fremdling während der mittleren Jahreszeit hauste.

Wildkatze und Luchs sind selten. Außer diesen fand man in England, und Nordfrankreich Reste einer aus der Tertiärzeit überlieferten bereits (S. 488) erwähnten gewaltgen Katzengattung mit langen, dolchförmigen Zähnen (**Machairodus latidens**).

Neben einer so immensen Entwicklung von Raubthieren haben die Hufthiere ihre frühere dominirende Stellung eingebüßt und halten sogar in der absoluten Artenzahl den ersteren nur gerade noch das Gleichgewicht. Rechnen wir die beiden diluvialen Elephanten mit zu den Hufthieren, so vertheilen sich von 19 Arten 10 auf die drei Wiederkäuergattungen Hirsch (Cervus), Ochse (Bos) und Moschusochse (Ovibos). Unter den sechs Hirscharten steht obenan der berühmte Riesenhirsch (Cervus megacerus) mit seinem kolossalen, von einer Endspitze zur anderen 12 Fuß auseinander stehenden

Fig. 169. Cervus megacerus (Riesenhirsch) aus Irland.

Geweihe. Seine Reste kommen auf dem Continent nur sparsam vor; dafür stecken vollständige Gerippe so häufig in den irischen Torfmooren, daß von dort bereits viele Museen von diesem prächtigen Thiere versorgt wurden.

Möglicherweise ist der „Schelch“ des Nibelungenliedes unser Riesenhirsch. Auf ihn wenigstens bezieht man die Verse:

„Drauf nun schlug er schiere einen Wiesent und einen Elch,
starker Ure viere und einen grimmen Schelch.“
(Strophe 3752.)

Das noch zu Cäsar's Zeiten in Deutschland verbreitete Elennthier (Elch) hat sich jetzt nach dem Norden zurückgezogen, bewohnte aber nebst dem Edelhirsch, Reh und Rennthier zur Diluvialzeit fast ganz Europa. Von besonderem Interesse ist die Verbreitung des Rennthiers. Dasselbe wanderte ehemals bis an den Rand der Pyrenäen und Alpen und trieb sich in ganzen Rudeln in den mitteleuropäischen Flachländern umher. Manche Knochenhöhlen enthalten große Mengen von Ueberresten dieses Wiederkäuers.

Vom Moschusochsen (Ovibos moschatus), dem Genossen des Renns, der sich heute aber nur noch in den Polarländern gefällt und auf Grönland und die nördlichsten Theile Amerika's beschränkt ist, liegen vereinzelte Skelettheile im Diluvium von Deutschland, Frankreich und England zerstreut. In der Schweiz, Süd-Frankreich und Italien hat man auch den hochalpinen Steinbock, sowie die Gemse fossil gefunden.

Zu den gemeinsten Wiederkäuern gehören der Wisent und der Ur (Bos primigenius), (Fig. 170), letzterer der Urahne unseres Rindes, von denen die altdeutschen Sagen und die Schriften Cäsar's berichten. Die wenigen noch jetzt existirenden Nachkommen des Wisent oder Bison (Bos priscus) werden in den lithauischen Wäldern gehegt und führen den unpassenden Namen Auerochs nicht zu verwechseln mit dem Ur des Nibelungenliedes).

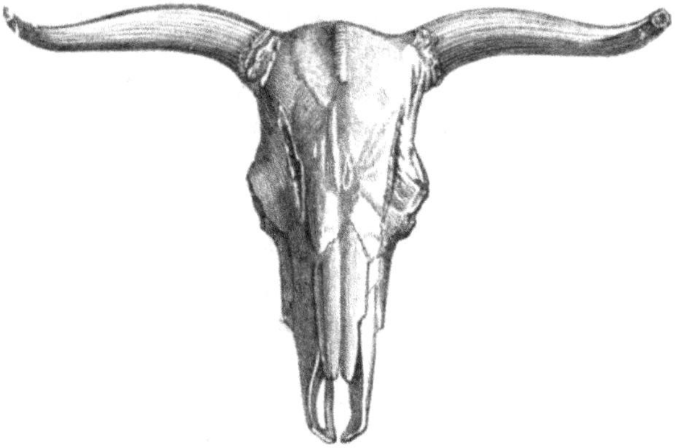

Fig. 170. Bos primigenius, Schädel.

Unser heutiges Pferd war in der Diluvialzeit noch von einer zweiten erloschenen Art begleitet, die in ihrem Zahnbau Reminiscenzen an das tertiäre Hipparion erkennen läßt.

Daß vom Wildschwein Ueberreste vorliegen, ist leicht begreiflich, dagegen muß es befremden, wenn wir ein ausgestorbenes Flußpferd (Hippopotamus) während der Diluvialzeit ziemlich häufig in Italien, Frankreich und England antreffen.

Ein nicht minder fremdartiges Gepräge tragen die Gattungen Rhinoceros und Elephant. Unter den drei oder vier Nashornarten schließen sich die in Italien und Frankreich besonders häufigen (Rh. leptorhinus und Rh. hemitoechus) ziemlich enge an jungtertiäre Formen an;

eine dritte Art (Rh. Mercki) charakterisirt die untersten Diluvial-Ablagerungen und bildet den Vorläufer der in Mittel- und Nord-Europa häufigsten Art (Rh. tichorhinus Fig. 171). Diese ist durch Größe und extreme Ausbild-

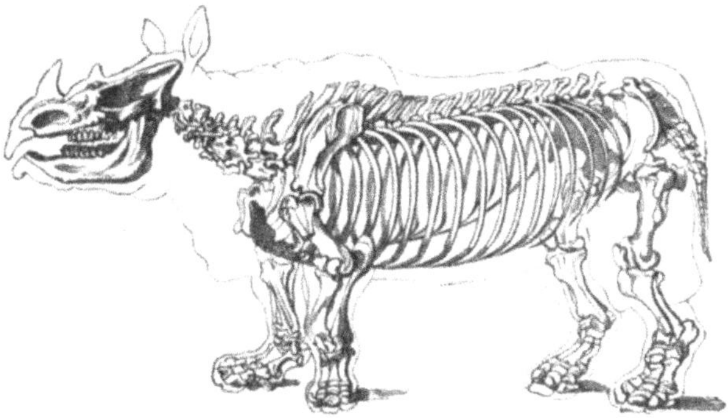

Fig. 171. Rhinoceros tichorhinus.
Restaurirt nach einem im Münchener Museum befindlichen vollständigen Skelet.

ung einer knöchernen Scheidewand zwischen den Nasenlöchern ausgezeichnet, die bei mehreren älteren Arten bereits in der Anlage vorhanden war, aber dort höchstens die Hälfte der Nasenöffnung abschloß. Im gefrorenen Boden Sibiriens entdeckten im Jahre 1771 tungusische Jäger einen noch mit Fleisch, Haut und Haaren versehenen Cadaver, von dem der Kopf und zwei Hinterfüße nach Petersburg gelangten. Durch diesen glücklichen Fund weiß man, daß das diluviale Rhinoceros mit der knöchernen Nasenscheidewand zwei Hörner trug und, unähnlich den nackten Arten der Jetztzeit mit einem warmen Pelz von Wollhaaren bekleidet war. Ein vollständiges Skelet dieses im deutschen

Diluvium selten fehlenden Nashornes wurde im Jahre 1869 bei Kraiburg im bayerischen Innthal ausgegraben und wird jetzt im Münchener paläontologischen Museum aufbewahrt.

Kein fossiles Thier hat sich einer größeren Popularität zu erfreuen, als das Mammuth (Elephas primigenius). Schon vor Jahrhunderten haben die gewaltigen Gebeine des diluvialen Elephanten die Aufmerksamkeit auf sich gezogen, allein damals dachte man nicht an Thierknochen, sondern lieber an Riesen, oder man gab sie, wo es die Beschränktheit einer abergläubischen Bevölkerung gestattete, für Ueberreste von Heiligen aus. „In Valencia wurde der Backenzahn eines Mammuth als Reliquie des heiligen Christoph verehrt und noch im Jahre 1789 trugen die Chorherren des heiligen Vincent die Schenkelknochen eines solchen Thieres bei Prozessionen herum, um durch diesen vermeintlichen Arm des Heiligen dem ausgedörrten Lande Regen zu erflehen." Jetzt weiß man, daß das Mammuth im Skeletbau mit dem indischen Elephanten die größte Uebereinstimmung besitzt, diesen aber an Größe erheblich übertraf. Die aus Elfenbein bestehenden Stoßzähne waren doppelt so stark und lang, als die des indischen Elephanten,

Fig. 172. Backzahn vom afrikanischen Elephanten (Elephas Africanus).

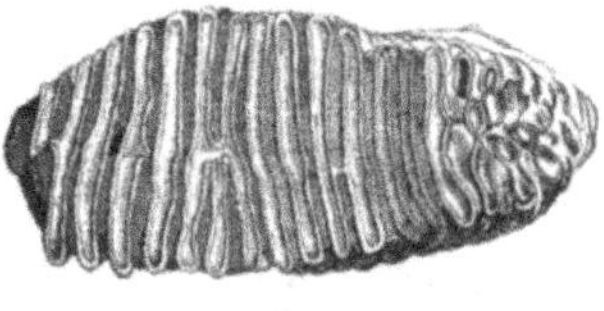

Fig. 173. Backzahn vom Mammuth (Elephas primigenius).

auch beschrieben sie einen nach oben und außen gekrümmten Bogen. Verhältnißmäßig klein, wenigstens kaum größer als bei den lebenden Arten, sind die Backzähne; dafür zeichnen sie sich aber durch eine beträchtliche Anzahl und bedeutende Härte der charakteristischen Schmelzhügel aus, welche auf den abgenutzten Kauflächen als rhombische Felder erscheinen. Schon früher (S. 484) wurde bemerkt, daß immer nur ein einziger Backzahn in Function steht und nach seiner Abnützung durch einen von hinten nachrückenden Ersatzzahn ausgeschoben wird. Großes Aufsehen machte seiner Zeit der Nachweis eines dichten, aus braunrothen Borsten bestehenden Haarkleides, das sich an einem im Jahre 1799 im sibirischen Eis eingefrorenen Leichnam noch trefflich erhalten hatte. Leider wurde das Thier erst sieben Jahre nach seiner Entdeckung von dem Reisenden Adams für die Wissenschaft gerettet, nachdem Eisbären und Hunde schon fast alles Fleisch gefressen hatten. Er fand nur noch das durch die Bänder zusammengehaltene Skelet, einen Theil der Haut, ein Auge, Einiges von den Eingeweiden und gegen 30 Pfund Haare, welche die Eisbären in den Boden getreten hatten. Die kostbaren Reliquien wurden nach St. Petersburg geschafft und dort ist das Skelet, zum Theil noch von seiner alten Haut bekleidet und mit Knorpeln und Bänder versehen, im kaiserlichen Naturalien-Cabinet aufgestellt. Es kamen später noch mehrere vollständige Skelete in Sibirien zum Vorschein und erst in den letzten Jahren erhielt man wieder Kunde von einem eingefrorenen Exemplar, welchem der Entdecker Stücke von der Haut abgeschnitten und verkauft hatte. Dieses Thier wurde indessen verschüttet und konnte

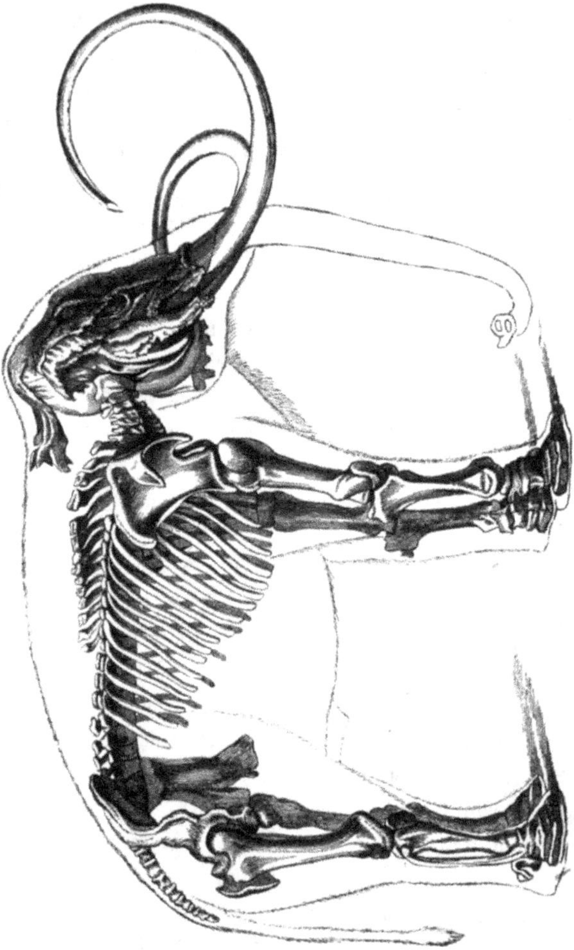

von der unter Magister Schmidt dahin entsendeten Expedition nicht mehr vollständig gerettet werden. Die Mammuthreste finden sich in ganz Nord-Asien in solcher Häufigkeit, daß mit dem fossilen Elfenbein ein schwunghafter Handel getrieben wird.

Während Rhinoceros und Mammuth zu den verbreitetsten und häufigsten Diluvialthieren gerechnet werden müssen, gehört eine zweite, dem afrikanischen Elephanten nahestehende Art (Elephas antiquus) zu den ganz sporadischen Erscheinungen.

Unter der kleinen, aus meist noch jetzt lebenden Arten von Mäusen, Fledermäusen, Hasen u. s. w. bestehenden Fauna verdienen nur das Murmelthier, der Pfeifhase (Lagomys), der Alpenhase (Lepus variabilis) und besonders der Lemming (Myodes lemnus) und der Halsbandlemming (Myodes torquatus) besondere Beachtung, da diese Thiere heutzutage entweder im Hochgebirge oder in der arktischen Region hausen.

Was beweist nun die im Vorhergehenden ziemlich ausführlich geschilderte Säugethierbevölkerung der Diluvialzeit? Ein handgreifliches Resultat, eine bestimmte Hindeutung auf ein kaltes, gemäßigtes oder warmes Klima scheint sie uns bei oberflächlicher Betrachtung nicht zu liefern, denn dafür sind ihre Bestandtheile zu bunt zusammengewürfelt. Es erfordert eine sorgsame Prüfung der einzelnen Elemente, um sich über die Bedeutung des Ganzen ein klares Bild zu machen. Wollen wir sicher gehen, so möchte es sich empfehlen, vorerst das Dutzend ausgestorbener Arten außer Acht zu lassen und uns lediglich auf die noch jetzt existirenden zu beschränken, deren

Zahl ungefähr 40 beträgt. Von diesen leben drei Viertheile gegenwärtig in den Ebenen und im Hügellande des gemäßigten Europa. Der Rest besteht theils aus außereuropäischen Arten, wie Hyäne und Löwe, deren jetzige Verbreitungsbezirke zwar in der alten Welt, aber eher in warmen als gemäßigten Klimaten liegen, theils aus mehreren exclusiv nordischen und hochalpinen Formen, worunter der Vielfraß, das Rennthier, der Moschusochse, der Steinbock, die Gemse, das Murmelthier, der Pfeifhase, der Alpenhase, der Lemming und Halsbandlemming hervorzuheben wären. Auch das Elennthier könnten wir dieser Kategorie beizählen, obwohl seine Verbreitung noch in historischer Zeit weit tiefer nach Süden reichte, als heutzutage.

Wenn wir berücksichtigen, daß manche Raubthiere weite Streifzüge unternehmen, daß z. B. der Königstiger zeitweilig bis nach dem Altai und ins Amurland wandert und daher auch bei ziemlich kühler Temperatur zu existiren vermag, so werden wir aus dem Vorkommen von Hyänen und Löwen keine klimatischen Folgerungen ziehen dürfen. Um so schwerer fallen alsdann jene nordisch-alpinen Typen ins Gewicht, die für ein kaltes Klima während der Diluvialzeit Zeugniß ablegen. Einem solchen scheinen jedoch die ausgestorbenen Elemente theilweise zu widersprechen. Wir können unter diesen zwar mehr als die Hälfte als indifferente bei Seite lassen, allein es bleiben dann immerhin noch die Gattungen Flußpferd (Hippopotamus), Rhinoceros und Elephant übrig, deren lebende Repräsentanten ausschließlich warmen oder sogar heißen Regionen angehören. Wenn man früher aus dem Vorkommen dieser Sippen ein warmes Klima für die Diluvialperiode folgern wollte, so hielt man sich mit dieser Annahme vollständig in den Grenzen der berechtigten Analogieschlüsse; seitdem jedoch Leichname von Rhinoceros und Mammuth im sibirischen Eis zu Tage kamen, sind gerade diese Thiere Hauptstützen für die Gletschertheorie geworden.

Jedermann wird die Vermuthung natürlich finden, daß unsere dichtbehaarten Mammuthe und Nashörner, deren tropische Verwandte durch eine nackte Haut ausgezeichnet sind, ihre warme Körperbedeckung als Schutz gegen die Kälte erhalten haben; nachdem man überdies im Magen und zwischen den Zahnschmelzfalten eines sibirischen Mammuths Fichtennadeln und junge Triebe holziger Gewächse vorgefunden hat, schwindet auch der letzte auf die Ernährung begründete Einwurf gegen ihre nordische Heimath.

Nach diesen Erfahrungen wird man auch im Vorkommen eines Flußpferdes keinen entscheidenden Grund für ein ehemaliges wärmeres Klima suchen dürfen, sondern eher vermuthen, daß auch dieses Thier gegen die Einwirkung der Kälte in ähnlicher Weise geschützt war.

Unsere Prüfung der Säugethierreste macht es somit überaus wahrscheinlich, daß in Europa und Nord-Asien zur Diluvialzeit eine strenge Temperatur geherrscht habe: eine Temperatur, die sich mit der gleichzeitigen Existenz ausgedehnter Gletscher wohl in Einklang bringen läßt, die aber doch noch mild genug war, um das Gedeihen einer reichen Vegetation und Thierwelt zu ermöglichen. Es liegt nichts abentheuerliches in dem Gedanken, daß unmittelbar neben den gewaltigen, über ganze Gebirge und Länderstrecken ausgegossenen Eismassen ein ziemlich reiches organisches Leben existiren konnte. Ungeheure Gletscher bedingen noch keineswegs ein ungewöhnlich kaltes Klima, ja bei übermäßiger, durch keine Wärmeperioden unterbrochener Kälte könnten die von Wasser durchtränkten Eisströme gar nicht bestehen: sie würden bald ihre charakteristischen Eigenschaften verlieren und zu unbeweglichen Firn und Eisfeldern erstarren. In Spitzbergen, wo fast das ganze Land von Gletschern bedeckt ist, welche überall bis ans Meer herabsteigen, sinkt die mittlere Wintertemperatur nur auf 8° C unter Null herab und im Sommer erhebt sich die Mitteltemperatur auf + 2,4° C. Dächte man sich die mittlere Jahrestemperatur in Europa nur um 4° erniedrigt, wodurch wir z. B. in den den Alpen zunächst gelegenen Ländern das Klima von Schweden und Norwegen erhielten, so würde die Schneegrenze im Gebirge um mehrere hundert Meter herabrücken, die Firnmulden würden eine enorme Größe erhalten und es müßten sich die Gletscher weit über ihre heutigen Gebiete hinausschieben.

Am Schluß der Tertiärzeit ist jedenfalls eine beträchtliche Temperaturerniedrigung eingetreten, welcher im Gegensatz zu der constanten Wärmeabnahme während der früheren Erdperioden wieder ein milderes Klima folgte. Ueber die Ursachen der Eiszeit müssen wir übrigens vorerst unser Urtheil zurückhalten, da bis jetzt noch keine ausreichende Erklärung für das Hereinbrechen einer weitverbreiteten, durch vielfache Erscheinungen wohl constatirten Kälteperiode gefunden werden konnte. Die Abkühlung von einzelnen wenn auch sehr ausgedehnten Theilen der Erdkugel z. B. von Europa und Nord-Asien würde begreiflich bei Annahme einer durchgreifenden Veränderung in der Vertheilung von Festland und Meer. Und dafür liegen mancherlei Thatsachen vor. Aus der Verbreitung der diluvialen Landsäugethiere und aus manchen anderen Erscheinungen läßt sich vermuthen, daß vor der Eiszeit die britischen Inseln und Skandinavien nach Süden mit dem europäischen Kontinent zusammenhingen. Die Ostsee, Theile der Nordsee, wie der Sund und die Belte, der Canal, ferner jener seichte Streifen des atlantischen Oceans, welcher durch einen steil abfallenden Rand scharf vom tiefen Meeresgrund geschieden ist und noch heute die Grenze des diluvialen Festlandes andeutet, hatten sich über den Wasserspiegel erhoben. In Skandinavien und Finnland besaßen die Gebirge eine beträchtliche Höhe. Wurde überdies der Golfstrom durch ein Festland zwischen Island und Nord-Amerika, für dessen Vorhandensein mancherlei Gründe sprechen, abgelenkt, so fehlte unserem Erdtheile damit eine seiner wichtigsten Wärmequellen. Zu alledem läßt sich nach den Untersuchungen von Escher, Desor und Martins in der algerischen und nach meinen eigenen in der libyschen Wüste kaum noch zweifeln, daß die Sahara während der Diluvialzeit vom Meer überfluthet war. Eine Wasserfläche an Stelle des heute vom Sonnenbrand durchglühten Erdgürtels würde aber ungeheure Wärmemengen binden und der Atmosphäre entziehen, anstatt sie derselben durch Ausstrahlung zurückzugeben. Es hat zwar Dove zu beweisen gesucht, daß die heißen Saharawinde vermöge ihrer Umdrehungsgeschwindigkeit weit nach Osten abgelenkt werden und daß der Föhn, welchen Escher und Desor vorzugsweise als Wüstenwind ansahen,

Europa gar nicht mehr berühren könne. Nach Dove wäre der mexikanische Golf in Westindien der Herd unserer warmen Süd- und Südwestwinde, des Sciroccos und Föhns. Den theoretischen zur Unterstützung dieser Hypothese angeführten Erwägungen stehen indeß so viele gewichtige Thatsachen entgegen, daß dieselbe nichts weniger als bewiesen betrachtet werden darf. Abgesehen davon, daß der Föhn ein sehr trockener Wind ist, wofür später allerdings eine ziemlich geschraubte Erklärung ausfindig gemacht wurde, hat der Physiker Mousson berechnet, daß ein aus den Antillen kommender Wind gar nicht mit dem Bewegungsverhältnisse des Föhns in der Schweiz auftreten könne. Einen Hauptgrund für den saharischen Ursprung der heißen Südwinde in Europa hat Dove gar nicht berücksichtigt. Die afrikanische Wüste übt durch ihre heftige Erhitzung bei Tage und ihre starke Abkühlung in der Nacht einen sehr bestimmten und regelmäßigen Einfluß auf die Luftströmungen aus und lenkt dieselben von ihrer normalen Richtung ab. Die beiden in Europa herrschenden Hauptwinde: die südwestliche Aequatorialströmung und der vom Nordpol kommende Nordostwind wehen äußerst selten in der Sahara. In der libyschen Wüste wenigstens ist im Winter und im Frühling Nordwest vorherrschend, nur ausnahmsweise beobachtet man Südwest. Die gefürchteten, glühenden Chamsinwinde kommen aus Südost oder aus Süd und diese erreichen höchst wahrscheinlich als Föhn die schweizerischen und österreichischen Alpen, wo sie unglaubliche Schnee- und Eismassen in kurzer Zeit „wegfressen." Denkt man sich nun an Stelle der Hitze ausstrahlenden Sahara einen Wärme verschlingenden Ocean, statt des trockenen und heißen Föhns, feuchte und kühle Seewinde, welche den Alpen Niederschläge zuführen, anstatt ihre Gletscher und Eisfelder abzuschmelzen, und außerdem im Norden von Europa neben einer Ablenkung des Golfstromes eine bedeutende Anhäufung von Land, so sind das Ursachen genug, um das heutige ungewöhnlich milde Klima unseres Kontinentes zu erniedrigen: und alle diese Bedingungen scheinen bei Beginn und während der Eiszeit erfüllt gewesen zu sein. Sie würden genügen, um eine europäische Eiszeit zu erklären. Es steht aber bereits außer Zweifel, daß Nord-Asien und Nord-Amerika während der Diluvialzeit durch eine Vergletscherung heimgesucht wurden und auch auf der südlichen Hemisphäre in Neu-Seeland und Süd-Amerika deuten erratische Blöcke und sonstige Glacialerscheinungen eine vergangene Eiszeit an. Wir haben vorläufig noch keine Anhaltspunkte darüber, in welcher Reihenfolge, wenn sie überhaupt nach einander eintrat die Vergletscherung vom Nordpol und vom Südpol her stattfand; indeß ein auffallendes, allen sonstigen Erfahrungen widersprechendes Phänomen von solch universaler Verbreitung läßt sich kaum ohne Zuhilfenahme kosmischer Ursachen begreifen.

Man hat eine Menge, zum Theil höchst abentheuerlicher Hypothesen zur Erklärung der Eiszeit aufgestellt; man hat die Erde abwechselnd bald warme, bald eisig kalte Regionen im Weltraum durchlaufen lassen wollen; man hat behauptet, die Erniedrigung der Erdtemperatur sei durch eine periodisch eintretende Verminderung der von der Sonne ausgestrahlten Wärme hervorgerufen worden; es wurden Veränderungen in der Excentricität der Erdaxe oder ein Wechsel in der Schiefe der Ekliptik angerufen, womit eine Präcession der Tag- und Nachtgleichen, sowie ein Zusammenfallen des Wintersolstitiums mit dem Aphelium in Verbindung gebracht wurden — allein keine dieser Hypothesen, deren astronomische Begründung man in zahlreichen Schriften versucht findet, hat sich bis jetzt einer unbedingten Anerkennung zu erfreuen gehabt.*) Sie erfordern fast alle eine periodische Wiederkehr von Kälteperioden, für welche wir, wenn wir in die älteren Erdformationen zurückblicken, nur überaus dürftige und in keinem Falle mit überzeugender Beweiskraft wirkende Belege anführen können.

> Schen in des Gebirges Klüfte
> Barg der Troglodyte sich.
> (Schiller.)

III. Der fossile Mensch.**)

Es wurde bis jetzt bei der Aufzählung der diluvialen Bevölkerung Europa's ein Mitglied unerwähnt gelassen, und zwar gerade dasjenige, welches in hervorragendem Maße unser Interesse in Anspruch nimmt. Dieser Genosse des Mammuths, des Nashorns, des Höhlenbären und all' der früher aufgezählten Thierkolosse aus der glacialen und postglacialen Zeit ist der Mensch. Wer noch vor zwanzig Jahren in einer Gesellschaft von Geologen

*) Näheres über Eiszeit und Eiszeithypothesen findet man in Cotta's Geologie der Gegenwart.

**) Vergleiche hierüber: Ratzel, Vorgeschichte des europäischen Menschen. Naturkräfte XI.

vom fossilen Menschen gesprochen hätte, wäre seines Mißerfolges zum Voraus sicher gewesen, so fest war die Meinung verbreitet, daß Diluvium und Jetztzeit auf das Schärfste durch das Erscheinen des Menschen getrennt seien. Heute gibt es kaum noch Zweifler an seiner Anwesenheit während oder doch unmittelbar nach der Eiszeit.

Manche möchten sein erstes Auftreten sogar bis in die Tertiärzeit zurückverlegen. Man glaubte Einschnitte in Knochen von Elephas meridionalis und in Rippen von Halitherium aus jungtertiären Schichten menschlicher Thätigkeit zuschreiben zu dürfen. Menschenknochen aus Pliocänablagerungen sollten in Italien und Californien ausgegraben worden sein und bei Aurillac (Cantal) wollte Tardy ein wohl bearbeitetes Feuerstein-Messer angeblich in ungestörter Lagerstätte neben Dinotheriumresten gefunden haben. Alle diese Funde können übrigens vor einer strengen Kritik nicht bestehen; entweder lassen sich die vermeintlichen durch Menschenhand verursachten Einschnitte auf andere Einflüsse zurückführen oder bei der Altersbestimmung der Fundstätten sind Irrthümer unterlaufen. Nur die bei Pont Levoy von Abbé Bourgeois entdeckten Feuersteinsplitter stammen unzweifelhaft aus anstehenden Miocänschichten, allein bis jetzt hat sich daselbst weder ein menschlicher Knochen, noch irgend ein anderes zuverlässiges Erzeugniß menschlicher Kunst gefunden, als jene Splitter, deren Form ebenso gut durch eine ungeschickte Hand, als durch natürliche, vom Menschen unabhängige, Einwirkungen hervorgerufen werden konnte. Noch sind die Ansichten der bewährtesten Kenner über die Entstehung dieser Feuersteinstücke getheilt und die Existenz des „tertiären"

Menschen ist, wenn sie auch immerhin im Bereich der Möglichkeit liegt, keineswegs mit Sicherheit erwiesen.

Selbstverständlich genügen dem Geologen, wenn es sich um das Alter, um die Beschaffenheit und die Gewohnheiten des Urmenschen handelt, weder Traditionen oder schriftliche Aufzeichnungen noch bildliche Darstellungen an Kunstwerken früherer Culturvölker, denn auch die ältesten unter denselben gewähren uns höchstens über einen Zeitraum von etwa 6000 Jahren Aufklärung. Was sind aber 6000 Jahre für den Geologen?

Für die eigentliche Urgeschichte des Menschengeschlechtes sind wir lediglich auf geologische Dokumente angewiesen, die nach naturwissenschaftlichen Methoden untersucht und entziffert werden müssen. Solche geologische Dokumente finden wir, abgesehen von den höchst selten vorkommenden menschlichen Skelettheilen, vorzüglich in Werkzeugen und Geräthen, Speiseresten oder sonstigen dauerhaften Spuren seiner Anwesenheit oder Thätigkeit. Einige rohe Werkzeuge oder Waffen, um seine thierische Umgebung zu bezwingen und sich Nahrung zu verschaffen, besaß der Urmensch jedenfalls, in welchem Zustand er sich auch befunden haben mag, und aus deren Beschaffenheit lassen sich gar mancherlei Folgerungen ableiten. Daß in allen Fällen, wo es sich um die Urgeschichte unseres eigenen Geschlechts handelt, mit äußerster Vorsicht vorgegangen werden muß, um Irrthümer zu vermeiden, ist nur zu natürlich, handelt es sich doch hier um Fragen, welche die höchsten geistigen Interessen des Menschen berühren. Dieser an sich löblichen Vorsicht ist es denn auch zuzuschreiben, wenn man in früheren Jahren alle Angaben über diluviale Menschenspuren mit Mißtrauen aufnahm, wenn man stets geneigt war, solche Reste als zufällig und erst lange nach dem Absatz ächter Diluvialgebilde in die Erde gelangt zu betrachten. So blieb die durchaus naive und glaubwürdige Erzählung des Pfarrers Esper, welcher in der Gailenreuther Höhle im Jahre 1774 Höhlenbären- und Menschen-Knochen in ein und derselben Schicht ausgegraben haben wollte, gänzlich unbeachtet; unbeachtet blieben die vom englischen Archäologen John Frère (1797) im Diluvium von Suffolk aufgefundenen Feuersteinwaffen, unbeachtet der Bericht von Ami Boué über ein im Jahre 1823 im Löß des badischen Rheinthals entdecktes Menschenskelet, unbeachtet endlich die Mittheilungen der französischen Archäologen und Geologen Tournal, Christol, Joly und Marcel de Serres über verschiedene in Höhlen gefundene, durch Menschenhand bearbeitete Knochen von Diluvialthieren oder über das Vorkommen von Feuersteinwerkzeugen in südfranzösischen Knochenhöhlen. Den meisten der eben genannten Berichte konnten von Seite der Gegner gewisse Unsicherheiten in der Beobachtung oder in den Schlußfolgerungen entgegengehalten werden. Fast unbegreiflich aber bleibt es, daß Untersuchungen von wahrhaft musterhafter Genauigkeit, wie die des belgischen Naturforschers Schmerling lange Zeit der Vergessenheit anheim fallen konnten. Dieser gewissenhafte Forscher hatte die Höhlen von Engis und Engihoul bei Lüttich im Jahre 1833 ausräumen lassen und die Arbeiten wochenlang mit der größten Sorgfalt persönlich beaufsichtigt. In einem großen Tafelwerk wurden sämmtliche Funde beschrieben, unter Anderem auch zwei Menschenschädel, sowie mehrere Feuersteinwerkzeuge, die sich mitten unter den Resten von Höhlenbär, Höhlenhyäne u. s. w. vorgefunden hatten.

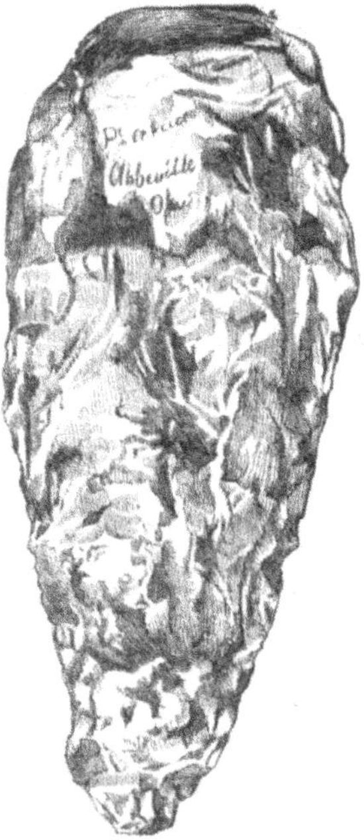

Fig. 175. Feuersteinbeil aus dem Diluvium von Abbeville.

Vor den wichtigen, durch Herrn Boucher de Perthes in Abbeville gelieferten Thatsachen mußten endlich auch die berechtigsten Zweifel schwinden. Hoch über dem jetzigen Sommethal in der Picardie befinden sich Ablagerungen von geschichtetem Diluvium mit Ueberresten von Mammuth, Rhinoceros, Höhlenbär und Höhlenhyäne, kurz mit jener Fauna, die während der Eiszeit Europa bevölkerte. Mitten unter diesen urweltlichen Thierresten fand Herr Boucher de Perthes schon im Jahre 1833 bei Abbeville die ersten Exemplare von roh zugehauenen Feuersteinen, (Fig. 175) denen später viele Hunderte folgten. Trotz ihrer unvollkommenen Bearbeitung ließen sich dieselben doch als menschliche Werkzeuge, und zwar als Keulen, Pfeilspitzen, Messer u. s. w. deuten. An einzelnen Knochen vom Nashorn und Riesenhirsch konnte man überdies Spuren von Einschnitten wahrnehmen, die offenbar von Feuersteinwerkzeugen herrührten. Sonderbarer Weise dauerte es zwanzig Jahre nach dem Funde der ersten Steinwaffen, bis endlich im März 1863 zu Moulin Quignon bei Abbeville ein Unterkiefer und mehrere Knochen von Menschen zum Vorschein kamen. Diese Entdeckung machte großes Aufsehen. Es versammelte sich ein kleiner Congreß französischer und englischer Naturforscher, um an Ort und Stelle einmüthig das diluviale Alter der Kiesschicht zu bestätigen, welche die menschlichen Skelettheile geliefert hatten.

Nachdem durch Boucher de Perthes' und hauptsächlich durch Lyell's berühmtes Werk über das Alter des Menschengeschlechtes in den fünfziger Jahren die Aufmerksamkeit überhaupt auf vorhistorische Menschenreste gelenkt war, folgten sich die Entdeckungen Schlag auf Schlag. Roh behauene Steinwerkzeuge von der Form der bei Abbeville vorkommenden wurden bald an vielen Orten im diluvialen Schwemmland in Gesellschaft ausgestorbener Säugethiere ausgegraben. So in der nächsten Umgebung von Paris bei la Motte Piquet, Clichy und Boulogne im Diluvialkies, bei Choisy-le-Roi im Löß. Auch einige menschliche Schädel neben Steingeräthen fanden sich neuerdings unter ganz eigenthümlichen Verhältnissen im Diluvium von Clichy und Grenelle bei Paris. Man unterscheidet dort mehrere verschiedene Schichten: zu unterst Kies mit Knochen und Zähnen von Elephas antiquus, darauf eine Bank mit Flußpferdresten (Hippopotamus); über dieser eine unregelmäßig geschichtete Kies- und Sandmasse mit erratischen Blöcken und Mammuth und zu oberst Kies mit Resten vom Rennthier. Menschliche Schädel fanden sich nun zwischen den beiden unteren und in der Mammuth-Schicht mit den erratischen Blöcken, ferner in der oberen Kieslage mit Rennthierresten. Auffallender Weise stimmen die Schädel aus den verschiedenen auf einander folgenden Schichten wenig mit einander überein: die aus den untersten hatten eine langgestreckte Form, ihr Durchmesser von vorn nach hinten übertraf den Querdurchmesser erheblich — es waren typische Langköpfe (Dolichocephalen); aus der oberen Rennthierschichte dagegen zog man kurze, breite Schädel (Brachycephalen) heraus und aus der mittleren eine Zwischenform, welche weder entschieden dolichocephal noch brachycephal genannt werden kann. Aus diesem gewiß sehr merkwürdigen Fund glaubte Hamy folgern zu dürfen, daß die ältesten diluvialen Urbewohner Frankreichs durch lange Schädel ausgezeichnet waren, daß aber im Verlauf der Zeit eine allmälige Umänderung eintrat, welche schließlich zur Bildung von Kurzköpfen führte. Geht man diesem Gedankengang etwas weiter nach, so müßten die heutigen vorzugsweise brachycephalen Franzosen nothwendiger Weise die Nachkommen jener Urmenschen aus der Rennthierschicht sein. Hätte man statt einer kleinen Zahl, noch dazu meist stark beschädigter Schädel, aus jeder einzelnen Schicht eine größere Anzahl von Individuen, so würden sich solch' kühne Folgerungen rechtfertigen lassen, aber mit dem bis jetzt vorliegenden dürftigen Material muß man sich hüten, über das Ziel hinaus zu schießen.

Die genannten Funde bei Moulin Quignon und bei Paris sind übrigens nicht die einzigen menschlichen Ueberreste aus dem geschichteten Diluvium. Bei Egisheim im Elsaß hat man im Löß Skelettheile und ein Schädelfragment allerdings unter Umständen ausgegraben, welche nicht völlig unverdächtig genannt werden können: dagegen liegt von Olmo im oberen Arnothal das Bruchstück eines menschlichen Schädels (Gesichtstheil) von unzweifelhaft diluvialem Alter vor. Der neuerdings wieder ans Licht gezogene Cannstadter Schädel, nach welchem Herr Quatrefages die älteste diluviale Menschenrace in Europa benannte, hat sich leider, wie Hölder gezeigt hat, hinsichtlich seines Alters als höchst problematisch erwiesen; auch soll derselbe Spuren von krankhafter Mißbildung erkennen lassen. In noch höherem Grade ist ein bei Brüx in Mähren, angeblich im geschichteten Diluvialsand gefundener Schädel krankhaft deformirt und auch die befremdliche Gestalt des vielbesprochenen Schädelfragments aus einer mit diluvialem Lehm erfüllten Felsspalte im Neanderthal bei Düsseldorf beruht nach dem maßgebenden Ausspruche Virchow's auf pathologischen Erscheinungen. Alle Hypothesen von einer tiefstehenden, affenähnlichen Menschenrace der Diluvialzeit, begründet auf dieses Fragment, welches durch seine niedrige, zurückfliehende Stirn und seine hochgewölbten Augenbraunen in der That ein ganz thierisches Aussehen erhält, sind durch Virchow's scharfsinnige Untersuchung hinfällig geworden.

Mit der Erwähnung eines bei Denise in Frankreich gefundenen menschlichen Stirnbeins, sowie eines Schädels aus dem Löß von Nagy Sap bei Gran in Ungarn ist die Liste der bis jetzt in Europa entdeckten Menschenreste aus dem geschichteten Diluvium beinahe erschöpft. Dieses spärliche Material vermehrt sich indeß, Dank der Aufmerksamkeit, welche gegenwärtig der menschlichen Urgeschichte zugewendet wird, von Jahr zu Jahr, und in Kurzem wird man vielleicht im Besitze von zuverlässigeren Anhaltspunkten über die physische Beschaffenheit der europäischen Urbewohner sein, als dies heutigen Tages noch der Fall ist.

Während der Ablagerung des geschichteten Diluviums waren die meisten Höhlen von Raubthieren, namentlich vom Höhlenbären und der Höhlenhyäne bewohnt. Meist ist ein Theil der Höhlen von einer mehr oder weniger dicken Lehmschicht ausgefüllt und in dieser liegen Schädel und sonstige Knochen der verschiedensten diluvialen Säugethiere oft in so ungeheurer Menge eingebettet, daß man sich diese Anhäufung von Knochen ohne Beihilfe von periodischen Ueberschwemmungen, welche allerdings in den meisten Fällen eine ganz andere Beschaffenheit der Thäler voraussetzten, kaum erklären kann. Die frische, unversehrte Beschaffenheit auch der zerbrechlichsten Skelettheile, das häufige Vorkommen von Excrementen, sowie der Umstand, daß viele Knochen namentlich die der Pflanzenfresser (Pferd, Hirsch, Ochse, Rennthier, Rhinoceros) unverkennbare Spuren von Benagung wahrnehmen lassen, stellen die Benützung der Höhlen als Wohnstätten und Zufluchtsörter der Raubthiere außer Zweifel. Merkwürdiger Weise hat auch Virchow an Knochen von Höhlenbären krankhafte gichtische Veränderungen beobachtet, welche er dem Einfluß des feuchten Aufenthaltsortes zuschreibt.

Mit den Raubthieren schien der diluviale Mensch um den Besitz der Höhlen gekämpft und dieselben daraus verdrängt zu haben; darum findet man oft genug seine rohen Steinwerkzeuge und seine eigenen Skelettheile mit den

Knochen der wilden Thiere vermischt. Die ersten menschlichen Schädel — überhaupt die am frühesten entdeckten Reste des Menschen von unzweifelhaft diluvialem Alter — grub der unermüdliche Professor Schmerling, wie schon oben erwähnt, aus den Höhlen von Engis und Engihoul bei Lüttich aus.

Bei Aurignac in der Haute Garonne hatte im Jahre 1842 ein Kaninchenloch zur Auffindung einer großen, unversehrten, mit einer Steinplatte verschlossenen Grabstätte geführt, in welcher 17 menschliche Skelete, begleitet von Feuersteinwaffen und Rennthierhorngeräthen, sowie von verschiedenen unversehrten Thierknochen beigesetzt waren. Nach Wegräumung des Schuttes fand man vor dem Eingang der Grotte eine Feuerstätte, um welche zahlreiche aufgeschlagene oder halbverbrannte Knochen vom Riesenhirsch, Rennthier, Wiesent, Höhlenbären, Rhinoceros, sowie menschliche Kunstprodukte herumlagen. Leider hatte der Maire von Aurignac nichts eiligeres zu thun, als die menschlichen Skelete auf dem städtischen Friedhof beerdigen zu lassen, und als achtzehn Jahre später Herr Lartet Nachforschungen nach denselben anstellte, konnte sich nicht einmal der Todtengräber mehr der Stelle erinnern, wo dieselben begraben worden waren. So wurde durch Unverstand eine Quelle unwiederbringlich verschüttet, die uns über die körperliche Beschaffenheit der ältesten menschlichen Ureinwohner Europa's genügenderen Aufschluß hätte geben können, als alle früheren und späteren Funde.

Im Jahre 1868 wurde durch Eisenbahnbauten im alten Périgord (dem heutigen Departement de la Dordogne) die Höhle Cro-Magnon erschlossen, in welcher Zähne und

Knochen vom Mammuth und sonstigen ausgestorbenen Thieren neben einer Anzahl menschlicher Skelettheile lagen. Die letzteren gehörten wenigstens fünf Individuen an; eines davon war ein Kind, ein anderes ein Weib. Sämmtliche Knochen, namentlich die der Männer, übertreffen die der Südfranzosen ganz erheblich an Länge und Stärke; man gibt die Größe eines Mannes auf nahezu 6 Fuß an und nicht viel kleiner sind die weiblichen Skelete. Die dolichocephalen Schädel sind im Ganzen wohlgebildet, die Gehirnhöhle groß, das Gesicht ungewöhnlich breit, die Kiefer ziemlich vorstehend und die hohen Unterkiefer mit rauhen Muskelerhabenheiten versehen. Nach Broca sollen die Schenkelknochen und Schienbeine gewisse affenähnliche Charaktere erkennen lassen. Für den Culturzustand jener Troglodyten ist es ein trauriges Zeichen, daß von den fünf Individuen aus Cro-Magnon der ausgewachsene Mann die vernarbte Spur einer gewaltsamen Verletzung am Bein erkennen läßt und daß der weibliche Schädel offenbar durch ein spitzes Instrument, wahrscheinlich ein Steinbeil, gewaltsam verletzt war. Es ist von Interesse, daß das vollständige im Jahre 1872 von Rivière entdeckte Skelet aus der rothen Höhle von Mentone (Baousset roussé) im wesentlichen mit jenen von Cro-Magnon übereinstimmt und daß namentlich der Schädel fast genau dieselben Merkmale trägt. Nach Hamy sollen zwei der oben erwähnten Schädel aus Grenelle, und zwar gerade die aus den untersten Schichten stammenden, derselben Race angehören, welche demnach eine weite Verbreitung gehabt zu haben scheint. Andere Merkmale tragen die Schädel von Engis in Belgien, obwohl sie ebenfalls von dolichocephaler Gestalt sind. Vergleicht man ferner eine Anzahl anderer gleichartiger Funde, namentlich aus französischen Höhlen und Niederlassungen, welche hier nicht alle aufgezählt werden sollen, mit den bisher erwähnten, so ergibt sich, daß Europa wahrscheinlich schon zur Diluvialzeit von verschiedenen Völkerschaften, vielleicht sogar von verschiedenen Racen bewohnt war. Unsere Kenntniß von der physischen Beschaffenheit des diluvialen Urmenschen ist, wie man sieht, noch ziemlich lückenhaft, allein Eines ist schon jetzt über allen Zweifel festgestellt: eine Uebergangsform zwischen Affe und Mensch war er nicht. Gerade die ältesten Schädel sind wohl gebildet, sie stellen sich keineswegs unbedingt den niederen Menschenracen zur Seite; ja nicht einmal der Charakter der Wildheit ist ihnen in hervorragender Weise aufgedrückt. Der Schädel von Engis z. B. könnte nach Huxley's Ausspruch eben so gut das Gehirn eines Philosophen wie das eines gedankenlosen Wilden enthalten haben. Die Kluft, welche auch in körperlicher Beziehung den Menschen vom Affen trennt, ist durch die bisherigen paläontologischen Funde nicht ausgefüllt worden; „noch ist die Zeit nicht gekommen," — sagt Virchow — „die Stellung der wirklichen Urbevölkerung Europa's auch nur mit annähernder Sicherheit zu bestimmen. Noch ist diejenige Urrace nicht entdeckt, welche als die niederste Erscheinungsform des Menschen und, wie man voraussetzt, als die einheitliche Wurzel aller Völkerfamilien betrachtet werden kann. Noch fehlen uns die „Adamiten."

Nicht alle Höhlen enthalten die diluviale Säugethierfauna in ihrer vollen Reinheit; häufig findet man solche, in denen entweder vereinzelte ausgestorbene Arten mit anderen vermischt sind, welche man entweder nur in den jüngsten Diluvialschichten oder sogar im Alluvium zu finden pflegt oder die jüngeren Typen erfüllen ausschließlich den Lehmboden der Höhlen. Man weiß jetzt, daß fast alle geräumigeren Höhlen außerordentlich lange wilden Thieren und Menschen zur Wohnstätte dienten. Es gehören darum auch keineswegs alle Höhlenfunde der gleichen Periode an, im Gegentheil, es muß bei der Altersbestimmung der verschiedenen Wohnstätten, die Anordnung der einzelnen den Boden bedeckenden Schichten, die Beschaffenheit der paläontologischen Funde und der menschlichen Kunstprodukte oder Abfälle sorgfältig berücksichtigt werden.

Mit der allmäligen Abnahme der höhlenbewohnenden Raubthiere gewann das Rennthier an Verbreitung. Man bezeichnet denjenigen Abschnitt der Diluvialzeit, in welchem sich Höhlenbär, Höhlenhyäne, Löwe, Mammuth u. s. w. bereits beträchtlich vermindert hatten und das Rennthier in größter Häufigkeit auftritt, als Rennthier-Periode, doch läßt sich nach den neuesten Entdeckungen zwischen der Periode der Höhlenraubthiere und der des Renns keine scharfe zeitliche Unterscheidung durchführen, wenn auch zuverlässig alle Fundstellen mit vorwiegenden Rennthierresten einer jüngeren Periode angehören. Aus der Rennthierzeit liegt ein sehr umfangreiches wissenschaftliches, theils aus Höhlen, theils aus sonstigen menschlichen Niederlassungen stammendes Material vor. Das beste haben die Höhlen im Périgord, in Belgien und in England geliefert. In Deutschland gehören die an menschlichen Culturresten reichen Höhlen in Schwaben und Franken größtentheils der Rennthierzeit an, obwohl damals auch noch Höhlenbär,

Rhinoceros und Mammuth häufig vorkamen und vom Menschen erlegt wurden. Die neuen Ausgrabungen im Hohlenfels bei Blaubeuren und in der Räuberhöhle bei Etterzhausen unfern Regensburg haben auch für Deutschland das Zusammenleben des Menschen mit den großen diluvialen Raubthieren, dem Mammuth und dem Rennthier sichergestellt. Die berühmte Niederlassung an der Schussenquelle in Oberschwaben wurde vielleicht zur gleichen Zeit und vom gleichen Volke, wie die Höhlen der rauhen Alb, bewohnt, obwohl man unter den Küchenabfällen von Schussenried eine Unmasse Ueberreste vom Rennthier, eine kleine Anzahl meist nordischer Thiere und Pflanzen (Vielfraß, Eisfuchs, Wolf, brauner Bär, Singschwan, zwei

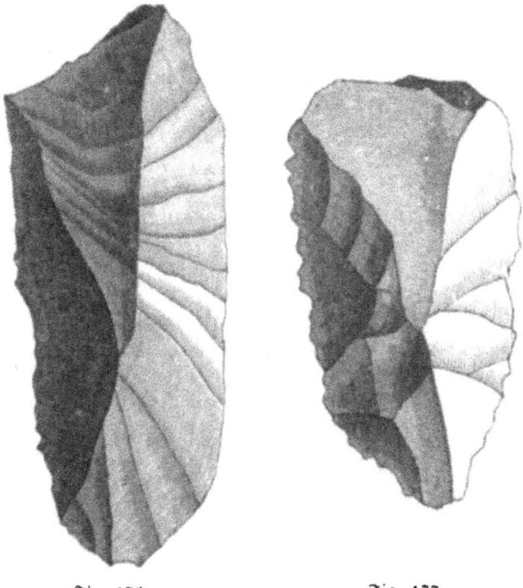

Fig. 176. Fig. 177.
Feuersteinsplitter von Menschenhand bearbeitet, aus der Räuberhöhle bei Etterzhausen in der Oberpfalz.

norwegische Moosarten), aber nichts von Höhlenbär, Mammuth oder Rhinoceros fand.

Auch in der Rennthierzeit fehlt es dem Menschen noch an Metallgeräthen. Alle Werkzeuge und Waffen bestehen aus unvollkommen behauenen Steinen (meist Feuerstein) (Fig. 176 und 177) oder aus gespaltenen und geschnitzten Knochen und Geweihen. Es zeigt sich indeß schon der Beginn eines gewissen Luxus in der Produktion von höchst primitiven Schmucksachen, die aus durchbohrten Kugeln und Scheiben, aus zu Ketten und Ringen zusammengereihten Schneckenhäusern u. dgl. bestehen. Ja sogar künstlerische Versuche in plastischen oder bildlichen Darstellungen von Thieren und Ornamenten bestehend, haben sich namentlich in den südfranzösischen Höhlen gefunden. Bei aller Rohheit der Ausführung lassen sich dennoch in den auf Bein oder Stein eingeritzten Zeichnungen Rennthiere, Hirsche, Pferde und andere Thiere erkennen, die nicht ohne künstlerischen Geschmack und jedenfalls mit einem sehr ausgeprägten Sinn für Perspective entworfen sind. Für das

Fig. 178. Elfenbeinstück mit der Zeichnung eines Mammuths aus der Höhle von La Madelaine.

Zusammenleben der südfranzösischen Höhlenbewohner mit ausgestorbenen Diluvialthieren liefert ein in der Höhle von la Madelaine im Perigord gefundenes Elfenbeinstück mit der unverkennbaren Abbildung des wollhaarigen Mammuth (Fig. 178) den besten Beweis.

Es fehlt nicht an Zweiflern, welche die Aechtheit dieser für ein ganz barbarisches Troglodytenvolk immerhin staunenswerthen Kunstwerke bestreiten und welchen man ohne Erfolg die zierlichen Schnitzereien der Aleutenbewohner oder die in mancher Hinsicht ähnlichen Zeichnungen der Tschuktschen auf Knochen oder Wallroßzähne in Erinnerung bringt. Allein in diesem Fall dürfte die Zweifelsucht doch zu weit getrieben sein, denn nicht allein im südlichen Frankreich hat man an vielen verschiedenen, zum Theil entlegenen Fundorten solche Zeichnungen entdeckt, sondern auch in Belgien (Trou Margrite) kamen einige Proben vor, die allerdings eine weit geringere Kunstfertigkeit verrathen. Im Genfer Museum befindet sich ein vor vielen Jahren am Mont Salève gefundenes Knochenstück mit der deutlichen Abbildung einer Pflanze, und neuestens (1874) kam in der Höhle von Thaingen bei Schaffhausen unter ganz unverdächtigen Umständen ein Knochen zum Vorschein, auf welchem Professor Heim erst in Zürich, als er seine Ausbeute reinigte, die fein eingekratzte Zeichnung eines Rennthieres beobachtete, welche hinsichtlich der gewandten Linienführung mit den besten bildlichen Darstellungen der Urbewohner Südfrankreichs wetteifert.

Ueber die physische Beschaffenheit des Menschen aus der Rennthierzeit gewähren hauptsächlich eine größere Anzahl von Knochen und zwei wohlerhaltene Schädel aus

Höhlen bei Furfooz in Belgien Aufschluß. Diese Reste weisen auf eine kurzköpfige (brachycephale) Menschenrace von kleiner, aber sehr kräftiger Statur hin. Obwohl die beiden Schädel in ein und derselben Höhle gefunden wurden, so weichen sie doch so bedeutend von einander ab, daß es vorläufig nicht rathsam erscheint, irgend welche allgemeine Folgerungen aus ihrer Beschaffenheit abzuleiten. Herr Pruner Bey glaubte die Schädel einerseits denen der turanisch-mongolischen Völkerschaften, anderseits denen der Basken und Iberer am nächsten stellen zu dürfen, allein dieser Ansicht ist von Virchow u. A. entschieden widersprochen worden. Daß übrigens die kurzköpfige, von den Franzosen und Belgiern als „Mongoloiden" bezeichnete Race der Rennthierzeit, welcher wahrscheinlich auch die bei Solutré unfern Lyon begrabenen Leichen angehören, mit der dolichocephalen Race der älteren Zeit nur wenig gemein habe, wird allerseits anerkannt.

Ist unsere Kenntniß von dem anatomischen Bau des diluvialen Menschen auch beschränkt, so gestatten uns doch die vielfachen erhaltenen Reste seiner Werkthätigkeit einen Einblick in seine Lebensweise und Sitten. Auch zur Rennthierzeit lebte der Mensch noch vorzugsweise in Höhlen oder unter dem Schutze vorstehender Felsen in Flußthälern: nur ausnahmsweise scheint er sich in offener Ebene künstliche Bauwerke zum Schutze gegen die Witterung errichtet zu haben. „Wir sehen diese alten Völker" — schreibt Dupont von den belgischen Urbewohnern — „in ihren dunkeln, unterirdischen, mit Thierknochen phantastisch geschmückten Schlupfwinkeln, wie sie, unbekümmert um die pestilenzialischen Ausdünstungen zahlreicher verwesender

Thierreste, die ihre Nachlässigkeit in der Wohnung liegen läßt, mit Geschicklichkeit und Geduld ihre Feuersteinwerkzeuge zuhauen und ihre Geräthe aus Rennthierhorn schnitzen. Aus den Thierfellen bereiten sie sich mit Hilfe von Feuersteinmessern und Elfenbeinnadeln Kleider. Wir sehen sie auf der Jagd nach wilden Thieren, bewaffnet mit Pfeilen und Lanzen, an denen ein Stück Feuerstein die todtbringende Spitze bildet. Wir wohnen ihren Festmahlen bei, wo ein Pferd, ein Bär, ein Rennthier nach einer glücklichen Jagd das schlechte Rattenfleisch, ihre einzige Hilfsquelle gegen den Hunger, ersetzt hat. Da finden wir sie Handel treibend mit den Stämmen im nördlichen Frankreich, um Muscheln und Glanzkohle zum Schmuck und Feuerstein zur Herstellung ihrer Waffen zu erhalten. Hier sammeln sie Flußspath, dessen Farbe ihr Auge entzückt, da sind große Steinplatten, welche sie um den Heerd legen." Auch über die Ceremonien bei der Bestattung der Todten entwirft Dupont ein phantasievolles Bild und schildert schließlich den Einbruch von Fluthen, durch welche die meisten belgischen Höhlen mit Schlamm erfüllt und in ihren jetzigen Zustand versetzt wurden.

Als Hauptresultat der bisherigen Forschungen dürfen wir annehmen, daß der Mensch der Diluvialzeit theils in den Niederungen der Flüße, theils als Troglodyte lebte, daß er weder den Gebrauch der Metalle kannte, noch die Cultur von Getreide oder die Züchtung von Hausthieren verstand. Sein Dasein war der Befriedigung der rohesten sinnlichen Bedürfnisse gewidmet, und diese konnte er nur in erbittertem Kampf gegen eine starke, an physischer Kraft überlegene thierische Umgebung erringen. Krieg hieß die Losung in jenem traurigen, unwirthlichen Paradies des Urmenschen! Aber im Kampf ums Dasein schärften sich seine Sinne und Geistesfähigkeiten, er lernte Waffen erfinden, Fallen stellen, Netze flechten, und so wurden vielleicht gerade durch den steten Vertheidigungszustand gegen äußere Feinde und gegen eine unfreundliche Natur die Keime jener geistigen Eigenschaften entwickelt, deren weiterer Ausbildung der Mensch heute seine erhabene Stellung in der irdischen Schöpfung verdankt.

Die wichtige Frage nach dem Alter des Menschengeschlechtes*) hängt mit der Dauer der Eiszeit nahe zusammen, namentlich seitdem man in neuester Zeit im ungeschichteten, offenbar unter Mitwirkung von Eis gebildeten Diluvium der Grafschaft Hampshire roh bearbeitete Feuersteinwaffen entdeckt hat. Schon die einfache Betrachtung, daß am Schlusse der Tertiärzeit ein milderes Klima als heutzutage in Europa geherrscht hat, daß dieses sich allmälig (denn eine plötzliche Abkühlung widerspricht allen sonstigen Erfahrungen) soweit erniedrigte, um die Ansammlung von großen Eismassen zu gestatten, führt uns zur Annahme eines langen Zeitraums. Dieser Periode müssen wir eine weitere beifügen, in welcher die Gletscher durch Zuwachs an atmosphärischem Niederschlag ihre kolossale Ausdehnung gewannen und endlich ist das Maß von Zeit in Anschlag zu bringen, welches die Gletscher zur Fort-

*) Ausführliches darüber findet man in Ch. Lyell's Werk „Ueber das Alter des Menschengeschlechtes auf der Erde", übersetzt von L. Büchner. 1866.

schaffung der Findlingsblöcke z. B. von den Alpenhöhen bis an den Rand des Juragebirges bedurften. Nimmt man im Mittel an, daß das Gletschereis in 50 Jahren um eine Stunde vorrückt, was nach den vorliegenden Beobachtungen gewiß nicht zu gering ist, so würde beispielsweise der aus der Gegend von Martigny im Wallis stammende „Pierre à bot" bei Neuenburg für seinen 22stündigen Weg 1100 Jahre gebraucht haben. Es scheint übrigens nach der Meinung der bewährtesten Forscher überaus wahrscheinlich, daß die Eiszeit nicht als eine einmalige Kälteperiode aufzufassen sei, sondern daß Unterbrechungen stattfanden, während welcher die Gletscher zeitweilig an Terrain verloren, das sie später wieder zurück eroberten. Nach Osw. Heer gab es unmittelbar nach der Tertiärzeit, also noch vor Ablagerung der Utznacher und Dürntener Braunkohlen eine Eiszeit in der Schweiz, nach dieser trat wieder eine bedeutende Temperaturerhöhung ein, welche die Gletscher zum Rückzug nöthigte und erst dann folgte die eigentliche Eiszeit mit der Hauptausdehnung der Gletscher. Einer späteren abermaligen Temperaturerhöhung verdankt man das Abschmelzen der Eismassen, die gewaltigen Diluvialfluthen und die Entstehung des geschichteten Diluviums. In noch bestimmterer Weise glaubte Lyell in Schottland die Spuren von zwei verschiedenen Gletscherperioden nachweisen zu können. Dieser geniale Forscher veranschlagt die Dauer der beiden Eiszeiten auf 22400 Jahre. Damit soll freilich nicht behauptet werden, daß auch der Mensch diese ganze Periode mit erlebt habe. Um das zu beweisen, müßte man in vorglacialen Ablagerungen menschliche Ueberreste oder Werkzeuge entdecken, was bis jetzt wenigstens mit Sicherheit nicht geschehen ist. Sicherlich aber war der Mensch Zeuge der abschmelzenden Eismassen und Zeuge der Entstehung eines großen Theiles der Diluvialgebilde. Es fehlt uns allerdings jeder exacte Maßstab zur Berechnung vorhistorischer Ereignisse; allein wenn wir bedenken, daß uns die Funde im Diluvialschutt und in Höhlen die Aufeinanderfolge von wenigstens zwei Menschenracen verrathen, von welchen die jüngere ihre Vorgängerin an Kunstfertigkeit und wahrscheinlich auch an Cultur weit überlegen war, wenn wir ferner einen flüchtigen Blick auf die archäologisch festgestellten Culturstufen der europäischen Ureinwohner werfen, welche erst nach dem Zeitalter der roh behauenen Steinwerkzeuge eintraten, und zwar in einer Periode, wo die äußeren Oberflächen- und Temperatur-Verhältnisse bereits vollständig oder doch nahezu den heutigen gleichkamen, wo sich die Flüsse bereits ihre Thäler ins Diluvium eingerissen hatten und wo die Thier- und Pflanzen-Welt aus den noch jetzt vorhandenen Elementen bestand, so werden wir einsehen, daß wir mit der Zeit nicht allzu sehr kargen dürfen.

Man unterscheidet von der „älteren diluvialen Steinzeit", aus welcher nur roh zugehauene Steinwerkzeuge oder aus Knochen und Horn geschnitzte Geräthe und Waffen überliefert sind, eine jüngere, bereits der gegenwärtigen erdgeschichtlichen Periode angehörige Culturstufe. In dieser „jüngeren Steinzeit" vermissen wir Mammuth, Rhinoceros, Rennthier und alle übrigen ausgestorbenen oder exclusiv nordischen Thiere; statt ihrer verkünden mehrere zum Theil eingeführte, zum Theil gezähmte Hausthiere, wie Schaf, Ziege, Hund, Rind, Schwein u. s. w.

neben Ueberresten von Getreide und sonstigen Culturgewächsen, daß die damalige Bevölkerung, der ausschließlichen Beschäftigung mit Jagd und Fischfang entsagend, sich bereits dem Ackerbau und der Viehzucht zugewendet hatte. Sie verstand sich auf den Bau künstlicher Wohnungen und besaß vermuthlich schon eine Art politischer Organisation. Von Metallgeräthen machte auch sie noch keinen Gebrauch, wenn auch Gold neben Bernstein und Glas gelegentlich als Schmuck getragen wurde. Sämmtliche Werkzeuge und Waffen bestehen ebenfalls aus Stein, Holz oder Horn, allein namentlich die ersteren verrathen durch feinere Form, sorgfältigere Bearbeitung oder Glättung und durch gelegentliche Verzierungen schon einen entwickelteren Schönheitssinn. Auch in der Herstellung von Thonwaaren und künstlichen Geweben für Kleidung oder sonstigen Gebrauch zeigt sich ein Bestreben nach gefälliger Gestaltung.

Zur eben geschilderten Periode gehören hauptsächlich die vielgenannten „Kjökkenmöddings“, Anhäufungen von Küchenabfällen und zwar vorzugsweise von Austernschalen in Dänemark, ferner ein Theil der skandinavischen und deutschen Hünengräber, alte Seeansiedelungen in Irland und mehrere der älteren Pfahlbauten in den Alpenseen. Weiterschreitend gelangen wir in eine Periode, welcher die reichliche Verwendung von Bronce Namen und Charakter verliehen hat. Sowohl in nordischen Grabhügeln wie in den jüngeren Pfahlbauten der Alpenländer und in den ehemaligen Niederlassungen der italischen Ureinwohner haben sich zahlreiche, in Gestalt, Verzierung und Bearbeitung auffallend gleichförmige Kunstprodukte, namentlich Thonwaaren einer Völkerschaft von kleiner Statur erhalten, die mit der Metallurgie von Kupfer und Zinn wohl vertraut war, aber die Gewinnung und Bearbeitung von Eisen noch nicht verstand. Münzen mit Inschriften fehlen ihren Wohnsitzen, dagegen hat die Fabrikation von Geweben bedeutende Fortschritte gemacht.

Erst mit der darauf folgenden „Eisenzeit“ treten wir in den Bereich historischer Forschung, obwohl die Anfänge auch dieser Periode noch in tiefes Dunkel gehüllt liegen und kein Geschichtsforscher die erste Einwanderung der Helvetier, Kelten und Germanen festzustellen im Stande ist.

Dem Geologen steht zur Beurtheilung vorhistorischer Zeiträume hauptsächlich die Mächtigkeit der vorhandenen Schichten als Maßstab zur Verfügung. Da jedoch die gleiche Menge von Sediment in sehr verschiedener Geschwindigkeit und demnach in sehr verschiedenen Zeiträumen zur Ablagerung gelangen kann, so fehlt derartigen Berechnungen jede zuverlässige Grundlage. Andere Versuche aus der Zeitdauer von Tropfsteinbildungen oder nach dem Wachsthumsverhältnisse von Torf und Korallen die Bildungszeit gewisser Schichten von einer bestimmten Mächtigkeit zu bestimmen oder gar Bodenerhebungen als Basis solcher Berechnungen zu machen, verdienen nicht mehr Zutrauen. Es ist darum auch nicht zu verwundern, wenn z. B. Arcelin der Broncezeit 2700—3600, der jüngeren Steinzeit 6700—8000, beiden zusammen also etwa 11000 Jahre zuschreibt, während Herr Gilliéron für alle seit der jüngeren Steinzeit erfolgten Anschwemmungen nur 6750 Jahre in Anspruch nimmt und Herr Steenstrup die Kjökkenmöddings in Dänemark sogar nur um 4000

Jahre zurückversetzt, obwohl sich seitdem die Waldflora daselbst dreimal vollständig in der Art geändert hat, daß die zur Steinzeit herrschenden Fichten später Eichen Platz machen mußten, die ihrerseits wieder durch die jetzt vorhandenen Buchen verdrängt wurden.

Sollte es einmal gelingen, die Kunstprodukte der Broncezeit in einen Zusammenhang mit der Geschichte der alten Culturvölker in Aegypten, Klein-Asien oder im fernen Osten zu bringen, so würde uns von dort die Leuchte kommen, welche die dunkeln Pfade unserer Urahnen erhellen und unserer jetzigen vagen Zeitbestimmung eine solidere Grundlage verleihen könnte.

Mit dem Beginn der Broncezeit, mit der Herstellung der heutigen Oberflächengestaltung, mit dem Aussterben der großen Diluvialsäugethiere und der Einführung unserer jetzigen thierischen und pflanzlichen Umgebung stehen wir am Schlusse der Aufgabe, welche sich Geologie und Paläontologie gestellt haben. Der bisher von diesen Wissenschaften gesponnene Faden wird nunmehr von der physikalischen Geographie, von den biologischen Naturwissenschaften, der Anthropologie, Archäologie und endlich von der Sprach- und Geschichtsforschung aufgenommen und mit größerer Sicherheit und klarerem, vollständigerem Material zur Geschichte der jetzigen Erdbewohner verwoben.

Doch nur ein Tag zu nennen,
Ist Alles was wir kennen;
Wovon wir Kunde lesen,
Ein Tag, und viele Tage
Sind vor dem Tag gewesen,
Von denen uns nicht einmal sagt die Sage.
(Rückert.)

IV. Das Diluvium in Amerika und Australien.

Das Bild der Diluvialzeit würde ohne einen wenn auch noch so flüchtigen Blick auf die außereuropäischen Länder einseitig bleiben und ebenso würden uns die engen Beziehungen der diluvialen Organismen zu ihren heutigen Nachkommen nur ungenügend vor Augen treten, wenn wir uns auf Europa allein beschränken wollten. Wir haben uns sindeß fast nur mit Amerika und Australien zu beschäftigen, da die diluviale Fauna und Flora der alten Welt entweder mit der europäischen übereinstimmt, wie im nördlichen Asien und in den am Mittelmeer gelegenen Theilen von Afrika, oder erst so unvollständig bekannt ist, daß sich keine Folgerungen von allgemeinerem Interesse daran anknüpfen lassen.

Erst in der neueren Zeit ist aus Nord-Amerika eine ziemlich reiche Landsäugethierfauna aus dem Diluvium bekannt geworden, deren eigenthümliche Zusammensetzung Veranlassung zu mancherlei Betrachtungen bietet. Es befinden sich darunter mehrere der bezeichnendsten Arten aus Europa, wie M a m m u t h, R e n n t h i e r, E l e n n-t h i e r, W i s e n t, B i s a m o c h s e und P f e r d. Aus dem Vorkommen dieser Thiere läßt sich fast mit Gewißheit ein ehemaliger Zusammenhang mit der alten Welt voraussetzen, wenn auch die Annahme einer ganz schrankenlosen Verbindung durch die gleichzeitige Entwickelung einer Reihe specifisch amerikanischer Formen unwahrscheinlich gemacht wird. Wenn wir finden, daß Hunde, Katzen, Bären und Hirsche im amerikanischen Diluvium ungefähr dieselbe Rolle spielen, wie ihre Vettern in Europa, daß jedoch die einzelnen Arten in untergeordneten, aber zur Unterscheidung völlig ausreichenden Merkmalen von einander abweichen, so erkennt jeder Thiergeograph in diesem häufigen Vorkommen stellvertretender Arten zwei ursprünglich vereinigte Verbreitungsbezirke, deren Verbindung im Laufe der Zeit gehemmt oder ganz unterbrochen wurde. Die Brücke, welche sich bei Beginn der Diluvialzeit im Norden des Atlantischen Oceans zwischen Grönland und Großbritannien ausspannte, mag wohl nach und nach von den Fluthen des Meeres unterwaschen und zertrümmert worden sein.

Eine bemerkenswerthe Erscheinung der amerikanischen Diluvialfauna liegt auch in dem Artenreichthum gewisser mit der alten Welt gemeinsamer Gattungen. So sehen wir dort den Bisamochsen nicht allein viel häufiger als in Europa, sondern noch überdies von zwei weiteren Arten begleitet auftreten; von unseren beiden diluvialen Ochsen besitzt Amerika nur den Wisent, außerdem aber noch drei eigenthümliche Arten. Am meisten überraschen uns sechs diluviale Pferde, da ja bekannt ist, daß bei Entdeckung der neuen Welt diese Gattung daselbst ausgestorben und bei den Eingeborenen die Tradition an diese Thiere so vollständig erloschen war, daß der Anblick der Reiterschaaren des Columbus und Cortes einen furchtbaren Schrecken hervorrief. Es ist sicherlich höchst merkwürdig, daß gerade in demjenigen Lande, welches zur Tertiär- und Diluvial-Zeit die meisten Pferde hervorbrachte, diese Gattung am frühesten ausstarb, obwohl dort die Bedingungen zu ihrem Gedeihen jetzt wieder so günstig sind, wie nur in irgend einem Theile der Erde. Als eine weitere Eigenthümlichkeit der amerikanischen Diluvialfauna verdient die Erhaltung

Fig. 179. Mastodon giganteum aus dem Diluvium von Nord-Amerika.

mehrerer in Europa bereits am Schluß der Tertiärzeit ausgestorbener Gattungen Beachtung. Hierher gehören ein Hipparion (vgl. S. 481) aus Süd-Carolina (H. venustum), eine Beutelratte (Didelphis Virginiana), zwei Tapire und vor Allem das riesige amerikanische Mastodon

(Fig. 179), von dem mehrere vollständige Skelete neben einander in aufrechter Stellung aus Diluvialschlamm bei New-York und Cincinnati in so frischem Zustand ausgegraben wurden, daß sich in der Bauchhöhle noch Reste des mit Cypressennadeln gefüllten Magensacks erhalten hatten. Als ächt nordamerikanische Urbewohner, deren Herkunft theilweise aus der Neogenfauna von Niobrara abzuleiten ist, wären ein Nabelschwein (Dicotyles), ein kameläh nliches Hufthier und mehrere eigenthümliche Nager zu nennen.

Mit Ausnahme der letztgenannten Gruppe treten uns unter den bis jetzt erwähnten Landthieren nur Gattungen von entschieden altweltlichem Charakter, ja sogar einige der bekannten Arten aus der europäischen Eiszeit entgegen. Trotz dieser Uebereinstimmung erhält die nordamerikanische Diluvialfauna durch ein abweichendes numerisches Verhalten der Gattungen und Arten, durch die Einschaltung einiger ureingeborener Typen und endlich durch das Fehlen mehrerer der gemeinsten europäischen Formen, wie Nashorn, Nilpferd, Hyäne, Vielfraß, Lemming, Ur, Riesenhirsch u. A., eine sehr bestimmte locale Färbung. Das wahrhaft amerikanische Gepräge wird ihr übrigens erst durch die starke Entwickelung der Europa und der ganzen alten Welt vollständig fremden Riesenfaulthiere (Gravigraden) aufgedrückt. Es ist dies eine erloschene Gruppe aus der Ordnung der Edentaten, zu welchen man in der heutigen Schöpfung die Familien der Faulthiere, Ameisenlöwen, Gürtelthiere und Schuppenthiere rechnet. Die fossilen Gravigraden besitzen, wie die Faulthiere, nur hohle, cylindrische, schmelzlose Backzähne (keine Schneide-

oder Eckzähne), einen kurzen, gerundeten Kopf, an welchem sich der Jochbogen durch einen abwärts gerichteten Fortsatz auszeichnet. Ihre Hinterfüße sind kurz und ungeheuer stark, die Zehen vorn und hinten mit gewaltigen Krallen versehen, Becken und Schwanz enorm entwickelt, letzterer geradezu als Stütze des Körpers verwendbar. Die Riesenfaulthiere waren plumpe, unbeholfene Geschöpfe, deren Größe zwischen Flußpferd und Elephant schwankte. Nach ihrem Gebiß zu urtheilen, gehören sie zu den Pflanzenfressern, und zwar sind ihre Zähne fast nur zum Ergreifen und Zermalmen von Blättern geeignet. Die nachstehende Abbildung des **Megatherium Cuvieri** (Fig. 180) ist nach einem im Münchener paläontologischen Museum aufgestellten Gypsabguß gezeichnet, dessen Original sich im Britischen Museum befindet. Die Knochen dieses Riesenthieres wurden im diluvialen Pampas-Schlamm bei Luxan unfern Buenos Aires ausgegraben, nicht weit von der Stelle, wo schon einige Jahrzehnte früher ein anderes, fast vollständiges, jetzt in Madrid aufgestelltes Skelet gefunden worden ist; ein drittes von außerordentlicher Schönheit, wenn auch etwas kleiner als die vorigen, wurde vor zwei Jahren vom Museo civico in Mailand um die Summe von 24000 Francs erworben. Das **Megatherium** war der König unter den Faulthieren und überhaupt das hervorragendste Geschöpf in der diluvialen Landfauna Amerika's. An Größe kam das 8 Fuß hohe und 20 Fuß lange Thier dem Elephanten gleich, es übertraf denselben aber namentlich am hinteren Theil des Skelets an massiger Entwickelung der Knochen. Am weit geöffneten, riesig großen Becken sieht man Eindrücke für Muskeln von ungewöhnlicher Stärke; die kurzen Oberschenkelknochen sind kaum doppelt so lang als dick und der kolossale Schwanz zu einem wahren Stützpfeiler umgestaltet. Die Vorderfüße sind weit schlanker und vermittelst eines ungewöhnlich stark

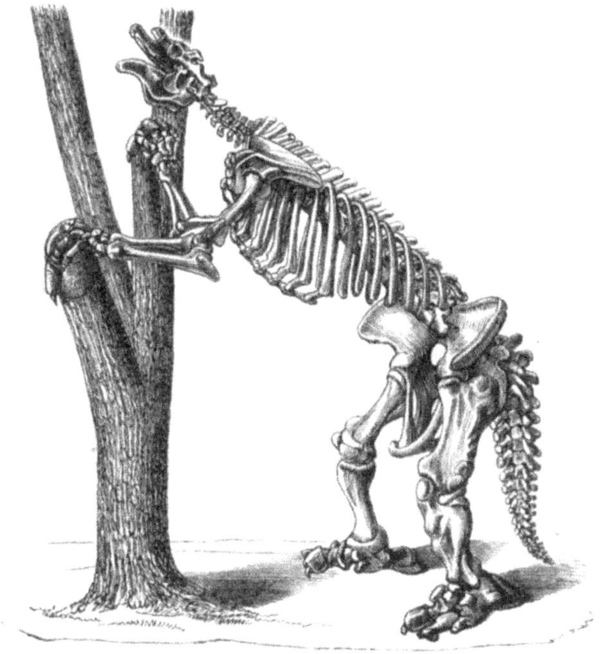

Fig. 180. Megatherium Cuvieri aus dem Pampasschlamm von Luxan bei Buenos Aires.

entwickelten Schlüsselbeins beweglicher und drehungsfähiger, als bei allen übrigen Säugethieren, mit Ausnahme der Affen. Für ein so großes Thier erscheint der Schädel winzig, auch das Gehirn nimmt einen sehr geringen Raum ein, woraus auf die beschränkten Fähigkeiten desselben geschlossen werden kann. Beim Gehen trat das Megatherium nicht mit der ganzen Sohle, sondern nur mit den äußeren Zehen auf: es konnte somit die schreitende Fortbewegung des gewaltigen Körpers nur äußerst langsam geschehen. Gegen die Annahme einer kletternden Bewegung nach Art der heutigen Faulthiere läßt sich aus der anatomischen Beschaffenheit der mit langen Krallen versehenen Füße nichts einwenden, aber wo hätte es jemals Bäume gegeben, stark genug, um die Last dieser furchtbar schweren Körper zu tragen? Weit wahrscheinlicher dünkt uns die Ansicht R. Owen's, nach welcher die Riesenfaulthiere, sich auf ihre Hinterfüße und den schweren Schwanz stützend, bei aufgerichtetem Vorderkörper Bäume mit ihren Vorderfüßen umkrallten, dieselben so lange rüttelten und hin und her zerrten, bis sie entwurzelt oder geknickt ihre Blätter als Beute darboten. Die langen Krallen haben wohl nebenher auch zum Aufgraben der Wurzeln gedient. Nicht immer mag es bei den Operationen ohne Gefahr abgegangen sein, wenn der Stamm beim Fallen eine unvorhergesehene Richtung einschlug. R. Owen wenigstens beschreibt einen Schädel von Mylodon, der durch einen furchtbaren Schlag schwer verletzt worden war, sich aber später wieder vollständig ausgeheilt hatte.

Das abgebildete, als Beispiel der Gravigraden gewählte Skelet des Megatherium Cuvieri stammt aus Süd-Amerika; aber auch in Nord-Amerika finden sich Arten derselben Gattung in Gesellschaft von zwei nahe verwandten Sippen (Mylodon und Megalonyx).

Woher kommen nun diese abenteuerlichen Gestalten? Sind sie nordamerikanischem Boden entsprungen oder aus der Ferne herbeigewandert? Für die erste Annahme dürfte sich kaum eine genügende Begründung beibringen lassen, da unter den älteren Säugethieren von Mauvaises terres, Niobrara und den übrigen bis jetzt bekannten tertiären Fundorten Nord-Amerikas auch nicht die Spur eines Edentaten existirt. Aus dem gleichen Grunde wird auch der Gedanke an eine Einwanderung aus der alten Welt ausgeschlossen, denn die einzige dort bekannte Edentatengattung steht als afrikanischer Typus den Gravigraden ferne; aber selbst angenommen, es gäbe in Europa oder Asien muthmaßliche Stammformen, so würde die Verbreitung der diluvialen Riesenfaulthiere gegen eine Einwanderung der alten Welt sprechen. Die fossilen Gravigraden hielten sich nämlich vorzugsweise in den südlichen vereinigten Staaten auf und schickten ihre äußersten nördlichen Vorposten nur bis nach Kentucky und Oregon; sie fehlten, wie es scheint, dem Gebiete, in welchem sich die europäischen Eiszeitbewohner, nach ihrer Einwanderung in Amerika über ein circumpolares Festland heimisch gemacht hatten, und sind somit sicherlich nicht mit jenen vom Norden her gekommen. Eine andere Verbindung Amerika's mit Europa, eine über die Azoren sich erstreckende Atlantis, wie sie die Botaniker anzunehmen lieben, ist höchst unwahrscheinlich, da sich alsdann nicht begreifen ließe, warum die diluvialen Gravigraden mit allen ihren Genossen nicht diesen kurzen Weg eingeschlagen hätten, um ihr Verbreitungsgebiet durch die alte Welt zu erweitern.

Richten wir aber unsern Blick nach Süden, wo ohnehin die zahlreichen Canäle der geographischen Verbreitung der Edentaten zu einem Strom zusammenzufließen scheinen, betrachten wir die reiche aus brasilianischen Höhlen oder aus Pampasschlamm ausgegrabene Diluvialfauna, so können wir nicht lange darüber zweifelhaft bleiben, daß die nordamerikanischen Riesenfaulthiere als Ueberläufer aus der südlichen Hemisphäre zu betrachten sind.

In den weiten Ebenen der La Plata-Staaten liegen die Gebeine der großen Pflanzenfresser meist noch zu vollständigen Skeleten vereinigt; vereinzelte Knochen finden sich in Höhlen oder im Schwemmland von Brasilien, Chili und Peru. Vergeblich sucht man unter ihnen nach Resten von Elephant, Nashorn und Flußpferd, wohl aber treten die Gattungen Mastodon und Tapir mit je zwei Arten als alte Bekannte entgegen. Hinsichtlich der Häufigkeit werden dieselben übrigens durch die formenreichen Edentaten in Schatten gestellt. Diese Ordnung bildet noch heute ein höchst charakteristisches Element der südamerikanischen Fauna, wenn sie auch seit der Diluvialzeit ihre gewaltigsten Repräsentanten eingebüßt hat.

Unter den Riesenfaulthieren finden sich nicht allein die bereits in Nord-Amerika erwähnten Gattungen, sondern außer diesen noch drei weitere. Aechte Faulthiere oder Ameisenfresser aus den Sippen, welche noch heute namentlich Brasilien bevölkern, haben sich fossil noch nicht gefunden, dagegen besitzen die harmlosen Gürtelthiere zahlreiche diluviale Vorläufer. Diese sonderbaren Geschöpfe zeichnen sich bekanntlich durch einen soliden aus vielen Knochenplatten zusammengesetzten Panzer aus, der den ganzen Körper und einen Theil des Kopfes bedeckt. Man kennt in Süd-Amerika etwa zehn lebende Arten von geringer Größe aus der Gattung Dasypus, denen sich mindestens eben so viele fossile, meist nahverwandte anschließen. Neben diesen kleinen Formen erregt die Gattung Glyptodon (Fig. 181) durch ihre gewaltigen Dimensionen unsere Bewunderung. Ungeheuren Landschildkröten vergleich-

Fig. 181. Glyptodon asper aus dem Pampas-Schlamm von la Plata. (Nach Burmeister.)

bar bewegten sich diese Thiere unter der Last ihres schweren Panzers nur langsam vorwärts, um ihre Nahrung aufzusuchen, die vermuthlich in faulenden Vegetabilien bestand. Trotz ihres eigenthümlichen Aussehens besitzt das Skelet überraschende Aehnlichkeit mit dem der Gravigraden, wie aus Fig. 181, in welcher der Panzer nur im Durchschnitt angedeutet wurde, leicht zu ersehen ist. Einige der größten

Glyptodon-Arten erreichten eine Länge von 10 Fuß bei einer Höhe von nahezu 5 Fuß.

Nächst den Edentaten liefern in Süd-Amerika die Hufthiere die seltsamsten Gestalten. Fig. 182 zeigt uns das restaurirte Bild der Gattung **Macrauchenia**. In der Schädelform, im Gebiß und im Bau der dreizehigen

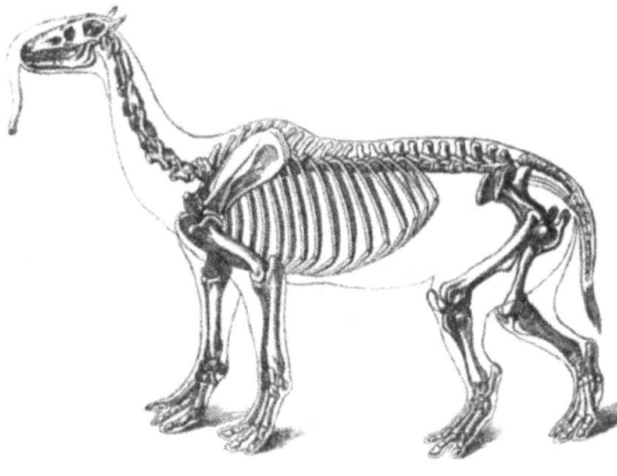

Fig. 182. Restaurirtes Skelet von Macrauchenia aus dem Pampas-Schlamm von la Plata (nach Burmeister).

Füße bestehen gewisse Anklänge an Paläotherium: aber der Hals ist länger, das Thier minder schwerfällig und hochbeiniger, auch bilden die Zähne wie bei Anoplotherium eine geschlossene Reihe. Ganz auffallend ist die Stellung der Nasenlöcher, weit zurück auf der Oberseite des Schädels; nach Burmeister läßt sich hieraus, sowie aus der sonstigen Beschaffenheit der Gesichtsknochen die Anwesenheit eines verlängerten aber engen Rüssels folgern. Abgesehen von diesem Merkmal erinnerte Macrauchenia wohl am meisten an das Lama, dem es jedoch an Größe weit überlegen war.

Noch wären zwei pflanzenfressende Dickhäuter, Toxodon und Nesodon, wegen ihrer Größe und sonstiger Eigenthümlichkeiten der Erwähnung werth. Die Verwandtschaften des ersteren wenden sich nach den verschiedensten Richtungen. An Rhinoceros erinnern im Allgemeinen Gestalt und Größe des Schädels, an Flußpferd die Beine, an Nager die Schneidezähne, an Edentaten die Backzähne, an Delphine die nach oben gerichteten Nasenlöcher, an Mastodon und Elephant die Fußknochen. Auch das kleinere Nesodon zeigt eine ähnliche Vereinigung heterogener Merkmale. Burmeister und Gervais bringen daher für beide die Aufstellung einer besonderen Hufthier-Ordnung in Vorschlag.

Geringeres Interesse beanspruchen die übrigen Hufer, unter denen noch Lama, Hirsch und Nabelschwein zu nennen wären. Auch die diluvialen Nager, Beutelratten und Fledermäuse gehören fast durchgängig recenten Gattungen, zuweilen sogar noch lebenden südamerikanischen Arten an. Dasselbe gilt auch von den Raubthieren, doch ragt unter diesen die furchtbare kosmopolitische Katzengattung Machairodus als eine eingewanderte Herrschergestalt hervor. Bei den Affen hatte sich schon zur Diluvialzeit jene scharfe geographische Trennung zwischen Affen mit schmaler Nase und 32 Zähnen und denen mit breiter Nase und 36 Zähnen vollzogen, wenigstens gehören alle fossilen Arten in Süd-Amerika zur zweiten Gruppe. Schließlich bleibt noch der Mensch übrig. Auch von diesem hat man in einer brasilianischen Höhle Ueberreste, begleitet von roh behauenen Steinwerkzeugen gefunden. Lund glaubt an Schädeln dieses fossilen Menschen bereits die charakteristischen Merkmale der jetzigen brasilianischen Eingeborenen zu erkennen.

Ein Vergleich der diluvialen, aus etwa 150 Arten zusammengesetzten Säugethierfauna Süd-Amerika's mit den lebenden Formen des nämlichen Schauplatzes fällt bezüglich der Reichhaltigkeit sehr zu Gunsten der ersteren aus. Im Allgemeinen waren übrigens schon damals auf der südlichen Hemisphäre die Hauptzüge der heutigen Schöpfung vorgezeichnet: dieselben Gattungen, Ordnungen und Familien, welche gegenwärtig der südamerikanischen Provinz ausschließlich eigen sind, waren auch zur Diluvialzeit dort vertreten, und zwar in der Regel durch zahlreichere, mannigfaltigere und größere Formen. Die kolossalen Gravigraden und Riesen-Gürtelthiere sind zwar dem Kampf ums Dasein rasch erlegen; sie büßten mit frühem Tode den Ehrgeiz, unter ihren Genossen die Ersten sein zu wollen, aber noch heutzutage geben ihre harmloseren Nachkommen für den thiergeographischen Charakter Süd-Amerika's den Ausschlag. Jene sind nebst den breitnasigen Affen, den Lama's, den ausgestorbenen Dickhäutern (Toxodon und Nesodon) und einigen Nagern von beschränkter Verbreitung so recht eigentlich die Sprößlinge der südlichen Hemisphäre, während Raubthiere und Wiederkäuer von Alters her über weite Regionen streiften.

Wenn verschiedene Gravigraden, wie wir gesehen haben, ihre Stammsitze verließen, um sie mit den Gebieten in den südlichen vereinigten Staaten zu vertauschen, so scheint anderseits auch eine Ueberschiebung nordischer, altweltlicher Typen nach Süd-Amerika stattgefunden zu haben. So wenigstens ließe sich am leichtesten das Vorkommen fossiler Pferde, Mastodonten und Tapire unter jener fremdartigen Gesellschaft erklären und so wäre die räthselhafte Zerreißung des heutigen Verbreitungsbezirkes des Tapir (Süd-Asien und Süd-Amerika) am einfachsten zu begreifen.

Wenden wir nun zum Schluß noch für einen Augenblick unsere Aufmerksamkeit dem fünften Welttheile zu, wo uns jetzt unter den Säugethieren fast nur Beutelthiere begegnen. Mit Ausnahme weniger Typen, die ihrer ganzen Anlage nach geographische Schranken mit Leichtigkeit durchbrechen, besitzt Australien eine vollkommen abgeschlossene, eigenartige Flora und Fauna. Die Beutelthiere bilden eine merkwürdige Parallelreihe zu den übrigen Säugethieren: als ob die Natur an dieser Gruppe zuerst die Modelle der placentalen Ordnungen hätte versuchen wollen. Sie füllen in Australien alle Plätze im Haushalt der Natur aus, die anderwärts von besonderen Ordnungen besetzt sind. So spielen die Dasyuren die Rolle der Raubthiere, die Wombats jene der Nager, die Känguruh's die der Wiederkäuer u. s. w. Sämmtliche fossilen, aus Knochenhöhlen oder Schwemmland stammenden Säugethierreste in Australien gehören gleichfalls Beutelthieren, und zwar größtentheils noch lebenden Gattungen an. Merkwürdiger Weise hat auch in dieser Gruppe wieder die Urzeit die größten Formen hervorgebracht, aber auch hier bewährt sich der Satz, daß in der Thierwelt jedes auffällige Hervorragen über das mittlere Maß dem Träger Verderben bringt.

Man mag es vom wissenschaftlichen Standpunkt betrachtet beklagen, daß unsere Erde um eine Anzahl riesiger Beutelthiere ärmer geworden ist: für das Land selbst waren diese Ungethüme keine sonderliche Zierde. Wie ungefüge z. B. sieht das restaurirte Skelet des Diprotodon*) aus Queensland (Fig. 183) aus! Der gewaltige

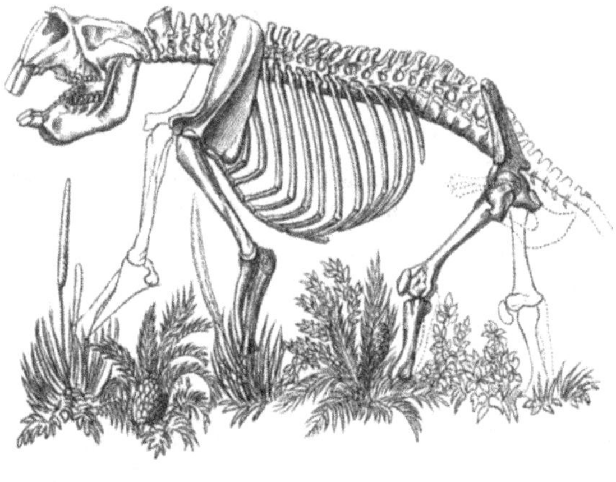

Fig. 183. Diprotodon australis aus dem Diluvium von Queensland in Australien (restaurirt).

Schädel allein mißt 3 Fuß in der Länge. Seine Form läßt Verwandtschaft mit Wombat und Känguruh erkennen; die Backzähne erinnern an Dinotherium und Megatherium. Mit den weitvorstehenden scharfen Schneidezähnen konnten selbst große Bäume angenagt und zu Falle gebracht werden. Schon aus diesem Grunde bedurfte dieser Pflanzenfresser

* δίς, zweimal; πρῶτος, der vorderste; ὀδούς, Zahn.

keine besonders starken Extremitäten, um wie das Megatherium Stämme gewaltsam niederzureißen oder abzubrechen. Das australische Riesenthier besaß lange, mäßig dicke Fußknochen, von denen sich die vorderen leicht bewegen und drehen ließen.

Weder vom Diprotodon noch vom Riesenwombat (Nototherium), noch von dem räuberischen Thylacoleo, dessen Gestalt R. Owen mit dem Löwen vergleicht, sind Abkömmlinge in die Jetztwelt übergegangen; wohl aber erhielten sich zahlreiche kleinere Gattungen (Phascolomys, Macropus, Hypsiprymnus, Thylacinus u. s. w.) und trotzen heute noch durch Schnellfüßigkeit und List selbst den Nachstellungen des Menschen.

Obwohl man geographisch Neuseeland zu Australien rechnet, so besteht doch zwischen der Flora und Fauna dieser beiden Gebiete nur eine geringe Uebereinstimmung. Mit Ausnahme einer kleinen Ratte fehlen in Neuseeland eingeborene Säugethiere. Unter der kleinen Zahl von Vögeln befinden sich einige leichtbeschwingte, offenbar von außen eingewanderte, sowie einige endemische Formen, die wegen mangelnder Flügel niemals Luftreisen unternehmen konnten. Es sind dies die merkwürdigen Kiwis (Apteryx) mit ihrem eigenthümlichen haarförmigen Federkleid. Die lebenden Arten sind klein, furchtsam und gehen bei ihrem gänzlichen Unvermögen sich der Verfolgung zu entziehen, rasch dem Untergang entgegen. Schon jetzt lassen sich nur noch in den unbewohnten Theilen der Südinsel mit großer Mühe vereinzelte Exemplare erlangen. Zur Diluvialzeit gab es mindestens ein Dutzend auf mehrere Gattungen vertheilte Arten, die aber insgesammt durch verkümmerte

Flügel und enorm starke Hinterfüße ausgezeichnet sind. Die stärksten übertreffen sogar Casuar und Strauß an Größe oder kommen ihnen doch gleich. Dürfen wir den dunklen Traditionen der Neuseeländer Vertrauen schenken, so haben die Moa's, wie in ihrer Sprache jene wunderbaren Riesenvögel bezeichnet werden, noch mit ihren Ahnen zusammengelebt und sind vielleicht erst seit wenigen Jahrhunderten vertilgt.

Fassen wir jetzt, nachdem wir die diluviale Schöpfung und besonders die Säugethiere fast der ganzen Erdoberfläche wenigstens flüchtig überblickt haben, das Ergebniß der beobachteten Thatsachen zusammen, so macht sich zunächst der Eindruck einer innigen Verwandtschaft zwischen den Organismen der letzten geologischen Periode und der Gegenwart am eindringlichsten geltend. Wir stehen in der Diluvialzeit bereits mit einem Fuß in der Gegenwart, fast alle Veränderungen in der Lebewelt erstrecken sich nur auf die hochstehenden Thierformen. Man war von jeher geneigt, die Urzeit mit Geschöpfen von groteskem und kolossalem Aussehen zu bevölkern. Für die Tertiär- und Diluvial-Zeit hat dies auch eine gewisse Berechtigung, denn in diesen Perioden erreichten wenigstens die Landsäugethiere den Höhepunkt ihrer Größenentwickelung, von dem sie freilich jetzt, nachdem der Mensch die Herrschaft der Welt an sich gerissen, mit erschreckender Geschwindigkeit wieder herabsteigen. Die Mehrzahl der vorweltlichen Riesen ist bereis verschwunden, und zwar entschieden ausgestorben, nicht etwa in umgestalteten, kleineren Nachkommen der Jetztzeit überliefert. Kein Naturforscher wird behaupten wollen, daß aus dem Mammuth eine recente Elephantenart, aus dem wollhaarigen Rhinoceros eines der jetzigen Nashörner, aus dem Riesenhirsch etwa der Damhirsch oder Edelhirsch, aus dem Glyptodon ein Armadill, aus dem Megatherium ein Faulthier, aus dem Riesenmoa ein Apteryx durch allmälige Umwandlung der Merkmale entstanden sei. Das Gegentheil aber läßt sich aus anatomischen Gründen leicht erweisen. Jene ausgestorbenen Riesen sind zum großen Theil Endglieder zoologischer Formenreihen, sie haben keine Nachkommen hinterlassen, sie sind für immer von der Erde verschwunden.

Daß die Vernichtung im Kampf ums Dasein selbst ohne Zuthun des Menschen gerade die großen Thiere zuerst treffen mußte, ist leicht begreiflich. Fruchtbarkeit und rasche Vermehrung der Thiere stehen in der Regel in umgekehrtem Verhältniß zur Körpergröße. Befinden sich Riesenformen schon aus diesem Grunde im Nachtheil gegenüber ihren kleineren Genossen, so haben sie auch in verstärktem Maaße gegen die ungünstigen Einflüsse ihrer äußeren Umgebung zu kämpfen. Bei großer Dürre wird es z. B. einem Elephanten weit schwerer fallen, seinen Hunger und Durst zu befriedigen, als einem kleinen Nager oder Raubthier, die auch unter ungünstigen Verhältnissen leichter die geringe Menge der zu ihrer Erhaltung erforderlichen Nahrung aufzutreiben vermögen. Ebenso können sich kleinere Thiere leichter vor Unbilden der Witterung schützen oder sich vor ihren Feinden verbergen, als große, die schon von Weitem das Auge auf sich lenken.

Wenn oben gesagt wurde, daß wir in der Diluvialzeit bereits mit einem Fuß in der Gegenwart stehen, so läßt sich dieser Ausspruch noch genauer dahin begrenzen, daß zur Diluvialzeit bereits die heutigen thiergeographischen Provinzen vorgezeichnet waren. Sowohl in der alten Welt, als auch in Amerika und Australien läßt sich zwischen der diluvialen und gegenwärtigen Fauna des gleichen Schauplatzes ein ganz unzweifelhafter Zusammenhang nachweisen. Schon im Diluvium war Europa und Asien vom größeren Theil unserer jetzigen thierischen Umgebung bevölkert. Nord-Amerika besaß seine Nabelschweine, Beutelratten, Bisamochsen, Büffel, Bären &c.; Süd-Amerika war schon damals die Wiege der Edentaten, Lama's und breitnasigen Affen, Australien die Geburtsstätte der Beutelthiere und Neuseeland das ausschließliche Reich der flügellosen Vögel.

Aus der südlichen Hemisphäre fehlt uns über die tertiären und älteren Säugethiere fast jede Nachricht; zur Diluvialzeit aber gab es daselbst mindestens drei scharf abgegrenzte thiergeographische Verbreitungsbezirke: Süd-Amerika, Australien und Neuseeland, in welchen sich die heute daselbst lebende Fauna offenbar aus der diluvialen entwickelt hat. Ob nun in noch früherer Zeit jene Bezirke mit einander in Verbindung standen, ob die ganze antipodale Schöpfung von einem einzigen Centrum ausging, ob die heutigen Formen auf Ahnen von verschiedenem, zum Theil vordiluvianischem Alter zurückzuführen seien, alles das wird sich erst nach einer genaueren Durchforschung jener Länder entscheiden lassen. Auf der nördlichen Hemisphäre hat es bei den Säugethieren nicht gelingen wollen, verschiedene, wohlbegrenzte thiergeographische Gebiete aufzustellen. Die Verbreitungsbezirke der verschiedenen Gattungen, ja sogar Arten kreuzen und überschieben sich in so vielfacher Weise, daß wir das ganze, ungeheuer große, nördlich vom Aequator gelegene Festland, vielleicht sogar mit Einschluß von ganz Afrika, als eine einzige Provinz auffassen müssen. Nachdem wir nun früher gesehen haben, wie sich unsere heutigen altweltlichen Säugethiere an der Hand wohl begründeter Thatsachen durch die Diluvial- und Neogen-Fauna bis auf eocäne Stammformen zurückführen lassen, läßt sich wohl der Vermuthung die Berechtigung nicht absprechen, nach welcher die Aussaat für die ganze nördliche Hemisphäre zur Eocänzeit oder vielleicht noch früher von einem gemeinsamen Mittelpunkt erfolgt ist.

Es geht übrigens aus einer genauen Prüfung der Verbreitung der fossilen und lebenden Säugethiere mit Evidenz hervor, daß die großen Wüsten und die Gebirgszüge der Verbreitung gewisser Arten ein unübersteigliches Hinderniß in Weg stellten, wenn sie auch die universale Ausstreuung der aus der Tertiärzeit überlieferten Gattungen nicht beeinflußt haben. „Man kann sich dem Eindruck nicht verschließen" — sagt Rütimeyer in seiner geistreichen Abhandlung über die Herkunft unserer Thierwelt — „daß die Thiergesellschaft des Südabhanges von Asien in ihrer Gesammtheit ein Gepräge älteren Datums an sich trägt, als diejenige von Sibirien: eine Anzahl miocäner Genera ist in Indien noch heute vertreten, die jenseits des Himalajah nur noch, wie sich die sibirischen und chinesischen Mammuth- und Nashorn-Sagen ausdrücken, unterirdisch leben. In noch höherem Maaße gilt dies für das tropische Afrika, das heute noch durch Arabien der Thierwelt Indiens die Hand reicht." Anderseits ist nicht zu verkennen, daß wir in den arktischen Ländern und auf den Hochgebirgen Europa's, Asiens und Nord-Amerika's eine ganze Anzahl unmittelbar aus der Eiszeit überlieferter Pflanzen und Thiere besitzen. Wie sollten wir es sonst erklären, daß ein ansehnlicher Theil der skandinavischen Flora auch in den Alpen, Karpathen und Pyrenäen den Pflanzengeographen in Erstaunen setzen, ja daß sogar isolirte Höhen, wie der Harz, die Sudeten, der hohe Rhonen, die Albiskette und eine Menge kleinerer Inselberge auf ihren Gipfeln mit einer Vegetation geschmückt erscheinen, die wir meilenweit davon erst wieder in den Polarländern oder den schneegekrönten Gipfeln Mittel-Europa's finden? Englische Naturforscher haben schon lange die Existenz einer alpinen oder skandinavischen Flora auf den Bergen von Schottland, Wales und Irland nachgewiesen und bemerkt, daß auch einzelne Säugethiere, Vögel, Reptilien, viele Insekten und Conchylien in gleicher Weise zerrissene Verbreitungsbezirke besitzen. Nachdem nun auch ein ansehnlicher Theil dieser nordisch-alpinen Flora und Fauna im glacialen Diluvium zum Vorschein kam, was lag da näher, als darin die zerbröckelten Ueberreste einer ehemals über ganz Europa verbreiteten Schöpfung zu erkennen? Selten ist eine Hypothese in der Geologie so beifällig begrüßt worden, als die, welche einen Theil unserer Hochgebirgs-Vegetation und Thierbevölkerung aus der Diluvialzeit herleitet, aber selten wurde auch eine ganze Kette verwickelter Erscheinungen auf einfachere Weise erklärt. Könnte der Alpenhase reden, er würde uns erzählen, wie nach der Eiszeit ein wärmeres Klima die Kälte liebenden Pflanzen und Thiere nach Norden oder auf die Gebirgshöhen trieb, wie mit dem Menschen eine Schaar üppig wuchernder Gewächse ins Land kam und die alten Insassen aus den fruchtbaren Ebenen verdrängte, wie zwei kleine, fremde Wiederkäuer (Schaf und Ziege) nebst eingeführtem Rindvieh dem Hirsch, Reh, Elennthier und Renn ihre Weideplätze entrissen und wie er selbst, dem Feldhasen an Geschwindigkeit nachstehend, schließlich seinen Wohnsitz nach den Polarländern, den Alpen und den großbritannischen Bergen verlegen mußte.

Unter allen Umwälzungen der Erde ist der Haushalt der Natur derselbe geblieben und dessen Gesetze allein haben der allgemeinen Umgestaltung Widerstand geleistet.
(Ch. Lyell.)

VIII.

Schlußbetrachtungen.

1. Die Gesetze von der fortschreitenden Vervollkommnung, von der Annäherung an die Jetztzeit und der Lebensdauer der Organismen.

Die Entwicklungsgeschichte der Erde und ihrer Bewohner haben wir ihren Hauptzügen nach in den vorhergehenden Abschnitten überblickt. Wir haben uns jenen Zustand vorzustellen versucht, wo unser Planet nach seiner Zusammenballung aus dem gasförmigen Urnebel als glühende Kugel im Weltenraume rotirte, und wir haben die Hypothesen über seine allmälige Erkaltung, die Bildung einer festen Erdkruste und die Entstehung der sogenannten plutonischen, vulkanischen und metamorphischen Gesteine unter der Beleuchtung, welche uns der gegenwärtige Zustand der Geologie und Chemie bietet, geprüft. Es wurde sodann das früheste Erscheinen organischer Spuren in jenem unermeßlich mächtigen Schichtencomplex constatirt, dessen veränderten Zustand wir als das Resultat des Zusammenwirkens von Wasser, Druck und Zeit aufzufassen geneigt sind. Wir sind darauf eingetreten in jenes Entwickelungsstadium unserer Erde, wo uns Lagerungsverhältnisse und Versteinerungen als untrügliche Führer durch den verworrenen und in zahllose Trümmer zerschlagenen Bau der geschichteten Gesteine leiten. Drei große Schöpfungsperioden, jede wieder aus einer Reihe von Formationen, Stufen und kleineren Abschnitten bestehend, sind an uns vorübergegangen; dreimal hat die organische Welt ihr Gewand fast vollständig, viele hundert mal wenigstens theilweise gewechselt. Unzählbare Generationen von Pflanzen und Thieren sind aufgetaucht und wieder verschwunden; aus dem Moder einer vergehenden Schöpfung hat sich jedesmal wieder eine neue, veränderte und verjüngte erhoben, bis endlich mit dem Erscheinen des Menschen der heutige Abschluß erreicht war.

Daß zu all' diesen Ereignissen ungemessene Zeiträume erforderlich waren, wer möchte dies läugnen? Man hört so häufig den Geologen vorwerfen, daß sie in willkürlicher Weise mit der Zeit umspringen, daß sie stets bereit sind, Millionen von Jahren in die Wagschale zu werfen, daß aber ihre Berechnungen jeder Grundlage entbehren. Wenn man sagt, jeder exacten Grundlage, so mag der Vorwurf berechtigt sein, denn kein Geologe wird sich vermessen, irgend ein vorhistorisches Ereigniß auch nur mit annähernder Genauigkeit nach Jahren zu berechnen. Wer jedoch einen Blick auf den Entwicklungsgang der organischen Schöpfung geworfen, wer sich vergegenwärtigt hat, daß ein großer Theil unserer Erdoberfläche, darunter einige der ansehnlichsten Gebirge, entweder durch die langsam aufbauende Thätigkeit des Wassers oder gar durch die Arbeit von Myriaden winziger Geschöpfe entstanden ist, ja wer nur ein einziges geologisches Ereigniß von untergeordneter Bedeutung, wie z. B. die Auswaschung eines Thales, ins Auge faßt, der wird gerne zugeben, daß die Geologie unsere Anschauung über irdische Zeitrechnung ebenso erweitern mußte, wie dies die Astronomie seit Langem über kosmische Raum- und Zeit-Verhältnisse gethan hat. Man könnte sich bei manchen geologischen Vorgängen die Zeit ersetzt denken durch Ursachen von ungewöhnlicher Energie, und es ist diese Erklärung auch häufig genug in Anspruch genommen worden. Indessen über die Energie der Naturkräfte läßt sich nicht unbedingt verfügen; sie ist erfahrungsgemäß durch Gesetz in gewisse Schranken gebannt. Die Zeit dagegen ist unbegrenzt. Wo wir die Wahl zwischen Energie und Zeit haben, sind wir nur für die erstere eingeschränkt, nicht aber für die letztere, und es ist in der That nur Folge von Ungewohnheit, wenn sich die Phantasie dagegen sträubt, sehr große Zeiträume anzunehmen, und leichter bereit ist, unerhörte Energie zuzulassen.

Im Früheren ist bereits mehrfach aus einander gesetzt worden, daß sich die geologische Eintheilung der Sedimentärformationen vorzugsweise auf organische Ueberreste basirt. Jede als selbständiger Horizont erkannte Schicht enthält eine Anzahl eigenthümlicher Versteinerungen. Ist dieselbe durch mehrere gemeinsame Formen mit den darüber folgenden oder darunter liegenden Schichten verbunden, so vereinigen wir alle zu einer Stufe; die Stufen sollten unter einander nach einer älteren Schulmeinung nur noch Aehnlichkeit, aber keine Identität ihrer Arten erkennen lassen. Erscheint auch die Aehnlichkeit der Versteinerungen von zwei auf einander folgenden Stufen, abgeschwächt, so verlegt man dahin Formationsgrenzen. Bietet die Schöpfung zwischen zwei benachbarten Formationen einen auffälligen Contrast, so bekundet uns derselbe den Beginn eines neuen Zeitalters.

Für Cuvier und seine Anhänger bestand jede größere geologische Abtheilung vollständig unabhängig von allen früheren und späteren. Furchtbare Katastrophen brachen zeitweilig über die Erde herein, vernichteten alle lebenden Organismen, zerrütteten die abgelagerten Sedimente und verursachten eine andere Vertheilung von Wasser und Land. Dann erst entsproßte der allmächtigen Hand eines persönlichen Schöpfers eine neu belebte Welt. So war jede Stufe, Formation und jedes Zeitalter von zwei Erdrevolutionen begrenzt und darum ohne Zusammenhang mit der unmittelbaren Vergangenheit.

Seitdem haben Lyell und seine Anhänger gezeigt, daß die noch heute unter unseren Augen thätigen geologischen Kräfte vollkommen genügen, um die Entstehung und Lagerung der Gesteine unserer Erdkruste ohne alle Beihülfe von übernatürlichen Katastrophen zu erklären.

Aber auch für die Abgrenzung der geologischen Zeitabschnitte haben sich nach und nach andere Ansichten herausgebildet. Wenn auch zugestanden werden muß, daß in jedem selbständigen Horizont eine überwiegende Anzahl eigenthümlicher, für den Fachmann leicht kenntlicher Arten liegen, so gibt es doch heute keinen Geologen mehr, der läugnete, daß alle kleineren geologischen Abtheilungen, ja sogar noch die Stufen durch mehr oder weniger gemeinsame „durchgehende" Formen mit einander verknüpft sind. Ja die Formationsgrenzen scheinen sich bei fortschreitender Mehrung unserer Kenntniß zu verwischen. Die Silur- und Devon-Formationen besitzen sehr viele gemeinsame Gattungen, aber auch mehrere gemeinsame Arten; dasselbe gilt von Devon- und Kohlen-Formation, wenigstens wird aus Tula und Kaluga in Rußland eine Kalksteinbildung beschrieben: „welche geradezu eine Mischung von Species des Kohlenkalks und des oberen Devonkalks" enthält. Die Flora der Steinkohlen-Formation scheint in der Dyas nur in geringem Grade modificirt und sendet 19 Arten in die höhere Formation hinauf. Zwischen Trias und Jura schiebt sich in den Alpen die Rhätische Stufe ein, deren Lebewelt so sehr nach beiden Seiten Verwandtschaften besitzt, daß der Streit über ihre Stellung noch immer nicht entschieden ist. Ebenso wurde erst in den letzten Jahren mit der tithonischen Stufe ein Bindeglied zwischen Jura und Kreide-Formation entdeckt.

Unbestreitbare Lücken finden sich dagegen am Ende der großen Zeitalter, und zwar eine weitklaffende zwischen Dyas und Trias, eine weit weniger schroffe, aber immerhin noch nicht ausgefüllte zwischen Kreide- und Tertiär-Formation. Es besitzen zwar die Conchylien der obersten Kreideschichten unverkennbare Aehnlichkeit mit denen der älteren Tertiärbildungen, auch hat in jüngster Zeit Hayden nachgewiesen, daß am Ostrand des Felsengebirges in den Staaten Nebraska, Dakotah, Montana und Utah Kreide- und

Tertiär-Schichten in einer Weise entwickelt erscheinen, daß an eine Unterbrechung nicht gedacht werden kann, allein es ändern sich leider gegen Ende der Kreideformation die marinen Bildungen ganz allmälig zuerst in brakische, dann in limnische um, so daß naturgemäß keine gemeinsamen Arten in beiden Formationen vorkommen können.

Wir erinnern uns, daß unsere geologische Eintheilung der Sedimentär-Gebilde im nördlichen Europa entstanden ist und deßhalb ein durchaus locales Gepräge besitzt. Wenn es nun im Verlauf von etwa 60 Jahren gelingen konnte alle Formationsschranken bis auf eine oder höchstens zwei niederzureißen — obwohl sich die geologischen Beobachtungen noch nicht auf die Hälfte der Erdoberfläche erstrecken —, so liegt der Gedanke nahe, daß es überhaupt keine scharfen Grenzen gibt, und jedenfalls wird man der Hoffnung auf eine schließliche Ueberbrückung auch dieser wenigen Klüfte ihre Berechtigung nicht versagen dürfen. Ein schwer wiegender Einwurf gegen die „Katastrophen-Theorie" liegt auch in dem Umstand, daß die neuen Arten nicht immer am Anfang oder am Ende einer Formationsabtheilung erscheinen, sondern sich zuweilen einstellen, ohne daß in ihrer sonstigen Umgebung irgend eine Veränderung zu bemerken wäre.

Von der Wucht der täglich sich mehrenden Thatsachen wird die vom Mysticismus begünstigte Hypothese von willkürlichen Schöpfungsacten, durch welche eine übernatürliche Macht auf den Trümmern einer vergangenen Schöpfung wieder neue und gänzlich verschiedene Formen erstehen ließ, vollständig erdrückt. Wer möchte sich aber auch einen Schöpfer denken, der alles von ihm selbst Erdachte und

Geschaffene von Zeit zu Zeit wieder der Zerstörung preisgäbe, und wer könnte an einer solchen Vorstellung von der Gottheit seine Freude haben?

Die Formationslehre hat sich in neuerer Zeit durch Einschaltung zahlreicher, ehemals unbekannter Zwischenglieder bedeutend verändert, aber die schon frühe erkannten Hauptgruppen haben ihren Platz niemals gewechselt. Schon bei den ersten Versuchen, die geschichteten Gesteine der Erdoberfläche nach ihrer Lagerung und ihren organischen Ueberresten zu classificiren, fiel es auf, daß die erloschenen Pflanzen und Thiere meist eine tiefere systematische Rangstufe einnehmen, als ihre lebenden Verwandten, ja daß in den ältesten Absätzen die Vertreter der höchsten Klassen im Pflanzen- und Thier-Reiche noch vollständig fehlen. Diese Erscheinung führte zur Aufstellung des Gesetzes der fortschreitenden (progressiven) Vervollkommnung.*) Man machte dafür geltend, daß im paläolithischen Zeitalter nur kryptogamische Pflanzen erschienen, daß darauf in Trias und Jura Gymnospermen und Monokotyledonen und zuletzt erst die höchst entwickelten Dikotyledonen folgten: ebenso stünde die Thierwelt der ältesten Formationen auf niedriger Stufe, die Fische, Reptilien, Vögel, Säugethiere und als letztes Schlußglied der Mensch hielten ihren Einzug in der Reihenfolge ihrer Organisationshöhe. Bei genauerer Betrachtung zeigt sich indeß, daß diese Vervollvollkommnung durchaus nicht in einem einfachen Fortschreiten

*) Ueber die Grundsätze, nach denen man einem Organismus einen höheren oder niedrigeren Rang unter seinen Genossen anweist, findet man in Bronn's morphologischen Studien und in Häckel's genereller Morphologie näheren Aufschluß.

vom Einfachen zum Zusammengesetzteren besteht, daß sich nicht in fortlaufender Reihe Glied auf Glied an einander anschließt, wodurch wir eine einfache Stufenleiter erhalten, deren tiefste Sprossen in den ältesten Formationen stehen. Man findet im Gegentheil schon in der Silurformation alle Thiertypen vertreten; die Primordialschichten enthalten nicht, wie wir erwarten sollten, etwa nur Protisten und vielleicht noch Cölenteraten, sondern es spielen dort die verhältnißmäßig hoch organisirten Crustaceen die Hauptrolle. Unter den Mollusken besitzt gerade die höchste Klasse der Cephalopoden im paläolithischen Zeitalter eine eminente Entwickelung. Ueberhaupt gibt es in der jetzigen Schöpfung in sämmtlichen Pflanzen- und Thier-Klassen zahllose Repräsentanten, die ihrem ganzen Bau nach tief unter den erloschenen Formen stehen.

Diese Thatsachen veranlaßten viele hervorragende Paläontologen zu energischem Widerspruch gegen die unbeschränkte Gültigkeit des Fortschritts-Gesetzes. Der berühmte Anatom Owen z. B., obwohl Anhänger der Fortschritts-Idee, erklärte sich nach genauer Prüfung der fossilen Fische eher für eine Umwandlung, als für eine progressive Entwickelung: auch Lyell gehörte bis vor wenigen Jahren zu den Gegnern, hat sich aber neuerdings sehr entschieden zu Gunsten einer fortschreitenden Vervollkommnung ausgesprochen. Dieselbe läßt sich in der That nicht in Abrede stellen. Freilich ist das Gesetz weit verwickelter, als es die ersten Begründer geahnt hatten. Wir müssen zur Betrachtung der einzelnen Ordnungen und Familien herabsteigen, um uns zu überzeugen, daß jeweils die ältesten Formen in der Regel auch eine niedrigere

Organisation, als die darauf folgenden besitzen. Nehmen wir beispielsweise den fossil am vollständigsten erhaltenen Typus der Weichthiere, so folgen die einzelnen Klassen durchaus nicht, wie bei den Wirbelthieren, nach ihrer Organisationshöhe auf einander. Wir finden in den tiefsten Silurschichten nicht etwa nur Bryozoen, in etwas höheren Brachiopoden, darauf Muscheln, Schnecken und zuletzt Cephalopoden, sondern alle Klassen erscheinen so ziemlich gleichzeitig. Auch bei den Strahlthieren halten nur die hochorganisirten Seeigel ihren Einzug etwas später als die übrigen Klassen: die Crinoideen stellen schon zur Primordialfauna ihre Vertreter, die Korallen und Seesterne folgen im unteren Silur.

Innerhalb der erhaltungsfähigen Ordnungen und noch mehr der Familien finden wir dagegen fast überall eine aufsteigende Entwickelung. So gehören die ältesten Brachiopoden der überwiegenden Mehrzahl nach zu den Linguliden, zu den schloßlosen Strophomeniden und Productiden sowie zu den Spiriferiden, während die Rhynchonelliden und Terebratuliden erst viel später ihren Höhepunkt erreichen. Unter den Muscheln haben die Monomyarier, Heteromyarier und die Dimyarier ohne Mantelbucht ihren stärksten numerischen und formalen Reichthum bereits eingebüßt, wenn die anerkannt am höchsten stehende Ordnung der Sinupalliaten erst recht sich zu entwickeln anfängt. Bei den Schnecken gehören die Formen aus den ältesten Formationen vorwiegend den niedrigeren Ordnungen, die der Tertiär- und Jetzt-Zeit den höheren an. Recht auffallend zeigt sich das Progressionsgesetz bei den Cephalopoden. Im paläolithischen Zeitalter gibt es nur

Vierkiemener, während die höher stehende Ordnung der Zweikiemener erst in der Trias beginnt, und unter den Vierkiemenern selbst gehen die einfacheren Nautiliden wieder den complicirteren Ammonitiden voran.

Die ältesten Seeigel gehören zu einer besonderen Ordnung, welche durch die große Anzahl gleichwerthiger Theile tiefer steht, als alle späteren: von den letzteren entwickeln sich die regelmäßig radialen früher, als die symmetrisch bilateralen. Unter den Fischen beginnen die Teleostei mit vollkommen verknöcherter Wirbelsäule erst am Ende der Juraformation, wenn die Ganoiden und Selachier bereits ihre abwärts gehende Bewegung angetreten haben. Bei den Amphibien und Reptilien läßt sich das Progressionsgesetz aus verschiedenen, weiter unten zu erörternden Gründen schwer verfolgen, doch gehen im Allgemeinen die ersteren den Reptilien voraus. Daß die Säugethiere mit der inferioren Ordnung der Beutelthiere beginnen, ist bekannt.

Es ließen sich noch hundert Beispiele aufzählen, wo sich in einer Ordnung die relativ niedrig organisirten Formen zuerst einstellen und die höher stehenden erst später dazu kommen, allein eine weitere Vermehrung der thatsächlichen Belege würde nur ermüden.

Den Umständen, daß jede Familie und Ordnung unbekümmert um ihre Umgebung, gewissermaßen als selbstständiger Stamm fortwächst und immer vollkommenere Früchte tragen kann, daß Pflanzen und Thiere von der verschiedensten Organisationshöhe zu allen Zeiten neben einander gelebt haben, daß ein an und für sich unvollkommener Bauplan durch vollendete Ausführung aller

Theile auf eine weit höhere Stufe gebracht werden kann, als ein anderer von höherer Anlage, bei welchem jedoch die Detailbehandlung vernachlässigt blieb, — diesen Umständen ist es hauptsächlich zuzuschreiben, daß das Progressionsgesetz erst bei tieferem Eindringen in die Specialforschung in seiner allgemeinen Gültigkeit erkannt wird.

Wir haben außerdem die außerordentliche Unvollständigkeit der geologischen Ueberlieferung zu berücksichtigen, in Folge deren sicherlich von sehr vielen Ordnungen und Familien die Anfangsformen so sehr fehlen, daß wir häufig in den ältesten fossilen Formen schon weit vorgerückte Glieder einer Progressionsreihe vor Augen haben. So dürfte der erste fossile Vogel aus dem jurassischen Schiefer von Solenhofen aller Wahrscheinlichkeit nach nicht den niedrigsten Typus der ganzen Klasse darstellen, denn es liegen schon aus der Triasformation Fußspuren vor, die kaum von anderen Thieren als Vögeln herrühren können. Ebenso haben die jurassischen Beutelthiere aus Stonesfield nur so lange ihren Ruhm als älteste Säugethiere bewahrt, bis einige Backzähnchen aus der obersten Trias von Würtemberg den Beginn dieser Klasse um eine ganze Formation zurückverlegten. Auch die Trilobiten, Cephalopoden und Fische der Silurformation sind sicherlich nicht die Erstgeborenen ihrer Art, sondern höchst wahrscheinlich Abkömmlinge älterer, entweder verloren gegangener oder überhaupt nicht erhaltungsfähiger Arten.

Eine kräftige Stütze des Progressionsgesetzes liefern die sogenannten Embryonaltypen. Zum Verständniß dieser wichtigen Erscheinung muß erinnert werden, daß jeder Organismus während seiner Entwickelung aus dem Ei zum ausgebildeten Individuum eine Reihe von Veränderungen durchläuft. In den ersten Fötal-Zuständen stimmen so ziemlich alle Thiere mit einander überein, erst bei fortschreitender Entwickelung stellen sich nach und nach die Merkmale des Typus, später der Klasse, Ordnung, Familie, Gattung und Art ein. Je nach der Rangstellung eines Thieres werden die Veränderungen während des Heranwachsens groß oder klein sein müssen: um ein einfaches Ei zu einer Amöbe oder zu einer anderen unvollkommenen Protistenform zu entwickeln, bedarf es nur geringer Veränderungen; um aber einen Körper von derselben Größe und Zusammensetzung zu einem Säugethier umzugestalten, müssen Entwickelungszustände von bedeutender Verschiedenheit durchgemacht werden. Bei den höchsten Thierklassen werden wir deßhalb auch am leichtesten im Stande sein, die Embryonalerscheinungen zu unterscheiden.

Wenn wir nun finden, daß sämmtliche Wirbelthiere in den frühesten Fötal-Zuständen statt der festen Wirbelsäule nur einen häutigen mit gallertartiger Substanz erfüllten Strang besitzen und daß erst viel später die Verknöcherung dieser Chorda dorsalis erfolgt, so werden wir in einer mangelhaft verknöcherten oder weichen Wirbelsäule ein embryonales Merkmal erkennen. Ebenso wissen wir, daß alle luftathmenden Reptilien als Embryonen Kiemen besitzen. Beobachten wir ferner, daß die paläozoischen Ganocephalen (S. 220) trotz einer ziemlich hohen Organisation, welche sie wenigstens in mehrfacher Beziehung über alle kiemenathmenden Amphibien erhebt, im ausgewachsenen

Zustande eine Chorda dorsalis nebst Kiemen bewahren, daß sie also zeitlebens in einem Zustand verharren, den die späteren Reptilien nur ganz vorübergehend als Embryonen zeigen, so nennen wir das einen „Embryonaltypus". Bei den meisten lebenden Fischen zeigt sich, daß in einem gewissen Entwickelungsstadium die Chorda dorsalis in den oberen Lappen der Schwanzflosse fortsetzt und auf diese Weise einen ungleichen, heterocerken Schwanz (S. 218) verursacht: nun besitzen aber sämmtliche paläolithischen Ganoiden heterocerke Schwänze und überdieß entweder eine persistente Chorda dorsalis oder eine sehr unvollkommen verknöcherte Wirbelsäule.

Die in fossilem Zustand so häufig vorkommenden Crinoideen können ebenfalls als Embryonaltypen aufgefaßt werden, da die lebende Gattung Comatula im ausgewachsenen Zustand ihren Stiel verläßt.

Auch die Aehnlichkeit des Milchgebisses mancher Säugethiergattungen mit dem definitiven Gebiß von geologisch älteren Formen ließe sich als analoge Erscheinung hier anführen.

Es ist klar, daß die Embryonaltypen als unreife, in ihrer Entwickelung stehen gebliebene Formen eine tiefere Stufe in der thierischen Rangordnung einnehmen, als ihre zur vollständigen Ausbildung gelangten Verwandten. Da man nun die embryonalen Merkmale vorzüglich an den ältesten Vertretern der verschiedenen Klassen und Ordnungen beobachtet, so dürfen sie mit Recht als Beweis für die fortschreitende Entwickelung der Schöpfung angeführt werden.

Als vorgeschrittenere Fälle derselben Erscheinung können auch die sogenannten Mischformen oder Collectivtypen aufgefaßt werden. Es gibt in der Entwickelungsgeschichte aller Thiere ein Stadium, wo sich bereits die Merkmale der Klasse und etwas später sogar die der Ordnung mit Bestimmtheit erkennen lassen, allein noch ist es unmöglich zu sagen, nach welcher Familie oder Gattung der Embryo zusteuert. So besitzen z. B. die kriechenden Raupen aller sechsfüßigen Insekten Kinnladen, um ihre Nahrung zu zerkauen, während bekanntlich die Schmetterlinge, Käfer oder Fliegen die Mundwerkzeuge in der mannigfaltigsten Weise zu Röhren, Saugrüsseln u. s. w. ausgebildet zeigen.

Die Paläontologie bietet nun zahlreiche Fälle, wo eine Menge von Merkmalen, die wir heute auf verschiedene Familien und Gattungen vertheilt sehen, in einer Art oder Gattung vereint sind, so daß wir dieselben ebenfalls, wie jene Embryonen, als unfertige Vorläufer von später kommenden, mehr differenzirten Formen bezeichnen dürfen. Es ist im Früheren schon mehrfach auf diese Mischformen hingewiesen worden: als Beispiele mögen nur die Trilobiten, die paläolithischen Lycopodiaceen, die Labyrinthodonten, die Ichthyosauren, Plesiosauren, Dinosaurier, Crocodilier, die Schildkröten der mesolithischen Periode und die merkwürdigen Hufthiere der älteren Tertiärzeit in Erinnerung gebracht werden. Bei allen angeführten Beispielen, die sich der Leser aus den vorhergehenden Kapiteln noch erheblich vermehren kann, finden sich die Klassen-, häufig auch schon die Ordnungs-Charaktere stets aufs bestimmteste ausgeprägt, während die Familienmerkmale noch nicht zur Abklärung gelangten. Das Anoplotherium läßt sich beim ersten Blick als Hufthier erkennen, allein es ist weder Dickhäuter, noch Wiederkäuer, noch Omnivore in dem Sinn, wie wir diese Ordnungen jetzt präcisiren, sondern es hat von jedem etwas, es ist Alles in Einem oder, mit anderen Worten, es ist ein Prototyp, eine Abstraction der Hufthiere überhaupt.

Die große Bedeutung der Embryonal- und Mischtypen beruht vornehmlich darauf, daß sie uns den Beweis oder doch die große Wahrscheinlichkeit einer parallelen Entwickelung des Individuums mit der paläontologischen Entwickelung der Art, Gattung, Familie, Ordnung u. s. w. liefern. Dadurch, daß jedes Thier und jedes Gewächs vom Beginn seiner individuellen Existenz an eine Reihe ganz verschiedener Formzustände durchläuft, und dadurch, daß wir diese Embryonalzustände an ausgestorbenen Geschöpfen versteinert vor uns sehen, deutet uns die Geschichte des Individuums in schneller Folge und in allgemeinen Umrissen die langsame, in vielen Jahrtausenden erfolgte Umwandlung des ganzen Stammes an.

Man hat gegen das Fortschrittsgesetz den Einwurf erhoben, das in gewissen Gruppen im Verlaufe der Entwickelung ein Rückgang, eine Art von Verkümmerung bemerkbar ist. Als solche verkümmerte Formen werden z. B. die zahlreichen, nur mit einem Flügelpaar versehenen oder auch ganz flügellosen Insekten, die blinden Käfer, Fische und Amphibien, oder auch, um ein Beispiel aus der Urzeit zu erwähnen, die augenlosen Trilobiten genannt. Bei genauerer Einsicht in den Entwickelungsgang solcher zurückgeschrittenen Formen zeigt sich jedoch fast ausnahmslos, daß ihre ursprüngliche Anlage eine vollkommenere war, daß aber eigenthümliche Existenzbedingung die Verkümmerung der ganzen Körperform oder einzelner Organe zur Nothwendigkeit machten. Wenn in solchen vereinzelten Fällen eine rückschreitende Entwickelung eintritt, so können dieselben die Wahrheit des Vervollkommnungsgesetzes nicht erschüttern.

Die Natur beginnt nichts mit fertigen und reifen Zuständen: Alles in ihr entwickelt sich langsam aus unscheinbaren Anfängen. Von den ältesten Zeiten an haben alle Klassen und Ordnungen von Organismen mit solchen Formen begonnen, welche theils durch ihren Gesammtbau, theils durch ihren embryonalen Charakter, theils durch andere maßgebende Eigenschaften zu den tiefer stehenden gehören. Der Fortschritt vom Niederen zum Höheren erfolgte dann in der Regel derart, daß die vollkommener organisirten Formen einer gegebenen Klasse oder Ordnung erst später auftraten, daß sie an intensiver Ausbildung immer mehr stiegen und an Zahl wuchsen, während die älteren unvollkommeneren Gruppen, wenn sie schon anfänglich zahlreich aufgetreten waren, in gleichem Verhältniß zurückgingen und seltener wurden. In dem der Natur innewohnenden Streben nach einer rastlos fortschreitenden Verbesserung ihrer organischen Formen liegt vielleicht „der beste Beweis ihrer Göttlichkeit und zugleich eine der tröstlichsten Wahrheiten, welche jemals die Wissenschaft gefunden hat."

Wenn das Gesetz des Fortschritts vom Unvollkommenen zum Vollkommenen durch die dürftige paläontologische Ueberlieferung und die unvollständige geologische Durchforschung der Erdoberfläche gar häufig verwischt erscheint und an und für sich keineswegs so einfach ist, wie man sich's früher vorstellte, so liegt das Gesetz von der allmäligen Annäherung der fossilen Schöpfung an die gegenwärtige so klar auf der Hand, daß es niemals bezweifelt werden konnte. Freilich involvirt dasselbe gewissermaßen auch das Fortschrittsgesetz, da die heutige Schöpfung in ihrer Gesammtheit unzweifelhaft alle früher dagewesenen an Organisationshöhe übertrifft.

Wir erinnern uns, daß in den ältesten Formationen durchaus fremdartige, der Gegenwart fehlende Gestalten die Erde bevölkerten. Die meisten Gattungen der frühesten Erdperioden sind erloschen, und wenn sich dieselben auch in die Hauptabtheilungen des Pflanzen- und Thierreichs einfügen lassen, so füllen sie doch, indem sie sich zwischen die lebenden einschalten, allenthalben leere Fächer aus. Erst wenn wir in das mittlere Zeitalter heraufsteigen, begegnen uns zahlreiche bekannte Gattungen, ja in den allerniedrigsten Thierklassen scheinen sogar schon lebende Arten vorzukommen. Mit der Tertiärformation befinden wir uns bei verschiedenen Pflanzen- und Thiertypen, wenigstens was generische Ausbildung betrifft, schon gänzlich oder doch nahezu in der Gegenwart, während allerdings gewisse hochorganisirte Klassen, wie z. B. die Säugethiere, erst hier ihren raschen Entwickelungsgang der Hauptsache nach zurücklegen.

Wie sich am Ende der Tertiärzeit und noch deutlicher während der Diluvialformation die heutigen Verhältnisse anbahnen, wie sich sogar schon damals die heutigen thiergeographischen Bezirke abgrenzten, wurde schon früher ausführlich erörtert. Es ist sicherlich kein Zufall, daß Süd-

Amerika schon im Diluvium die Heimath der Edentaten und breitnasigen Affen war, daß die flügellosen Vögel nur auf Neu-Seeland lebend und fossil gefunden werden, daß die Beutelthiere, mit Ausnahme einiger kosmopolithischer Formen, von jeher ihre Stammsitze in Australien besaßen und endlich, daß die ganze fossile Säugethierwelt der nördlichen Hemisphäre in einem unläugbaren Zusammenhang mit den heutigen Bewohnern des nämlichen Schauplatzes steht.

Hier mag auch an jene Colonien aus der Eiszeit erinnert werden, die offenbar durch Flüchtlinge entstanden sind, welche sich beim Beginn des gegenwärtigen milderen Klimas auf Bergspitzen oder nach dem hohen Norden zurückgezogen haben und nun als Reliquien einer längst verschwundenen Zeit auf isolirten Höhen über eine später entstandene Pflanzen- und Thierwelt hervorragen.

Ein höchst interessantes Beispiel einer vorweltlichen Reminiscenz hat uns Lyell in seinen Principien der Geologie von den Azoren und Canaren geschildert. Nachdem Lyell aus der geologischen Zusammensetzung dieser Inseln und aus der ungeheuren Tiefe des Meeresgrundes in ihrer Umgebung ihre Entstehung durch submarine Eruptionen während der mittleren Tertiärzeit zu erweisen gesucht hat, beschäftigt er sich eingehender mit ihrer Flora und Fauna. Nach Ausscheidung aller Formen die nachweislich erst durch den Menschen absichtlich und unabsichtlich oder durch angeschwemmte Samen von den benachbarten europäischen und afrikanischen Küsten importirt wurden, stellt sich eine höchst eigenthümliche endemische Bevölkerung heraus. Eine Fledermaus ist das einzige einheimische Säugethier; die Vögel stimmen mit drei Ausnahmen mit denen der Nachbarländer überein, dagegen finden sich unter den Insekten, deren Communicationsmittel sehr viel geringer ausgebildet sind, unter 1449 Käfer über 1000 eigenthümliche Arten. Auch die Landschnecken zeigen einen so überraschenden Contrast gegen die in Europa oder Nord-Afrika vorkommenden Formen und enthalten so viele charakteristische Arten, daß ihnen die Conchyliensammler seit Langem besonderes Interesse zugewendet haben. Auf der ganzen Erdoberfläche suchen wir heutzutage vergeblich nach Analogieen: vergleichen wir dagegen mit ihnen die mitteltertiären Landschnecken Europa's, so zeigt sich eine unverkennbare Verwandtschaft. Aehnliches hat Hooker für die Flora nachgewiesen. Es überraschen uns unter anderen die Gattungen Clethra, Persea und Monizia, die heute entweder ausgestorben sind oder nur noch im fernen Amerika fortkommen, während sie zur Tertiärzeit in reichlicher Menge den Boden Europa's bedeckten.

Das sind in der Kürze die Hauptmomente, welche Lyell zur Annahme veranlaßten, daß sich jene Inselgruppen zur mittleren Tertiärzeit aus dem Ocean erhoben und durch beigeführte Samen oder Einwanderung von dem damals existirenden benachbarten Festland bevölkert wurden. Da übrigens die Ueberschreitung einer vom Ocean gebildeten Schranke nur unter besonders günstigen Umständen erfolgen kann und die Communication zwischen den Inseln und dem Festland vor der menschlichen Ansiedelung jedenfalls eine höchst beschränkte war, so nahmen die ersteren an den in Europa vor sich gehenden Veränderungen der organischen Schöpfung nur geringen Antheil. Die zur Tertiärzeit existirenden Pflanzen und Thiere konnten den in spärlicher Zahl und ganz allmälig eintreffenden fremden Eindringlingen wenigstens theilweise Widerstand leisten und sich somit bis zum heutigen Tag erhalten, während ihre Zeitgenossen auf dem Festland längst im Kampfe ums Dasein erlegen waren.

Wenn wir nun noch einen Blick auf die historische Entwickelung der einzelnen Abtheilungen des Pflanzen- und Thier-Reichs werfen, so ergibt sich, daß dieselbe in allen Fällen, wo sich die geologischen Ueberlieferungs-bedingungen nur einigermaßen günstig verhalten, in ununterbrochener Linie erfolgt.

Jede Gattung erscheint zuerst mit ein oder mehreren Arten in einer gewissen geologischen Stufe, erlischt entweder am Schluß derselben oder setzt in die darauf folgenden fort. Diese Fortdauer kann entweder ohne erhebliche Veränderung in der Artenzahl durch sämmtliche Formationen bis in die Jetztzeit stattfinden, wie wir das bei den Gattungen Lingula, Discina und Nautilus kennen gelernt haben, oder die Gattung nimmt stetig an Artenzahl zu, bis sie ihren Höhenpunkt erreicht hat. Liegt dieser Höhenpunkt in vorhistorischer Zeit, so tritt dann eine langsamere oder raschere Formenverminderung ein, die schließlich zum völligen Erlöschen führen kann. Ist einmal eine Art und Gattung ausgestorben, so erscheint sie niemals wieder auf dem Schauplatz. Was nun eben für die Art und Gattung gesagt wurde, gilt ebenso für Familien, Ordnungen und Klassen, so daß wir die historische Entwicklung aller Kategorien graphisch durch Linien darstellen können, die entweder in gleicher Stärke durch alle Formationen laufen (persistente Typen), oder in stetiger Zunahme bis in die Gegenwart reichen (aufsteigende Typen), oder endlich nach ihrer stärksten Anschwellung wieder abnehmen (rückgehende Typen).

Erfahrungsgemäß pflegen es persistente Typen nie auf eine beträchtliche Specieszahl innerhalb einer einzelnen Periode zu bringen, anderseits verfallen rasch aufstrebende, in kurzer Zeit zu vielen Gattungen und Arten verzweigte Stämme in der Regel einem ebenso geschwinden Untergange, während langsam aber stetig anschwellende Gruppen in ihrer soliden Entwickelung die Garantie für eine lange Existenz in sich tragen.

Formenreihen, die sich einmal nach einer bestimmten Richtung abgezweigt haben, vereinigen sich nie wieder, weder mit einem anderen Seitenast noch mit dem Hauptstamm; ihre Entwickelung unterliegt genau denselben Gesetzen, wie die der ganzen Abtheilung, zu der sie gehören.

Die Paläontologie lehrt uns somit, daß nicht allein dem Individuum, sondern auch der Art, ja der Gattung, Familie, Ordnung u. s. w. eine gewisse Lebensdauer zukommt, daß die Art, Gattung u. s. f. ebenso eine Kindheit und Jugend, ein Mannes- und Greisen-Alter durchläuft, wie das Individuum, und daß sie nach allmäliger Erschöpfung ihrer Lebenskraft unerbittlich der Vernichtung anheimfällt.

Es würde keine besondere Schwierigkeit machen, unsere heutige Schöpfung nach ihrer Lebensfähigkeit in verschiedene Gruppen zu zerlegen, deren Zukunft wir mit einiger

Wahrscheinlichkeit voraussagen könnten. Wir würden den alten Geschlechtern, die sich auf ahnenreiche Stammbäume stützen, einen früheren Untergang prophezeien, als jungen, erst in der Tertiär- oder Diluvialzeit erstandenen und im kräftigen Aufstreben begriffenen Familien. In der Regel bedarf es sogar keiner paläontologischen Prüfung um aufsteigende oder rückschreitende Typen in der jetzigen Schöpfung zu unterscheiden, denn die letzteren nehmen fast immer eine mehr oder weniger isolirte Stellung im System ein und sind arm an Arten, während die noch in jugendlicher Entwickelung begriffenen Formengruppen schon an ihrem Speciesreichthum und ihrer vielseitigen Verwandtschaft mit Nachbarformen erkannt werden. Wäre es noch nöthig, Beispiele anzuführen, so könnten als dem baldigen Untergang geweiht unter den Pflanzen die Cycadeen, Araucarien, Lycopodiaceen, unter den niederen Thieren die Crinoideen, Brachiopoden und vierkiemigen Cephalopoden genannt werden. Unter den Säugethieren sehen wir in den Beutelthieren, in Tapir, Rhinoceros, Elephant und Pferd Beispiele von absterbenden Stämmen, während die Wiederkäuer, die Affen, und vor Allem der Mensch noch im Aufblühen begriffen sind.

So fühlt sich freudig Eins mit diesem All
Wer inne wird, daß ihn der Erdenball
Fest in denselben Armen hält,
Mit denen sich umschlingt die ganze Welt.
(Jordan.)

2. Ideen über Schöpfungsgeschichte.

Bis hieher haben wir uns ziemlich streng auf dem Boden der Thatsachen bewegt und uns nur selten und auch dann nur solcher Hypothesen zur Erklärung von Erscheinungen bedient, welche sich durch ihre Einfachheit und Wahrscheinlichkeit so sehr empfehlen, daß sie als gesetzmäßige Wahrheiten anerkannt werden.

Wenn wir nun finden, daß die Erde in einem unermeßlich langen Zeitraum vor dem Erscheinen des Menschengeschlechts von zahllosen Pflanzen und Thieren bevölkert war, die sich auf verschiedene chronologisch unterscheidbare Abschnitte vertheilen lassen; wenn wir weiter beobachten, daß sich diese als Perioden, Formationen, Stufen u. s. w. bezeichneten Abschnitte eben so wenig, wie die der menschlichen Geschichte durch scharfe Grenzen fixiren lassen; wenn wir uns überzeugen, daß die organische Welt wie die leblose zu allen Zeiten in ewigem Fluß, und zwar in einer Annäherung an die Gegenwart begriffen war; wenn uns die Paläontologie zeigt, daß die individuelle Entwickelung der lebenden Formen durch die historische Ausbildung des betreffenden Stammes bereis vorgezeichnet ist; wenn uns die ganze Summe der paläontologischen Erfahrung auf eine allmälige, zusammenhängende, stufenweise Entwickelung der Organismen hinweist — so sind das gewiß wissenschaftliche Ergebnisse von hoher Bedeutung, die den Kreis unserer Anschauungen beträchtlich erweitert haben.

Mit der Feststellung von Thatsachen, auch wenn es die allerwichtigsten wären, darf sich jedoch die Wissenschaft nicht begnügen, denn es ist ein Grundtrieb des menschlichen Geistes, nach der Ursache der Dinge, nach der Erklärung der ganzen Erscheinungswelt zu forschen.

Nun treten uns aber überall die Fragen entgegen: wie und warum sind die Myriaden von Formen, welche heute und in früheren Perioden existirten, entstanden und theilweise wieder erloschen? Warum hat sich die Schöpfung in der angegebenen und nicht in ganz anderer Richtung entwickelt?

Es ist freilich von vielen Naturforschern, und darunter von einigen sehr hervorragenden, gesagt worden, daß die Wissenschaft nicht darauf zu antworten hat, warum und wie etwas geworden sei, sondern lediglich nur, wann es geworden und wie es sich erhält. Damit wäre freilich nicht nur jede weitere Untersuchung abgeschnitten, sondern auch jeder philosophischen Speculation über die letzten Ursachen der Erscheinungswelt die Berechtigung abgesprochen; es wären dem Geist Fesseln auferlegt, die zu zerbrechen er die Fähigkeit in sich verspürt.

Wenn Andere in der Entwickelung der organischen Schöpfung einen vom persönlichen Schöpfer inspirirten nach zweckmäßigen Weltgesetzen bestimmten Plan erkennen, wenn ihnen jede Art als ein verkörperter Schöpfungsgedanke erscheint, dessen Sein und Werden völlig unabhängig von allen früher vorhandenen und später kommenden verläuft, so begeben sich auch diese jeden Versuches einer wissenschaftlichen Erkenntniß und treten in das Gebiet des Glaubens und des übernatürlichen Wunders über.

Ließe es sich erweisen, daß alle früheren Schöpfungen weder unter einander, noch mit der jetzigen in Verbindung stehen, und daß es zwischen den verschiedenen geologischen Abtheilungen haarscharfe Grenzen gäbe, könnten wir ferner den unumstößlichen Beweis führen, daß die Art der Ausdruck einer bestimmten, unveränderlichen Form sei, dann dürfte es in der That rathsam sein, die ganze Schöpfungsgeschichte vorläufig als ein großes, unlösbares Räthsel hinzunehmen.

Da jedoch die Ergebnisse der modernen Naturwissenschaft gerade das Gegentheil von alle dem, wenn auch noch nicht beweisen, so doch höchst wahrscheinlich machen, kann es gewiß keine Vermessenheit genannt werden, wenn wir eine natürliche Erklärung für die vorhandenen Thatsachen aufzusuchen bemüht sind.

Die ganze Summe unserer Erfahrung weist darauf hin, daß die urweltliche und gegenwärtige Schöpfung nur ein Ganzes ausmachen, daß Alles stufenweise zur Entfaltung gelangte, indem sich Eines nach dem Andern und Eines aus dem Anderen entwickelte. Die Idee einer successiven Fortbildung hat soviel Naturgemäßes, daß sie fast in allen philosophischen Systemen als Nothwendigkeit angenommen und in früherer Zeit selbst gegen die entschiedene Einsprache der Naturwissenschaft festgehalten wurde. Wenn somit die Philosophie lange Zeit die einzige Trägerin eines durch logische Speculation aufgebauten und für richtig erkannten Prinzipes war, ohne selbst Einsicht in die Gesetze und Wege des fortschreitenden Bildungsprozesses in der Natur zu besitzen, so haben sich erst in neuerer Zeit Geologie und Biologie dieser Frage ernstlich angenommen: die Geologie, indem sie die Hypothese der Erdkatastrophen und der schroffen Formationsgrenzen bekämpfte, die Biologie, indem sie die Veränderlichkeit der Art und die Möglichkeit des Uebergangs einer Species in die andere durch Experiment und Beobachtung zur Wahrscheinlichkeit erhob.

Schon im Jahre 1801 versuchte der geistvolle französische Zoologe Lamarck die Abstammung aller höheren Formen aus zeitlich vorhergegangenen niedrigeren zu begründen. Aber erst seit Darwin's epochemachendem Werk über die Entstehung der Art durch natürliche Zuchtwahl wurde die Descendenztheorie wirklich auf das Gebiet der empirischen Forschung übertragen.

Es ist überflüssig, das Wesen der Darwin'schen Selectionstheorie hier ausführlicher auseinanderzusetzen, da dieselbe in ihren Grundzügen jedem Leser bekannt sein dürfte, allein es muß hier doch, um Irrthum zu vermeiden, hervorgehoben werden, daß Descendenztheorie und Selectionstheorie keineswegs identisch sind. Die erstere ist das allgemeine Prinzip, die zweite nur eine bestimmte Form der Erklärung dieses Prinzips, neben welcher noch viele andere Versuche möglich sind. Sollte die Richtigkeit der Artenbildung mittelst natürlicher Zuchtwahl durch thatsächliche Gegenbeweise in Frage gestellt oder sogar umgestoßen werden, so würde das nur bedeuten, daß der von Darwin eingeschlagene Weg nicht zum Ziele führt. Die Wahrscheinlichkeit einer successiven Entwickelung wäre damit aber noch keineswegs aufgehoben.

Das große Verdienst Darwin's liegt aber nicht allein darin, daß er in der Zuchtwahl das Mittel erkannte, neue Arten sowohl im domesticirten als im Naturzustand hervorzurufen, sondern vornehmlich darin, daß er den orthodoxen Glauben an die Unveränderlichkeit des Artbegriffes an seiner Wurzel erschütterte und durch eine erstaunliche Fülle von Thatsachen die Veränderungsfähigkeit der organischen Formen nachwies.

Wenn Darwin, ausgehend von dem schwer zu bezweifenden Malthus'schen Gesetz: „die Bevölkerung vermehrt sich in geometrischer, die Nahrung nur in arithmetischer Progression, der Tisch der Schöpfung ist somit immer nur für einen kleinen Theil der Hungrigen gedeckt", in geistvoller Weise auseinandersetzt, wie unter den Individuen einer Art, für welche die Natur nicht die genügende Menge Nahrung liefert, ein erbitterter Krieg entbrennt, in welchem schließlich der Stärkere oder Gescheutere triumphirt, indem er den Schwächeren und minder Begabten vertilgt, so erhält er mit diesem Kampf ums Dasein zugleich den Haupthebel für die Umgestaltung der Arten. Es ist ja klar, daß jedes Individuum, welches sich durch irgend ein Merkmal in vortheilhafter Weise vor seinen Genossen auszeichnet, welches leichter zur Nahrung zu gelangen oder besser den Nachstellungen der Feinde zu entrinnen versteht, Aussicht hat, den Lebenskampf zu bestehen. Da nun allen Organismen die Fähigkeit innewohnt ihre Eigenschaften auf die Nachkommen zu vererben, jedes Individuum aber einen entschiedenen Trieb zur Variation besitzt, so sehen wir, daß sich Kinder derselben Aeltern wohl sehr ähnlich sehen, niemals aber völlig gleichen. Die

Natur vollzieht nun nach Darwin unter allen Individuen einer Art eine Auslese (Selection), indem sie nur die am besten für den Kampf ums Dasein ausgestatteten am Leben erhält. Durch die Vererbung werden alle erworbenen Eigenschaften auf die Nachkommenschaft übertragen, und da diese wieder von neuem in Mitbewerbung tritt, so können sich vermittelst der Variabilität und Vererbung gewisse Eigenschaften im Verlaufe vieler Generationen so sehr steigern, daß sie endlich zur Bildung von besonderen Racen, Arten und sogar von Gattungen Veranlassung geben. Während der Entstehung dieser neuen Formen muß natürlich die Stammform als die minderbegünstigte verschwinden.

Nach der Selectionstheorie müßten somit die Arten äußerst langsam durch unausgesetzte Verstärkung gewisser vortheilhafter Merkmale entstehen: nun aber hat insbesondere M. Wagner darauf aufmerksam gemacht, daß ohne eine bewußte geschlechtliche Auswahl alle auftauchenden Varietäten, auch wenn sie noch so günstig für den Kampf ums Dasein ausgerüstet wären, durch die beständige Kreuzung mit der Grundform unvermeidlich wieder in die letztere zurückschlagen müßten, ja Seidel hat sogar unter verhältnißmäßig günstigen Voraussetzungen eine Wahrscheinlichkeitsrechnung angestellt, nach welcher jede Neubildung unter dem Einfluß der freien Paarung in kürzester Frist wieder compensirt würde.

Für Wagner ist die Isolirung eines befruchteten weiblichen Individuums oder eines Paares bei allen Organismen, welche sich durch Kreuzung fortpflanzen, die nothwendige Bedingung, also die nächste Ursache zur Bildung einer neuen Art. Nach seiner Separationstheorie züchtet die Natur nur zeitweilig neue Formen stets außerhalb des Wohngebiets der Stammart, und zwar im Verlauf von wenigen Generationen.

Eine Menge Erscheinungen aus der geographischen Verbreitung der Thiere, namentlich das Auftreten der „stellvertretenden" Formen in benachbarten Verbreitungsgebieten lassen sich durch Annahme der von Wagner befürworteten Separation vortrefflich erklären.

Auch die tägliche Erfahrung weist darauf hin, daß die natürliche Zuchtwahl unter dem conservativen Druck der freien Kreuzung fast gar keine Veränderung in der Lebewelt hervorbringt. Die vor vielleicht 6000 Jahren einbalsamirten Mumien von Krokodilen und Ibisen aus ägyptischen Grabmälern oder die uralten Weizen- und Gerstenkörner aus Pfahlbauten lassen nicht die geringsten Veränderungen gegenüber ihren heutigen Nachkommen erkennen, während wir bekanntlich durch künstliche Züchtung bei sorgsamer Vermeidung der Paarung mit ungeeigneten Individuen in kurzer Zeit neue Varietäten und Arten herzustellen im Stande sind.

Darwin hat allerdings in seinem neuesten Werk zahlreiche und treffliche Beispiele dafür geliefert, daß bei sehr vielen Thieren auch im wilden Zustand eine geschlechtliche Auswahl stattfindet, aber immerhin wird man zugestehen müssen, daß die Natur mit außerordentlicher Zähigkeit nach Festhaltung ihrer Formen strebt und daß unter gleichbleibenden äußeren Bedingungen die Bildung neuer Arten immer nur unter einem seltenen Zusammentreffen günstiger Verhältnisse erfolgen kann.

Richten wir nunmehr auf die Geschichte der Schöpfung, wie sie uns die Geologie darstellt, unsere Aufmerksamkeit und vergegenwärtigen wir uns alle die Thatsachen, welche im Anfang dieses Kapitels als paläontologische Resultate angeführt wurden, so werden wir eine successive Entwickelung sicherlich für weit naturgemäßer erklären müssen, als ein unablässiges Eingreifen eines persönlichen Schöpfers. Die Absurdität der letzteren Hypothese tritt recht klar vor Augen, sobald wir über den Zustand speculiren, in welchem vom Schöpfer die neuen Arten in die Welt gesetzt wurden. Hat er sie aus Eiern entstehen lassen — müssen wir uns fragen —, die im mütterlichen Schooß eines früheren Organismus ausgebrütet werden mußten, oder wurden die frühesten Entwickelungsstadien übersprungen und die neue Form gleich als fertige complicirte Maschine geschaffen, der nur noch der Lebensodem einzublasen war?

Ein nothwendiges Postulat der Descendenztheorie wäre die Existenz zahlloser fossiler Uebergangsformen, wodurch alle früheren und jetzigen Arten zu einer vollkommen geschlossenen Kette vereinigt würden. Das ist nun keineswegs der Fall. Wenn uns auch die Paläontologie außerordentlich viele Lücken in den biologischen Systemen ausfüllt, so sind wir doch weit entfernt, den Stammbaum auch nur einer einzigen Klasse vollständig herzustellen.

Die Unvollständigkeit der geologischen Ueberlieferung, die absolute Unmöglichkeit der Fossilisation zahlloser Organismen werden die handgreifliche Beweisführung einer successiven Entwickelung niemals gelingen lassen. Allein in einzelnen Klassen wenigstens, bei den meerbewohnenden Muscheln und Schnecken zum Beispiel, sagen die Gegner der Descedenztheorie, müßten sich doch die Uebergänge nachweisen lassen. Alle Paläontologen, welche sich eingehender mit fossilen Mollusken zu beschäftigen hatten und über ein reiches Material verfügten, werden sicherlich zugestehen, daß es an Belegen für eine ganz allmälige Umgestaltung gewisser Formen während ihrer Verbreitung durch Schichten verschiedenen Alters durchaus nicht fehlt. K. Mayer hat bei Tertiärmuscheln eine beträchtliche Anzahl solcher Formenreihen nachgewiesen, in Davidson's classischer Monographie der fossilen britischen Brachiopoden lassen sich Beispiele für allmälige Veränderung und schließlichen Uebergang einer Art in die andere zu Dutzenden aufsuchen. Unter den Ammoniten liefern die Subgenera Phylloceras, Perisphinctes und Oppelia Entwickelungsreihen, deren Vollständigkeit kaum etwas zu wünschen übrig läßt.

Sehr häufig sind solche geschlossene Reihen allerdings nicht, man erhält sie noch am leichtesten an solchen Orten, wo die Ablagerungen mehrerer auf einander folgender Horizonte oder Stufen weder in ihrer Gesteinsbeschaffenheit noch in ihrer „Facies" wechseln. In solchen Fällen ändert sich die Fauna höchst langsam und allmälig. Es gibt im außeralpinen Europa kaum eine Formationsgruppe, deren Gliederung und Parallelisirung den Geologen größere Schwierigkeiten verursacht hat, als der weiße Jura in Süddeutschland und der Schweiz, und zwar einfach deßwegen, weil bei gleichbleibender Facies und Gesteinsbeschaffenheit nicht nur mehrere Arten sämmtliche Horizonte durchlaufen, sondern weil die älteren Arten ganz allmälig erlöschen und ohne auffallende Sprünge ganz successive durch neue ersetzt wurden.

In der Regel unterscheiden sich auf einander folgende geologische Horizonte durch einen Wechsel in der Gesteinsbeschaffenheit, sowie durch eine ziemlich durchgreifende Veränderung in ihrer Flora und Fauna. Immerhin gleichen sich aber die Versteinerungen von zwei unmittelbar folgenden Stufen unter einander weit mehr, als denen irgend einer früheren oder späteren.

Die sprungweise Entwickelung läßt sich schwer mit der Darwin'schen Selectionstheorie vereinigen, nach welcher alle Arten durch ganz allmälige und unmerkliche, aber rastlos thätige Umwandlung entstehen sollen. Wir bemerken im Gegentheil innerhalb eines geologischen Horizontes, selbst wenn derselbe nach der Mächtigkeit seiner Schichten einen sehr bedeutenden Zeitabschnitt darstellt, in der Regel nicht die geringste Veränderung; in den untersten und obersten Lagen begegnen uns dieselben Formen, bis endlich mit einem Mal ein Theil der vorhandenen Arten verschwindet, während ein anderer durch äußerst nahe stehende verdrängt wird.

Alles dies führt uns zur Ueberzeugung, daß auch in vorhistorischer Zeit der Umwandlungsprozeß nur periodisch und in verhältnißmäßig kurzer Frist erfolgte, und daß zwischen diesen Umprägungsperioden lange Pausen liegen, in welchen die Arten ziemlich unverändert in bestimmten Formen verharrten.

Man hat diese Thatsache von jeher als einen gewichtigen Einwurf gegen die Darwin'sche Theorie benützt und sogar Anhänger einer successiven Entwicklung der Organismen, wie Oswald Heer und Kölliker, erkennen darin einen völlig räthselhaften Vorgang, der sich vielleicht mit dem sprungweisen Generationswechsel der Insekten vergleichen lasse. „Es läßt sich denken", meint Heer, „daß manche Arten der Jetztzeit in früheren Perioden in einer Form ausgeprägt waren, welche sich zu der jetzigen wie die Larve zum ausgewachsenen Thier verhält."

Eine derartige, den thatsächlichen Entwickelungsgesetzen der meisten lebenden Pflanzen- und Thier-Formen geradezu widersprechende Vermuthung werden wir kaum mit dem Namen Hypothese bezeichnen können. Sie hat sich bis jetzt auch keines Beifalls von Seiten der Naturforscher erfreut.

Es scheint mir übrigens eine sprungweise Umänderung der Schöpfung keineswegs mit der Selection unverträglich zu sein, wenn wir uns nämlich die ihre Wirksamkeit beeinträchtigenden Kräfte zeitweilig aufgehoben denken. M. Wagner hat durch seine geistvollen Untersuchungen über den Einfluß der Separation bereits einen sehr wichtigen Fall dieser Art beleuchtet, allein es gibt meiner Meinung nach noch andere Bedingungen, unter denen das conservative Bestreben der Formerhaltung wenigstens für kurze Perioden abgeschwächt werden muß.

Diese ganze belebte Schöpfung irgend eines Theiles der Erdoberfläche befindet sich offenbar in jenem Gleichgewichtszustand, welcher aus dem fortgesetzten Ringen aller Bewohner mit einander schließlich hergestellt wurde. Zur Aufrechthaltung dieses Gleichgewichts übt die Natur selbst ein strenges Hausregiment aus. Jede Pflanze fordert eine bestimmten Bodenbeschaffenheit, Nahrung, Temperatur und andere Bedingungen für ihre Existenz; ihre Verbreitung und Zahl wird durch diese Verhältnisse in bestimmten Schranken gehalten. Sämmtliche Thiere, welche sich ausschließlich von dieser Pflanze ernähren, hängen vollständig vom Gedeihen derselben ab; sie vermehren sich mit der Zunahme, sie reduciren ihre Zahl mit dem Rückgang der Ernährerin. Sie beeinflussen aber auch ihrerseits die Existenz-ihrer Feinde, denen sie zur Beute fallen, und diese stehen wieder mit so und so viel anderen Geschöpfen in solcher Weise in Wechselbeziehung, daß keine Form ihre durch das Gleichgewicht gegebene Stellung überschreiten darf, ohne Störungen in dem ganzen Haushalt der Natur hervorzurufen. Es ist somit vollständig falsch, wenn behauptet wurde, daß im Kampf ums Dasein die stärkste Form alle anderen überwinde und schließlich allein übrig bleiben müsse. Jede übermäßige Vermehrung einer Art muß sich in kurzer Frist rächen: entweder die überzähligen Individuen sterben wieder ab, oder die ganze Gesellschaft begnügt sich mit einer spärlicheren Nahrung.

Denken wir uns, die Zusammensetzung der Pflanzen- und Thierwelt irgend einer Gegend werde durch das Erlöschen einer Anzahl von Arten oder durch den Hinzutritt einiger fremder kräftiger Eindringlinge verändert, so ist es klar, daß der Zusammenhang wesentlich gestört wird. Im ersten Fall müssen die leeren Plätze besetzt werden, im zweiten Fall muß für die neuen Ankömmlinge auf Kosten der vorhandenen Bevölkerung Raum geschaffen werden.

Als St. Helena im Jahre 1506 entdeckt wurde, war die Insel vollständig mit Wald bedeckt. Jetzt ist Alles verändert, volle fünf Sechstel der Insel sind vegetationslos, und bei weitem der größte Theil der jetzt vorhandenen Vegetation besteht aus europäischen, amerikanischen, afrikanischen und australischen Pflanzen, die sich mit solcher Geschwindigkeit verbreitet haben, daß die einheimischen fast ganz verdrängt sind. Der Mensch mit seinen Begleitern, Ziege und Schwein, beschleunigte diesen Vernichtungsproceß, welchem innerhalb drei und einem halben Jahrhundert etwa 100 der Insel St. Helena eigenthümliche Gewächse zum Opfer fielen.

„Mit gleicher Unerbittlichkeit", sagt Peschel, „vollzieht sich der nämliche Vorgang auf Neuseeland. In schnöder Hast verbreiten sich englische Gräser und verdrängen die ältere Pflanzenwelt der Inseln. „Faites place, que je m'y mette" ist das Losungswort bei allen diesen Racenkriegen. Nach Haast richten die Schweine, welche im verwilderten Zustande sich mit schädlicher Fruchtbarkeit vermehrt haben, durch das Aufwühlen des Bodens die größten Verheerungen an. Mag es auch beschämend klingend, so ist es doch nicht minder wahr, daß das Schwein hier die Rolle eines Pioniers der Civilisation übernommen hat, denn sicherlich trägt es viel dazu bei, Neuseeland in Kürze sein altmodisches Pflanzenkleid abzustreifen und ihm ein anderes nach dem neuesten europäischen Zuschnitt aufzunöthigen, denn die Lücken, welche in die dortige Pflanzenwelt hineingerissen werden, füllen rasch die Gewächse aus, mit welchen der europäische Mensch in geselligem Verkehr lebt, oder die ihm wie Ungeziefer folgen, und die hartgesotten im Continentalkampf und Sieger über so viel ältere Arten rasch die letzten Ueberreste der Vorzeit hinwegnehmen. Die einheimische polynesische Ratte, welche Neuseeland mit dem Maori betrat, wird gegenwärtig ausgerottet durch die normännische Ratte, die mit den britischen Schiffen nach der Insel gelangte. Die europäische Hausfliege ist anfangs als ungebetener Gast erschienen, jetzt wird sie von den Ansiedlern zur weiteren Verbreitung in Schachteln und Flaschen versendet, weil man bemerkt hat, daß die viel lästigere neuseeländische blaue Schmeißfliege ihre Gesellschaft scheut, und sich verabschiedet, wo die Europäerin ihren Einzug hält.

Diese Beispiele zeigen zur Genüge, mit welcher Schnelligkeit sich Veränderungen in der Pflanzen- und Thierwelt vollziehen können, sobald einmal das betreffende Gleichgewicht ins Schwanken geräth. In den erwähnten Fällen waren es eingewanderte stärkere Mitbewerber, welche die Störungen veranlaßten: es liegt aber auf der Hand, daß ihrem Sieg ein erbitterter Kampf vorhergeht, in welchem sich sowohl die fremden Eindringlinge als auch die den Angriff bestehenden Autochthonen den veränderten Verhältnissen anpassen und nöthigenfalls umgestalten müssen.

Wenn daher die natürliche Zuchtwahl überhaupt neue

Arten zu bilden im Stande ist, so muß sie es unter solchen Bedingungen in verhältnißmäßig kurzer Zeit besorgen, weil der intensivere Kampf ums Dasein alle schwachen Individuen decimiren und selbst unter den günstig Gestellten eine strenge Auslese vornehmen wird. Daß auch hier eine Isolirung der Einwanderer, eine Verhinderung der fortdauernden Kreuzung mit der Stammform der Heimath äußerst günstig für die neue Artenbildung wirken muß, bedarf kaum noch der Erwähnung.

Wenden wir nun die beschriebenen Beispiele auf geologische Verhältnisse an: denken wir uns, ein Geologe hätte nach 4000 Jahren die Land- und Süßwasser-Bildungen von St. Helena und Neuseeland zu studiren, so könnten wir zum Voraus sagen, daß er zuunterst Schichten mit Ueberresten der ursprünglich einheimischen Pflanzen- und Thier-Welt finden würde. Der Zwischenraum von 300 bis 500 Jahren in welchem die ganze Lebewelt neu umgeschaffen wurde, würde zwar durch geringfügige Absätze vertreten sein, allein bei der außerordentlichen Mangelhaftigkeit der geologischen Ueberlieferung dürften wir durchaus nicht hoffen, den Vertilgungs- und Neubildungs-Proceß aus den versteinerten Ueberresten verfolgen zu können. Es würde vielmehr scheinen, als ob zwischen den tieferen Schichten mit den einheimischen Formen und der höheren mit der modernen Flora und Fauna kaum ein Zusammenhang existire. Der Geologe würde unzweifelhaft eine ziemlich scharfe Grenze constatiren, da er nicht nur specifische, sondern auch auffallende generische Differenzen unter den Fossilresten bemerken würde — und doch haben wir gesehen, daß weder eine Erdkatastrophe, noch eine Veränderung des Klimas oder der Oberflächengestaltung eingetreten ist, sondern nur eine Invasion überlegener Fremdlinge.

Eine Menge anderer Einflüsse können natürlich ganz dieselben Folgen nach sich ziehen. Wenn z. B. durch eine klimatische Veränderung eine größere Anzahl von Pflanzen und Thieren erlischt; wenn durch eine Umgestaltung der Bodenverhältnisse bisher geschiedene geographische Verbreitungsbezirke mit einander in Verbindung gelangen; wenn sich eine trennende Landenge zwischen zwei benachbarte Meere einschiebt oder umgekehrt wenn durch geologische Ereignisse Festländer, Inseln oder Meerestheile mehr oder weniger vollständig isolirt werden, so haben wir stets einen genügenden Anstoß zu einer Veränderung des Gleichgewichts in der organischen Schöpfung der betroffenen Theile der Erdoberfläche. Damit ist aber das Signal zu einem erbitterten Kampf ums Dasein gegeben, der eine rasche Umgestaltung der Flora und Fauna herbeiführt, bis endlich mit der Herstellung eines neuen Gleichgewichtszustandes wieder eine Periode der Ruhe beginnt, in welcher sich Variationstendenz und unbeschränkte Kreuzung so ziemlich compensiren.

Wir bedürfen aber keineswegs immer so gewaltiger Ereignisse als Anstoß zu Gleichgewichtsstörungen. Schon das Austrocknen eines Sumpfes oder die Ausrottung eines Waldes müssen Veränderungen der Flora und Fauna in beschränkterem Maaße herbeiführen.

Wenn uns nun die Geologie von zahllosen periodischen Umprägungen der Organismen erzählt, denen immer wieder ein längerer Beharrungszustand folgt, wenn sie uns zeigt, wie die Veränderung bald nur einzelne Arten, bald fast die ganze Lebewelt ergreift, liegt da der Gedanke nicht nahe, in dieser Erscheinung das Resultat von Gleichgewichtsstörungen von verschiedener Intensität zu erkennen?

Die sprungweise Entwickelung der fossilen Pflanzen- und Thier-Welt ist unter dieser Voraussetzung nicht nur kein Einwurf gegen die Umwandlungstheorie, sondern geradezu eine nothwendige Folge derselben.

Es soll nicht behauptet werden, daß die Selectionstheorie alle von der Geologie gelieferten Thatsachen genügend zu erklären im Stande ist. Noch sind uns eine Unzahl von Uebergangsformen unbekannt, noch müssen wir zur Hypothese unsere Zuflucht nehmen, daß in den metamorphischen Gesteinen alle Urahnen zu der bereits sehr mannigfaltigen Schöpfung der Silurzeit begraben liegen, noch bleibt es für uns ein ungelöstes Räthsel, warum hochorganisirte Geschöpfe, wie die Ammoniten, Ichthyosauren, Plesiosauren, Dinosaurier und tausend andere erloschen sind, während Verwandte derselben, die sich keineswegs durch günstigere Eigenschaften für den Kampf ums Dasein auszuzeichnen scheinen, bis zur Gegenwart fortdauern, noch sind uns Physiologie und Paläontologie die Antwort schuldig geblieben, warum überhaupt alle Individuen, Arten, Gattungen u. s. w. nach Zurücklegung einer bestimmten Lebensdauer aus Altersschwäche (Marasmus) absterben und warum die

Lebensdauer bei gewissen Individuen nach Jahrzehnten, bei anderen nach ebenso vielen Tagen oder Stunden zählt.

Läugnen wir es nicht: die Darwin'sche Selectionslehre und alle auf ähnlicher natürlicher Grundlage beruhenden Schöpfungstheorien sind erst Anfänge zur Erklärung des wunderbar complicirten und doch wieder in seinen Grundzügen so klar vor Augen liegenden Entwickelungsganges der organischen Welt; aber sie sind doch wenigstens Anfänge zu einer Erklärung und müssen daher vom Naturforscher entschieden jeder Anschauung vorgezogen werden, die auf alle Prüfung von vornherein verzichtet, zum Wunder ihre Zuflucht nimmt und einem persönlichen Schöpfer Alles zuschiebt, was unsere beschränkte menschliche Erkenntniß nicht sofort zu begreifen vermag.

Gerade in dem Zurückverlegen des übernatürlichen Eingriffs auf die ersten Anfänge der Schöpfung und in dem Bestreben, die Ursache ihrer Entwickelung aus feststehenden Naturgesetzen und nicht aus der Laune eines menschenähnlichen Schöpfers herzuleiten, liegt das große Verdienst der von Darwin neu begründeten Descendenztheorie.

Eine Erklärung der letzten Ursachen der Dinge freilich entzieht sich der menschlichen Erkenntniß. Sollte es der Naturwissenschaft je gelingen, den unumstößlichen Beweis zu führen, daß alle Organismen aus einer oder einigen wenigen Urformen hervorgegangen sind, sollte es sich als wahr erweisen, daß die Materie mittelst Urzeugung jene Anfangszellen hervorzubringen vermochte, sollte uns die ganze naturwissenschaftliche Erfahrung zu einer monistisch-mechanischen Auffassung alles Irdischen veranlassen — so bleibt doch in letzter Instanz das Dasein der Materie und der dieselbe bewegenden Gesetze ein undurchdringliches Geheimniß.

An dieser Grenze hört jede weitere Forschung auf und hier fühlen wir eindringlich die Wahrheit des Laplace'schen Ausspruchs:

„Was wir wissen, ist beschränkt;
was wir nicht wissen, ist unendlich."

Sach-Register.

www.ingramcontent.com/pod-product-compliance
Lightning Source LLC
LaVergne TN
LVHW010634300926
849161LV00005B/941